《中国工程物理研究院科技丛书》第 083 号

高能 X 射线闪光照相及其图像处理

High-energy X-ray Flash Radiography and Its Image Processing

许海波 刘 军 施将君 编著

国防工业出版社

·北京·

图书在版编目(CIP)数据

高能 X 射线闪光照相及其图像处理/许海波,刘军,施将君编著. —北京:国防工业出版社,2024.1
ISBN 978-7-118-13060-7

Ⅰ.①高… Ⅱ.①许… ②刘… ③施… Ⅲ.①X 射线摄影-图像处理 Ⅳ.①TB867

中国国家版本馆 CIP 数据核字(2023)第 177910 号

※

国防工业出版社出版发行
(北京市海淀区紫竹院南路 23 号 邮政编码 100048)
北京虎彩文化传播有限公司印刷
新华书店经售

*

开本 787×1092 1/16 印张 20¾ 字数 490 千字
2024 年 1 月第 1 版第 1 次印刷 印数 1—1500 册 定价 198.00 元

(本书如有印装错误,我社负责调换)

国防书店:(010)88540777	书店传真:(010)88540776
发行业务:(010)88540717	发行传真:(010)88540762

《中国工程物理研究院科技丛书》
出 版 说 明

中国工程物理研究院建院50年来，坚持理论研究、科学实验和工程设计密切结合的科研方向，完成了国家下达的各项国防科技任务。通过完成任务，在许多专业领域里，不论是在基础理论方面，还是在实验测试技术和工程应用技术方面，都有重要发展和创新，积累了丰富的知识经验，造就了一大批优秀科技人才。

为了扩大科技交流与合作，促进我院事业的继承与发展，系统地总结我院50年来在各个专业领域里集体积累起来的经验，吸收国内外最新科技成果，形成一套系列科技丛书，无疑是一件十分有意义的事情。

这套丛书将部分地反映中国工程物理研究院科技工作的成果，内容涉及本院过去开设过的20几个主要学科。现在和今后开设的新学科，也将编著出书，续入本丛书中。

这套丛书自1989年开始出版，在今后一段时期还将继续编辑出版。我院早些年零散编著出版的专业书籍，经编委会审定后，也纳入本丛书系列。

谨以这套丛书献给50年来为我国国防现代化而献身的人们！

《中国工程物理研究院科技丛书》
编审委员会
2008年5月8日修改

《中国工程物理研究院科技丛书》
第八届编审委员会

学术顾问 杜祥琬 彭先觉 孙承纬

编委会主任 孙昌璞

副 主 任 汪小琳 晏成立

委 员（以姓氏拼音为序）：

白 彬　陈 军　陈泉根　杜宏伟　傅立斌
高妍琦　谷渝秋　何建国　何宴标　李海波
李 明　李正宏　罗民兴　马弘舸　彭述明
帅茂兵　苏 伟　唐 淳　田保林　王桂吉
夏志辉　向 洵　肖世富　杨李茗　应阳君
曾 超　曾桥石　祝文军

秘 书 刘玉娜

科技丛书编辑部

负 责 人 杨 蒿

本册编辑 刘玉娜

《中国工程物理研究院科技丛书》
公开出版书目

001　高能炸药及相关物性能
　　董海山　周芬芬　主编　　　　　　　　　科学出版社　1989年11月

002　光学高速摄影测试技术
　　谭显祥　编著　　　　　　　　　　　　　科学出版社　1990年02月

003　凝聚炸药起爆动力学
　　章冠人　陈大年　编著　　　　　　　　　国防工业出版社　1991年09月

004　线性代数方程组的迭代解法
　　胡家赣　著　　　　　　　　　　　　　　科学出版社　1991年12月

005　映象与混沌
　　陈式刚　编著　　　　　　　　　　　　　国防工业出版社　1992年06月

006　再入遥测技术（上册）
　　谢铭勋　编著　　　　　　　　　　　　　国防工业出版社　1992年06月

007　再入遥测技术（下册）
　　谢铭勋　编著　　　　　　　　　　　　　国防工业出版社　1992年12月

008　高温辐射物理与量子辐射理论
　　李世昌　著　　　　　　　　　　　　　　国防工业出版社　1992年10月

009　粘性消去法和差分格式的粘性
　　郭柏灵　著　　　　　　　　　　　　　　科学出版社　1993年03月

010　无损检测技术及其应用
　　张俊哲　等　著　　　　　　　　　　　　科学出版社　1993年05月

011　半导体材料的辐射效应
　　曹建中　等　著　　　　　　　　　　　　科学出版社　1993年05月

012　炸药热分析
　　楚士晋　著　　　　　　　　　　　　　　科学出版社　1993年12月

013　脉冲辐射场诊断技术
　　刘庆兆　等　著　　　　　　　　　　　　科学出版社　1994年12月

014　放射性核素活度测量的方法和技术
　　古当长　著　　　　　　　　　　　　　　科学出版社　1994年12月

015　二维非定常流和激波
　　王继海　著　　　　　　　　　　　　　　科学出版社　1994年12月

016	抛物型方程差分方法引论		
	李德元 陈光南 著	科学出版社	1995年12月
017	特种结构分析		
	刘新民 韦日演 编著	国防工业出版社	1995年12月
018	理论爆轰物理		
	孙锦山 朱建士 著	国防工业出版社	1995年12月
019	可靠性维修性可用性评估手册		
	潘吉安 编著	国防工业出版社	1995年12月
020	脉冲辐射场测量数据处理与误差分析		
	陈元金 编著	国防工业出版社	1997年01月
021	近代成象技术与图象处理		
	吴世法 编著	国防工业出版社	1997年03月
022	一维流体力学差分方法		
	水鸿寿 著	国防工业出版社	1998年02月
023	抗辐射电子学——辐射效应及加固原理		
	赖祖武 等 编著	国防工业出版社	1998年07月
024	金属的环境氢脆及其试验技术		
	周德惠 谭云 编著	国防工业出版社	1998年12月
025	实验核物理测量中的粒子分辨		
	段绍节 编著	国防工业出版社	1999年06月
026	实验物态方程导引(第二版)		
	经福谦 著	科学出版社	1999年09月
027	无穷维动力系统		
	郭柏灵 著	国防工业出版社	2000年01月
028	真空吸取器设计及应用技术		
	单景德 编著	国防工业出版社	2000年01月
029	再入飞行器天线		
	金显盛 著	国防工业出版社	2000年03月
030	应用爆轰物理		
	孙承纬 卫玉章 周之奎 著	国防工业出版社	2000年12月
031	混沌的控制、同步与利用		
	王光瑞 于熙龄 陈式刚 编著	国防工业出版社	2000年12月
032	激光干涉测速技术		
	胡绍楼 著	国防工业出版社	2000年12月
033	气体炮原理及技术		
	王金贵 编著	国防工业出版社	2000年12月
034	一维不定常流与冲击波		
	李维新 编著	国防工业出版社	2001年05月

035	X 射线与真空紫外辐射源及其计量技术		
	孙景文　编著	国防工业出版社	2001 年 08 月
036	含能材料热谱集		
	董海山　胡荣祖　姚朴　张孝仪　编著	国防工业出版社	2001 年 10 月
037	材料中的氦及氚渗透		
	王佩璇　宋家树　编著	国防工业出版社	2002 年 04 月
038	高温等离子体 X 射线谱学		
	孙景文　编著	国防工业出版社	2003 年 01 月
039	激光核聚变靶物理基础		
	张钧　常铁强　著	国防工业出版社	2004 年 06 月
040	系统可靠性工程		
	金碧辉　主编	国防工业出版社	2004 年 06 月
041	核材料γ特征谱的测量和分析技术		
	田东风　龚健　伍钧　胡思得　编著	国防工业出版社	2004 年 06 月
042	高能激光系统		
	苏毅　万敏　编著	国防工业出版社	2004 年 06 月
043	近可积无穷维动力系统		
	郭柏灵　高平　陈瀚林　著	国防工业出版社	2004 年 06 月
044	半导体器件和集成电路的辐射效应		
	陈盘训　著	国防工业出版社	2004 年 06 月
045	高功率脉冲技术		
	刘锡三　编著	国防工业出版社	2004 年 08 月
046	热电池		
	陆瑞生　刘效疆　编著	国防工业出版社	2004 年 08 月
047	原子结构、碰撞与光谱理论		
	方泉玉　颜君　著	国防工业出版社	2006 年 01 月
048	非牛顿流动力系统		
	郭柏灵　林国广　尚亚东　著	国防工业出版社	2006 年 02 月
049	动高压原理与技术		
	经福谦　陈俊祥　主编	国防工业出版社	2006 年 03 月
050	直线感应电子加速器		
	邓建军　主编	国防工业出版社	2006 年 10 月
051	中子核反应激发函数		
	田东风　孙伟力　编著	国防工业出版社	2006 年 11 月
052	实验冲击波物理导引		
	谭华　著	国防工业出版社	2007 年 03 月
053	核军备控制核查技术概论		
	刘成安　伍钧　编著	国防工业出版社	2007 年 03 月

054	强流粒子束及其应用		
	刘锡三 著	国防工业出版社	2007 年 05 月
055	氚和氚的工程技术		
	蒋国强 罗德礼 陆光达 孙灵霞 编著	国防工业出版社	2007 年 11 月
056	中子学宏观实验		
	段绍节 编著	国防工业出版社	2008 年 05 月
057	高功率微波发生器原理		
	丁武 著	国防工业出版社	2008 年 05 月
058	等离子体中辐射输运和辐射流体力学		
	彭惠民 编著	国防工业出版社	2008 年 08 月
059	非平衡统计力学		
	陈式刚 编著	科学出版社	2010 年 02 月
060	高能硝胺炸药的热分解		
	舒远杰 著	国防工业出版社	2010 年 06 月
061	电磁脉冲导论		
	王泰春 贺云汉 王玉芝 著	国防工业出版社	2011 年 03 月
062	高功率超宽带电磁脉冲技术		
	孟凡宝 主编	国防工业出版社	2011 年 11 月
063	分数阶偏微分方程及其数值解		
	郭柏灵 蒲学科 黄凤辉 著	科学出版社	2011 年 11 月
064	快中子临界装置和脉冲堆实验物理		
	贺仁辅 邓门才 编著	国防工业出版社	2012 年 02 月
065	激光惯性约束聚变诊断学		
	温树槐 丁永坤 等 编著	国防工业出版社	2012 年 04 月
066	强激光场中的原子、分子与团簇		
	刘杰 夏勤智 傅立斌 著	科学出版社	2014 年 02 月
067	螺旋波动力学及其控制		
	王光瑞 袁国勇 著	科学出版社	2014 年 11 月
068	氚化学与工艺学		
	彭述明 王和义 主编	国防工业出版社	2015 年 04 月
069	微纳米含能材料		
	曾贵玉 聂福德 等 著	国防工业出版社	2015 年 05 月
070	迭代方法和预处理技术（上册）		
	谷同祥 安恒斌 刘兴平 徐小文 编著	科学出版社	2016 年 01 月
071	迭代方法和预处理技术（下册）		
	谷同祥 徐小文 刘兴平 安恒斌 杭旭登 编著	科学出版社	2016 年 01 月
072	放射性测量及其应用		
	蒙大桥 杨明太 主编	国防工业出版社	2018 年 01 月

073	核军备控制核查技术导论		
	刘恭梁　解　东　朱剑钰　编著	中国原子能出版社	2018 年 01 月
074	实验冲击波物理		
	谭　华　著	国防工业出版社	2018 年 05 月
075	粒子输运问题的蒙特卡罗模拟方法与应用(上册)		
	邓　力　李　刚　著	科学出版社	2019 年 06 月
076	核能未来与 Z 箍缩驱动聚变裂变混合堆		
	彭先觉　刘成安　师学明　著	国防工业出版社	2019 年 12 月
077	海水提铀		
	汪小琳　文　君　著	科学出版社	2020 年 12 月
078	装药化爆安全性		
	刘仓理　等　编著	科学出版社	2021 年 01 月
079	炸药晶态控制与表征		
	黄　明　段晓惠　编著	西北工业大学出版社	2020 年 11 月
080	跟踪引导计算与瞄准偏置理论		
	游安清　张家如　著	西南交通大学出版社	2022 年 08 月
081	复杂介质动理学		
	许爱国　张玉东　著	科学出版社	2022 年 11 月
082	金属铀氢化腐蚀		
	汪小琳　著	科学出版社	2023 年 05 月
083	高能 X 射线闪光照相及其图像处理		
	许海波　刘　军　施将君　编著	国防工业出版社	2024 年 01 月

前言

　　高能 X 射线闪光照相是利用加速器产生的短脉冲 X 射线对高速运动的致密客体进行瞬时透视照相,并根据透视图像推断客体的几何结构和密度分布的技术。它是流体动力学试验等快速瞬变过程不可缺少的定量诊断工具,涉及的照相环境复杂,问题不适定性强,需要在不断提高照相装置能力的同时,对闪光照相物理全过程有良好的掌握,并且有适用于高能 X 射线闪光照相的图像复原和密度重建方法。本书是根据高能 X 射线闪光照相技术多年来的发展和国内外研究成果,结合切身工作经验,针对应用背景和发展需求,经过整理凝练而成的。需要指出,本书得益于中国工程物理研究院流体物理研究所和北京应用物理与计算数学研究所高能闪光照相团队之间良好的学术交流氛围,学术上的民主激发了研究动力和灵感,许多观点都是在讨论的基础上整理而成的,可以说是集体智慧的结晶,集中体现了高能闪光照相团队近 30 年来的研究成果。

　　闪光照相技术涉及核物理、光电子学、图像处理、粒子输运、辐射探测等学科知识,本书有针对性地将各学科相关知识进行融合,力求深入浅出、概念清晰。本书将理论分析、数值模拟、数学方法、实验测量技术紧密结合,系统阐述了高能 X 射线闪光照相的基本理论、实验技术及图像处理技术,为从事高能粒子照相理论研究、图像处理研究和实验技术研究的科技工作者提供了一本较为系统的参考书,也可作为相关专业大学生和研究生的参考读物。

　　第 1 章介绍了高能 X 射线照相技术的基本原理、装置的发展及国内外研究概况。第 2 章介绍了高能 X 射线闪光照相的物理基础,主要涉及电子与物质相互作用、X 射线与物质相互作用、照射量的相关知识。第 3 章论述了由电子束击靶产生的轫致辐射源的性能,光源尺寸与能谱的测量方法。第 4 章介绍了高能 X 射线闪光照相的图像探测系统,包括屏-片接收系统和 CCD 接收系统。第 5 章对高能 X 射线闪光照相系统的散射问题做了详细的论述和解析推导,重点讨论了降低散射与扣除散射的方法和技术。第 6 章阐述了实验布局优化的物理思想。第 7 章介绍了用于高能 X 射线照相的图像复原技术,主要涉及图像处理中的去噪声、去模糊、边缘检测方法。第 8 章详细论述了密度重建方法及其在高能 X 射线照相中的应用,探索了密度重建的不确定性估计与少数投影数据的三维密度重建方法。

本书是作者在中国工程物理研究院长期从事高能 X 射线闪光照相与图像处理研究及研究生教学工作的基础上撰编的一本专著。本书的第 1 章、第 7 章和第 8 章由许海波撰写，第 2 章由施将君撰写，第 3 章由刘军撰写，第 4 章、第 5 章和第 6 章由许海波、刘军、施将君共同撰写。许海波负责全书的统稿工作。

本书的写作得到了许多同事的帮助，胡晓棉院士、胡海波研究员、魏素花研究员、刘文杰研究员、王文远研究员、管永红研究员、王鹏来研究员、孔令海博士、贾清刚博士、陈坤博士、祁双喜副研究员、景越峰副研究员、吴建华副研究员、肖智强副研究员、彭现科副研究员、佘若谷副研究员等从不同角度为本书提供了一些原始素材或启发。刘进博士、郑娜博士、李兴娥博士仔细阅读了书稿，给出了许多建议并补充了一些数值实验算例。在此对他们表示衷心的感谢。同时，本书部分章节内容参考、引用了国内外相关研究成果，在此对相关作者表示感谢。

非常感谢中国原子能科学研究院核技术应用研究所王国保研究员、中国工程物理研究院流体物理研究所彭其先研究员对本书的审阅以及提出宝贵的建议。

本书的出版得到了《中国工程物理研究院科技丛书》出版基金的资助。感谢国防工业出版社于航编辑、《中国工程物理研究院科技丛书》编辑部刘玉娜编辑为本书的顺利出版付出的辛勤劳动。

由于作者科研工作方向及水平所限，书中不足之处在所难免，恳切希望专家、学者和广大读者批评、指正。

作者

2023 年 3 月

目 录

- 第 1 章 绪论 ·· 001
  - 1.1 辐射照相概述 ·· 001
    - 1.1.1 X 射线照相及其应用 ··· 001
    - 1.1.2 X 射线闪光照相 ··· 003
  - 1.2 高能 X 射线闪光照相 ··· 003
    - 1.2.1 研究背景及意义 ··· 003
    - 1.2.2 基本原理 ·· 004
  - 1.3 高能 X 射线闪光照相装置 ·· 006
    - 1.3.1 国外高能 X 射线闪光照相装置 ································· 006
    - 1.3.2 我国高能 X 射线闪光照相装置 ································· 012
  - 1.4 高能 X 射线闪光照相的研究概况 ····································· 012
  - 参考文献 ·· 016

- 第 2 章 高能 X 射线照相的物理基础 ·· 020
  - 2.1 电子与物质的相互作用 ··· 020
    - 2.1.1 带电粒子与物质的相互作用概述 ······························· 020
    - 2.1.2 电子的电离能量损失 ·· 022
    - 2.1.3 电子的辐射能量损失 ·· 022
    - 2.1.4 电子的射程 ··· 025
  - 2.2 光子与物质的相互作用 ··· 027
    - 2.2.1 光电效应 ·· 028
    - 2.2.2 康普顿效应 ··· 030
    - 2.2.3 电子对产生 ··· 035
    - 2.2.4 瑞利散射 ·· 037
    - 2.2.5 光核反应 ·· 038

2.3 窄束单能 X 射线的衰减 ······ 039
2.3.1 线衰减系数和质量衰减系数 ······ 039
2.3.2 能量转移系数和能量吸收系数 ······ 041

2.4 照射量与吸收剂量 ······ 042
2.4.1 照射量 ······ 042
2.4.2 照射量与能通量的关系 ······ 043
2.4.3 吸收剂量 ······ 045
2.4.4 照射量的测量方法 ······ 046
2.4.5 吸收剂量的测量方法 ······ 050

参考文献 ······ 053

第 3 章 高能 X 射线源 ······ 055

3.1 韧致辐射 ······ 055
3.1.1 韧致辐射转换靶 ······ 055
3.1.2 厚靶韧致辐射角分布 ······ 056
3.1.3 Martin 公式 ······ 057

3.2 击靶电子束的特性 ······ 058
3.2.1 电子束的发射度 ······ 058
3.2.2 电子束分布及其抽样 ······ 059
3.2.3 电子束参量对光源照射量的影响 ······ 062
3.2.4 电子束参量对照射量分布的影响 ······ 063
3.2.5 光源尺寸与电子束斑尺寸的关系 ······ 065

3.3 光源焦斑的描述 ······ 066
3.3.1 光源的分布函数 ······ 066
3.3.2 光源的焦斑尺寸 ······ 067

3.4 光源的数值模拟 ······ 071
3.4.1 转换靶的厚度 ······ 071
3.4.2 韧致辐射光子、出射电子和光中子的产额 ······ 072
3.4.3 韧致辐射光子、出射电子和光中子的能谱和角分布 ······ 072
3.4.4 模拟结果与实验结果的比较 ······ 074

3.5 光源尺寸的测量方法 ······ 075
3.5.1 测量原理 ······ 075
3.5.2 可见光光源的针孔法和狭缝法测量 ······ 076
3.5.3 高能 X 射线源的针孔法和狭缝法测量 ······ 079
3.5.4 刃边法 ······ 084
3.5.5 滚边法 ······ 090
3.5.6 焦斑测量方法的适用性 ······ 094

3.6 光源能谱的测量方法 ······ 098
3.6.1 吸收法 ······ 098

3.6.2　康普顿谱仪法 …………………………………………………… 100
　参考文献 ……………………………………………………………………… 103

第 4 章　图像接收系统 …………………………………………………… 106

4.1　图像探测原理 ……………………………………………………………… 106
4.2　屏-片接收系统 …………………………………………………………… 107
　　4.2.1　照相胶片 …………………………………………………………… 107
　　4.2.2　H-D 曲线 …………………………………………………………… 109
　　4.2.3　胶片的感光特性 …………………………………………………… 111
　　4.2.4　增感屏-胶片系统 ………………………………………………… 112
　　4.2.5　金属增感屏的增感效应 …………………………………………… 115
　　4.2.6　H-D 曲线的测量技术 ……………………………………………… 117
4.3　CCD 接收系统 …………………………………………………………… 120
　　4.3.1　CCD 接收系统简介 ………………………………………………… 120
　　4.3.2　转换屏模糊效应的物理分析 ……………………………………… 122
　　4.3.3　阵列屏非均匀响应的校正方法 …………………………………… 125
　　4.3.4　CCD 接收系统的特性曲线 ………………………………………… 127
　　4.3.5　CCD 相机的灵敏度 ………………………………………………… 128
　　4.3.6　DARHT 照相机 …………………………………………………… 129
4.4　可见光的输运特性 ……………………………………………………… 132
　　4.4.1　可见光输运的物理建模 …………………………………………… 132
　　4.4.2　可见光输运的数值模拟程序 ……………………………………… 134
　　4.4.3　数值模拟程序的验证 ……………………………………………… 135
4.5　接收系统成像性能的数值模拟 ………………………………………… 137
　　4.5.1　图像接收系统中的能量沉积 ……………………………………… 137
　　4.5.2　屏-片接收系统的数值模拟 ……………………………………… 141
　　4.5.3　CCD 接收系统的数值模拟 ………………………………………… 148
　参考文献 ……………………………………………………………………… 151

第 5 章　散射的物理规律 ………………………………………………… 153

5.1　散射照射量及其影响 …………………………………………………… 153
5.2　一次散射规律的解析分析 ……………………………………………… 154
　　5.2.1　平板模型 …………………………………………………………… 154
　　5.2.2　球模型 ……………………………………………………………… 156
5.3　照相系统中各部件的散射分析 ………………………………………… 158
　　5.3.1　客体的散射 ………………………………………………………… 158
　　5.3.2　探测器保护器件的散射 …………………………………………… 159
　　5.3.3　客体和探测器保护器件系统的直散比 …………………………… 160
　　5.3.4　客体和探测器保护器件对散射贡献的分层分析 ………………… 160

5.4 主准直器 ... 162
5.4.1 主准直器的设计方法 ... 162
5.4.2 减小散射的方法 ... 163
5.5 附加准直器 ... 165
5.5.1 附加准直器的设计方法 ... 165
5.5.2 附加准直器的降散射效果 ... 167
5.6 多孔精细网栅 ... 170
5.6.1 多孔精细网栅技术 ... 171
5.6.2 网栅参数的确定方法 ... 174
5.6.3 网栅失聚焦对图像的影响 ... 175
5.6.4 网栅的加工制造 ... 179
5.7 散射量的确定 ... 181
5.7.1 客体结构与散射照射量的关系 ... 181
5.7.2 动态实验中散射照射量的确定 ... 184
参考文献 ... 184

第6章 照相系统的优化设计 ... 186
6.1 最佳照相布局 ... 186
6.1.1 高能 X 射线闪光照相的图像模糊 ... 186
6.1.2 最佳放大比 ... 187
6.1.3 图像品质的评定方法 ... 188
6.2 高能 X 射线闪光照相装置的诊断能力 ... 189
6.2.1 闪光机的技术指标要求 ... 189
6.2.2 面密度测量的不确定性分析 ... 190
6.2.3 大放大比照相布局 ... 192
6.3 以散射分布均匀为目标的照相系统设计 ... 192
6.3.1 散射分布均匀性的定义 ... 192
6.3.2 散射均匀性的影响因素分析 ... 193
6.4 近客体准直器的成像规律 ... 198
6.5 基于网栅相机的透射率图像 ... 201
6.5.1 基于网栅相机的成像公式 ... 202
6.5.2 网栅相机的性能分析 ... 203
参考文献 ... 206

第7章 图像处理方法及应用 ... 207
7.1 图像复原概述 ... 207
7.1.1 图像退化模型 ... 207
7.1.2 图像复原方法简介 ... 208
7.1.3 图像复原质量的评价指标 ... 209

7.2 图像噪声及去噪声方法 210
    7.2.1 噪声模型 210
    7.2.2 屏-片接收系统的噪声 211
    7.2.3 CCD 接收系统的噪声 213
    7.2.4 噪声滤波器 214
    7.2.5 基于扩散方程的去噪声方法 217

7.3 图像模糊及去模糊方法 222
    7.3.1 图像模糊 222
    7.3.2 经典的图像去模糊方法 223
    7.3.3 迭代盲反卷积方法 225
    7.3.4 混合噪声下的图像去模糊方法 227

7.4 边缘检测 231
    7.4.1 图像边缘及检测的基本概念 231
    7.4.2 经典的边缘检测方法 233
    7.4.3 结合新的数学工具的边缘检测方法 239
    7.4.4 基于人工智能的边缘检测方法 241

7.5 界面位置确定方法 242
    7.5.1 图像的界面偏移量 242
    7.5.2 界面检测及界面偏移量的确定 243
    7.5.3 动态样品的界面位置确定 244
    7.5.4 界面位置的不确定度估计 245

参考文献 246

第 8 章 密度重建方法及应用 248

8.1 图像投影重建 248
    8.1.1 投影重建原理 248
    8.1.2 密度重建算法简介 249
    8.1.3 高能 X 射线密度重建的物理方案 250

8.2 傅里叶逆变换重建算法 252

8.3 滤波反投影重建算法 253
    8.3.1 平行束滤波反投影算法 253
    8.3.2 扇形束滤波反投影算法 255

8.4 代数重建算法 259
    8.4.1 代数重建模型 259
    8.4.2 平行束采样的投影矩阵 260
    8.4.3 扇形束采样的投影矩阵 261
    8.4.4 锥形束采样的投影矩阵 262

8.5 轴对称物体的密度重建 264
    8.5.1 阿贝尔逆变换 265

		8.5.2	贝叶斯方法 ··	267

        8.5.2 贝叶斯方法 ·· 267
        8.5.3 迭代求解技术 ·· 269
  8.6 密度重建的正则化方法 ··· 270
        8.6.1 正则化方法 ·· 270
        8.6.2 密度重建的正则化方法 ·· 271
        8.6.3 不同正则化模型的密度重建 ··· 275
        8.6.4 高阶全变分正则化模型 ·· 277
  8.7 基于约束共轭梯度的非线性密度重建方法 ······························ 278
        8.7.1 非线性密度重建模型 ··· 278
        8.7.2 非线性共轭梯度算法 ··· 279
        8.7.3 约束共轭梯度算法及数值实验 ····································· 280
        8.7.4 HADES-CCG 算法 ··· 281
  8.8 基于 MCMC 方法的密度重建及其不确定性估计 ···················· 283
        8.8.1 MCMC 方法 ·· 283
        8.8.2 光程测量的不确定度 ··· 286
        8.8.3 数值实验 ·· 287
  8.9 少数投影数据的三维密度重建方法 ··· 293
        8.9.1 贝叶斯推理引擎 ·· 293
        8.9.2 压缩感知方法 ·· 296

参考文献 ··· 303

Contents

Chapter 1　Introduction ······ 001
　1.1　Summary of Radiography ······ 001
　　1.1.1　X–ray Radiography and Its Application ······ 001
　　1.1.2　X–ray Flash Radiography ······ 003
　1.2　High–energy X–ray Flash Radiography ······ 003
　　1.2.1　Background and Significance ······ 003
　　1.2.2　Fundamental Principle ······ 004
　1.3　High–energy X–ray Flash Facility ······ 006
　　1.3.1　High–energy X–ray Flash Facility at Abroad ······ 006
　　1.3.2　High–energy X–ray Flash Facility in Our Country ······ 012
　1.4　Overview Research in High–energy X–ray Flash Radiography ······ 012
　References ······ 016

Chapter 2　Physical Foundation of High–energy X–ray Radiography ······ 020
　2.1　Interaction of Electron with Matter ······ 020
　　2.1.1　Summary of the Interaction of Charged Particle with Matter ······ 020
　　2.1.2　Ionization Energy Loss of Electron ······ 022
　　2.1.3　Radiation Energy Loss of Electron ······ 022
　　2.1.4　Range of Electron ······ 025
　2.2　Interaction of Photon with Matter ······ 027
　　2.2.1　Photoelectric Effect ······ 028
　　2.2.2　Compton Effect ······ 030
　　2.2.3　Pair Production ······ 035
　　2.2.4　Rayleigh Scatter ······ 037
　　2.2.5　Photonuclear Reaction ······ 038
　2.3　Attenuation of Narrow Mono–energy X–ray Beam ······ 039
　　2.3.1　Linear Attenuation Coefficient and Mass Attenuation Coefficient ······ 039
　　2.3.2　Energy Transfer Coefficient and Absorption Coefficient ······ 041
　2.4　Exposure and Dose ······ 042
　　2.4.1　Exposure ······ 042
　　2.4.2　Relation Between Exposure and Energy Flux ······ 043
　　2.4.3　Dose ······ 045
　　2.4.4　Measurement Methods of Exposure ······ 046

| | | 2.4.5 | Measurement Methods of Dose | 050 |
| | References | | | 053 |

Chapter 3 High-energy X-ray Source — 055

- 3.1 Bremsstrahlung — 055
  - 3.1.1 Converted Target of Bremsstrahlung — 055
  - 3.1.2 Angular Distribution of Bremsstrahlung from Thick Target — 056
  - 3.1.3 Martin Formula — 057
- 3.2 Characteristic of Electron Beam Striking Target — 058
  - 3.2.1 Emittance of Electron Beam — 058
  - 3.2.2 Distribution and Sampling of Electron Beam — 059
  - 3.2.3 Effects of Electron Beam Parameters on Exposure of Source — 062
  - 3.2.4 Effects of Electron Beam Parameters on Exposure Distribution — 063
  - 3.2.5 Relation Between Source Size and Electron Beam Size — 065
- 3.3 Description of Source Spots — 066
  - 3.3.1 Distribution Function of Source — 066
  - 3.3.2 Spot Size of Source — 067
- 3.4 Simulations of Source — 071
  - 3.4.1 Thickness of Target — 071
  - 3.4.2 Yields of Bremsstrahlung Photons, Emitted Electrons and Photoneutrons — 072
  - 3.4.3 Energy Spectra and Angular Distributions of Bremsstrahlung Photons, Emitted Electrons and Photoneutrons — 072
  - 3.4.4 Comparison Between Simulations and Experiments — 074
- 3.5 Measurement Methods of Spot Size — 075
  - 3.5.1 Measurement Principle — 075
  - 3.5.2 Pinhole and Slit Methods for Light Photon Source Measurement — 076
  - 3.5.3 Pinhole and Slit Methods for High-energy X-ray Source Measurement — 079
  - 3.5.4 Knife Edge Method — 084
  - 3.5.5 Rollbar Method — 090
  - 3.5.6 Applicability of Measurement Methods of Spot — 094
- 3.6 Measurement Methods of Source Spectrum — 098
  - 3.6.1 Absorption Method — 098
  - 3.6.2 Compton Spectrometer Method — 100
- References — 103

Chapter 4 Image Receiving System — 106

- 4.1 Principles of Image Detection — 106
- 4.2 Screen-Film Receiving System — 107
  - 4.2.1 Film — 107

4.2.2	H – D Curve	109
4.2.3	Characteristic of Sensitivity of X – ray Films	111
4.2.4	Intensifying Screen – Film System	112
4.2.5	Intensifying Effect for Metal Screen	115
4.2.6	Measurement Technique of H – D Curve	117
4.3 CCD Receiving System		120
4.3.1	Survey of CCD Receiving System	120
4.3.2	Physical Analysis of Blurring Effect for Converted Screen	122
4.3.3	Correction Method of Non – uniformity Response for Scintillator Arrays	125
4.3.4	Characteristic Curve of CCD Receiving System	127
4.3.5	Sensitivity of CCD Camera	128
4.3.6	DARHT Camera	129
4.4 Transport Properties of Light Photons		132
4.4.1	Physical Model of Light Photon Transport	132
4.4.2	Simulation Code of Light Photon Transport	134
4.4.3	Verification of Simulation Code	135
4.5 Simulation of Imaging Property in Receiving System		137
4.5.1	Energy Deposition in Image Receiving System	137
4.5.2	Simulation for Screen – Film Receiving System	141
4.5.3	Simulation for CCD Receiving System	148
References		151

Chapter 5 Physical Laws of Scatter ········ 153

- 5.1 Scatter Exposure and Its Influence ········ 153
- 5.2 Analytical Expression of Single Scatter ········ 154
  - 5.2.1 Flat Model ········ 154
  - 5.2.2 Sphere Model ········ 156
- 5.3 Scatter Analysis of Components in Radiographic System ········ 158
  - 5.3.1 Scatter of Object ········ 158
  - 5.3.2 Scatter of Detector Shield Assembly ········ 159
  - 5.3.3 DSR of Object and Detector Shield Assembly ········ 160
  - 5.3.4 Layered Analysis of Scatter About Object and Detector Shield Assembly ········ 160
- 5.4 Main Collimator ········ 162
  - 5.4.1 Design Method of Main Collimator ········ 162
  - 5.4.2 Methods for Decreasing Scatter ········ 163
- 5.5 Added Collimator ········ 165
  - 5.5.1 Design Method of Added Collimator ········ 165
  - 5.5.2 Impression of Decreasing Scatter of Added Collimator ········ 167

5.6 Multi-hole Fine Grid ……………………………………………………………… 170
　　5.6.1 Multi-hole Fine Grid Technique ……………………………………… 171
　　5.6.2 Determination of Grid Parameters …………………………………… 174
　　5.6.3 Influence of Source Out of the Grid ………………………………… 175
　　5.6.4 Grid Manufacture ……………………………………………………… 179
5.7 Determination of Scatter Exposure ……………………………………………… 181
　　5.7.1 Relation Between Object Structure and Scatter Exposure ………… 181
　　5.7.2 Determination of Scatter Exposure in Dynamic Experiment ……… 184
References ………………………………………………………………………………… 184

Chapter 6　Optimization Design of Radiographic System ……………………… 186

6.1 Optimal Radiographic Layout …………………………………………………… 186
　　6.1.1 Image Blur in High-energy X-ray Flash Radiography …………… 186
　　6.1.2 Optimal Magnification Ratio ………………………………………… 187
　　6.1.3 Assessment Method of Figure of Merit ……………………………… 188
6.2 Diagnosing Ability in High-energy X-ray Flash Radiography ……………… 189
　　6.2.1 Technic Index of Flash Machine ……………………………………… 189
　　6.2.2 Analysis on Uncertainty of Areal Density Measurement ………… 190
　　6.2.3 Radiographic Layout with Larger Magnification Ratio …………… 192
6.3 Design of Radiographic System for Uniformity of Scatter Distribution …… 192
　　6.3.1 Definition for Uniformity of Scatter Distribution …………………… 192
　　6.3.2 Analysis for Effect Factors of Scatter Uniformity …………………… 193
6.4 Imaging Law for Collimator Located Near the Object ……………………… 198
6.5 Transmission Image Based on Grid Camera ………………………………… 201
　　6.5.1 Imaging Formula of Grid Camera …………………………………… 202
　　6.5.2 Performance Analysis for Grid Camera ……………………………… 203
References ………………………………………………………………………………… 206

Chapter 7　Image Processing Methods and Its Application ……………………… 207

7.1 Summary of Image Restoration ………………………………………………… 207
　　7.1.1 Image Degradation Model …………………………………………… 207
　　7.1.2 Survey of Image Restoration Methods ……………………………… 208
　　7.1.3 Evaluation Index of Image Restoration Quality …………………… 209
7.2 Image Noise and Denoising Algorithms ……………………………………… 210
　　7.2.1 Noise Models …………………………………………………………… 210
　　7.2.2 Noise of Screen-Film System ………………………………………… 211
　　7.2.3 Noise of CCD System ………………………………………………… 213
　　7.2.4 Noise Filter ……………………………………………………………… 214
　　7.2.5 Denoising Algorithm Based on Diffusion Equation ………………… 217
7.3 Image Blur and Deblurring Algorithms ………………………………………… 222
　　7.3.1 Blur of Image …………………………………………………………… 222

  7.3.2 Classical Image Deblurring Algorithms ·········· 223
  7.3.3 Iterative Blind Deconvolution Algorithm ·········· 225
  7.3.4 Image Deblurring Algorithms in the Presence of Mixed Noise ·········· 227
 7.4 Edge Detection ·········· 231
  7.4.1 Basic Concepts of Image Edge and Edge Detection ·········· 231
  7.4.2 Classical Edge Detection Algorithms ·········· 233
  7.4.3 Edge Detection Algorithms Combining New Mathematic Tools ·········· 239
  7.4.4 Edge Detection Algorithms Based on Artificial Intelligence ·········· 241
 7.5 Determination Methods of Interface Position ·········· 242
  7.5.1 Interface Offset of Image ·········· 242
  7.5.2 Interface Detection and Determination of offset ·········· 243
  7.5.3 Determination of Interface Position for Dynamic Sample ·········· 244
  7.5.4 Uncertainty Estimation of Interface Position ·········· 245
 References ·········· 246

Chapter 8 Density Reconstruction Methods and Their Applications ·········· 248

 8.1 Image Projection Reconstruction ·········· 248
  8.1.1 Principle of Projection Reconstruction ·········· 248
  8.1.2 Survey of Density Reconstruction Methods ·········· 249
  8.1.3 Physical Projects of Density Reconstruction in High-energy X-ray Flash Radiography ·········· 250
 8.2 Fourier Inversion Reconstruction Algorithm ·········· 252
 8.3 Filtered Back Projection Reconstruction Algorithm ·········· 253
  8.3.1 FBP for Parallel Beam ·········· 253
  8.3.2 FBP for Fan Beam ·········· 255
 8.4 Algebraic Reconstruction Algorithm ·········· 259
  8.4.1 Algebraic Reconstruction Technique ·········· 259
  8.4.2 Projection Matrix for Parallel Beam ·········· 260
  8.4.3 Projection Matrix for Fan Beam ·········· 261
  8.4.4 Projection Matrix for Cone Beam ·········· 262
 8.5 Density Reconstruction for Axially Symmetric Object ·········· 264
  8.5.1 Abel Inversion ·········· 265
  8.5.2 Bayesian Approach ·········· 267
  8.5.3 Iterative Solution Technique ·········· 269
 8.6 Regularization Approach for Density Reconstruction ·········· 270
  8.6.1 Regularization Approach ·········· 270
  8.6.2 Regularization Approach for Density Reconstruction ·········· 271
  8.6.3 Density Reconstructions from Different Regularization Models ·········· 275
  8.6.4 High Order Total Variation Regularization Models ·········· 277

8.7 Nonlinear Density Reconstruction Methods Based on Constrained
Conjugate Gradient ·· 278
  8.7.1 Nonlinear Density Reconstruction Model ······················· 278
  8.7.2 Nonlinear Conjugate Gradient Algorithm ························ 279
  8.7.3 Constrained Conjugate Gradient Algorithm and
        Numerical Experiments ·· 280
  8.7.4 HADES – CCG Algorithm ·· 281
8.8 Density Reconstruction and Uncertainty Quantification Using
MCMC Method ··· 283
  8.8.1 MCMC Method ··· 283
  8.8.2 Uncertainty of Optical Length Measurement ··················· 286
  8.8.3 Numerical Experiments ··· 287
8.9 Three – dimensional Density Reconstruction Methods from Few Views ········· 293
  8.9.1 Bayes Inference Engine ··· 293
  8.9.2 Compressed Sensing Approach ····································· 296
References ··· 303

第1章　绪　论

1.1　辐射照相概述

辐射(radiation)是指以波或粒子的形式向周围空间或物质发射并在其中传播能量的统称,通常又称射线(ray)。利用对辐射场空间分布的测量来确定客体的内部结构和组成的技术,即为辐射照相或辐射成像。辐射成像可以分为两类:①透射型辐射成像,利用射线在穿透客体不同部位时衰减的差异,得到客体密度或厚度的分布,如X射线透视成像、X射线和γ射线探伤,以及X射线计算机断层成像(X-ray computed tomography,XCT)等;②发射型辐射成像,将具有放射性的离子注入物体内部,并形成部位的聚集,在物体外测量其放射出来的量,得到离子在物体内的分布,如单光子发射断层成像(single photon emission computed tomography,SPECT)、正电子发射断层成像(positron emission tomography,PET)等。本书主要论述透射型X射线成像。

1.1.1　X射线照相及其应用

X射线和γ射线照相是现代医学和工业中应用最广的辐射照相技术。辐射源可以是γ射线源,但更多的是X射线源。γ射线是核能级之间跃迁或正、反粒子湮灭过程中产生的电磁辐射,其能量在几十keV到几MeV之间。X射线是原子的壳层电子跃迁过程中或带电粒子在原子核库仑场中慢化时产生的电磁辐射,前者称为特征X射线,其能量在几十eV到一百多keV之间,后者称为韧致辐射(bremsstrahlung),能量在几十keV到几十MeV之间。韧致辐射源应用更为广泛,包括X射线管和电子加速器等产生的X射线,适合不同的被测物质和透射深度要求。

X射线又称X光,1895年,德国物理学家伦琴(Röntgen)在研究阴极射线时意外发现了它,并发表了题为《论一种新的射线》的论文[1],在文中公布了用X射线拍摄的人类历史上第一张X射线照片——伦琴夫人的手骨照片。为了纪念它的发现者,X射线被正式命名为伦琴射线。X射线从其被发现伊始就注定了它与医学的不解之缘。一个多世纪以来,医院放射科应用的大多是X射线照相,如胸部透视、断肢检查或牙齿拍片等。这种技术之所以能够帮助诊断,是因为被检查的组织能显示出适当的辐射影像对比度。骨骼能强烈地吸收X射线,因而骨折部位或者龋齿可以立即被显示出来。正常的充满空气的肺叶易于透过X射线,而肺炎病人的充满积液的病灶部位则不易透过X射线。在医学成像中,X射线需要穿过每平方厘米几十克的类水物质,利用平均能量为50keV的X射线照相,X射线穿过10cm时的通量衰减为初始通量的1/10,能够得到对比度较高的图像。

在工业领域,利用 X 射线照相可以诊断出材料或器件的损伤位置和程度,即"工业探伤",这一技术已广泛应用于冶金、航天等领域。另外,随着国际上反恐怖活动的开展,世界各国都加强了对海关、机场、车站等场所的人流、行李和货物中的易燃易爆危险品、刀枪武器的缉查工作。工业损伤和海关集装箱领域被检测物体的密度、厚度和扫描视场较大,因而一般选用能量较高的电子加速器或高强度的 γ 放射源。利用平均能量为 500keV 的 X 射线照相,X 射线通量通过 3.5cm 厚的钢时衰减为初始通量的 1/10。对于较厚的物体探测,所用的电子加速器能量可以达到 15MeV。对较薄的物体探测,也可以用能量仅为数百 keV 的普通 X 射线机。

X 射线影像其实就是 X 射线的衰减系数图,它在很大程度上依赖于衰减物质的化学成分和物理状态,因此,从 X 射线影像能够得到物体的几何形态和物理特征信息。从发射源射出的射线穿透物体到达探测器,射线在通过物体时被物体吸收了一部分,而余下部分被探测器接收。一般来讲,粒子(X 射线、γ 射线、中子、质子)的辐射成像服从比尔-朗伯(Beer-Lambert)定律。通过研究粒子穿过无限小厚度 Δl 的极薄物体中的输运现象可以得到比尔-朗伯定律[2]。在这种情况下,一个粒子穿过物体而不发生相互作用的概率为 $1 - \Delta l/\lambda$。其中,λ 为粒子在物体中的平均自由程(mean free path)。对于粒子穿过有限厚度 l 的物体,不发生相互作用的概率为

$$\lim_{n \to \infty} \left(1 - \frac{l}{\lambda n}\right)^n = \exp\left(\frac{l}{\lambda}\right) \tag{1.1}$$

因此,如果有 N_0 个光子入射到物体上,没有发生相互作用的平均光子数 N 为

$$N = N_0 \exp(-l/\lambda) \tag{1.2}$$

式(1.2)为比尔-朗伯定律的表达式。对于密度变化的物体,该式写为

$$N = N_0 \exp\left[-\int_0^d \frac{\mathrm{d}l}{\lambda(l)}\right] \tag{1.3}$$

式中:$L = \int_0^d \mathrm{d}l/\lambda(l)$ 为粒子穿过物体的光程(optical length)。

由于物体各部分对射线的衰减不同,因此探测器获得的射线强度实际上反映了物体各部分对射线的衰减情况。

射线检测是从 X 射线和 γ 射线开始的,除了 X 射线和 γ 射线之外,其他微观粒子,比如中子、电子、质子、α 粒子等,也能穿透一定厚度的物体,并使照相胶片感光而起到成像的作用。中子透射照相基本原理与 X 射线和 γ 射线照相类似,均是通过探测穿过被检物体后的强度分布来揭示物体内部结构或缺陷的[3-4]。相比于 X 射线和 γ 射线,中子对多数金属的穿透能力强,而对某些轻材料(如 H、D、Li 等)却具有较大的作用截面,由于中子与物质作用规律的特殊性,使得中子成像在某些材料的检测中成为 X 射线和 γ 射线成像等其他无损检测技术的有益补充。

随着成像技术的不断发展,带电粒子(电子、质子、重离子等)照相技术也逐步走向成熟,但是由于带电粒子穿过物体时的衰减过程比较复杂,特别是库仑散射导致的空间分辨率下降,限制了带电粒子照相的应用。随着磁透镜聚焦技术在质子照相中的使用,成像的空间分辨率得到了大幅提高[5]。近 20 年来,带电粒子照相技术的发展十分迅速。

1.1.2　X射线闪光照相

X射线照相的曝光时间与被测物体的特征运动时间密切相关。对于医学成像,这个时间由呼吸或心跳决定,大约在几分之一秒;对于工业无损探伤,曝光时间由被测材料故障的演化时间决定,可能从几分钟到几小时不等;对于高速运动物体(如弹体的运动、炸药的爆炸、破甲射流、流体动力学试验等)的观测,被测物体以每秒几千米的速度高速运动,需要几十纳秒的曝光时间,图像的运动模糊才可以忽略。由于得到的图像只是高速运动过程的一个瞬间图像,曝光时间极短,人们就把这一成像技术称为闪光X射线照相(flash X-ray radiography,FXR)或X射线闪光照相[6]。

常规X射线照相装置的曝光时间是以秒计算的,其管电流为毫安量级。X射线闪光照相装置必须使用高压脉冲发生器及闪光X射线管,曝光时间为几十纳秒,而且为满足照相的剂量要求,管电流应达到千安量级,剂量率达到10^8Gy/s。

X射线闪光照相可以透视高速运动物质的结构、状态及演化过程,是流体动力学试验等快速瞬变过程不可缺少的重要诊断工具,广泛用于研究冲击加载下物质内部结构的瞬态演化过程,在爆轰物理、高速侵彻等方面有广泛应用。根据研究对象的密度和几何尺寸的不同,需要X射线的能量也不同。对于弹体的运动、炸药的爆炸、破甲射流等过程的观测,需要X射线的平均能量一般小于1MeV,习惯上称为中低能X射线闪光照相;而对于光程更大物体的动态演化过程的观测,需要X射线的平均能量一般为4MeV,习惯上称为高能X射线闪光照相[7]。本书主要研究光程很大的物体的动态演化过程。因此,所涉及的粒子束能量和强度都很高,需要高能强流加速器。

1.2　高能X射线闪光照相

1.2.1　研究背景及意义

粒子照相是利用粒子对物质具有穿透能力来诊断物质内部结构和物理性质的一种测量技术。早在20世纪40年代,美国物理学家就开始研究粒子闪光照相,包括X射线照相、质子照相、中子照相和μ介子照相等。只是20世纪70年代之前的技术尚无法将强子(质子、中子和各种介子)加速到实现诊断流体动力学试验所要求的能量和强度,而X射线却可以由高能电子与高原子序数材料(钨、钽等)间的韧致辐射相互作用产生,因此,首先采用X射线闪光照相技术来诊断物体的内部结构。借助于高能X射线的强穿透能力,人们把经加速器加速的高能电子撞击高原子序数金属靶产生的脉冲韧致辐射X射线应用于流体动力学试验的诊断[8],获得高速运动物体瞬态结构的直观图像。

高能X射线闪光照相有两个显著特点:首先,照相客体是具有很大几何尺寸的高密度物质,X射线要穿透客体并能被图像接收系统记录,要求X射线的能量足够大;其次,客体行为瞬时变化,要求曝光时间短(在100ns左右)。

高能X射线闪光照相应用于流体动力学试验,就像医用X射线照相应用于人体一样,它使得人们在不拆解物体的情况下了解物体内部的复杂结构。但它们有着本质的不同,主要表现在:

(1) 医学 X 射线照相涉及的物质是骨骼、内部器官、肿瘤等,这些生物组织是由类水材料构成的,各种生物材料之间的质量衰减系数变化不大,能谱效应不严重。高能 X 射线闪光照相中客体的几何形状和组分变化比医学上大得多,特别是由高密度金属、炸药、空气所组成的客体,能谱效应比较明显。

(2) 在医学 X 射线照相中,使用高度准直的 X 射线束,而且客体密度小,其散射和模糊效应很小。高能 X 射线闪光照相中,X 射线的能量和客体光程很大,而且由于动态实验防护系统的存在,散射和模糊效应很大。

(3) 医学 X 射线照相可以得到多达 1000 个投影图像,获得的信息量大得多,可以重建三维物体。在高能 X 射线闪光照相中,由于客体的动态性质或从特殊角度观察客体的困难,视面数非常有限。大多数情况下只有一个方向的投影图像,被重建客体必须具有轴对称性(即二维)。

(4) 多数医学 X 射线照相的目的不是定量成像,其关注的是图像对比度,骨骼、内部器官、肿瘤等的位置与形状。高能 X 射线闪光照相中需要确定客体的绝对密度,精确识别微小空隙和其他变化。

1.2.2 基本原理

高能 X 射线闪光照相是利用加速器产生的短脉冲 X 射线对高速运动的致密客体进行瞬时透视照相,并根据透视图像推断客体的几何结构和密度分布的技术[9-10]。

高能 X 射线闪光照相涉及 X 射线的产生、输运和接收,图 1.1 显示了 X 射线脉冲的产生、穿过客体、到达探测器的过程。其中的客体是法国和美国的科研人员在研究高能 X 射线闪光照相方法及应用时合作设计的[11],称为法国试验客体(French test object,FTO)。表 1.1 给出了 FTO 的组分和结构。

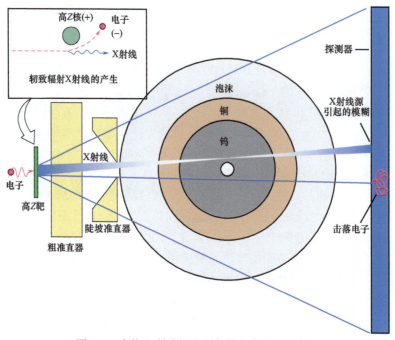

图 1.1　高能 X 射线闪光照相的基本过程示意图

表 1.1　法国试验客体(FTO)的组分和结构

物质	真空	钨	铜	泡沫
外半径/cm	1.0	4.5	6.5	22.5
密度/(g/cm³)	0.0	18.9	8.9	0.5

首先,经加速器加速的高能电子撞击高原子序数材料(即轫致辐射靶,简称转换靶),电子与高原子序数原子中的原子核发生非弹性碰撞而产生轫致辐射 X 射线,即为照相的源光子,具有连续谱。从转换靶发射出来的源光子会按一定的概率直接穿透照相器件和照相客体而到达探测平面,这种 X 射线光子称为直穿光子(direct photon)。同时,从转换靶发射出来的源光子也会与照相器件和照相客体发生相互作用而被吸收或散射,其中产生的散射光子(scatter photon)同样会到达探测平面。准直器的作用是约束视场、降低动态量程和散射,X 射线经粗准直器(rough collimator)限定视场,然后再经一个陡坡准直器(graded collimator)降低图像的动态量程和减小到达成像平面上的散射光子数。图像接收系统(亦称探测器系统)主要采用屏-片接收和电荷耦合器件(charge coupled device,CCD)接收,其功能是将 X 射线转换为可接收信号并形成可以识别的图像。入射到探测平面上的 X 射线,继续同探测器中的介质发生作用产生次级粒子(低能光子和低能电子),这些次级粒子继续参与作用形成或产生能够被接收的信号,并将这些信号记录下来,形成闪光图像。探测器记录的材料界面的位置比较模糊,这是由 X 射线源和探测器的模糊造成的。

为了说明高能 X 射线闪光照相的基本原理,假定 X 射线源是一理想光源,即各向同性的单能点光源。从光源发射 X 射线经准直器后穿过客体到达探测器上各点的射线强度可以表示为

$$I(x,y) = I_0(x,y)\exp[-L(x,y)] \tag{1.4}$$

式中:$I(x,y)$ 和 $I_0(x,y)$ 分别为有无客体时探测器所接收到的射线强度;$L(x,y)$ 为源 X 射线到达成像平面上点 (x,y) 的总光程,即

$$L(x,y) = \int_0^{d(x,y)} \frac{dl}{\lambda(l)} = \int_0^{d(x,y)} \mu(l) dl \tag{1.5}$$

式中:$d(x,y)$ 为成像平面上的点 (x,y) 到光源的距离;$\lambda(l)$ 和 $\mu(l)$ 分别为 X 射线在距光源 l 处的材料中的平均自由程和线衰减系数(linear attenuation coefficient)。

如果被照射客体涉及动态冲击波和爆轰碎片,还需要在客体周围加上一定的防护装置,对源和图像接收系统起着保护作用。对于防护系统,它们的材料和厚度都是已知的,而且成像平面的记录区域相对于照相距离要小得多。这样,在所关心的区域内,不同方向发射的 X 射线穿过防护系统的长度基本上是相等的,等于防护系统的纵向厚度 h_F。总光程可以表示为

$$L(x,y) = L_F + \int_{d_1(x,y)}^{d_2(x,y)} \mu(l) dl = \mu_F h_F + \int_{d_1(x,y)}^{d_2(x,y)} \mu(l) dl \tag{1.6}$$

式中:μ_F 为防护系统的线衰减系数;L_F 为相应的光程;$d_1(x,y)$ 和 $d_2(x,y)$ 分别为 X 射线光源距客体入射点和出射点的距离。

利用式(1.4)和式(1.6)就可以建立客体材料线衰减系数的方程组,求解这样的方程组得到客体的线衰减系数分布,利用 $\mu_m = \mu/\rho$ 就不难确定客体的密度分布,这就是高能辐射照相的基本原理。

1.3 高能 X 射线闪光照相装置

1.3.1 国外高能 X 射线闪光照相装置

1.3.1.1 美国高能 X 射线闪光照相装置

高能 X 射线闪光照相始于 1944 年美国的曼哈顿工程,美国科学家利用伊利诺伊大学(University of Illinois)的一台 15MeV 的脉冲电子感应加速器,打靶产生短脉冲 X 射线进行透视照相,获得了流体动力学试验中动态客体的外形轮廓、高能炸药爆轰波传播的细节以及炸药驱动下材料的动态响应等重要信息。

1) 发射 X 射线的脉冲高能照相装置

美国洛斯·阿拉莫斯国家实验室(Los Alamos National Laboratory,LANL)的发射 X 射线的脉冲高能照相装置(pulsed high-energy radiography machine emitting X-ray,PHERMEX)在 1963 年投入使用[12]。这是一台三腔驻波射频直线加速器(radio frequency linac,RFL),该装置用来产生足够剂量的、在短时间内照射流体动力学试验中心区域的 X 射线。在 PHERMEX 中,三个 50MHz 射频共振器提供能量,把 9μC 电量的电子短脉冲加速到 30MeV,然后导向高原子序数靶产生 X 射线。PHERMEX 开始服役时提供 200ns 的 X 射线脉冲,靶前 1m 处的剂量超过 9R①。

在 PHERMEX 上已经进行了上千次试验,图 1.2 给出了 PHERMEX 拍摄的流体动力学试验图像,清楚地显示了铝材料内互相碰撞的冲击波,水平线是放置在铝中的高密度金属薄片,用来标识材料流动,在冲击波界面上已经形成马赫杆(Mach stem)。在 PHERMEX 使用期间进行了多次升级,可以产生光源焦斑为 3mm、持续时间为 200ns 的脉冲,在距离靶 1m 处的剂量可达 400R,剂量超过刚服役时的 40 倍。1997 年前后,PHERMEX 装置的脉冲功率系统进行升级,国际上首次实现了重复性和一致性优良的双脉冲输出,每个 X 射线脉宽约 60ns,间隔时间约 1ms,焦斑为 3mm,靶前 1m 处剂量约 100R[13]。

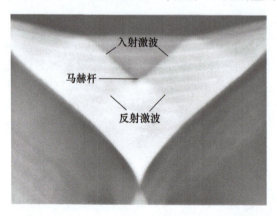

图 1.2 PHERMEX 拍摄的流体动力学试验图像

---

① 1R(伦琴) = 2.58×10^{-4} C/kg。

从根本上说，PHERMEX 得到的 X 射线剂量受射频共振器储存的能量限制。能量传输到束线中使共振器电压下降，电压下降导致电子束能量扩散，从而增大 X 射线靶上的束斑尺寸。而且高能炸药驱动材料的速率达几个 mm/μs，材料在 200ns 的脉冲时间内发生显著的运动。要把这种运动模糊减小到不影响正确解释试验的程度，要求脉冲时间小于 200ns。尽管剂量和脉冲宽度有限，PHERMEX 还是作为流体动力学试验计划中高负荷运行装置运行了 40 多年。

2）FXR 装置

20 世纪 80 年代，劳伦斯·利弗莫尔国家实验室（Lawrence Livermore National Laboratory，LLNL）开发直线感应加速器（linear induction accelerator，LIA）技术用于闪光照相。这种技术把脉冲功率系统储存的能量以感应方式加载到大电流电子束上，能量加载是通过一组感应腔而不是单个转换器来完成的，因此，电流可比 PHERMEX 中电流大得多。实际上，在 LIA 上可以很容易加速千安级的电子束。FXR 是美国第一台基于直线感应加速器技术建造的单脉冲高能 X 射线闪光照相装置，也是美国第一台被优化的用于面密度（areal density）超过 $100g/cm^2$ 的厚客体辐射成像装置[14]。其主要指标：1m 处剂量为 300R，光源焦斑约为 3.5mm，脉宽为 65ns，束流强度为 2.2kA，电子能量为 16MeV。从一开始，FXR 就拍到了比 PHERMEX 质量更高的流体动力学试验图像。2001 年经过升级之后，FXR 一次能够产生两个 X 射线脉冲，大大提高了该装置的辐射成像能力，但是焦斑尺寸没有得到多大改善，FXR 依然满足不了定量诊断的精度要求。

LLNL 开辟的这条高能 X 射线闪光照相加速器的技术道路成为今天美国、法国、中国等国家发展的优选之路。

3）双轴辐射照相流体动力学试验装置

作为高能 X 射线源，多年来，上述两台机器为美国流体动力学试验诊断做出了卓越贡献，但是它们的性能仍远不能满足对流体动力学试验精确诊断的要求。一幅图像只能给出位置的信息，两幅图像能得到运动速度，三幅图像就可以知道加速度。一个方向的图像只能给出二维信息，两个方向以上的图像才会展示三维的运动信息。PHERMEX 和 FXR 存在共同缺点：只能从一个方向拍到一幅图像，即使升级后也只能在一次试验中拍摄两幅图像。况且 PHERMEX 和 FXR 的焦斑尺寸偏大，严重限制了空间分辨率的提高。为了满足流体动力学试验诊断的要求，美国、英国和法国相继展开了新一代闪光机的研究和制造工作，以提供更高的剂量，更高的空间分辨率，更短的脉冲，并且能够在一次试验中拍摄到多个方向和多个时刻的图像，从而初步得到动态客体的三维信息。

1990 年，LANL 提出建造双轴辐射照相流体动力学试验（dual axis radiography hydrodynamic test，DARHT）装置[15]，图 1.3 给出了 DARHT 全景与装置图。该装置于 20 世纪 80 年代初开始进行初步设计，主要参加单位有 LANL、LLNL 和劳伦斯·伯克利国家实验室（Lawrence Berkeley National Laboratory，LBNL）等，它是目前世界上最先进的流体动力学试验装置。与 FXR、PHERMEX 相比具有如下优点：①能整体性地提高整个流体动力学试验测试精度，其空间分辨达到亚毫米量级；②由于减小了射线束的尺寸，相应地提高了拍摄精度，形成的图像可以获得更多的信息；③在一次试验中，能从两个垂直方向多次拍摄图像，由此可以合成三维动态图像，也可以让两个方向出光时刻略有差别；④可以进行全尺寸模型试验，以提供更多的信息；⑤X 射线的强度比 PHERMEX 的增加 70%。

图1.3　DARHT全景与装置图

DARHT 是由两台相互垂直的 20MeV 直线感应加速器 DARHT-Ⅰ和 DARHT-Ⅱ组成的双轴照相系统,DARHT-Ⅰ是一台脉宽为 60ns 的短脉冲加速器,产生的焦斑为 2mm,剂量为 500R,一次只能获得某一时刻的 X 射线图像。在相同脉冲长度下,PHERMEX 产生的焦斑为 3mm,剂量只有 120R。DARHT-Ⅱ是一台脉宽为 2μs 的长脉冲加速器,通过踢束器能产生 4 个脉宽为 20~60ns 的脉冲,一次能获得 4 个时刻的 X 射线图像。表 1.2 给出了 DARHT 的设计技术指标。光源焦斑尺寸通常有两种定义:一种是按光源点扩展函数(point spread function,PSF)的半高全宽(full width at half maximum,FWHM)来表征;另一种是按光源调制传递函数(modulation transfer function,MTF)50% 所对应的空间频率来表征。如无特别指明,焦斑尺寸就是指第一种定义下的焦斑尺寸。

表1.2　DARHT的设计技术指标

参数	第一轴	第二轴
焦斑(50% MTF)/mm	2.0	≤2.1
1m 处剂量/R	500	可变
脉冲宽度/ns	60	2000
探测量子效率/%	≥30	≥40
像素/mm	0.9×0.9	1×1
放大比	≤4	≤4
能量/MeV	19.8	18.4
电流/kA	2	2
能散度/%	<±1	<±1
归一发射度/(πcm·rad)	0.15	0.15

1999 年 DARHT-Ⅰ顺利建成。2001 年在 4 次主要的流体动力学试验中获得了高质量的图像。DARHT-Ⅰ输出束流强度为 1.9kA,束流能量为 20MeV,脉冲宽度为 60ns,焦斑小于 2mm,1m 处实测的剂量为 625R。DARHT-Ⅰ是当时世界上最先进的直线感应加速器,焦斑最小,1m 处剂量最大。

1997 年美国能源部改变主意,决定把 DARHT-Ⅱ建成能够产生 4 个脉冲而不是先前设计的单脉冲加速器。DARHT-Ⅱ经历了不少挫折,终于在 2006 年成功实现了 4 个超短、超强、超快的 X 射线微脉冲,这在世界上是第一次。需要指出的是,DARHT-Ⅱ的研制指标在这期间做了重大调整:注入器输出电子束能量由原来的 3MeV 调整为 2.5MeV;

电子束脉冲宽度由原来的 $2\mu s$ 调整为 $1.6\mu s$；4 个打靶电子束的脉冲宽度由原来的 60ns 调整为 20ns、20ns、20ns 和 60ns。

2007 年，LANL 在 DARHT 进行了一次流体动力学试验。在该试验中首次使用了 Bucky 网栅降散射技术。Bucky 初次亮相，不负众望，极大改善了辐射成像质量，获得了很好的试验数据，提高了进行定量分析辐射成像数据的能力。2008 年，美国 LANL 首次进行真正意义上的双轴辐射成像流体动力学试验。但是这已经比最初的计划晚了 4 年之久。

随着加速器技术的发展，DARHT 的技术指标也在不断提高。表 1.3 给出了 2011 年 DARHT 的技术指标[16]。

表 1.3　DARHT 的技术指标（2011 年）

参数	第一轴	第二轴
束能量/MeV	20	17
束电流/kA	1.9	1.8
注入器能量/MeV	4	2.4
束脉冲宽度(平顶)/ns	60	1600
脉冲数	1	4
X 射线脉冲宽度/ns	60	35～100
1m 处剂量/R	580	100，150，310，310
焦斑 FWHM(50% MTF)/mm	0.8(1.3)	0.7(1.45)，0.7(1.45)，0.95(1.9)，0.8(1.7)

图 1.4 比较了 20 世纪 80 年代末在 PHERMEX 上拍摄和后来用 DARHT-Ⅰ拍摄的 FTO 图像。由图明显看出 DARHT-Ⅰ拍摄的图像芯部更加清晰，充分证明了 DARHT 装置（包括 X 射线源和探测器）性能上的提高。

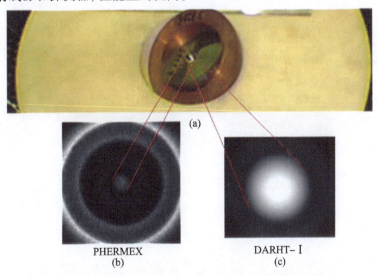

图 1.4　PHERMEX 和 DARHT 拍摄的 X 射线图像
(a)FTO 的 1/2 实体图；(b)PHERMEX 拍摄的图像；(c)DARHT-Ⅰ拍摄的图像。

4）先进流体动力学试验装置

DARHT 作为当时世界上最先进的高能 X 射线装置，为美国流体动力学试验的实施发挥了重要作用。但是，DARHT 也仅有两个轴，最多只能连续拍摄 4 幅图像，不能进行多角度、多时刻的辐射照相，不能获得流体动力学试验的三维图像。为提升美国流体动力学试验方面的探测能力，美国能源部在建造 DARHT 的同时就计划建造下一代辐射照相装置，即先进流体动力学试验装置（advanced hydrodynamic facility，AHF），其目标是实现对流体动力学试验进行多角度（轴）、每个角度多时刻（幅）的辐射照相，从而获得流体动力学试验的三维动态过程图像。为此，美国三大武器实验室（LANL、LLNL 和圣地亚国家实验室（Sandia National Laboratory，SNL））各自提出了 AHF 装置的技术方案。LLNL 提出直线感应加速器方案，这是 DARHT 的延伸，直接增加视轴数目和连续照相次数。SNL 提出感应电压叠加器（inductive voltage adder，IVA）方案，利用各个独立的感应电压叠加模块代替直线感应加速器，这两个方案都是基于 X 射线照相的方案。而 LANL 则提出质子照相方案[17]。

为了满足流体动力学试验的需求，LANL 提出的质子照相装置的主要指标：质子束能量达到 50GeV，空间分辨率小于 1mm；每次加速的质子总数达 3×10^{13} 个，每个视轴每幅图像的质子数达到 1×10^{11} 个，密度分辨率达到 1%；每个脉冲的间隔最小为 200ns，质子到达靶的前后误差不超过 15ns；每个视轴可连续提供 20 个脉冲，视轴数 12 个，覆盖角度达 165°。这样，一次流体动力学试验可获得 12 个角度，每个角度 20 幅图像[18]。

2000 年，LANL 制定了发展质子照相的计划，图 1.5 给出了高能质子照相建设方案示意图。整个装置预计投资 20 亿美元，建造时间需要 10~15 年，分几个阶段进行：2007 年前，建造 50GeV 同步加速器、2 个轴成像系统和靶室 1；2008—2009 年，建造 3GeV 增强器、4 个轴成像系统和靶室 2；2010—2011 年，8~12 个轴成像系统。从目前的调研情况来看，这个计划未能按期完成。2012 年之后，也没有调研到高能质子照相装置的建造进展情况。

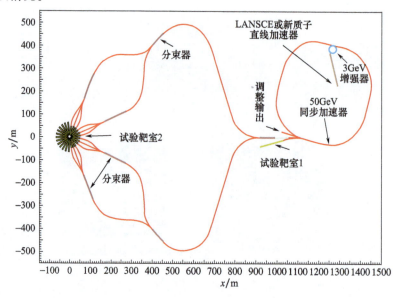

图 1.5　高能质子照相建设方案示意图

5) 其他重要的闪光照相装置

美国内华达试验场(Nevada Test Site,NTS)装备了基于感应电压叠加器技术的双轴照相装置——天鹅座(Cygnus)[19]。其电子能量为2.25MeV,束流强度为60kA,脉冲宽度为50ns,焦斑为1.0mm,1m处的剂量为5R,两轴夹角为60°。

SNL研制了基于IVA技术的闪光照相集成试验平台(radiographic integrated test stand,RITS)系列[20]。最具代表性的RITS-6装置[21],其电子能量为10MeV,束流强度为125kA,脉冲宽度为75ns,焦斑为2.0mm,1m处的剂量为400R。

NTS正在建设更高水平的高能X射线闪光照相装置——天蝎座(Scorpius),具有能量高、光源焦斑小、多脉冲的照相能力[22-23],以增强其流体动力学试验的能力。拟建设的装置为双轴,第一轴4个脉冲,性能与DARHT-Ⅱ的区别在于Scorpius的4个脉冲相邻两脉冲的时间间隔是可调的(加速器直接产生4个脉冲电子束);第二轴计划采用基于IVA技术的加速器(单幅照相)。

1.3.1.2 英国高能X射线闪光照相装置

20世纪60年代,英国原子武器研究机构(Atomic Weapons Establishment,AWE)首次将Marx发生器和脉冲形成线技术相结合,采用Marx发生器产生微秒级高压电脉冲,并通过单脉冲形成线技术整形,之后加载到高功率X射线二极管上产生脉冲X射线。AWE基于该技术研制了Mogul-D、Mogul-E等高能X射线闪光照相加速器[24-25],Mogul-D的能量为8MeV、束流强度为30kA、脉冲宽度为65ns、焦斑为3.4mm、1m处的剂量为160R,Mogul-E的电子束能量为9.5MeV、束流强度为40kA、脉冲宽度为70ns、焦斑为4.1mm、1m处的剂量为400R,这两台加速器在英国流体动力学试验中发挥了重要作用。

2000年以来,英国和美国合作研发基于IVA技术的闪光照相加速器,代表性装置是建在AWE的Merlin加速器(7.5MeV、200kA、60ns)[26]。AWE规划建设五轴流体动力学研究设施(hydrodynamics research facility,HRF),以实现多角度X射线闪光照相。其中三个轴基于IVA的技术路线[27],加速器指标(14MeV、140kA、60ns)将超过Mogul-E,并制定了不断升级改进提高的建设规划,计划从现有的焦斑7mm、1m处的剂量400R,逐步发展为焦斑5mm、1m处的剂量600R,最后达到焦斑2mm、1m处的剂量1000R[28]。

1.3.1.3 法国高能X射线闪光照相装置

法国原子能委员会(CEA)在美国LANL的技术支持下,于1999年底研制成功闪光照相直线感应电子加速器(AIRIX)[29-30],这是一台与DARHT-Ⅰ技术指标基本相同的加速器。

2010年,法国与英国签署联合共建三轴闪光照相EPURE装置,其中两个轴是基于LIA技术的加速器,第一轴直接采用CEA的AIRIX装置,并进行双脉冲改造[31],第三轴是基于IVA技术的加速器,届时将英国AWE的Merlin加速器运送到法国。

1.3.1.4 俄罗斯高能X射线闪光照相装置

苏联全俄实验物理研究院(VNIIEF)在X射线闪光照相加速器技术路线上选择了回旋式电子感应加速器(Betatron)。采用空气芯(air-core)或无铁芯(ironless)脉冲电子感应加速器产生X射线,率先获得了多脉冲输出,所需的剂量率来自相对较高的电子能量,这些电子感应加速器将电子束加速至 65~70MeV 的能量。装置的主要优点是结构简单、尺寸小、可以移动。1957 年建成了世界上第一台无铁芯的 Betatron 加速器,采用屏－片接收,能够穿透 140mm 厚铅板。之后经过不断升级改进提高,研制了多种型号和系列[32-33]。VNIIEF 最新和最大的电子感应加速器是 BIM－M,能量为 50~70MeV,焦斑为 2mm×4mm 的矩形,可输出 1~3 个脉冲,且 3 个脉冲的强度、间隔时间可以调节,单脉冲 1m 处的剂量达到 150R。

VNIIEF 也在发展直线感应加速器技术,研制了系列直线感应加速器。2015 年开始研制 LIA－20 装置[34],这是一台多脉冲的直线感应加速器,第一步产生 3 个脉冲,脉冲宽度分别为 60ns、60ns、380ns,电子能量为 20MeV,束流强度为 2kA,焦斑为 1mm;第二步拟将 380ns 分成 7 个不同视角的射线束,这样整个装置可以提供 9 个不同视角的射线束对客体进行透视成像,整个项目计划 2027 年建成。

1.3.2 我国高能 X 射线闪光照相装置

我国的 X 射线闪光照相加速器的研究是从 20 世纪 50 年代末研制 Marx 发生器型微秒级 X 射线装置开始的。20 世纪 60 年代后期开始进行了纳秒高压脉冲技术研究,20 世纪 70 年代转向脉冲传输线型强流 X 射线加速器的研制,80 年代开始了感应直线加速器型高能 X 射线闪光照相的研制[35],这也是美国高能 X 射线闪光照相加速器的优选之路。

中国工程物理研究院于 1989 年研制成功我国首台 1.5MeV 电子直线感应加速器。1991 年建成 3.3MeV 直线感应加速器(3.3MeV、2kA、60ns)。1993 年建成我国首台用于高能 X 射线闪光照相的 10MeV 直线感应加速器(10MeV、2.3kA、60ns),1995 年升级为 12MeV,焦斑为 4mm,1m 处的照射量为 115R。1994 年开始了 20MeV 直线感应加速器的立项研制工作,2003 年研制成功,总体性能达到国际先进水平[36]。2013 年,20MeV 多脉冲直线感应加速器建成,它是世界上首台以猝发方式工作的兆赫兹重复率强流三脉冲直线感应电子加速器,与 20MeV 直线感应加速器在一个平面内互成 90°布局,以期实现图像的准三维重建、多时刻照相的目的。

总之,为了满足流体动力学试验的诊断需求,闪光照相对脉冲 X 射线源提出了更高的要求,包括射线能量和剂量(决定穿透深度)、脉冲宽度(影响成像时间分辨率)、焦斑尺寸(影响成像空间分辨率)等。此外,为了实现图像的三维重建,获得被照物体动态变化过程不同时刻的多幅图像,还需要多轴、多脉冲 X 射线输出,期望从照相图像中获得被测客体更多的几何结构和物理特征信息。

1.4 高能 X 射线闪光照相的研究概况

高水平的 X 射线闪光装置是获得高品质图像的首要条件,但是,对于流体动力学试验,客体的光学厚度、几何尺寸、组分变化都很大,照相环境复杂,问题不适定性强,定量诊断客体内部结构是很困难的。这就需要在不断提高照相装置能力的同时,对高能 X 射线闪光照相物理全过程有良好的掌握,并且有适用于高能 X 射线闪光照相的图像复原和密度重建的方法。近几十年来,国内外相关单位和学者对高能 X 射线闪光照相中涉及的问题进行了深入的研究。

国外(主要是美国和英国)开展了大量的高能 X 射线闪光照相理论和实验研究。从光源尺寸的定义[37-38]、照相系统品质因子(figure of merit, FOM)的表述[28,39]、布局的优化到密度重建方法,形成了比较完善的理论体系。

在传统光源尺寸测量方法(针孔法和刃边法)的基础上,美国 LLNL 将刃边改造为柱面,称为滚边(rollbar)法[40],以克服刃边法得到的线扩展函数在其中心点的不连续以及刃边对中不理想的问题。用于测量光源能谱的代表性方法有吸收法和康普顿谱仪法[41],每种方法都有一定的局限性,除了实验测量方法,解谱方法也是一个关键技术,最近的研究表明,利用蒙特卡罗方法建立光子谱和电子谱之间的响应关系,能有效提高康普顿谱仪法的测量精度[42]。

图像接收系统从最初使用的屏-片系统、整体屏 CCD 系统发展到阵列屏 CCD 系统。美国 LANL 于 2002 年左右研制成功了大幅面的硅酸镥(LSO)阵列屏,显著提高了探测灵敏度和空间分辨率。随后,采用钨膜片浇铸加工工艺研制了与 LSO 阵列屏配套的兆电子伏级多孔精细网栅[43-44],极大地抑制了散射。针对 DARHT-II 的多幅图像接收,LANL 与麻省理工学院(Massachusetts Institute of Technology, MIT)合作研发了超像素 CCD 相机,能在 2MHz 速率下拍摄 4 幅图像[45]。最新一代 CCD 相机——MOXIE,能在 20MHz 速率下拍摄上千幅图像。

降散射准直器经历了从主准直器(或粗准直器、大孔准直器)、精细准直器(或小孔准直器)、台阶准直器、陡坡准直器到多孔精细网栅的发展历程,不断提升降散射效果。准直器的位置也由距离光源较近改进为距离客体较近,以降低非理想照相的影响。2007 年,美国在 DARHT-I 上首次采用了 Bucky 网栅与 LSO 阵列屏 CCD 系统组成的网栅相机,并针对 FTO 客体开展了网栅相机性能验证工作,获得了均方根误差接近 1% 的密度测量结果[44,46]。

高能 X 射线照相过程本质上是 X 射线和电子与客体材料相互作用的过程,也就是关于光子、电子、中子等的耦合输运过程,可以采用粒子输运计算来模拟这个过程。而蒙特卡罗方法是目前求解粒子输运问题的最精确方法。用于 X 射线照相的通用程序有蒙特卡罗粒子(Monte Carlo N-particle, MCNP)输运程序[47-48]、电子-伽马光子簇射(electron-Gamma shower, EGS)模拟程序[49]、几何轨迹粒子(geometry and tracking, GEANT)模拟程序[50]等。利用蒙特卡罗方法几乎能得到高能 X 射线照相过程中的所有物理量,是高能 X 射线照相物理规律研究的主要工具。在蒙特卡罗模拟之前,需要利用网格粒子(particle-in-cell, PIC)程序得到各个脉冲下击靶电子的密度、能量和角分布[51]。高质量的数值模拟是高能 X 射线照相技术必不可少的组成部分。它可以辅助优化实验布局,把握高能 X 射线照相实验全过程,分析各种因素如光源、散射、能谱等对实验结果的影响,正确理解高能 X 射线照相实验中所出现的一些问题。

美国 LANL 于 20 世纪 90 年代初,在 MCNP-3B 的基础上增加了电子输运功能形成了 MCNP-4B[47],并在 MCNP5[48]中增加了通量图像探测器计数功能,解决了复杂客体辐射成像中大量点通量或环通量计数的时间和精度问题,可以得到有足够精度的数值模拟整体图像。通量图像探测器计数就是足够近的点探测器的排列,以生成基于点探测器通量的图像。每个探测点代表通量图像的一个像素,图 1.6 给出了粒子辐射照相通量图像的平面矩形网格计数示意图。

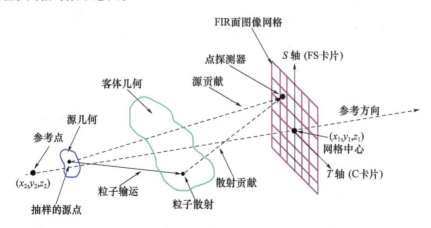

图 1.6　粒子辐射照相通量图像的平面矩形网格计数示意图

利用 X 光照相进行密度重建属于反问题。由于受到实验条件的影响，实验数据通常是不完全和带有误差的。而密度重建对测量数据误差比较敏感，因此，寻找能够抑制噪声的稳定的数值求解方法是处理实验数据需要关注的问题。早期的密度重建方法大多采用滤波反投影算法(filtered back projection, FBP)和代数重建算法(algebraic reconstruction technique, ART)。1996 年，AWE 和 LANL 合作研究了基于贝叶斯推理引擎(Bayes inference engine, BIE)的图像分析软件，期望解决二维和三维密度重建中的不适定问题[52]。根据光源参量、剂量、散射、客体密度等参数生成模拟图像，并和实验图像比较，建立概率模型，采用优化算法进行求解。2002 年，LLNL 提出了基于射线追踪(ray tracing)的数值模拟算法与约束共轭梯度(constrained conjugate gradient, CCG)优化算法耦合的密度重建方法，即 HADES – CCG 算法[53]。射线追踪编码 HADES 是为了解决蒙特卡罗方法模拟辐射照相时间长、难于耦合到重建程序中的问题而开发的。最初的 HADES 主要用来模拟照相客体的直穿分布以提高计算速度，散射分布由 MCNP 来计算，2010 年后，HADES 补充了散射计算的功能[54]。该算法将全物理数值模拟的辐射照相与实际测量的辐射照相做比较，找出最优解。HADES – CCG 算法和 BIE 算法有一个共同特点就是引入被重建客体的先验知识作为约束条件。

2012 年以后，美国采用马尔可夫链蒙特卡罗(Markov chain Monte Carlo, MCMC)方法研究密度重建的不确定度[55-56]。利用投影数据中包含的噪声的先验知识和客体密度的经验信息，构造分层贝叶斯模型，对各个未知量的条件后验概率分布进行交替迭代采样，估计出重建结果及其不确定度。为了克服蒙特卡罗方法计算大量参数的耗时问题，英国 AWE 引入了一种近似于蒙特卡罗的方法，即随机最大似然(randomized maximum likelihood, RML)概率方法[57]。

鉴于 BIE 算法还存在依赖于轴对称假设、缺乏描述散射的物理模型、缺乏关联时间动力学的基础模型、没有对噪声的规范处理以及使用大量的经验模型来描述探测器模糊等方面的不足，为了量化和减小闪光照相重建密度场的不确定性，LANL 提出了利用计算成像、统计与机器学习以及流体动力学的简化建模等领域的最新进展来构建流体动力学和辐射照相工具箱(hydrodynamic and radiographic toolbox, HART)[58]的发展建议，主要包括：

①开发和使用基于深度学习的代理模型,以加速流体动力学照相中密度场的重建和变分推理;②采用一种模型数据融合策略,将基于深度学习的密度重建与快速流体动力学模拟器相结合,以更好地约束重建;③使用有限视角层析成像技术处理非对称性问题。这三项工作都将基于对前向模型中的散射、噪声、束斑移动、探测器模糊以及空场等的改进处理,并使用先验知识帮助密度重建。最终构建的 HART 工具箱结构如图 1.7 所示。

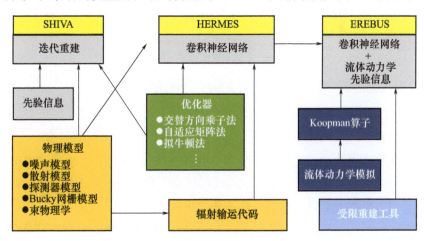

图 1.7　HART 工具箱结构示意图

中国工程物理研究院从 20 世纪 80 年代中期开始从事高能 X 射线闪光照相实验技术和密度测量技术的研究,经过多年努力,积累了较好的实验技术条件和研究能力,始终保持与国际发展水平同步;开展了高能 X 射线闪光照相布局的优化设计、图像接收系统、降散射器件、X 射线能谱测量等理论、模拟和实验研究;针对高能 X 射线闪光照相物理过程的特点,提出了密度重建的物理方案,设计了有针对性的密度重建数值方法,编制了相应的程序软件。

过去的几十年中,虽然高能 X 射线闪光照相技术有了长足的发展,但受到穿透能力、剂量、能谱、散射、焦斑等因素的影响,现有高能 X 射线闪光照相的空间分辨、密度分辨能力与流体动力学试验的定量诊断需求还有一定的差距,而且多角度、多时刻动态照相较为困难。

在很长一段时间,由于带电粒子与客体材料的多次库仑散射导致的图像空间分辨率下降,限制了带电粒子照相的应用。直到 1995 年,美国 LANL 的科学家 Morris 在思考质子照相时,发现通过磁透镜聚焦可以消除这种成像模糊[5,59]。之后,Zumbro 巧妙地设计了磁透镜成像系统,通过四极磁透镜组的聚焦能力,形成点对点成像,并在磁透镜系统中心平面设置角度准直器,将某些散射角度的质子束准直掉,如图 1.8 所示。这样不仅使质子照相的空间分辨率得到了大幅提高,而且具有分辨材料的功能[60]。

质子照相避免了 X 射线闪光照相中的上述种种困难:①质子照相不需要转换靶,几乎不存在能谱问题,质子束的能散度影响可以忽略不计;②质子在高原子序数材料中的平均自由程大,穿透能力强;③质子束的横向尺寸远小于 X 射线闪光照相中的电子束尺寸,因此质子照相几乎不存在源尺寸引起的模糊问题;④探测效率高;⑤散射本底非常小;⑥固有的多脉冲能力;⑦具有材料分辨能力;⑧对于入射束和出射束而言,具有可以容许远离

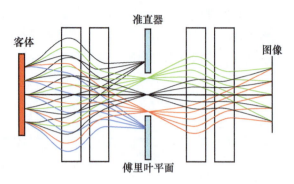

图 1.8 磁透镜成像及角度准直原理示意图

客体和容器的能力[61]。

高能质子照相技术自 1995 年首次在美国 LANL 被论证以来,国外(主要是美国和俄罗斯)质子照相在爆轰力学研究方面得到了长足发展,充分体现了高穿透、多幅成像、密度和界面诊断的优势,显现了其在炸药爆轰、材料状态方程、材料强度和失效、界面不稳定性、微喷射等精密物理实验研究方面的巨大优势和应用前景[62-64]。

当然,因高能质子与物质相互作用以及成像过程的限制(如能量损失影响单能性、核弹性散射影响散射角、磁透镜色差、防护容器产生的模糊等),针对光程很大物体的流体动力学试验的精密诊断和混合状态识别,尚无足够证据显示已取得符合预期结果的根本性突破,理论研究和实验技术方面仍在不断深入地发展。

目前,国内外高能 X 射线闪光照相技术的发展总体趋势可以分为三个方面:①进一步优化 X 射线闪光照相技术(降散射网栅相机、减小光源焦斑、提高闪光机的照射量等);②逐步实现多时刻、多角度的 X 射线闪光照相能力;③发展质子照相技术(强穿透、多角度、多脉冲、高密度分辨等)。

参考文献

[1] RÖNTGEN W C. On a new kind of rays[J]. Journal of the Franklin Institute, 1896, 3:183-191.

[2] CUNNINGHAM G S, MORRIS C L. The development of flash radiography[R]. Los Alamos: Los Alamos Science, 2003.

[3] 江向东,黄艳华. 从 X 光照相到质子、中子照相[J]. 物理通报,1999,38(6):45-46.

[4] 貊大卫,刘以思,金光宇,等. 中子照相[M]. 北京:原子能出版社,1996.

[5] GAVRON A, MORRIS C L, ZIOCK H J, et al. Proton radiography: LA-UR-96-420[R]. Los Alamos:Los Alamos National Laboratory, 1996.

[6] JAMET F, THOMER G. Flash radiography[M]. New York: Elsevier Scientific Publishing Company, 1976.

[7] 奎因 R A,西格尔 C C. 现代工业中的射线照相法[M]. 沈健,译. 北京:国防工业出版社,1988.

[8] PEACH K, EKDAHL C. Particle beam radiography[J]. Reviews of Accelerator Science and Technology, 2013, 6:117-142.

[9] TIMOTHY R N. Flash radiography as a quantitative tool: LA-UR-84-2676[R]. Los Alamos: Los Alamos National Laboratory, 1984.

[10] LANOUE J C, BERRY R B. Flash X-ray system, techniques and applications: SAND 92-2442 [R]. Albuquerque: Sandia National Laboratory, 1993.

[11] GEORGE M J, MUELLER K H, O'CONNOR R H, et al. The use of Monte-Carlo method to simulate high-energy radiography of dense objects: LA-11727-MS [R]. Los Alamos: Los Alamos National Laboratory, 1990.

[12] VENABLE D, DICKMAN D O, HARDWICK J N, et al. PHERMEX: A pulsed high-energy radiographic machine emitting X-rays: LA-3241[R]. Los Alamos: Los Alamos National Laboratory, 1967.

[13] 魏浩, 孙凤举, 邱爱慈, 等. 国际高能脉冲X射线闪光照相加速器的发展综述[J]. 强激光与粒子束, 2022, 34(9): 094001.

[14] MULTHAUF L G. The LLNL flash X-ray induction linear accelerator(FXR): UCRL-JC-148534 [R]. Livermore: Lawrence Livermore National Laboratory, 2002.

[15] BURNS M J, CARLSTEN B E, KWAN T J T, et al. DARHT accelerators update and plans for initial operation[C]//Proceedings of the 1999 Particle Accelerator Conference. Piscataway: IEEE Press, 1999: 617-621.

[16] SUBRATA N. DARHT II option for advanced radiography: LA-UR-11-02423 [R]. Los Alamos: Los Alamos National Laboratory, 2011.

[17] TOEPFER A J. A review of accelerator concepts for the advanced hydrotest facility: SAND-98-1869C [R]. Albuquerque: Sandia National Laboratory, 1998.

[18] MORRIS C L. Proton radiography for an Advanced Hydrotest Facility: LA-UR-00-5716 [R]. Los Alamos: Los Alamos National Laboratory, 2000.

[19] SMITH J, CARLSON R, FULTON R, et al. Cygnus dual beam radiography source [C]//Proceedings of 15th IEEE International Pulsed Power Conference. Piscataway: IEEE Press, 2005: 334-337.

[20] SMITH I D, BAILEY V L, FOCKLER J, et al. Design of a radiographic integrated test stand(RITS) based on a voltage adder, to drive a diode immersed in a high magnetic field[J]. IEEE Transactions on Plasma Science, 2000, 28(5): 1653-1659.

[21] JOHNSON D, BAILEY V, ALTES R, et al. Status of the 10MV, 120kA RITS-6 inductive voltage adder[C]//Proceedings of 15th IEEE International Pulsed Power Conference. Piscataway: IEEE Press, 2005: 314-317.

[22] TREVOR J B. Scorpius and the integrated test stand: LA-UR-20-22398 [R]. Los Alamos: Los Alamos National Laboratory, 2020.

[23] 石金水. 闪光X射线照相光源的发展[J]. 强激光与粒子束, 2022, 34(10): 104008.

[24] SINCLAIR M. Current radiographic pulsed power machines at AWE[C]//Proceedings of 15th IEEE International Pulsed Power Conference. Piscataway: IEEE Press, 2005: 124-127.

[25] GOLDSACK T J, BRYANT T F, BEECH P F, et al. Multimegavolt multiaxis high-resolution flash X-ray source development for a new hydrodynamics research facility at AWE Aldermaston[J]. IEEE Transactions on Plasma Science, 2002, 30(1): 239-253.

[26] THOMAS K, BEECH P, CLOUGH S, et al. The MERLIN induction voltage adder radiographic accelerator[C]//Proceedings of 21st IEEE International Conference on Pulsed Power. Piscataway: IEEE Press, 2017.

[27] CORCORAN P, CARBONI V, SMITH I, et al. Design of an induction voltage adder based on gas-switched pulse forming lines[C]//Proceedings of 15th IEEE International Pulsed Power Conference. Piscataway: IEEE Press, 2005: 308-313.

[28] MALLEY J O, MAENCHEN J, COOPERSTEIN G. Status of the diode research programme at AWE[C]//

Proceedings of 14th IEEE International Pulsed Power Conference. Piscataway: IEEE Press, 2003: 21-28.

[29] CAVAILLER C. AIRIX, an induction accelerator facility developed in CEA for flash radiography in detonics[C]//Proceedings of 23rd International Congress on High-Speed Photography and Photonics. Bellingham: SPIE, 1999: 25-35.

[30] PICHOFF N. The new bounds of flash radiography[R]. Paris: CLEFS CEA, 2006.

[31] VERMARE C. Investigations on dual-pulse technologies for future upgrade of CEA flash X-rays LIA[C]// Proceedings of 21st IEEE International Conference on Pulsed Power. Piscataway: IEEE Press, 2017.

[32] PAVLOVSKII A I, KULESHOV G D, LYUDAEV R Z, et al. Pulsed air-cored betatron powered from a magnetocumulative generator [J]. Soviet Atomic Energy, 1976, 41: 757-760.

[33] KUROPATKIN Y P, MIRONENKO V D, SUVOROV V N. Uncored betatron BIM-M a source of bremsstrahlung for flash radiography [C]//Proceedings of 11th IEEE International Pulsed Power Conference. Piscataway: IEEE Press, 1997: 1669-1673.

[34] AKIMOV A, AKHMETOV A, BAK P, et al. Single-triple pulse power supply for 2kA, 20MeV linear induction accelerator [C]//Proceedings of 21st IEEE International Conference on Pulsed Power. Piscataway: IEEE Press, 2017.

[35] 陶祖聪,张寿云,刘锡三. CAEP闪光X射线机的发展[J]. 强激光与粒子束, 1991, 3(3): 269-285.

[36] 邓建军. 直线感应电子加速器[M]. 北京: 国防工业出版社, 2006.

[37] MUELLER K H. Measurement and characterization of X-ray spot size: LA-UR-89-1886[R]. Los Alamos: Los Alamos National Laboratory, 1989.

[38] FORSTER D W. Radiographic spot size definitions: HWH-9201-R8[R]. Aldermaston: AWE Report, 1992.

[39] BURNS M J, CARLSTEN B E, KWAN T J T, et al. DARHT accelerators update and plans for initial operation[C]//Proceedings of the 1999 Particle Accelerator Conference. Piscataway: IEEE Press, 1999: 617-621.

[40] RICHARDSON R A, HOUCK T L. Roll bar X-ray spot size measurement technique: UCRL-JC-130427[R]. Livermore: Lawrence livermore National Laboratory, 1998.

[41] 苏兆锋, 邱爱慈, 来定国, 等. 脉冲X射线能谱测量技术发展综述[J]. 现代应用物理, 2018, 9(3): 030401.

[42] GEHRING A E. Determining X-ray spectra of radiographic sources with a Compton spectrometer: LA-UR-15-25040[R]. Los Alamos: Los Alamos National Laboratory, 2015.

[43] WATSON S A, LEBEDA C, TUBB A, et al. The design, manufacture and application of scatter reduction grids in megavolt radiography: LA-UR-99-1011 [R]. Los Alamos: Los Alamos National Laboratory, 1999.

[44] WATSON S A, APPLEBY M, KLINGER J, et al. Design, fabrication and testing of a large anti-scatter grid for megavolt γ-ray imaging [C]//IEEE Nuclear Science Symposium Conference Record. Piscataway: IEEE Press, 2005: 717-721.

[45] WATSON S A. The DARHT camera[R]. Los Alamos: Los Alamos Science Magazine, 28, 2003.

[46] WATSON S A, BALZER S, GOSSEIN C, et al. Density measurement errors at DARHT quantifying a decade of progress[R]. Los Alamos: Defense Science Quarterly, 2009.

[47] BRIESMEISTER J F. MCNP-A general Monte Carlo N-particle transport code: LA-12625-M[R]. Version 4B. Los Alamos: Los Alamos National Laboratory, 1997.

[48] X-5 Monte Carlo Team. MCNP-A general Monte Carlo N-particle transport code: LA-UR-03-1987[R]. Version 5. Los Alamos: Los Alamos National Laboratory, 2003.

[49] NELSON W R, HIRAYAMA H, ROGERS D W O, et al. The EGS4 Code System: SLAC-265[R]. Stanford: Stanford University, 1985.

[50] AGOSTINELLI S, ALLISON J, AMAKO K, et al. GEANT4—a simulation toolkit[J]. Nuclear Instruments and Methods in Physics Research A, 2003, 506: 250-303.

[51] KWAN T J T, MATHEWS A R, CHRISTENSON P J, et al. Integrated system simulation in X-ray radiography[J]. Computer Physics Communications, 2001, 142: 263-269.

[52] PANG T F. 3D-density reconstructions from limited data[R]. Aldermaston: The Science & Technology Journal of AWE, 2002.

[53] AUFDERHEIDE M B, MARTZ J H E, SLONE D M, et al. Concluding Report: Quantitative tomography simulations and reconstruction algorithms: UCRL-ID-146938[R]. Livermore: Lawrence Livermore National Laboratory, 2002.

[54] AUFDERHEIDE M B. Inclusion of scatter in HADES: LLNL-TR-464311[R]. Livermore: Lawrence Livermore National Laboratory, 2010.

[55] BARDSLEY J M. MCMC-based image reconstruction with uncertainty quantification[J]. SIAM Journal on Scientific Computing A. 2012, 34(3): 1316-1332.

[56] MARYLESA H, MICHAEL F, AARON L, et al. Bayesian Abel inversion in quantitative X-ray radiography[J]. SIAM Journal on Scientific Computing B, 2016, 38(3): 396-413.

[57] STEVE C. Estimating uncertainty in radiographic analysis[R]. Aldermaston: The Science & Technology Journal of AWE, 2011.

[58] KLASKY M L, NADIGA B T, DISTERHAUPT J L, et al. Hydrodynamic and radiographic toolbox (HART): LA-UR-20-24084[R]. Los Alamos: Los Alamos National Laboratory, 2020.

[59] ZIOCK H J, ADAMS K J, ALRICK K R, et al. The proton radiography concept: LA-UR-98-1368[R]. Los Alamos: Los Alamos National Laboratory, 1998.

[60] MOTTERSHEAD C T, ZUMBRO J D. Magnetic optics for proton radiography: LA-UR-97-1699[R]. Los Alamos: Los Alamos National Laboratory, 1997.

[61] 许海波, 孔令海, 彭现科. 高能质子照相的研究进展[J]. 物理, 2008, 38(11): 783-787.

[62] MERRILL F E. Flash proton radiography[J]. Reviews of Accelerator Science and Technology, 2015, 8: 165-180.

[63] MORRIS C L, BROWN E N, AGEE C, et al. New developments in proton radiography at the Los Alamos Neutron Science Center(LANSCE)[J]. Experimental Mechanics, 2016, 56: 111-120.

[64] ANTIPOV Y M, AFONIN A G, VASILEVSKII A V, et al. A radiographic facility for the 70-GeV proton accelerator of the institute for high energy physics[J]. Instruments and Experimental Techniques, 2010, 53(3): 319-326.

第 2 章 高能 X 射线照相的物理基础

2.1 电子与物质的相互作用

2.1.1 带电粒子与物质的相互作用概述

2.1.1.1 带电粒子与物质的相互作用机制

带电粒子穿过物质时主要通过库仑力与物质原子发生相互作用,归纳起来可分为四种作用方式:①与核外电子的弹性碰撞;②与核外电子的非弹性碰撞;③与原子核的弹性碰撞;④与原子核的非弹性碰撞。弹性碰撞和非弹性碰撞的唯一区别在于前者在碰撞过程中动能守恒,而后者则会将入射粒子的动能转化为其他形式的能量。

如果带电粒子的动能足够高,能够克服物质原子核的库仑势垒到达核力作用范围($10^{-13} \sim 10^{-12}$ cm)时,它们也能发生核相互作用。虽然,核相互作用截面(约 10^{-26} cm^2)要比库仑相互作用截面(约 10^{-16} cm^2)小很多,但核相互作用造成带电粒子强度的指数衰减,对于重带电粒子与物质相互作用尤其重要[1-3]。

1)带电粒子与物质原子核外电子的非弹性碰撞

带电粒子穿过物质时,均会与物质原子的核外电子发生库仑作用,使电子获得能量,引起电离和激发。

当带电粒子在核外束缚电子附近掠过时,由于相互间的静电作用,束缚电子获得足够的能量,以致摆脱原子核的束缚而成为自由电子,这样就产生了由一个自由电子和一个正离子(失去了电子的原子)组成的离子对,这一过程称为电离(ionization)。在电离过程中,由带电粒子撞出的某些自由电子具有足够的动能,它能进一步使其他原子电离,这种电离称为次电离。通常把由带电粒子撞出的能量较大的自由电子称为 δ 射线。

如果束缚电子获得的能量还不足以使其变成自由电子,而只能跳到较高能级的轨道上去,这种过程称为激发(excitation)。此时原子的内层轨道缺少电子,所以原子的激发状态是不稳定的。电子很快会从外层跳到内层去补缺,同时以特征 X 射线的形式放出能量。

带电粒子与核外电子发生非弹性碰撞,由于多次电离和激发,在核外电子获得能量的同时,带电粒子的能量将减少,运动速度降低,直到能量损失完被阻止下来。带电粒子通过这种方式损失能量称为电离能量损失。这种过程是带电粒子穿过物质时损失能量的主要方式。

2)带电粒子与物质原子核的非弹性碰撞

带电粒子与物质原子核之间也会发生库仑作用,使入射带电粒子受到排斥或吸引,导致入射带电粒子的速度和方向发生变化。

当带电粒子与物质原子核的库仑作用导致带电粒子骤然减速时,必然会伴随电磁辐射的产生,称为韧致辐射。在此过程中,入射带电粒子不断地损失能量,这种方式的能量损失称为辐射能量损失。

只有当带电粒子的动能大于它的静止能量时,辐射能量损失才成为重要的能量损失形式。对于重带电粒子,只有当能量达到 10^3 MeV 时,发生的韧致辐射才不可忽略。而电子与原子核碰撞后运动状态会发生很大变化,因此,电子的辐射能量损失占有重要的地位。

3) 带电粒子与物质原子核的弹性碰撞

带电粒子与物质原子核的库仑场作用而发生弹性碰撞,即弹性散射,这就是卢瑟福散射。该过程只是使原子核反冲而带走带电粒子的一部分能量,这种能量损失称为核碰撞能量损失。

当入射带电粒子能量较低和带电粒子的电荷数较大时,这种能量损失方式必须考虑。另外,电子与原子核的弹性碰撞所受到的偏转比重带电粒子严重得多,因此该过程是引起电子散射的主要因素。

4) 带电粒子与物质原子核外电子的弹性碰撞

带电粒子与物质原子核外电子的弹性碰撞过程只有很小的能量转移。实际上,这是入射带电粒子与整个物质原子的相互作用。这种相互作用方式只是在极低能量(100eV)的电子才需考虑。由于这个作用方式对带电粒子能量损失的贡献很小,一般不予讨论。

2.1.1.2 带电粒子在物质中的能量损失

带电粒子穿过物质受到库仑相互作用损失能量的过程也可以看成被物质阻止的过程,把物质对带电粒子的阻止本领(stopping power) S 定义为带电粒子在物质中穿过单位路程时的能量损失,即

$$S = -\frac{dE}{dx} \tag{2.1}$$

S 也称为粒子的能量损失率(rate of energy loss)或比能损失(specific energy loss)。

根据带电粒子与物质原子碰撞过程分析,带电粒子的能量损失率由电离能量损失率 S_{ion}、辐射能量损失率 S_{rad} 和核碰撞能量损失率 S_n 组成,表示为

$$S = S_{ion} + S_{rad} + S_n = \left(-\frac{dE}{dx}\right)_{ion} + \left(-\frac{dE}{dx}\right)_{rad} + \left(-\frac{dE}{dx}\right)_n \tag{2.2}$$

电离能量损失率由贝特-布洛赫(Bethe-Block)公式给出:

$$\left(-\frac{dE}{dx}\right)_{ion} = \frac{4\pi N_A z^2 e^4 Z}{m_e v^2 A}\left[\ln\left(\frac{2m_e v^2}{I}\right) - \ln(1-\beta^2) - \beta^2\right] \tag{2.3}$$

式中:m_e 为电子静止质量;z 为入射粒子的电荷数;$\beta = v/c$ 为相对论速度,其中,v 为入射粒子速度,c 为光速,N_A 为阿伏伽德罗(Avogadro)常数;Z 为物质的原子序数;A 为物质的原子量;I 为物质原子的平均电离电势,代表该原子中各壳层电子的激发和电离能之平均值,以 eV 为单位可近似表示为 $I \approx 9.1Z(1+1.9Z^{-2/3})$;$x = x^* \rho$ 为以 g/cm² 为单位的路程,其中,x^* 为以 cm 为单位的路程,ρ 为物质密度(g/cm³)。

右边第二、三项为相对论修正项,其结果是使阻止本领随带电粒子速度的增加而减少到一极小值之后,又重新随速度的增加而增加。

辐射能量损失率描述为

$$\left(-\frac{dE}{dx}\right)_{rad} \approx \frac{4\alpha N_A z^2 Z^2 E}{A}\left(\frac{e^2}{m_0 c^2}\right)^2 \ln\frac{183}{Z^{1/3}} \tag{2.4}$$

式中：$\alpha = e^2/(\hbar c)$ 为精细结构常数，其中，$\hbar$ 为约化普朗克常数（$\hbar = h/(2\pi)$）；m_0 为入射粒子的静止质量。

对不同的带电粒子，三种能量损失方式所占的比重不一样。重带电粒子的电离能量损失是最主要的能量损失方式，辐射能量损失可以忽略，核碰撞能量损失一般很小，但当速度很低时，可以与电离能量损失相当。

电子的电离能量损失是其能量损失的重要方式，但辐射能量损失也占有十分重要的地位，当电子能量达到十几 MeV 时，辐射能量损失率将与电离能量损失率相当。由于电子的质量小，核碰撞能量损失率所占份额很小，但核碰撞会引起严重的散射。

2.1.2 电子的电离能量损失

需要指出的是，Bethe – Block 公式只对重带电粒子成立。电子不像重带电粒子，质量不能认为是无限大的，需要考虑折合质量。另外，入射电子和靶电子是不可区分的，故应考虑其交换性质，则有

$$\left(-\frac{dE}{dx}\right)_{ion} = \frac{2\pi N_A e^4 Z}{m_e v^2 A}\left\{\ln\left[\frac{m_e v^2 E}{2I^2(1-\beta^2)}\right] - \ln 2(2\sqrt{1-\beta^2} - 1 + \beta^2) + \right.$$

$$\left. (1-\beta^2) + \frac{1}{8}(1-\sqrt{1-\beta^2})^2\right\} \tag{2.5}$$

在低速（$\beta \approx 0$）时，有

$$\left(-\frac{dE}{dx}\right)_{ion} \approx \frac{4\pi N_A e^4 Z}{m_e v^2 A}\left[\ln\left(\frac{2m_e v^2}{I}\right) - 1.2329\right] \tag{2.6}$$

式（2.6）与式（2.3）十分相似。

由式（2.3）和式（2.5），可以得到以下几点重要结论：

（1）电离能量损失率与原子序数 Z/A 成正比。式（2.3）和式（2.5）隐含了物质密度的影响。实际上，高原子序数、高密度的物质具有更大的阻止本领。

（2）电离能量损失率与入射电子速度有关，在忽略只随速度缓慢变化的括号内的修正项时，电离能量损失率与速度的平方（v^2）成反比。

2.1.3 电子的辐射能量损失

当入射带电粒子与物质原子的最接近距离较原子半径（约 10^{-8} cm）还小，而同原子核的半径（$10^{-13} \sim 10^{-12}$ cm）相比又足够大时，带电粒子可以在物质原子核的库仑场中受到核的库仑散射，使其轨迹发生偏转，并伴随着弱的电磁辐射的发射称为轫致辐射。

对于电子而言，式（2.4）中的 $z = 1$，$m_0 = m_e$，当能量 E 足够大，在 $E \gg m_e c^2/(\alpha Z^{1/3})$ 时有

$$\left(-\frac{dE}{dx}\right)_{rad} \approx \frac{4\alpha N_A Z^2 E}{A}\left(\frac{e^2}{m_e c^2}\right)^2 \ln\frac{183}{Z^{1/3}} = \frac{4\alpha N_A Z^2 E r_e^2}{A}\ln\frac{183}{Z^{1/3}} \tag{2.7}$$

式中：$\alpha = e^2/(\hbar c) \approx 1/137$；$r_e$ 为经典电子半径，$r_e = e^2/m_e c^2 \approx 2.81794 \times 10^{-13}$ cm。

由式(2.4)和式(2.7)，可以得到以下几点重要结论：

(1) 辐射能量损失率与质量的平方成反比。在能量相同的情况下，电子的质量非常小，所以电子的辐射能量损失比重带电粒子要大得多。对重带电粒子而言，辐射能量损失可以忽略。

(2) 辐射能量损失率与物质原子序数的平方(Z^2)成正比。该关系表明，当电子打到高原子序数的物质时更容易产生韧致辐射，这对辐射防护不利。但用于产生强韧致辐射的 X 射线源时，选用重元素靶是十分必要的。

(3) 辐射能量损失率与入射电子能量 E 成正比。当电子能量较低时，电离能量损失占主要地位，而当电子能量较高时，辐射能量损失就会占有越来越重要的地位。在相对论能区，理论计算得到两者的比值为

$$\frac{(-dE/dx)_{rad}}{(-dE/dx)_{ion}} \approx \frac{ZE}{800} \tag{2.8}$$

式中，E 以 MeV 为单位。图 2.1 给出了电子在几种靶物质中两种能量损失的比较，其中总能量损失为电离能量损失和辐射能量损失之和。

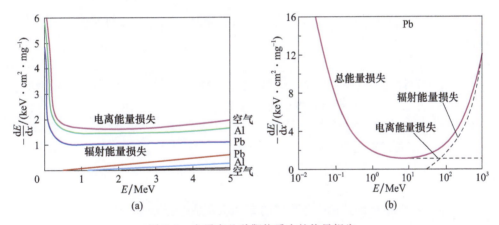

图 2.1 电子在几种靶物质中的能量损失
(a) 电子在几种靶物质中的电离能量损失和辐射能量损失；
(b) 电子在 Pb 中的总能量损失、电离能量损失、辐射能量损失。

由式(2.8)可以看到，对于 Pb，当电子能量大于 10 MeV 时，辐射能量损失将超过电离能量损失，而对于水和空气，当电子能量大于 100 MeV 时，辐射能量损失将达到电离能量损失的量级。对于能量几十 MeV 以下的电子，电离能量损失仍是主要的能量损失方式。

入射电子在发出韧致辐射时，其自身的动量有一部分被辐射光子带走，另一部分转移给靶原子核和被偏转的电子。韧致辐射光子可以具有从零到入射电子动量的任何动量值，相应的能量也可以从零到入射电子动能的任意值，所以韧致辐射又称为连续 X 射线。当电子的能量比较低时，光子带走的动量较少，光子发射各向同性；当电子的能量比较高时，光子带走的动量较多，因此光子倾向于向前发射。图 2.2 给出了电子在 Be 和 Au 中的韧致辐射强度(对所有能量积分)的角分布情况。

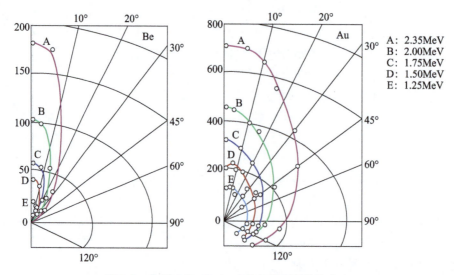

图 2.2 电子在 Be 和 Au 中的韧致辐射的角分布

若令

$$\frac{1}{X_0} = \frac{4\alpha N_A Z^2 r_e^2}{A} \ln \frac{183}{Z^{1/3}} \tag{2.9}$$

则式(2.7)可改写为 $dE/E = -dx/X_0$。初始能量为 E_0 的电子穿过厚度为 x 的物质后平均能量为

$$\overline{E} = E_0 e^{-x/X_0} \tag{2.10}$$

由式(2.10)可知,当物质厚度 $x = X_0$ 时,电子在物质中因辐射损失而使能量降低到初始能量的 $1/e$,称之为物质的辐射长度。

原子结构对电子的韧致辐射有影响,对这种影响,在式(2.9)中只需将 Z^2 改为 $Z(Z+1)$,辐射长度相应变为

$$\frac{1}{X_0} = \frac{4\alpha N_A Z(Z+1) r_e^2}{A} \ln \frac{183}{Z^{1/3}} \tag{2.11}$$

此外,还必须考虑到原子电子会对核的库仑场造成一定程度的屏蔽。如果将屏蔽效果考虑在内,辐射长度的近似公式为

$$X_0 = \frac{Z(Z+1)}{716.4A} \ln \sqrt{287/Z} \quad (\text{g/cm}^2) \tag{2.12}$$

电子的韧致辐射发射的方向是朝前方向,其均方根发射角为

$$(\langle \theta^2 \rangle)^{1/2} = q(E, E', Z) \frac{m_e c^2}{E} \ln\left(\frac{E}{m_e c^2}\right) \tag{2.13}$$

式中,$q(E, E', Z)$ 为物质原子序数 Z、电子的总能量 E 和光子能量 E' 的函数,其值一般是 1 的量级,因此可近似有

$$(\langle \theta^2 \rangle)^{1/2} \approx \frac{m_e c^2}{E} \tag{2.14}$$

重带电粒子的辐射过程与电子有所不同。由于重带电粒子有比电子大得多的质量,在通过原子核附近时,经受较小的偏转,加速度较小,因此只有较小的辐射损失。若重

带电粒子的质量为 M,则它在物质中的韧致辐射损失是相同速度电子的韧致辐射的 $(m_e/M)^2$ 倍。

带电粒子在物质中辐射损失与电离损失相等时的粒子能量称为该物质的临界能量 E_c。对于电子,临界能量可以近似表示为

$$E_c \approx \frac{610\text{MeV}}{Z+1.24} \tag{2.15}$$

若粒子能量 $E > E_c$,则以辐射损失为主;若 $E < E_c$,则以电离损失为主。

2.1.4 电子的射程

带电粒子在物质中运动时不断损失能量,待能量耗尽后就停留在物质中,它沿初始运动方向所行经的最大距离称为入射粒子在该物质中的射程 R(range)。入射粒子在物质中行经的实际轨迹长度称为路程(path)。射程和路程是不同的概念。显然,射程要小于路程,特别是粒子径迹弯曲严重时,这两者的差异更显著。

重带电粒子的质量大,它与物质原子的轨道电子的相互作用不会导致其运动方向有大的改变,其轨迹几乎是直线。因此,重带电粒子的射程基本上等于路程。重带电粒子在物质中的射程原则上可以由 Bethe-Block 公式直接求出,即对能量为 E_0 的带电粒子的射程 R 为

$$R = \int_{E_0}^{0} \frac{dE}{(-dE/dx)_{\text{ion}}} \tag{2.16}$$

但由于 Bethe-Block 公式的复杂性以及低能部分的不确定性,因此依靠计算来确定射程很困难,一般仍需依靠实验来测定。

电子穿过物质时,它传给轨道电子的能量可以很大,甚至一次作用就会损失自己的全部动能。另外电子质量小,作用后的反冲较大,因而较为显著地改变自己的运动方向,使得电子在物质中的路径不是直线,而是弯弯曲曲的折线,路程和射程相差很多。

单能电子或 β 射线穿过一定厚度的物质时强度减弱的现象称为吸收。由于电子易受到散射而改变方向,因此很薄的物质就能使被测电子束失掉一些电子,造成电子束强度随物质厚度呈下降趋势。当物质厚度足够大时曲线趋近于零。一般将吸收曲线的线性部分外推到零而得到外推射程,也可将吸收曲线中电子强度减少一半的物质厚度定义为平均射程。

图 2.3 给出了 1.9MeV 单能电子和具有相同最大能量的 β 射线垂直进入物质的吸收曲线。对于单能电子衰减曲线 A,开始随物质厚度缓慢下降,然后有一线性下降部分,最后缓慢达到本底。可将线性下降部分外推至零,即得外推射程。对于 β 射线,不是单能的,而是从零到最大能量连续分布的。射程难以直接从衰减曲线确定,而只能根据衰减曲线的数据用一些方法来计算。

Katz 和 Pendold 总结了大量的研究结果,发现 β 射线在低原子序数材料中的射程(g/cm^2)与其最大能量 E_{max}(MeV)间存在如下经验关系:

$$R = 0.412 E_{\text{max}}^n, \quad n = 1.27 - 0.0954 \ln E_{\text{max}}, \quad 0.01\text{MeV} \leq E_{\text{max}} \leq 2.5\text{MeV}$$

$$R = 0.530 E_{\text{max}} - 0.106, \quad E_{\text{max}} > 2.5\text{MeV} \tag{2.17}$$

对于具有连续能谱的 β 射线,吸收曲线的大部分可以用指数函数描述,即 $I/I_0 =$

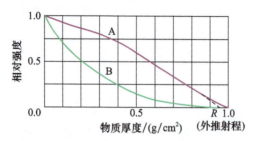

图 2.3　电子在物质中的吸收曲线

A—1.9MeV 单能电子；B—$E_{max}=1.9$MeV 的 β 射线。

$e^{-\mu_m \rho l}$，其中，I_0 为 β 射线通过物质之前的强度，I 为通过厚度为 l 的物质后的强度，μ_m 为质量吸收系数(cm^2/g)。实验表明，对于不同的物质，μ_m 随原子序数的增加而缓慢上升，对于同一物质，μ_m 与 β 射线最大能量 E_{max}(MeV)密切相关。对于铝，有如下的经验公式：

$$\mu_m \approx \frac{17}{E_{max}^{1.54}}, \quad 0.1\text{MeV} < E_{max} < 4\text{MeV} \tag{2.18}$$

尽管由于单个电子在物质中的散射和吸收，并不存在确定的射程，然而大量单能电子或对于同一放射源发射出的 β 射线，穿过某种物质的最大厚度或其质量吸收系数仍不失为一特征量，它们与电子能量或 β 射线最大能量间有着一定的关系。目前在放射性同位素应用中，人们有时还在用它来估计 β 射线的最大能量。

射程还用于确定为防护一个给定最大能量的辐射所必需的屏蔽厚度。对电子进行射程估计，可以指导对高能电子辐射屏蔽的设计，以及增感屏的设计。作为参考，表 2.1 列出了几种典型材料中单能电子的路程，表 2.2 列出了几种典型材料中射程与路程之比[4]。

表 2.1　典型材料中单能电子的路程　　　　　　　　单位：g/cm^2

T/MeV	^{4}Be	^{6}C	^{13}Al	^{26}Fe	^{29}Cu	^{73}Ta	^{92}U
0.1	0.017	0.016	0.019	0.021	0.022	0.030	0.032
0.5	0.215	0.198	0.224	0.248	0.257	0.322	0.342
1.0	0.537	0.492	0.549	0.600	0.620	0.748	0.786
2.0	1.209	1.103	1.212	1.307	1.344	1.553	1.607
3.0	1.873	1.704	1.855	1.980	2.030	2.273	2.331
4.0	2.528	2.291	2.476	2.618	2.678	2.924	2.977
5.0	3.172	2.864	3.076	3.227	3.294	3.521	3.564
6.0	3.805	3.427	3.658	3.810	3.881	4.072	4.102
7.0	4.430	3.979	4.225	4.369	4.444	4.585	4.600
8.0	5.046	4.522	4.777	4.907	4.984	5.065	5.063
9.0	5.654	5.057	5.315	5.426	5.503	5.516	5.497
10.0	6.255	5.583	5.841	5.926	6.003	5.940	5.904
20.0	11.94	10.49	10.54	10.17	10.20	9.242	9.018

表 2.2　单能电子沿初始方向的射程与路程之比

T/MeV	^{4}Be	^{6}C	^{13}Al	^{26}Fe	^{29}Cu	^{73}Ta	^{92}U
0.01	0.568	0.491	0.328	0.232	0.222	0.207	0.222
0.1	0.583	0.501	0.324	0.195	0.179	0.078	0.070
0.2	0.590	0.508	0.330	0.198	0.181	0.074	0.065
0.4	0.600	0.518	0.341	0.206	0.188	0.075	0.065
0.6	0.609	0.528	0.353	0.214	0.196	0.079	0.069
0.8	0.618	0.538	0.364	0.223	0.204	0.084	0.073
1	0.627	0.547	0.374	0.232	0.213	0.088	0.078
2	0.665	0.590	0.423	0.274	0.254	0.114	0.101
4	0.718	0.650	0.495	0.343	0.321	0.162	0.146
7	0.766	0.707	0.565	0.417	0.395	0.222	0.204
10	0.798	0.744	0.614	0.471	0.449	0.271	0.252
20	0.853	0.812	0.706	0.580	0.550	0.382	0.362

2.2　光子与物质的相互作用

X 射线通过物质时，与电子、核子以及带电粒子周围的电场相互作用，可能发生光子的吸收、弹性散射或非弹性散射。发生吸收时，光子的能量全部转变为其他形式的能量。弹性散射仅仅改变 X 射线的传播方向。非弹性散射不仅改变 X 射线的方向，同时也部分地吸收光子的能量。表 2.3 给出了 X 射线与物质相互作用的各种可能的过程分类。在所关心的能量范围（10keV ~ 100MeV）内，X 射线与物质相互作用的主要过程有三种：光电效应（photoelectric effect）、康普顿效应（Compton effect，又称康普顿散射）和电子对产生（pair production）。次要过程有两种：瑞利散射（Rayleigh scatter）和光核反应（photonuclear reaction）[5-9]。其余的作用过程有弹性核散射、核共振散射、德布利克散射、光介子产生等，所占的比例很小，本书将不做介绍。

表 2.3　X 射线与物质相互作用的各种可能的过程分类

作用对象	作用类型		
	吸收	散射	
		弹性散射	非弹性散射
原子中的电子	光电效应 $\sigma \propto \begin{cases} Z^4, & 低能 \\ Z^5, & 高能 \end{cases}$	瑞利散射 $\sigma \propto Z^2$	康普顿散射 $\sigma \propto Z$
核子	光核反应 $\sigma \propto Z$ ($h\nu \geqslant 10\text{MeV}$)	弹性核散射	核共振散射

续表

作用对象	作用类型		
	吸收	散射	
		弹性散射	非弹性散射
带电粒子周围的电场	电子对产生 (1) 原子核的电场 $\sigma \propto Z^2$ ($h\nu \geqslant 1.02\text{MeV}$) (2) 电子的电场 $\sigma \propto Z$ ($h\nu \geqslant 2.04\text{MeV}$)	德布利克散射 $\sigma \propto Z^4$	—

2.2.1 光电效应

光电效应是光子与靶物质原子之间的相互作用。在这个过程中,光子被原子吸收后消失了,靶物质原子中的某个束缚电子获得了入射光子的大部分能量,原子的其余部分只是承担了非常少(通常可以忽略)的反冲能。该束缚电子克服结合能后成为自由电子,被称为光电子。光电效应又称为光电吸收,其过程可用图 2.4 表示。

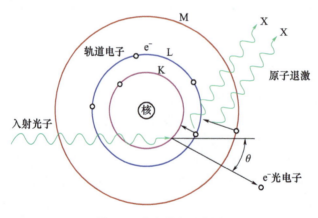

图 2.4 光电效应示意图

如果忽略反冲原子的动能,光电子的动能 T 就是入射光子能量 $h\nu$ 与该束缚电子所处电子壳层的结合能 B_i 之差:

$$T = h\nu - B_i \tag{2.19}$$

这就是著名的爱因斯坦光电方程。

光电效应只有在光子能量 $h\nu \geqslant B_i$ 时才能发生。光电子可以从各个壳层中发射出来,但在原子内壳层产生光电子的概率要大于外壳层。原子中有许多电子壳层,最内层为 K 壳层,结合能为 $R(Z-1)^2$ ($R \approx 13.5\text{eV}$,为里德堡常数);其次为 L 壳层,结合能为 $R(Z-5)^2/4$;接着是 M 壳层,结合能为 $R(Z-13)^2/9$;如此等等。最外层电子是价电子,价电子在光谱学上起重要作用。但是,自由电子不能从光子吸收能量而成为光电子,这是因为为了保持动量守恒而必须有一个第三者(即原子核)参与这一过程。于是可以推测,光电效应的吸收概率必须随结合能的增大而很快提高。

如果光子能量大于 K 或 L 壳层的结合能,那么最外层的电子(价电子)的光电效应就可以略去。一般只考虑 K 或 L 壳层电子的光电效应。发生光电效应时,光子把一个内层电子从一定的壳层中迁移出来,转到另一个能量较低的尚未被占据的结合态或电离态。K 吸收限表示光子的能量足以使一个 1S 电子脱离原子,从而引起原子的共振吸收,使吸收系数有了突然增加;L_1 吸收限表示光子的能量足以使一个 2S 电子脱离原子,L_2 和 L_3 吸收限分别表示光子的能量足以使一个 $2P_{1/2}$ 和 $2P_{3/2}$ 电子脱离原子。同样,可以理解 M 吸收限。图 2.5 给出了光电效应截面与入射光子能量的关系。

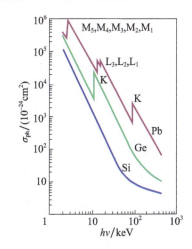

图 2.5　光电效应截面与入射光子能量的关系

发生光电效应后,从内壳层打出电子,就在该壳层留下空位,使原子处于激发状态。处于激发态的原子要回到基态。退激有两种竞争的过程:第一种过程是外壳层电子向内壳层跃迁来填补内壳层的空位,内外结合能之差即是跃迁时释放的能量,这种能量将以特征 X 射线形式释放出来(也称荧光)。第二种过程是退激释放的能量再交给外壳层的电子,使其从原子中释放出来,这种电子称为俄歇电子(auger electron)。不论是特征 X 射线还是俄歇电子,其能量都很低,几乎都能被物质吸收,所以光电效应实际上是 X 射线的一种能量全吸收过程。

当光子能量大于介质原子 K 壳层电子结合能时,光电子可以出自不同原子层。不同壳层电子发生光电效应的截面是不同的,束缚越紧的壳层电子发生光电效应截面越大。量子电动力学计算给出了非相对论($h\nu \ll m_e c^2$)和相对论($h\nu \gg m_e c^2$)情况下,发生在 K 壳层电子的光电效应截面为

$$\sigma_k = 32^{1/2} \alpha^4 \left(\frac{m_e c^2}{h\nu}\right)^{7/2} Z^5 \sigma_{th}, \quad h\nu \ll m_e c^2$$

$$\sigma_k = 1.5 \alpha^4 \left(\frac{m_e c^2}{h\nu}\right)^{7/2} Z^5 \sigma_{th}, \quad h\nu \gg m_e c^2 \tag{2.20}$$

式中:$\sigma_{th} = \frac{8}{3}\pi \left(\frac{e^2}{m_e c^2}\right)^2 = 6.65 \times 10^{-25} \mathrm{cm}^2$ 为汤姆孙效应截面;$\alpha \approx 1/137$ 为精细结构常数。

σ_k 的表达式说明:

(1)σ_k 与介质的原子序数 Z^5 成正比。通过探测电子来探测光子时,选用高 Z 值的吸收介质对探测效率十分有利。

(2) σ_k 随光子能量增高而减小,在低能区 σ_k 与 $(h\nu)^{-3.5}$ 成正比。σ_k 随光子能量增高而减小的总趋势可以这样理解:当光子能量刚好高于 K 壳层电子结合能时,相对于光子能量而言,K 壳层电子束缚最紧,与原子 K 壳层电子发生光电效应的截面最大,当光子能量增加后,K 壳层电子束缚相对变弱甚至可视为"自由电子",而自由电子是不能产生光电效应的,因而 σ_k 迅速下降。同样原因,在给定能量下,K 壳层电子相对于 L、M 等外壳层电子被原子束缚最紧,因而 K 壳层电子发生光电效应的截面最大。实验测量表明:L、M 等外壳层电子对光电效应总截面的贡献仅约 20%。

原子的光电效应截面 σ_{ph} 则为

$$\sigma_{ph} = \frac{5}{4}\sigma_k \tag{2.21}$$

实际上,在实验中已经发现光电效应截面与 Z 和 $h\nu$ 的关系更加接近于

$$\sigma_{ph} \propto \frac{Z^n}{(h\nu)^m} \tag{2.22}$$

随着 $h\nu$ 的值从 0.1MeV 增加到 3MeV,n 的值将由 4 增加到 4.6,并且当 $h\nu \gg m_e c^2$ 时,能量指数 m 将从 3 下降到 1,总的规律与理论计算符合得很好。

在光电效应中,光电子发射方向相对于光子入射方向不是各向同性的。图 2.6 以极坐标形式给出光电子在相对于光子入射方向的不同角度发射的概率。不同曲线上的数值代表光子的能量。由图可以看到,对于低能 X 射线能量增加,最大概率逐渐趋向入射 X 射线的方向。从图还可以看出,在 $\theta = 0°$ 或 $\theta = 180°$ 方向没有光电子发射,这说明光电效应不是光子与自由电子间的碰撞。

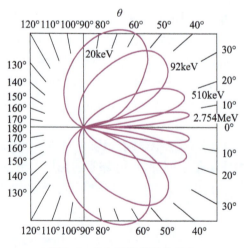

图 2.6 光电子发射的角分布

2.2.2 康普顿效应

康普顿效应是指入射光子与物质原子作用时,入射光子与轨道电子发生散射,将一部分能量传给电子并使它脱离原子射出而成为反冲电子,同时入射光子损失能量并改变方向而成为散射光子。康普顿效应是 1923 年由康普顿(Compton)和我国物理学家吴有训一起首先在实验中发现的。

2.2.2.1 康普顿效应的动力学分析

能量为 $h\nu$ 的光子,在自由(准自由)电子上被散射,散射角为 θ(入射光子方向与散射光子方向的夹角),如图 2.7 所示。在康普顿散射中入射光子的能量被分成两部分:一部分变成反冲电子的动能,因而在非常靠近发生碰撞的地方沉积下来;另一部分则由散射光子从碰撞处带走。散射后光子的能量为 $h\nu'$,电子的静止质量 $E_0 = m_e c^2$,反冲电子的能量 $E = mc^2 = m_e c^2 / \sqrt{1 - v^2/c^2} = \gamma m_e c^2$。由能量和动量守恒可以得到散射光子和反冲电子的能量表达式。

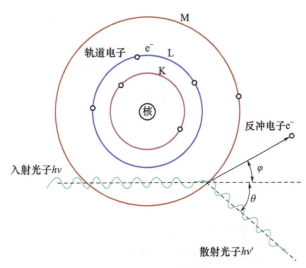

图 2.7 康普顿效应示意图

能量守恒、x 方向动量守恒和 y 方向动量守恒方程分别表示为

$$\begin{cases} h\nu + E_0 = h\nu' + E \\ \dfrac{h\nu}{c} = m_e c \beta \gamma \cos\varphi + \dfrac{h\nu'}{c}\cos\theta \\ 0 = m_e c \beta \gamma \sin\varphi - \dfrac{h\nu'}{c}\sin\theta \end{cases} \quad (2.23)$$

令 $\alpha = \dfrac{h\nu}{m_e c^2}$, $\alpha' = \dfrac{h\nu'}{m_e c^2}$,式(2.23)简化为

$$\begin{cases} \alpha = \gamma - 1 + \alpha' \\ \beta\gamma\cos\varphi = \alpha - \alpha'\cos\theta \\ \beta\gamma\sin\varphi = \alpha'\sin\theta \end{cases} \quad (2.24)$$

于是,可得到下面三个重要的关系。

(1)散射光子的能量:

$$\alpha' = \frac{\alpha}{1 + \alpha(1 - \cos\theta)} \quad (2.25)$$

(2)反冲电子的动能:

$$T = h\nu \frac{\alpha(1 - \cos\theta)}{1 + \alpha(1 - \cos\theta)} \quad (2.26)$$

(3) 光子散射角与电子反冲角之间的关系：

$$\cot\varphi = (1+\alpha)\tan\frac{\theta}{2} \tag{2.27}$$

可见，当入射光子能量一定时，散射光子能量和反冲电子动能随散射角是变化的；同时，反冲角与散射角之间有确定的关系。下面做进一步讨论：

(1) 当光子的散射角 $\theta = 0°$ 时向前散射，散射光子获得的能量：$(h\nu')^{\max} = h\nu$，达到最大值；而反冲电子的动能：$T = E - E_0 = 0$。这实际上表明，此时入射光子从电子旁掠过，未受到散射，光子未发生变化。

(2) 当光子散射角 $\theta = 180°$ 时，反冲角 $\varphi = 0°$。对应于入射光子与电子对心碰撞的情况，散射光子沿入射光子反方向散射出来，反冲电子则沿入射光子出射，这种情况称为反散射。此时，散射光子能量最小，即

$$(h\nu')^{\min} = \frac{h\nu}{1+2\alpha} \tag{2.28}$$

反冲电子动能最大，即

$$T^{\max} = h\nu\frac{2\alpha}{1+2\alpha} \tag{2.29}$$

(3) 由式(2.27)，散射角和反冲角之间存在半角关系，由于散射光子的出射角 θ 在 $0° \sim 180°$ 之间变化，反冲电子只能在 $90° \sim 0°$ 之间发射。

2.2.2.2 康普顿散射截面

从式(2.25)、式(2.26)和式(2.27)可以看出，发生康普顿散射时，只要散射角 θ 确定，则可唯一地确定其他参量。那么，散射角的取值服从什么规律呢？1929年，克莱因(Klein)和仁科(Nishina)根据当时狄拉克(Dirac)刚建立的相对论量子力学，得到了康普顿散射的微分截面 $d\sigma_{c,e}/d\Omega$ 的表达式，即著名的 Klein–Nishina 公式：

$$\frac{d\sigma_{c,e}}{d\Omega} = \frac{r_e^2}{2}\left(\frac{\alpha'}{\alpha}\right)^2\left(\frac{\alpha}{\alpha'} + \frac{\alpha'}{\alpha} - \sin^2\theta\right) \tag{2.30}$$

康普顿散射的微分截面 $d\sigma_{c,e}/d\Omega$ 是指一个光子垂直入射到单位面积只包含一个电子的介质时，散射光子落在 θ 方向单位立体角内的概率，其单位为 cm^2/sr[①]。因为散射光子在方位角上是对称的，所以 $d\sigma_{c,e}/d\Omega$ 乘以 $2\pi\sin\theta$ 就转换成了 $d\sigma_{c,e}/d\theta$，此即散射光子的角分布。

需要指出，Klein–Nishina 截面公式是在假设了参与康普顿散射的电子是自由电子的前提下推导出来的。实际上，康普顿散射也可以发生在入射光子与原子中受原子核束缚较松的轨道电子之间。虽然轨道电子不是严格的自由电子，但是，当入射光子能量远远大于原子核对轨道电子的束缚能(即轨道电子的电离能)时，可以近似地把轨道电子看作自由电子。因此，Klein–Nishina 截面公式在入射光子能量较高时更接近实际情况。

将式(2.25)代入式(2.30)，可以求得

$$\frac{d\sigma_{c,e}}{d\Omega} = \frac{r_e^2}{2}\left\{\frac{1}{[1+\alpha(1-\cos\theta)]^2}\left[1+\cos^2\theta + \frac{\alpha^2(1-\cos\theta)^2}{1+\alpha(1-\cos\theta)}\right]\right\} \tag{2.31}$$

将式(2.31)对立体角 $(d\Omega = \sin\theta d\theta d\varphi, \theta \in [0,\pi], \varphi \in [0,2\pi])$ 积分，可得到对单个电

---

① 立体角的单位，球面度 sr。

子的康普顿散射总截面 $\sigma_{c,e}$，即

$$\sigma_{c,e} = 2\pi \int_0^\pi \frac{d\sigma_{c,e}}{d\Omega} \sin\theta d\theta$$

$$= 2\pi r_e^2 \left\{ \frac{1+\alpha}{\alpha^2} \left[\frac{2(1+\alpha)}{1+2\alpha} - \frac{1}{\alpha}\ln(1+2\alpha) \right] + \frac{1}{2\alpha}\ln(1+2\alpha) - \frac{1+3\alpha}{(1+2\alpha)^2} \right\} \quad (2.32)$$

图 2.8 给出了 $\sigma_{c,e}$ 与入射光子能量的关系曲线。可以看出，当入射光子能量增加时，康普顿散射截面还是呈下降趋势，但其下降速度比光电效应截面的要慢。

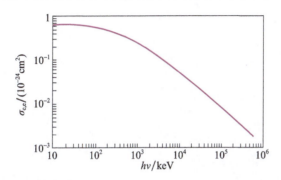

图 2.8　康普顿散射截面（对单个电子）与入射光子能量的关系

在入射光子能量比原子中电子的最大结合能大得多时，即使原子的内层电子也可看成是自由电子，也能和入射光子发生非弹性碰撞。所以，入射光子与整个原子的康普顿散射总截面将是它与各个电子的康普顿散射截面之和，即

$$\sigma_c = Z\sigma_{c,e} \quad (2.33)$$

由式(2.32)和式(2.33)可以总结出对原子的康普顿散射截面的规律。

(1) 当入射光子能量较高($h\nu \gg m_e c^2$，即 $\alpha \gg 1$) 时，有

$$\sigma_c = Z\pi r_e^2 \frac{1}{\alpha} \left[\ln(2\alpha) + \frac{1}{2} \right] = Z\pi \left(\frac{e^2}{m_e c^2} \right)^2 \frac{m_e c^2}{h\nu} \left[\ln\left(\frac{2h\nu}{m_e c^2} \right) + \frac{1}{2} \right] \quad (2.34)$$

(2) 当入射光子能量很低($h\nu \ll m_e c^2$，即 $\alpha \ll 1$) 时，有

$$\sigma_c \to \sigma_{th} = \frac{8}{3}\pi r_e^2 Z \quad (2.35)$$

此时，康普顿散射截面趋于汤姆孙散射截面，与入射光子能量无关，仅与 Z 成正比。式(2.25)、式(2.26)和式(2.27)简化为

$$\alpha' \approx \alpha, \quad T \approx 0, \quad \cot\varphi = \tan\frac{\theta}{2} \quad (2.36)$$

在初始光子能量很低的情况下，入射光子能量全部交给散射光子，但散射光子传播方向相对于入射光子方向有一个 θ 角。也就是说，在汤姆孙散射过程中光子不改变能量，而仅改变方向，并且散射光子限制在小角度范围内。

汤姆孙散射和康普顿散射的区分是历史原因形成的，汤姆孙散射用波动理论处理，康普顿散射用光子理论处理，两者本质上是一回事，康普顿散射是普适的，汤姆孙散射是康普顿散射的低能极限。

当入射光子提供的能量不足以使它们克服原子的束缚时，就无法发生康普顿散射，康普顿散射的截面也因此需要做修正：

$$\sigma_c = S(x,Z)\sigma_{c,e} \tag{2.37}$$

式中:$S(x,Z)$ 为非相干散射函数,$x=\sin(\theta/2)/\lambda$,λ 为入射光子的波长。

入射光子能量较低时,$2hx$ 约等于散射中传递给电子的动量。x 较小时,$S(x,Z)<Z$;x 值超过 10 时,$S(x,Z)=Z$,如图 2.9 所示。

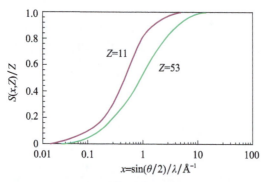

图 2.9 非相干散射函数 $S(x,Z)$

2.2.2.3 反冲电子截面与角分布

发生康普顿效应时,不同能量、不同方向的散射光子对应的反冲电子的方向和能量也不同,两者之间存在一一对应的关系。也就是说,散射光子落在 $\theta\sim\theta+\mathrm{d}\theta$ 与反冲电子落在对应的 $\varphi\sim\varphi+\mathrm{d}\varphi$ 内是同一随机事件,二者发生的概率相同,则有

$$\left(\frac{\mathrm{d}\sigma_{c,e}}{\mathrm{d}\Omega}\right)_\theta (2\pi\sin\theta\mathrm{d}\theta) = \left(\frac{\mathrm{d}\sigma_{c,e}}{\mathrm{d}\Omega'}\right)_\varphi (2\pi\sin\varphi\mathrm{d}\varphi) \tag{2.38}$$

式中:Ω 和 Ω' 分别为与散射角 θ 和反冲角 φ 对应的立体角。

微分截面 $(\mathrm{d}\sigma_{c,e}/\mathrm{d}\Omega)_\theta$ 表示散射光子落在 θ 方向单位散射立体角内的概率,由式(2.31)给出;微分截面 $(\mathrm{d}\sigma_{c,e}/\mathrm{d}\Omega')_\varphi$ 表示反冲电子落在与上述散射角 θ 对应的反冲角 φ 方向单位反冲立体角内的概率,由式(2.38)即可得到反冲电子的微分截面:

$$\left(\frac{\mathrm{d}\sigma_{c,e}}{\mathrm{d}\Omega'}\right)_\varphi = \left(\frac{\mathrm{d}\sigma_{c,e}}{\mathrm{d}\Omega}\right)_\theta \left(\frac{\sin\theta}{\sin\varphi}\frac{\mathrm{d}\theta}{\mathrm{d}\varphi}\right) = \left(\frac{\mathrm{d}\sigma_{c,e}}{\mathrm{d}\Omega}\right)_\theta \frac{(1+\alpha)^2(1-\cos\theta)^2}{\cos^3\varphi} \tag{2.39}$$

式(2.39)称为反冲电子的角分布。

图 2.10 给出了光子能量为 510keV、2.04MeV 和 5.1MeV 的反冲电子微分截面随反冲

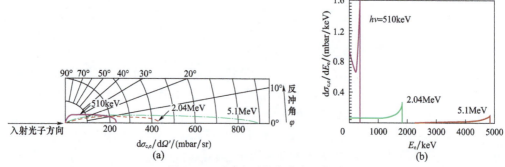

图 2.10 反冲电子的角分布和能谱
(a)微分截面随反冲角的变化;(b)能谱。
$1\mathrm{mbar} = 1\times10^{-27}\mathrm{cm}^2$。

角的变化以及能谱。由图可以看出，反冲电子只能在小于90°方向发射，这是两个准自由离子碰撞的一般特征。单能入射光子所产生的反冲电子的能量是连续分布的，在较低能量处，反冲电子数随能量变化较小，呈平台状，在最大能量处反冲电子数目最多，呈现尖锐的边界，在γ谱学中称为康普顿沿（Compton edge）。

2.2.3 电子对产生

电子对产生又常称为电子对效应，是光子与库仑场之间的相互作用。在这一效应中，光子在带电粒子的库仑场中消失而出现了一对正负电子（即电子对）。电子对产生过程中的动量守恒和能量守恒方程为

$$\hbar k = p_{核} + p_{e^+} + p_{e^-} \tag{2.40}$$

$$h\nu = 2m_e c^2 + E_{e^+} + E_{e^-} \tag{2.41}$$

由式（2.41）可知，只有当光子能量超过电子静止能量的两倍，即 $h\nu > 2m_e c^2$ 时，才可能发生电子对效应。发生电子对效应后，入射光子消失，其能量转化为正、负电子的静止能量以及正、负电子的动能。电子对效应必须要有第三者——原子核或核外电子的参与，才能同时满足能量和动量守恒定律。此时，原子核必然受到反冲，但因原子核质量比电子大很多，核反冲能量很小，可以忽略不计。为满足动量守恒定律，电子和正电子几乎都是沿着入射光子方向的前向角度发射。入射光子能量越高，正、负电子的发射方向越是前倾。

高能X射线产生正负电子对的过程可以用狄拉克电子理论来解释。狄拉克关于自旋为1/2粒子的相对论运动方程得到自由电子的能量本征值 $W = \pm (p^2 c^2 + m_e^2 c^4)^{1/2}$，具有正负能量的两个区域，即 W 值只可在 $(-\infty, -m_e c^2]$ 或 $[m_e c^2, \infty)$ 两个区域取值，在 $[-m_e c^2, m_e c^2]$ 能区取值是禁止的。在通常状态下，所有负能量状态都被电子填满，而且不能自发地跃迁到正能量状态。这时，所有负能级状态不给任何可以探测的信号。当光子能量 $h\nu > 2m_e c^2$ 时，可能给处于负能级状态的一个电子足够能量，跳过 $2m_e c^2$ 的能量禁区进入正能级区域，于是在 $[m_e c^2, \infty)$ 正能级区出现一个电子，与此同时在负能级区域留下一个"空穴"即认为产生一个正电子。

电子对效应中产生的正、负电子在介质中通过电离损失和辐射损失而损失动能。正电子在介质中很快被慢化后，将与介质中的电子发生湮没，得到两个均为各向同性分布的光子，每个光子能量为0.511MeV。为了保持动量守恒，这两个光子的方向相反。而且，湮没光子在介质中可能再发生相互作用。正、负电子的湮没，可以看作高能光子产生电子对效应的逆过程。

具体来说，发生这一过程的入射光子的能量阈值为

$$E_{Th} = 2m_e c^2 \left(1 + \frac{m_e}{m}\right) \tag{2.42}$$

式中：m 为第三者（原子核或电子）的质量；m_e 为电子质量。

因为原子核的质量远大于电子的静止质量 m_e，根据式（2.42），在原子核库仑场中发生电子对效应的能量阈值为

$$E_{Th,n} = 2m_e c^2 \approx 1.022 \text{MeV} \tag{2.43}$$

即等于所产生的电子对的静止能量。

光子除了在原子核库仑场中发生电子对效应外,在电子库仑场中也能产生电子对,即三粒子生成效应。根据式(2.42),在电子库仑场中发生电子对效应的入射光子能量阈值为

$$E_{\text{Th},e} = 4m_ec^2 \approx 2.044\text{MeV} \tag{2.44}$$

在三粒子生成效应中,光子能量将在所产生的正负电子对和原电子之间分配。三粒子生成效应发生的概率远小于在原子核库仑场中产生电子对的概率。

于是,总的对生成效应截面 σ_p 为两部分之和:

$$\sigma_p = \sigma_{pn} + \sigma_{pe} \tag{2.45}$$

式中:σ_{pn} 为原子核库仑场中的对生成截面;σ_{pe} 为核外电子库仑场中的对生成截面。定性地说,这些截面与物质的原子序数 Z 之间有着如下的比例关系:

$$\begin{cases} \sigma_{pn} \propto Z^2 \\ \sigma_{pe} \propto Z \end{cases} \tag{2.46}$$

需要注意的是,核外电子库仑场中的对生成截面 σ_{pe} 仅在低 Z 材料中才是主要的。

当光子能量 $h\nu > 2m_ec^2$,且经过原子核旁时,在介质原子核库仑场中转换成一对正负电子,图 2.11 给出了原子核库仑场中电子对效应的示意图。

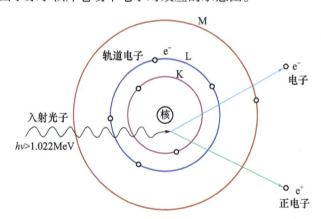

图 2.11　原子核库仑场中电子对效应的示意图

研究表明,电子对产生过程的截面与光子能量和介质原子序数之间有如下关系:

$$\begin{cases} \sigma_p \propto Z^2(h\nu), & h\nu > 2m_ec^2 \\ \sigma_p \propto Z^2\ln(h\nu), & h\nu \gg 2m_ec^2 \end{cases} \tag{2.47}$$

由于电子对产生过程中动量守恒,不难理解电子对出射方向应该趋于入射光子的方向,光子能量越大,正负电子出射方向越向前,而且对称地位于入射光子方向两边。图 2.12 给出了电子对效应截面与入射光子能量的关系。

前面,分别讨论了 X 射线与物质的相互作用的三种主要机制。图 2.13 给出了对于不同能量 X 射线和阻止介质,三种机制的相对重要性。左边曲线表示光电效应截面与康普顿散射截面相等;右边曲线表示康普顿散射截面与电子对产生截面相等。由图可以看出:①对于低能 X 射线和高原子序数介质中,光电效应起主要作用;②对于中能 X 射线,康普顿散射起主要作用;③对高能 X 射线和高原子序数介质,电子对产生才变成占压倒优势的

过程。从 X 射线的探测角度来看，这些不同相互作用机制的同时存在，无疑会使对探测结果的解释变得复杂起来。

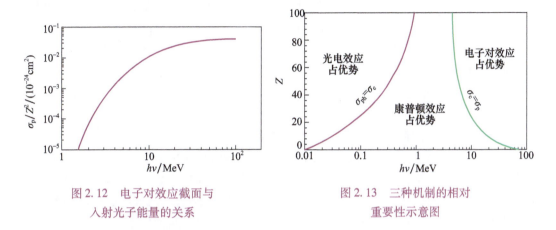

图 2.12　电子对效应截面与入射光子能量的关系

图 2.13　三种机制的相对重要性示意图

2.2.4　瑞利散射

在康普顿实验中，除了波长改变的康普顿散射外，波长不变的成分主要是光子与束缚电子的弹性散射，称为瑞利散射。实验发现，随着散射体原子序数 Z 的增大，不变波长成分的瑞利散射强度增加，改变波长成分的康普顿散射的强度减小。从两种散射机制的不同很容易理解这种现象。对较轻的原子和重原子中结合较松的外层电子，如果它们的结合能比入射 X 射线的能量小很多，则可以近似地当作是光子与自由电子的作用，这部分是康普顿散射成分；而入射 X 射线与结合能大的内层电子作用就不能看作是与自由电子的作用，产生的则是瑞利散射成分。随着原子序数 Z 的增大，电子的结合能增大，具有较大能量的内层电子的数目增多，因而与束缚电子的散射增强，瑞利散射成分增大。

对瑞利散射，理论计算和实验结果表明，随着散射角度 θ 的减小、散射体原子序数 Z 的增大和入射光子能量 $h\nu$ 的减小，瑞利散射截面很快增加。与康普顿散射比较，光子能量较低时瑞利散射截面将超过康普顿散射截面，重散射体和小散射角情况下瑞利散射更加重要。

当光子能量很小时，可以用类似推导汤姆孙公式的方法得到经典的瑞利散射截面公式。这时电子不再被认为是自由的了，而可以看作是束缚在原子内的谐振子，其固有频率为 ν_0，设入射电磁波频率为 ν，则有瑞利散射微分截面：

$$\frac{\mathrm{d}\sigma_\mathrm{R}}{\mathrm{d}\Omega} = \frac{\mathrm{d}\sigma_\mathrm{T}}{\mathrm{d}\Omega}\left[\frac{\nu^4}{(\nu_0^2-\nu^2)^2}\right] \tag{2.48}$$

其中，$\mathrm{d}\sigma_\mathrm{T}/\mathrm{d}\Omega$ 为汤姆孙散射微分截面。在高频 $\nu \gg \nu_0$ 情况下，就回到了汤姆孙散射情况。在低频 $\nu \ll \nu_0$ 情况下，就导致光学中瑞利散射的 $1/\lambda^4$ 依赖性公式：

$$\frac{\mathrm{d}\sigma_\mathrm{R}}{\mathrm{d}\Omega} = \frac{\mathrm{d}\sigma_\mathrm{T}}{\mathrm{d}\Omega}\left(\frac{\nu}{\nu_0}\right)^4 = \frac{\mathrm{d}\sigma_\mathrm{T}}{\mathrm{d}\Omega}\left(\frac{\lambda_0}{\lambda}\right)^4 \tag{2.49}$$

2.2.5 光核反应

光核反应就是原子核吸收光子并发射出一个或者多个核子的反应,常见的类型有(γ, n)、(γ, 2n)、(γ, 3n)和(γ, p)等。光子(γ射线)与原子核之间没有核力作用,只有电磁相互作用,所以光核反应是由电磁相互作用引起的。光核反应是一种有阈能的反应,发生这一反应的条件就是入射光子的能量大于相应的阈能[10-11]。(γ, n)和(γ, p)反应的阈能就是靶核中最后一个中子和质子的结合能,一般来说,原子核之间的结合能为 5~15MeV。对于重核,因为原子序数 Z 大,核对质子的库仑势垒较高,光子释放中子受到限制,所以(γ, p)反应截面远小于(γ, n)反应截面。

光核反应的截面与光子能量关系曲线最明显的特点是所谓的巨共振现象,当光子能量较低时,(γ, n)反应的反应截面随光子能量的增加而增加,并达到一个峰值;当光子能量进一步增加时,反应截面减小。这个峰的形状呈现共振的特点,因而将这个峰称为巨共振峰。当光子的波长与原子核的尺寸相近时,巨共振现象最有可能发生。

能量较低的光子(如低于 5MeV)一般只能把原子核激发到分立的能级,引起共振散射,其截面呈分立的峰值。能量大一些的光子能将核激发到更高能级,放出中子、质子、α 粒子或引起重核的光致裂变,反应截面随光子能量而连续变化并出现宽的峰值。共振峰的位置随靶核质量数增加而减小。对于重核,光核反应的截面在光子能量 13~18MeV 时达到峰值;对于轻核($A < 40$),在光子能量 20~23MeV 时达到峰值。巨共振反应截面则随 A 增大而增大,重核的巨共振截面可达到数百毫巴。有一个几 MeV 的共振宽度,巨共振宽度 Γ(即峰值截面的一半对应的两点之间能量差)在 3~9MeV 之间。

假定巨共振区曲线具有洛伦兹曲线形状,那么巨共振光核反应截面可以表示为

$$\sigma_{pn}(E) \approx \sigma_0 \frac{E^2 \Gamma^2}{E_0^2 - E^2 + E^2 \Gamma^2} \tag{2.50}$$

式中:σ_0 为光核反应截面的峰值;E_0 为峰值截面所对应的光子能量;Γ 为巨共振区的能量宽度。

表 2.4 给出了典型核素的巨共振区主要参量[12]。从表 2.4 可以看出,即使在共振区峰值能量 E_0 处,光核反应截面 σ_0 的数值也是远小于光子的总截面 $\sigma_t(E_0)$。在任何情况下,两者比值都不会超过 10%。

表 2.4 典型核素的巨共振区主要参量

核素	阈能/MeV		E_0/MeV	σ_0/bar	Γ/MeV	$\sigma_t(E_0)$/bar	$\sigma_0/\sigma_t(E_0)$/%
	(γ, n)	(γ, p)					
^{12}C	18.7	16.0	23.0	0.018	3.6	0.305	5.9
^{27}Al	13.1	8.3	21.5	0.038	9.0	0.965	3.9
^{40}Ca	15.7	8.3	20.5	0.100	4.5	1.93	5.2
^{63}Cu	10.8	6.1	17.0	0.700	8.0	3.46	2.0
^{90}Zr	12.0	8.4	17.0	0.180	4.5	5.95	3.0
^{127}I	9.1	6.2	15.2	0.210	5.7	9.32	2.3

续表

核素	阈能/MeV		E_0/MeV	σ_0/bar	Γ/MeV	$\sigma_t(E_0)$/bar	$\sigma_0/\sigma_t(E_0)$/%
	(γ, n)	(γ, p)					
^{165}Ho	8.0	6.1	14.0	0.220	8.5	12.9	1.7
^{181}Ta	7.6	6.2	14.0	0.280	6.5	15.7	1.8
^{208}Pb	7.4	8.0	13.6	0.495	3.8	18.3	2.7
^{235}U	6.1	7.6	12.2	0.500	7.0	20.8	2.4

早年只有放射性同位素及某些带电粒子引起的核反应放出的高能光子可引起核反应,如铊-208 的 γ 射线曾被用来轰击铍、氘等原子核引起核反应,以及质子轰出锂核时能产生 17.6MeV 的高能 γ 光子,这些光子也可以用来产生光核反应。上述两种光子源的强度弱、能量低,而且只有特定的几种。用电子静电加速器、电子感应加速器、电子同步加速器和电子直线加速器等提供的 $1 \sim 10^4$ MeV 的高能电子来轰击靶,由韧致辐射获得同等能量的光子,这是当前主要的光子源。这种光子源的强度大、能量高而且各种能量都有,缺点是光子的能谱是连续的,处理实验数据有一定困难。

在辐射屏蔽技术中,因为光核反应要产生中子,而中子的穿透能力比入射光子还要强,必须认真考虑。而在辐照技术中,由于光核反应引起的核蜕变所带来的放射性也必须加以考虑。

2.3 窄束单能 X 射线的衰减

X 射线穿过物质时,就会以一定的概率发生上述效应,则入射 X 射线就会消失或转化为散射光子,在高度准直的情况下,可以将散射 X 射线排除出原来的入射束,这种情况称为窄束 X 射线[13]。

2.3.1 线衰减系数和质量衰减系数

单能窄束 X 射线通过厚度为 l 的均匀介质,其强度的衰减服从比尔-朗伯定律:

$$I = I_0 e^{-L} = I_0 e^{-\mu l} \tag{2.51}$$

式中:I_0 和 I 分别为入射和出射 X 射线的强度;L 为光程;μ 为 X 射线穿过介质的线衰减系数(m^{-1})。出射强度就是 X 射线穿过介质后没有发生相互作用的强度。

线衰减系数可以分解为光电效应、康普顿效应和电子对产生三部分衰减系数,即 $\mu = \mu_{ph} + \mu_c + \mu_p$,这里没有考虑次要过程。在实际应用中,吸收体的厚度 l 使用质量厚度(亦称面密度),相应的衰减系数为质量衰减系数 μ_m,它的物理意义是:单位质量的原子对某能量光子所表现出的面积大小,由原子的截面与原子的质量之比决定。通常给它一个特殊的名称,即宏观截面。宏观截面与微观截面的关系为

$$\mu_m = \frac{N_A \sigma}{A} \tag{2.52}$$

式中:N_A 为阿伏伽德罗常数;A 为介质的原子量;σ 为介质的微观截面。

对于化合物或混合物,有

$$\mu_m = N_A \sum_i \frac{\sigma_i p_i}{A_i} \tag{2.53}$$

式中：A_i、σ_i、p_i 分别为第 i 种元素的原子量、微观截面和质量百分比。

那么，质量衰减系数为

$$\mu_m = \frac{\mu}{\rho} = \frac{\mu_{ph}}{\rho} + \frac{\mu_c}{\rho} + \frac{\mu_p}{\rho} \tag{2.54}$$

图 2.14 给出了 1.0keV~20MeV 能量的 X 射线在 W、Fe、Al 和 He 中质量衰减系数。首先 μ_m 随 E 增加而减小，然后达到一个宽的极小。该极小值相应的 X 射线能量随物质原子序数 Z 的增加而移向更低能量。表 2.5 列出了几种常用物质的质量衰减系数。

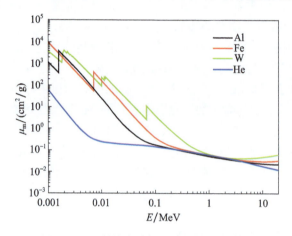

图 2.14 X 射线在介质中的质量衰减系数

表 2.5 X 射线在物质中的质量衰减系数　　　　　　　　　单位：cm²/g

T/MeV	²He	⁴Be	¹³Al	²⁶Fe	²⁹Cu	⁷³Ta	⁷⁴W	⁸²Pb	⁹²U	⁹⁴Pu
0.1	0.1486	0.1328	0.1704	0.3717	0.4584	4.302	4.438	5.549	1.954	1.36
0.2	0.1224	0.1089	0.1223	0.1460	0.1559	0.7598	0.7844	0.9985	1.298	1.30
0.3	0.1064	0.0946	0.1042	0.1099	0.1119	0.3149	0.3238	0.4031	0.5192	0.512
0.4	0.0954	0.0847	0.0928	0.0940	0.0941	0.1881	0.1925	0.2323	0.2922	0.292
0.5	0.0871	0.0774	0.0845	0.0841	0.0836	0.1352	0.1378	0.1614	0.1976	0.197
0.6	0.0805	0.0716	0.0780	0.0770	0.0763	0.1076	0.1093	0.1248	0.1490	0.151
0.8	0.0708	0.0629	0.0684	0.0670	0.0661	0.0798	0.0807	0.0887	0.1016	0.104
1.0	0.0636	0.0565	0.0615	0.0560	0.0590	0.0657	0.0662	0.0710	0.079	0.0817
2.0	0.0442	0.0394	0.0432	0.0427	0.0421	0.0441	0.0443	0.0461	0.0488	0.0507
3.0	0.0350	0.0314	0.0354	0.0362	0.0360	0.0406	0.0408	0.0423	0.0445	0.0464
4.0	0.0295	0.0266	0.0311	0.0331	0.0332	0.0402	0.0404	0.0420	0.0439	0.0469
5.0	0.0258	0.0235	0.0284	0.0315	0.0318	0.0408	0.0410	0.0427	0.0446	0.0479

续表

T/MeV	²He	⁴Be	¹³Al	²⁶Fe	²⁹Cu	⁷³Ta	⁷⁴W	⁸²Pb	⁹²U	⁹⁴Pu
6.0	0.0231	0.0212	0.0266	0.0306	0.0311	0.0419	0.0421	0.0439	0.0458	0.0487
8.0	0.0194	0.0182	0.0244	0.0299	0.0307	0.0445	0.0447	0.0468	0.0488	0.0512
10.0	0.0170	0.0163	0.0232	0.0299	0.0310	0.0472	0.0475	0.0497	0.0520	0.0545
15.0	0.0136	0.0136	0.0220	0.0309	0.0325	0.0535	0.0538	0.0566	0.0593	0.0620
20.0	0.0118	0.0123	0.0217	0.0322	0.0341	0.0585	0.0589	0.0621	0.0651	0.0681

2.3.2 能量转移系数和能量吸收系数

在 X 射线或 γ 射线与物质相互作用的光电效应、康普顿效应和电子对产生三个主要过程中,光子能量有一部分转化为电子(光电子、反冲电子及正负电子对)的动能,而另一部分被一些能量较低的光子(特征 X 射线、散射光子及湮没辐射)所带走,就是说,线衰减系数可以表示为两部分之和[14]:

$$\mu = \mu_{tr} + \mu_{ra} \tag{2.55}$$

式中:μ_{tr} 和 μ_{ra} 分别表示光子能量的电子转移部分和辐射转移部分。

对于辐射剂量学而言,重要的是确定 X 射线或 γ 射线能量的电子转移部分,因为最后在物质中被吸收的就来自这部分能量。

光子能量的电子转移部分又称为线能量转移系数(linear energy transfer coefficient),它是三个主要过程电子转移之和,即 $\mu_{tr} = (\mu_{ph})_{tr} + (\mu_c)_{tr} + (\mu_p)_{tr}$。

对光电效应,由于入射光子能量几乎全部转移给了光电子,其能量转移系数为

$$(\mu_{ph})_{tr} \approx \mu_{ph} \tag{2.56}$$

在康普顿效应中,其能量转移系数为

$$(\mu_c)_{tr} = \mu_c \frac{T}{h\nu} \tag{2.57}$$

在电子对效应中,正负电子对带走的能量等于 $2m_e c^2$,则能量转移系数为

$$(\mu_p)_{tr} = \mu_p \left(1 - \frac{2m_e c^2}{h\nu}\right) \tag{2.58}$$

然而,电子从光子那里得到的能量又将使物质电离激发和产生韧致辐射。若用 g 表示能量转变为韧致辐射的份额,则

$$\mu_{en} = \mu_{tr}(1 - g) \tag{2.59}$$

就表示光子能量被物质真正吸收的份额,μ_{en} 称为线能量吸收系数(linear energy absorption coefficient)。同理,有

$$\frac{\mu_{en}}{\rho} = \frac{\mu_{tr}}{\rho}(1 - g) \tag{2.60}$$

为质量能量吸收系数(mass energy absorption coefficient)。

图 2.15 给出了铜和铀的质量衰减系数和质量能量吸收系数随光子能量的变化曲线。

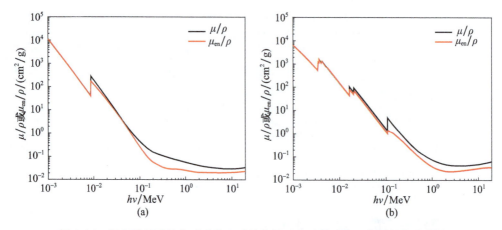

图 2.15 铜和铀的质量衰减系数和质量能量吸收系数随光子能量的变化曲线
(a) 铜；(b) 铀。

2.4 照射量与吸收剂量

照射量是衡量 X 射线辐射照相能力的一个物理量。某处的照射量实际上就是描述该处与 X 射线前进方向垂直的单位面积上由光源所提供的能量，人们往往用光源正前方 1 m 处的照射量来表征加速器产生 X 射线的能力。应该牢记照射量一定是与 X 射线的能通量（即通过单位面积的能量）相对应的，照射量与能通量之间的差别仅仅是它们的单位有所不同，而这一差别是由对照射量的专门定义所造成的。另外，吸收剂量（或剂量）定义为单位质量的任何物质中从具有电离能力的任何种类的束或射线（包括 X 射线、γ 射线和带电粒子等）中所吸收的能量。因此，剂量大小不仅与射线的强度有关，而且还与吸收物质的吸收能力与性质有关。

2.4.1 照射量

在空气中，X 射线或 γ 射线造成电离的物理图像是：X 射线或 γ 射线的光子与空气中的原子相互作用，结果释放出高能的次级电子，然后由这些次级电子导致空气电离。次级电子在空气中产生的任何一种离子（电子或正离子）的总电荷量，反映着 X 射线或 γ 射线对空气的电离本领[15]。照射量就是根据其对空气电离本领的大小来度量 X 射线或 γ 射线强度的一个量。

照射量是指 X 射线或 γ 射线在单位质量空气中释放出的所有次级电子，当它们完全被阻止在空气中时，在空气中产生同一种符号的离子的总电荷量，即

$$X = dQ/dm \tag{2.61}$$

照射量的 SI 单位为 C/kg，但人们习惯用照射量的专用单位——伦琴（R），这一单位是在 1928 年国际辐射学会议上提出的，定义为标准大气压下，使 $1 cm^3$ 的干燥空气（或 1.293 mg 的干燥空气）产生 1 静电单位（electro static unit, esu）同种电荷的电量的照射量，即

$$1R = \frac{1 esu}{1.293 mg} = \frac{3.34 \times 10^{-10} C}{1.293 \times 10^{-6} kg} = 2.58 \times 10^{-4} C/kg$$

也就是说,1R 为 1kg 空气中产生 2.58×10^{-4} C 的电荷量。

照射量的概念仅适用于 X 射线和 γ 射线,而不适用于带电粒子射线(如电子和质子等)和中子射线。并且,照射量定义中的电量和质量也仅指空气中的电量和质量。

2.4.2 照射量与能通量的关系

辐射场某点处的粒子通量定义为进入单位截面小球内的粒子数,表示为

$$\Phi = \frac{dN}{dS} \tag{2.62}$$

粒子通量的 SI 单位为 m^{-2}。在单向平行辐射场的特殊情况下,粒子通量等于通过与粒子运动方向垂直的单位面积的粒子数。

能通量定义为进入单位截面小球内辐射总能量,表示为

$$\Psi = \frac{dE}{dS} \tag{2.63}$$

能通量的 SI 单位为 J/m^2。在单向平行辐射场的特殊情况下,能通量等于通过与粒子运动方向垂直的单位面积的粒子能量总和。

能通量与粒子通量都是描述辐射场性质的物理量,只是前者着眼于通过辐射场中某点的粒子能量,而后者着眼于通过辐射场中某点的粒子数目。显然,如果知道每个粒子的能量,可将能通量与粒子通量联系起来,即

$$\Psi = \int_0^{E_{\max}} \Phi E dE \tag{2.64}$$

对于单能辐射场,$\Psi = \Phi E$。

对于空气,它的质量能量吸收系数为 μ_{en}/ρ。实际上,这个量就是单位质量空气的能量吸收截面。因此,单位质量的空气所吸收的辐射能量为

$$E = \Psi(\mu_{en}/\rho) \tag{2.65}$$

而且,空气的平均电离能(即产生电量 $e = 1.6021 \times 10^{-19}$ C 所需要的能量):$W = 33.85 \text{eV} = 5.423 \times 10^{-18}$ J。由此可得在质量为 Δm 的空气中,能通量为 Ψ 的辐射所产生的同种电荷的总电量 ΔQ 为

$$\Delta Q = \frac{E \Delta m}{W/e} = \Delta m \Psi \frac{e}{W} \frac{\mu_{en}}{\rho} \tag{2.66}$$

按照照射量的定义,$X = \Delta Q/\Delta m$,于是照射量和辐射能通量的关系为

$$X = \Psi \frac{e}{W} \frac{\mu_{en}}{\rho} \tag{2.67}$$

引入照射量和辐射能通量的转换因子 $\varepsilon = \Psi/X$,则

$$\begin{aligned}\Psi/X &= \frac{W}{e}\left(\frac{\mu_{en}}{\rho}\right)^{-1} = 8.733 \times 10^{-3} \left(\frac{\mu_{en}}{\rho}\right)^{-1} \quad (\text{J} \cdot \text{m}^{-2} \cdot \text{R}^{-1}) \\ &= 5.449 \times 10^{10} (\mu_{en}/\rho)^{-1} \quad (\text{MeV} \cdot \text{m}^{-2} \cdot \text{R}^{-1})\end{aligned} \tag{2.68}$$

式中,$1\text{J/m}^2 = 0.6238 \times 10^{13} \text{MeV/m}^2$。其中,$\Psi/X$ 为每伦琴的能通量,它表示在空气中产生 1R 照射量所需要的能通量。

对于单能的 X 射线或 γ 射线,能通量和粒子通量的关系为 $\Psi = \Phi E_\gamma$,E_γ 为入射光子的能量,则光子通量与照射量的关系为

$$\Phi/X = 5.449 \times 10^{10} [E_\gamma \times (\mu_{en}/\rho)]^{-1} \quad (\text{光子} \cdot m^{-2} \cdot R^{-1}) \tag{2.69}$$

图 2.16 和表 2.6 给出了每伦琴的光子通量和能通量随光子能量的变化[16]。可以看出,对于低能 X 射线或 γ 射线,空气的质量能量吸收系数比较大,也就是说,其能量转变为次级电子用于使空气电离的那部分能量所占的比例较大,因而只要较小的能通量就能在空气中造成 1R 照射量。反之,光子能量较大时,则需要较大的能通量才能在空气中造成 1R 照射量。

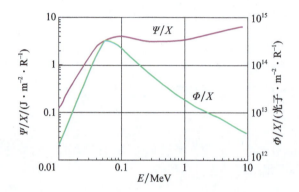

图 2.16　每伦琴的光子通量和能通量随光子能量的变化曲线

表 2.6　照射量转换因子的能量依赖关系

光子能量 E_γ/MeV	质量能量吸收系数 $\mu_{en}/\rho/(10^{-3} m^2/kg)$	每伦琴的能通量 $\Psi/X/(J \cdot m^{-2} \cdot R^{-1})$	每伦琴的光子通量 $\Phi/X/(10^{12} \text{光子} \cdot m^{-2} \cdot R^{-1})$
0.010	461.0	0.0189	11.8
0.015	127.0	0.0687	28.6
0.020	51.1	0.171	53.4
0.030	14.8	0.590	123.0
0.040	6.69	1.30	203.0
0.050	4.06	2.15	268.0
0.060	3.05	2.86	298.0
0.080	2.43	3.59	280.0
0.10	2.34	3.73	233.0
0.15	2.50	3.49	145.0
0.20	2.68	3.26	102.0
0.30	2.88	3.03	63.0
0.40	2.95	2.96	46.2
0.50	2.96	2.95	36.8
0.60	2.95	2.96	30.8
0.80	2.89	3.02	23.9
1.0	2.78	3.14	19.6

续表

光子能量 E_γ/MeV	质量能量吸收系数 μ_{en}/ρ/(10^{-3} m^2/kg)	每伦琴的能通量 Ψ/X/(J·m^{-2}·R^{-1})	每伦琴的光子通量 Φ/X/(10^{12}光子·m^{-2}·R^{-1})
1.5	2.54	3.43	14.3
2.0	2.34	3.73	11.6
3.0	2.05	4.26	8.86
4.0	1.86	4.69	7.32
5.0	1.74	5.02	6.27
6.0	1.64	5.32	5.53
8.0	1.52	5.74	4.48
10.0	1.45	6.02	3.76
15.0	1.36	6.42	2.67
20.0	1.33	6.36	2.05
30.0	1.29	6.77	1.41
50.0	1.26	6.93	0.87
100.0	1.21	7.22	0.45

2.4.3 吸收剂量

致电离辐射与物质的相互作用实际上就是一种能量的传递过程,结果是致电离辐射的能量被物质吸收,引起受照射物质的性质发生各种变化,其中有物理的、化学的,当生物体受照射时,还有生物学变化。为衡量物质吸收辐射能量的多少,用以定量研究能量吸收与辐射效应的关系,引入吸收剂量这个辐射物理量。

被单位质量物质吸收的任何致电离辐射的平均能量,称为吸收剂量,即

$$D = \mathrm{d}\overline{E}/\mathrm{d}m \tag{2.70}$$

吸收剂量的 SI 单位为戈瑞(Gy)。1Gy 为 1kg 受照射物质吸收 1J 的辐射能量,即 1Gy = 1J·kg^{-1}。吸收剂量的专用单位为拉德(rad)。1rad 为 1g 受照射物质吸收 100erg 的辐射能量,即 1rad = 1erg/g = 0.01J/kg = 0.01Gy。应该强调,吸收剂量适用于任何致电离辐射及受到辐射的任何物质;其次,不同物质的吸收辐射能量的本领是不同的。

吸收剂量与能通量的关系为

$$D = \Psi(\mu_{en}/\rho) \tag{2.71}$$

对于空气,由式(2.68)可得

$$\Psi(\mu_{en}/\rho) = 8.733 \times 10^{-3} X \quad (\mathrm{J \cdot kg^{-1}}) \tag{2.72}$$

因此,空气中某点的吸收剂量 $D_{空气}$ 与同一点上的照射量 X 有如下关系:

$$D_{空气} = 8.733 \times 10^{-3} X = 8.733 X \quad (\mathrm{mGy}) \tag{2.73}$$

若有两种物质在同样条件下受到 X 射线或 γ 射线的照射,它们的吸收剂量与质量能量吸收系数成正比,则可由空气中的吸收剂量求出任何物质中的吸收剂量,即

$$D_{物质} = \frac{(\mu_{en}/\rho)_{物质}}{(\mu_{en}/\rho)_{空气}} D_{空气} = 8.733 \times 10^{-3} \frac{(\mu_{en}/\rho)_{物质}}{(\mu_{en}/\rho)_{空气}} X = fX \qquad (2.74)$$

其中，$f = 8.733 \times 10^{-3} \frac{(\mu_{en}/\rho)_{物质}}{(\mu_{en}/\rho)_{空气}}$ 是由以 R 为单位表示的照射量换算为以 Gy 为单位的吸收剂量的一个系数。也可以说，1R = 0.8733rad。对于低能光子，相同的照射量，各种物质的吸收剂量差别很大。然而，当光子能量超过 0.2MeV 时，对于相同的照射量，各种物质的吸收剂量非常接近。

在放射医学、放射生物学研究中，辐射的生物效应与吸收剂量的关系要比与照射量的关系更为密切。

2.4.4 照射量的测量方法

为了满足照射量定义的要求，应该隔离质量已知的空气，然后测量给定质量的空气中由 X 射线或 γ 射线释出的电子在空气中所产生的任一种符号的离子的总电荷量。下面介绍两种测量照射量的方法[16-17]。

2.4.4.1 自由空气电离室

自由空气电离室(或标准电离室)是测量照射量的标准仪器。如图 2.17 所示，自由空气电离室有一个入口光阑和一个出口，被测的 X 射线束从入口光阑射入，无阻挡地穿过电离室空间，其后从出口射出。

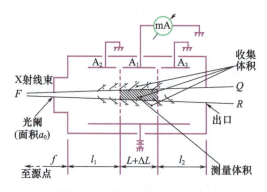

图 2.17 自由空气电离室示意图

电离室两个极性相反的金属板放置得与 X 射线束的中心轴线平行。上面的极板有三部分组成：中间一个收集电极 A_1 和外侧的两个保护电极 A_2、A_3。收集电极 A_1 用来收集电离室内产生的某一种符号的离子，它被接到测量电荷的静电计上。保护电极 A_2 和 A_3 与收集电极 A_1 相互隔开，但具有相同的电位，用以使收集电极 A_1 下的电场均匀，保证中间区域的电力线垂直于电极 A_1。

现在考察次级电子形成和离子收集的情况。设 X 射线从源点出发，经过面积为 a_0 的光阑进入电离室，X 射线可以在圆锥 FQR 内的任何一处空气中击出次级电子。把射线束通过的正对收集电极 A_1 的那部分空气体积(图 2.17 中的阴影部分)称为"测量体积"，也就是需要隔离的质量已知的那部分空气体积。次级电子有的从击出点向前运动，有的可能向垂直于 X 射线束的方向运动。因此，电离室的电极板与 X 射线束边缘的距离应大于次级电子在空气中的最大射程，使得电子在其能量耗尽之前不能直接跑到电极，从而保证电子完全阻止在空气中,其能量全部用于电离室内引起空气电离。可见,次级电子造成电离的体积要比次级电子发生的体积大得多。把收集电极下次级电子产生电离的那部分体积称为"收集体积"(图2.17)。凡在"收集体积"内产生的离子,其中的一种符号的离子将在电场作用下全部移向收集电极 A_1。

现在的目标是,测量由 X 射线在"测量体积"内产生的次级电子在空气中形成的任一种符号的离子的总电荷量。到达收集电极的离子并不是全部由"测量体积"内的次级电子所产生的,有一部分起源于"测量体积"前的次级电子可能跑到"收集体积"内产生离子。同时,起源于"测量体积"内的次级电子也会跑到"收集体积"外去产生一些离子。但是,若能使从"收集体积"跑出去的电子能量的总和,等于进入"收集体积"的电子能量的总和,亦即在"收集体积"内达到了"电子平衡",那么,在此情况下,可以认为收集电极收集到的一切离子,是由起源于"测量体积"内的次级电子所产生的。这样就可以测量到由 X 射线在"测量体积"内击出的次级电子在空气中产生的任一种符号的离子的总电荷量。

对于自由空气电离室,假若光阑到收集体积前缘的距离为 l_1,收集体积后缘到射线出口的距离为 l_2,且次级电子在空气中的最大射程为 R,那么,为满足"电子平衡"条件,只需 $l_1 \geq R$、$l_2 \geq R$ 就可以了。

在电子平衡条件下,认为收集电极收集到的一切离子是由"测量体积"内击出的次级电子在空气中形成的,设这些被收集的离子的总电荷量为 $Q(C)$。为定出照射量 X 的数值,需要确定测量体积内空气的质量 $m(kg)$。若穿过电离室的是平行的 X 射线束,则不难定出 m 的大小:

$$m = \rho V = \rho a_0 (L + \Delta L) \tag{2.75}$$

式中:ρ 和 V 分别为测量体积内的空气密度和体积;a_0 为入口光阑的阑孔面积;L 为收集电极的实际长度;ΔL 为由于电场畸变而对收集电极长度所做的修正,它在数值上等于收集电极和两个保护电极之间空隙距离总和的一半,所以 $L + \Delta L$ 为收集电极的有效长度。

然而,在实际测量中,射线束通常是发散的。在此情况下,能量通量按离开辐射源的距离平方而减小,而射线束的截面积则随这一距离的平方而增大,因此,在离开辐射源的不同距离上,射线束的截面积与该截面上的能量通量的乘积为一常量。如果射线束所张的立体角不太大,且忽略射线束的衰减,则收集电极收集到的离子的总电荷量 Q 为

$$Q = \rho a_s (L + \Delta L) X_s = \rho a_0 (L + \Delta L) X_0 \tag{2.76}$$

则入口光阑处的照射量为

$$X_0 = \frac{Q}{\rho a_0 (L + \Delta L)} \tag{2.77}$$

其中,因温度和压力偏离标准状况而引进的密度修正为

$$\rho = \frac{273.2}{273.2 + T} \times \frac{P}{760} \rho_0$$

在一自由空气电离室内,入口光阑的阑孔面积为 0.5cm^2,收集电极的有效长度为 6cm,照射时间为 30s,收集的电荷量为 3.1×10^{-9} C,测量时的气温为 20℃,气压为 750mmHg。此种情况下入口光阑栏孔处的照射量为

$$X_0 = \frac{Q}{\rho a_0 (L + \Delta L)} = \frac{3.1 \times 10^{-9}}{1.293 \times 0.5 \times 10^{-4} \times 6 \times 10^{-2}} \times \frac{273.2 + 20}{273.2} \times \frac{760}{750}$$

$$= 8.686 \times 10^{-4} \text{C/kg} = 3.37\text{R}$$

平均照射量率为

$$\dot{X}_0 = \frac{X_0}{t} \approx 0.1123 \text{R/s}$$

自由空气电离室已被很好地用作照射量的计量标准装置，它适用于以下光子束：它有足够的能量，使得空气对它的吸收不至过大；同时，能量也不能过高，使得能用适当尺寸的装置足以实现"电子平衡"，且将次级电子完全阻止在空气中。这些要求限制了自由空气电离室只能用于能量介于 5~300keV 间的光子束。对于能量较高的 X 射线或 γ 射线，自由空气电离室的体积将大得不便使用。鉴于这种情况，目前能量较高的 X 射线或 γ 射线照射量的计量标准装置，大多采用空腔电离室。

2.4.4.2 空腔电离室

假设介质中有一充满气体的小空腔，腔内气体将被穿过小腔的电子所电离。如果能够满足下述条件：①小腔的线度与介质中由光子产生的次级电子的射程相比小得多，它的存在不致改变介质中初级光子和次级电子的能谱分布；②腔内气体的电离几乎全是由起源于介质中的次级电子所引起的，初级光子在空腔中释出的次级电子可忽略不计；③小腔周围的介质厚度大于次级电子的最大射程，以满足电子平衡条件；④空腔应处于均匀辐射场内，使得腔体线度范围内介质的能量吸收基本上是均匀的。

在此情形下，当空腔不存在时，空腔位置上介质的吸收剂量与空腔气体中由次级电子所产生的电离，可以用下列的表示式联系起来：

$$D_w = J_g (W/e)_g \frac{(S/\rho)_w}{(S/\rho)_g} \tag{2.78}$$

式中：D_w 为空腔位置上电离室壁材料中的吸收剂量(J/kg)；J_g 为次级电子在空腔中单位质量气体内产生的电荷(C/kg)；$(W/e)_g$ 为次级电子在空腔气体中产生电位电荷所需消耗的能量(J/C)；$(S/\rho)_w$ 和 $(S/\rho)_g$ 分别为壁材料与腔内气体对次级电子的平均质量碰撞阻止本领。

空腔电离室就是根据空腔电离理论做成的，如图 2.18 所示。

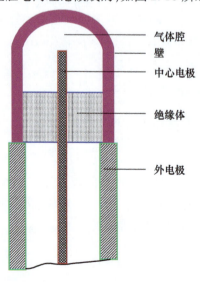

图 2.18　空腔电离室示意图

在照射条件相同情况下,两种物质的吸收剂量之比等于它们对光子束的质量能量吸收系数之比。因此,对于壁材料(w)和空气(a),有

$$\frac{D_w}{D_a} = \frac{(\mu_{en}/\rho)_w}{(\mu_{en}/\rho)_a} \tag{2.79}$$

同时,在电子平衡条件下,空气的吸收剂量与照射量的关系为

$$D_a = (W/e)_a X \tag{2.80}$$

式中:$(W/e)_a$ 为电子在空气中每产生单位电荷所需消耗的平均能量,在数值上等于 33.85 J/C。

于是,由式(2.78)、式(2.79)和式(2.80)可以推出不存在空腔时,空腔位置上的照射量,即

$$X = J_g \cdot \frac{(S/\rho)_w}{(S/\rho)_g} \frac{(\mu_{en}/\rho)_a}{(\mu_{en}/\rho)_w} \frac{(W/e)_g}{(W/e)_a} \tag{2.81}$$

显然,用来测量照射量的空腔电离室可以充进任何适当的气体,只要式(2.81)中的各项参数能够求得即可。下面分三种情况。

1) 腔内气体与壁材料成分相同,但与空气成分不一样

在此情况下,式(2.81)即成为

$$X = J_g \frac{(\mu_{en}/\rho)_a}{(\mu_{en}/\rho)_g} \frac{(W/e)_g}{(W/e)_a} \tag{2.82}$$

为了测量照射量,必须知道 $(W/e)_g$,但在一般情况下,对于与壁成分相匹配的气体,$(W/e)_g$ 值了解得不是很多,因而这种类型的电离室不适合作为照射量的基准装置。然而,如果壁与腔内气体在成分上与组织等效,则在中子组织计量测量中,它却是很有用的。

2) 腔内充空气,但壁材料与空气不等效

在此情况下,式(2.81)即变为

$$X = J_a \frac{(S/\rho)_w}{(S/\rho)_a} \frac{(\mu_{en}/\rho)_a}{(\mu_{en}/\rho)_w} \tag{2.83}$$

式(2.83)中未出现 W/e 项,是因为空腔气体与定义照射量的气体均为空气这一特殊情况造成的。

如果有这样一种材料,它与空气是等效的,即对于初级光子束,它具有与空气一样的质量能量吸收系数,使得 $(\mu_{en}/\rho)_a/(\mu_{en}/\rho)_w = 1$,对于次级电子,又具有与空气相同的质量碰撞阻止本领,使得 $(S/\rho)_w/(S/\rho)_a = 1$,那么,用它作为室壁材料的空腔电离室就是下述的第三种情况。

3) 充空气的空气壁电离室

在此情况下,式(2.81)即成为

$$X = J_a = Q/\rho V \tag{2.84}$$

显然,这就是自由空气电离室的情况,其中 V 为空腔体积,Q 为电离室内收集到的一种离子的总电荷量,J_a 为单位质量空气中产生的电荷,ρ 为空气密度。

目前,国际上都以石墨空腔电离室作为测量能量较高的 X 射线或 γ 射线照射量的标准。在此情况下,式(2.83)可写为

$$X = \frac{Q}{\rho V} \frac{(S/\rho)_c}{(S/\rho)_a} \frac{(\mu_{en}/\rho)_a}{(\mu_{en}/\rho)_c} \tag{2.85}$$

用空腔电离室测量照射量的误差主要来自估计阻止本领比值的不确定度、空气的湿度和壁效应的影响。按"R"单位定义，须要测量干燥空气下单位质量空气中释出的电子在空气中所形成的电荷量。在实际测量中，空气总有一定的湿度，电子在水蒸气中和在干燥空气中的阻止本领不同，在其中产生单位电荷所需消耗的平均能量亦不同。壁效应则包括光子在电离室壁中的散射和吸收。目前，国际上用石墨空腔电离室系统测量^{60}Co 源 γ 射线照射量的不确定度，最好可以达到 0.7%。

2.4.5 吸收剂量的测量方法

2.4.5.1 测量吸收剂量的一般原理

为了测量介质(m)中某点 P 处的吸收剂量 D_m，就要用剂量计探头取代以该点为中心的一小块介质。探头通常是由对辐射敏感的材料(i)构成，在许多情况下，敏感材料外面还有壁、容器或包围它的外壳(w)，如图 2.19 所示。

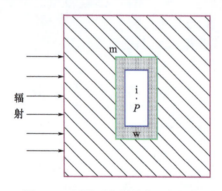

图 2.19　测量吸收剂量的一般原理

选用的探头应该足够小，以便能得到吸收剂量在空间分布上的变化梯度，同时，也是为了避免对介质中初级或次级粒子通量的任何影响。对探头的这些一般性要求，适用于各种类型的剂量计系统。

探头材料中的吸收剂量 D_i 是根据剂量计读数，利用剂量计系统的校准因子或者对 D_i 做绝对测量来确定的。根据入射辐射的类型，分别利用质量阻止本领比 $S_{m,i}$ 或者质量能量吸收系数比 $(S/\rho)_{m,i}$，可以由探头材料的吸收剂量 D_i 计算出当探头不存在时，探头位置上介质的吸收剂量 D_m。下面分几种情况进行讨论。

1) 电子辐射场

为克服探头的边界效应，使探头敏感材料中的吸收剂量分布均匀，在对电子进行吸收剂量的测量中，通常采用如下两种类型的探头：①探头的敏感材料和壁（如果有壁的话）的原子成分与周围介质的原子成分非常接近，它们是介质的等效材料；②如果探头的敏感材料不与周围介质等效，那么让壁的原子成分非常接近敏感材料的原子成分，当壁的厚度适当时，敏感材料中的吸收剂量也能均匀地分布。

如果测量电子吸收剂量，用的是第一种探头，即探头敏感材料和壁的原子成分与周围介质等效，则在此情况下，探头敏感材料中的吸收剂量 D_i 即等于探头所在处介质的吸收剂量 D_m，即 $D_m = D_i$。

如果用的是第二种探头，即探头敏感材料与介质不等效，那么根据空腔电离理论，探头所在处介质的吸收剂量 D_m 可按下式推算出来：

$$D_m = D_i S_{m,i} \tag{2.86}$$

其中，$S_{m,i}$ 就是介质和探头材料对电子的质量碰撞阻止本领比。

2) 间接致电离辐射场

在间接致电离辐射场情况下，联系探头材料吸收剂量 D_i 和介质吸收剂量 D_m 的量就不是 $S_{m,i}$，而是平均质量能量吸收系数比 $(\mu_{en}/\rho)_{m,i}$：

$$D_m = D_i (\mu_{en}/\rho)_{m,i} \tag{2.87}$$

对于中子，常用组织等效材料作为探头的敏感材料，这时 $(\mu_{en}/\rho)_{m,i} = 1$，因此，式(2.87)简化为 $D_m = D_i$。

用于测量吸收剂量的仪器有电离室、正比计数器、闪烁计数器、化学剂量计、胶片剂量计、热释光剂量计及荧光玻璃剂量计等。用标准仪器或标准源对上述剂量计进行刻度标定以后，都可以测量照射量和吸收剂量。

2.4.5.2 用空腔电离室测量介质中 X 射线或 γ 射线的吸收剂量

测量吸收剂量通常采用电离方法，这是因为电离方法灵敏度高。为了测量介质中 X 射线或 γ 射线的吸收剂量，需要把一体积已知的空腔电离室放入介质，使电离室中心与待测剂量的那个点重合。为了使电离室的引入不影响辐射在电离室所在部位及其周围介质中的分布，要求空腔电离室做得很小，并且要求室壁有足够的厚度，以阻止起源于介质的电子穿过室壁而进入空腔，使得空腔内的气体电离全是由光子在室壁中打出的电子造成的。在此情况下，空腔位置上室壁材料中的吸收剂量 D_w 为

$$D_w = D_g S_{w,g} = J_g (W/e)_g S_{w,g} \tag{2.88}$$

利用如下关系：

$$\frac{D_m}{D_w} = \frac{(\mu_{en}/\rho)_m}{(\mu_{en}/\rho)_w} = (\mu_{en}/\rho)_{m,w} \tag{2.89}$$

即可得空腔电离室不存在时，电离室位置上介质的吸收剂量 D_m 为

$$\begin{aligned} D_m &= D_w (\mu_{en}/\rho)_{m,w} = D_g S_{w,g} (\mu_{en}/\rho)_{m,w} \\ &= J_g (W/e)_g S_{w,g} (\mu_{en}/\rho)_{m,w} \end{aligned} \tag{2.90}$$

若测量是用空气等效壁电离室进行的，则式(2.90)可简化为

$$D_m = D_a (\mu_{en}/\rho)_{m,a} = J_a (W/e)_a (\mu_{en}/\rho)_{m,a} \tag{2.91}$$

假若空气等效壁电离室的仪器读数已经由标准实验室用照射量单位"伦琴"刻度标定过。设 N 为由标准实验室给出的仪器刻度因子，将仪器读数经若干修正后乘上这个刻度因子，即可得到照射量的"伦琴"数。于是，在上述的介质吸收剂量的测量中，若仪器的读数为 R，则在介质中测定吸收剂量的那个点上的照射量即为 $X = NR$。

2.4.5.3 热释光剂量计

热释光剂量计是常用的剂量测量仪器，具有灵敏度高、稳定、线性好、测量范围大、可重复使用等特点，是目前使用的主要剂量测量手段[18]。

当固体受到辐射照射时，电子获得足够能量，从其正常位置（禁带）跳到导带而运动，直到被陷阱捕获为止，如图 2.20 所示。如果陷阱深度很大，那么常温下电子将长久地留在陷阱中。只有当固体加热到一定程度时，它才能从陷阱中逸出。当逸出电子从

导带返回禁带时,即发出蓝绿色的可见光。发光强度与陷阱中的电子数有关,而后者又取决于所受的剂量。因此,测量发光强度,即可推算出剂量,这就是热释光剂量计的简单原理。

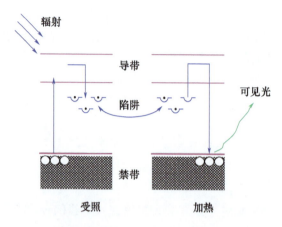

图 2.20　热致发光的简单模型

目前,用于剂量测量的热释光材料主要有 LiF、$Li_2B_4O_7$(Mn)、CaF_2(Mn)、$CaSO_4$(Mn)和天然 CaF_2 等。热释光剂量计的测量范围很宽,就剂量而言,LiF 和 CaF_2 的量程在 0.1mGy~10Gy 或 0.1mGy~10^3Gy 范围内,而 $CaSO_4$(Mn)则在 0.1μGy~10^2Gy 之间。只是 LiF 的照射量响应在 5Gy 以上时,出现超线性现象(响应比按剂量一次方增加得更快)。由于热释光材料灵敏度高,所以只要少量材料(0.01~1g)就能用于个人剂量的测量,且能方便地做成各种大小和形状。

热释光剂量元件一经加热读数,其内部贮存的辐照信息随即消失,因而,它不具备复测性。但是作为剂量元件,仍可重复投入使用。

2.4.5.4　康普顿探测器

热释光剂量计只能获得时间积分的 X 射线剂量,无法得到随时间变化的剂量值,随着多幅 X 射线闪光照相技术的发展,必须实现时间分辨的剂量测量,以获得每个脉冲的剂量。应用康普顿效应研制的康普顿探测器可以获得剂量随时间变化的波形,并具有时间响应快、线性范围宽、灵敏度低、抗辐射干扰能力强等特点。

康普顿探测器主要有真空型二极管和介质型二极管,真空型二极管只有在高真空环境中才能正常工作,探测器制作完成后,其高真空保持时间一般为1~2年,超期将不能使用。这里主要介绍介质型康普顿探测器。

介质型康普顿探测器的结构示意图如图 2.21 所示[19]。在金属外壳和高密度电子收集体之间是低原子序数介质材料散射体。经准直后的 X 射线束入射到探测器,X 射线与前金属盖作用,形成部分前冲康普顿电子进入前散射体并对探测器输出做部分贡献,前散射体是前冲康普顿电子的主要形成区,是探测器产生可测量信号的敏感元件,对探测器输出做主要贡献。前冲康普顿电子进入收集体被收集并通过导电杆将电子流引出,收集体本身与 X 射线产生的康普顿电子也将被收集,但数量较少。金属外壳和收集体构成探测器信号回路的两个电极,散射体构成信号回路的绝缘体。

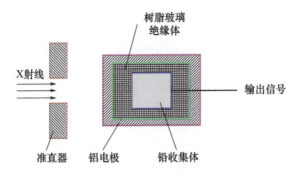

图 2.21　介质型康普顿探测器结构示意图

探测器测量信号的特性主要由收集体、介质和金属外壳的材料、尺寸决定。探测器的设计原则为[20]：①收集体的厚度要求足以使 90% 的 X 射线被衰减，采用高原子序数材料，可减小康普顿探测器的尺寸，一般选为铅；②介质材料选用低原子序数材料，当介质厚度达到 $2R_p$ 时（X 射线在介质中产生的能量最大的康普顿电子射程），可以得到最大的可测量信号，一般选为有机玻璃；③金属外壳材料应与介质材料相近，厚度约为 R_p，一般选为铝。因此，对于不同能量的 X 射线将有不同的结构尺寸。

参考文献

[1] 陈伯显, 张智, 杨祎罡. 核辐射物理及探测学[M]. 2 版. 哈尔滨：哈尔滨工程大学出版社, 2021.

[2] 徐克尊. 粒子探测技术[M]. 北京：原子能出版社, 2000.

[3] SPENCER L V. Theory of electron penetration[J]. Physical Review, 1955, 98：1597 – 1615.

[4] RUDIE N J. Principles and techniques of radiation hardening：Volume I Interaction of radiation with matter[M]. North Hollywood：Western Periodicals Company, 1976.

[5] BARRETT H H, SWINDELL W. Radiological imaging：Theory of image formation, detection and processing[M]. New York：Academic Process, 1981.

[6] 谢一冈. 粒子探测器与数据获取[M]. 北京：科学出版社, 2003.

[7] 卢希庭. 原子核物理[M]. 修订版. 上海：上海科学技术出版社, 1981.

[8] ROSSI B. High – energy particles[M]. New Jersey：Prentice – Hall Process, 1952.

[9] MARTIN T H. A computerized method of predicting electron beam bremsstrahlung radiation with specific application of high – voltage flash X – ray machines：SC – RR – 69 – 241[R]. Albuquerque：Sandia National Laboratory, 1969.

[10] 米斯 C E K, 詹姆斯 T H. 照相过程理论：上册[M]. 陶宏, 等译. 北京：科学出版社, 1979.

[11] CALDWELL J T, DOWDY E J, BERMAN B L, et al. Giant resonance for the actinide nuclei：Photoneutron and photofission cross sections for ^{235}U, ^{236}U, ^{238}U, and ^{232}Th[J]. Phys. Rev. C, 1980, 21(4)：1215 – 1230.

[12] HUBBELL J H. Photon cross sections, attenuation coefficients, and energy absorption coefficients from 10keV to 100GeV：NSRDS – NBS 29[R]. Washington D C：National Bureau of Standards, 1969.

[13] 吴治华. 原子核物理实验方法[M]. 3 版. 北京：原子能出版社, 1997.

[14] 杨福家. 原子物理学[M]. 北京：高等教育出版社, 1985.

[15] 阿蒂克斯 F H, 罗奇 W C. 辐射剂量学：第二卷　仪器[M]. 陈常茂, 施学勤, 于耀明, 译. 北京：

原子能出版社,1981.
[16] 李士骏. 电离辐射剂量学[M]. 北京:原子能出版社,1981.
[17] TURNER J E. Atoms, radiation and radiation protection[M]. Third Edition. Weinheim:Wiley – VCH Verlag GmbH & Co. KGqA,2007.
[18] 潘清,胡和平,陈浩,等. 9MeV 电子直线加速器 X 射线测量[J]. 强激光与粒子束,2004, 16(6):805 – 808.
[19] 李勤,刘军. 康普顿探测器优化设计[J]. 强激光与粒子束,2010, 22(3):635 – 638.
[20] FEWELL T R. Compton diodes:Theory and development for radiation detectors:SC – DR – 720118[R]. Albuquerque:Sandia National Laboratory, 1972.

第 3 章　高能 X 射线源

高能 X 射线闪光照相的光源是由加速器产生的高能电子轰击高原子序数金属材料靶所产生的韧致辐射 X 射线。电子束的电流强度、脉冲宽度、束斑尺寸、能量、发射度等参量直接影响着光源的特性。前两个参量决定了电子的数目,后三个参量决定了光源的尺寸、能谱和角分布。

3.1　韧致辐射

高速电子在与靶原子核相互作用时,可将部分或全部能量转变为韧致辐射 X 射线,X 射线的能量与入射电子损失的能量相等。当一个能量为 E 的高速电子与原子核相互作用时,入射电子会损失能量 ΔE,并改变运动方向。损失的能量就以 X 射线形式释放出来,光子的能量 $h\nu = \Delta E$,光子的最大能量应该等于入射电子的动能。图 3.1 给出了韧致辐射过程示意图。

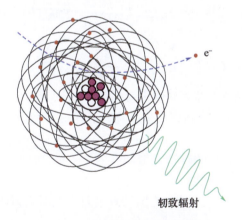

图 3.1　韧致辐射过程示意图

3.1.1　韧致辐射转换靶

直线感应加速器如 FXR、DARHT、AIRIX 的击靶电流可达 2～4kA、能量为 10～20MeV,当这些高密度电子束撞击到转换靶上时,靶材在极短时间里吸收大量能量,发生剧烈膨胀,束流对靶具有强烈的破坏效应,一个束脉冲足以打穿转换靶。在单脉冲工作模式下,数十纳秒的束流持续时间内,靶来不及形变,基本上不影响 X 射线的转换。

理论分析认为靶辐射转换特性的变化关键在于靶物质密度的改变,所以即使靶材料被加热,甚至在电子束脉冲过后发生力学上的破坏,只要束脉冲持续期间靶材料密度变化小,就可以认为靶物理性质不变。强流束电荷间的彼此影响可在电子的入射参数上体现,束流发射度就包含了束电荷间的彼此影响;而一旦束流入射到靶内,其密度比金属靶内自由电子密度小很多,完全可以忽略束电荷间的彼此影响。

但是,在多脉冲工作模式下,如美国的 DARHT-Ⅱ,在 $2\mu s$ 内有四个束脉冲依次打到转换靶上,靶的破坏造成后续脉冲没有足够的靶材与之作用,就会严重影响后续脉冲产生 X 射线的能力。叠靶是其中一个手段,即将多个极薄(0.05mm)的靶材依次叠加起来,中间保持真空(0.5mm)。由于叠靶结构下的靶材实际厚度不变而空间大大增加,因而靶的空间密度降低,可以大幅度减小电子束在靶内的能量沉积密度。

韧致辐射靶的厚度决定了 X 射线的产额,靶材太薄,电子能量转换太少,产生的 X 射线强度就会过低;靶材太厚,产生的 X 射线会被靶自身所吸收,并影响到光源焦斑大小。

所谓的薄靶和厚靶都是相对于电子在靶材料中的韧致辐射长度来说的。式(2.9)给出了电子在靶材料中的韧致辐射长度 X_0 的计算方法。一般来说,当靶的厚度 $d \gg 2 \times 10^{-3} X_0$ 时,就被称为厚靶;而当 $d \ll 2 \times 10^{-3} X_0$ 时,就被称为薄靶。如果用 t 表示靶的厚度, t 是以电子在靶材料的韧致辐射长度 X_0 为单位的无量纲长度,那么,当靶的厚度 $t \gg 2 \times 10^{-3}$ 时称为厚靶,而当 $t \ll 2 \times 10^{-3}$ 时称为薄靶。大多数实际情况都是利用厚靶产生的韧致辐射,电子在厚靶中所发生的散射过程和能量损失过程显著地影响了韧致辐射产额。而电子在薄靶中所发生的散射过程和能量损失过程对韧致辐射能谱和角分布的影响可以忽略。原则上,从转换靶产生的韧致辐射的完整解释可以由相关过程的截面来获得。

对于密度为 $19.3 g/cm^3$ 的钨靶,$A = 183.8$ 为钨元素的原子量,$Z = 74$,$r_e \approx 2.82 \times 10^{-13} cm$。根据式(2.9)可求出 $X_0 \approx 3.3mm$ 或 $X_0 \approx 6.4 g/cm^2$。在高能闪光机中,转换靶厚度一般取 $1 \sim 2mm$,属于厚靶范围。

3.1.2 厚靶韧致辐射角分布

在下述近似下可得到高能厚靶韧致辐射的角分布[1]:

(1)假定对所有角度的积分能谱代表了任意角度 φ 的能谱,也就是说韧致辐射能谱与光子的发射方向无关。

(2)忽略大角度($\varphi \gg \gamma_0^{-1}$)的韧致辐射固有的角扩散,也就是说大角度的光子与电子同方向,在辐射之前经历多次散射。

定义 R 为在 φ 方向的单位立体角内的韧致辐射能量与入射电子总动能之比。于是,在相对论能量情况下:

$$R = -\frac{K\gamma_0^2}{1760\pi} \text{Ei}\left(-\frac{\gamma_0^2 \varphi^2}{1760t}\right), \quad \varphi \gg \gamma_0^{-1} \tag{3.1}$$

$$R = \frac{K\gamma_0^2}{1760\pi}\left[\text{Ei}\left(-\frac{\gamma_0^2 \varphi^2}{7.15}\right) - \text{Ei}\left(-\frac{\gamma_0^2 \varphi^2}{1760t}\right)\right], \quad \varphi \leqslant \gamma_0^{-1} \tag{3.2}$$

式中:γ_0 为以 $m_e c^2$ 为单位的入射电子能量;K 为辐射概率修正因子($0 < K < 1$),当电子能量大于 10MeV 时,高原子序数元素的 K 大于 0.8;Ei($-y$)为指数积分,且有

$$-\text{Ei}(-y) = \int_y^\infty \frac{e^{-t}}{t} dt, \quad y > 0 \tag{3.3}$$

当 $z_1, z_2 \to 0$ 时,Ei($-z_1$) $-$ Ei($-z_2$) $\to \ln(z_1/z_2)$,因此

$$R_{\varphi=0} = \frac{K\gamma_0^2}{1760\pi}\ln(246t), \quad t \gg 2\times 10^{-3} \tag{3.4}$$

顺便给出 $\varphi=0$ 时,薄靶的公式为

$$R_{\varphi=0} = \frac{Kt\gamma_0^2}{4\pi}, \quad t \ll 2\times 10^{-3} \tag{3.5}$$

厚靶归一角分布公式为

$$\frac{R_\varphi}{R_{\varphi=0}} = \begin{cases} \dfrac{1}{\ln(246t)}\left[\mathrm{Ei}\left(-\dfrac{\gamma_0^2\varphi^2}{7.15}\right) - \mathrm{Ei}\left(-\dfrac{\gamma_0^2\varphi^2}{1760t}\right)\right], & \varphi \leqslant \gamma_0^{-1} \\ -\dfrac{1}{\ln(246t)}\mathrm{Ei}\left(-\dfrac{\gamma_0^2\varphi^2}{1760t}\right), & \varphi \gg \gamma_0^{-1} \end{cases} \tag{3.6}$$

图 3.2 给出了电子与三个厚度钨靶相互作用的轫致辐射角分布。

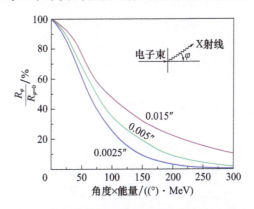

图 3.2　电子与钨靶相互作用的轫致辐射角分布

3.1.3　Martin 公式

轫致辐射光源强度普遍采用转换靶正前方 1m 处的照射量来表示,光源的角分布是指以靶心为球心的球面上相对于靶正前方该球面上照射量的比例,它是衡量光场均匀性的一个物理量。

Martin 针对二极管型闪光机给出了在加速电压 $V(\mathrm{MV})$ 下,由每库仑电子在靶正前方 1m 处所产生轫致辐射的伦琴数[2]:

$$N_R = 1.1 \times 10^3 V^{2.8} \quad (R) \tag{3.7}$$

于是,对于动能为 $E_e(\mathrm{MeV})$、电流为 $I_b(\mathrm{kA})$、脉宽为 $\tau_n(\mathrm{ns})$ 的理想电子束(束斑尺寸和发射度均为零),靶正前方 1m 处的照射量公式(称为 Martin 公式)为

$$X_1 = 1.1\times 10^{-3} I_b \tau_n E_e^{2.8} \quad (R) \tag{3.8}$$

而轫致辐射光源的归一角分布为

$$f(\varphi) = \exp(-E_e\varphi/0.667\pi) \tag{3.9}$$

式中:φ 为 X 射线与电子束的夹角(rad)。

下面将定性说明 Martin 公式与所给出的厚靶轫致辐射照射量公式是一致的。可把 Martin 公式理解为无发射度、零半径的"理想"电子束垂直入射到靶时所产生的照射量公式;也就是说,Martin 公式给出了一台闪光机照射量的上限。由于电子束具有发射度,它

的半径也不为零,因此实际电子束的韧致辐射照射量要低于由式(3.8)所给出的值。

动能为 $E_e(\text{MeV})$、电流为 $I_b(\text{kA})$、脉宽为 $\tau_n(\text{ns})$ 的电子束的总动能为

$$E_T = N_e E_e = 6.24 \times 10^{12} E_e I_b \tau_n \quad (\text{MeV}) \tag{3.10}$$

根据式(3.4),韧致辐射因子 $R_{\varphi=0}$ 改写为

$$R_{\varphi=0} = \frac{K E_e^2}{1760\pi (m_e c^2)^2} \ln(246t) \tag{3.11}$$

而源上一点对距源 1m 处($\varphi=0$)单位面积(cm^2)所张的立体角为 10^{-4}rad,于是在距源 1m 处电子束所辐射的能通量为

$$\phi_1 = E_T R_{\varphi=0} \times 10^4 = 4.32 \times 10^5 K \ln(246t) E_e^3 I_b \tau_n \quad (\text{MeV}/\text{cm}^2) \tag{3.12}$$

为了与 Martin 公式作比较,式(3.12)中还有三个量需要确定:

(1)将 ϕ_1 的单位从 MeV/cm^2 转化为 R。当光子能量 $E_\gamma > 1\text{MeV}$ 时,转化系数 ε 随 E_γ 的增加而增加。在所关心的光子能量范围内($1\sim10\text{MeV}$),近似关系为

$$\varepsilon \approx 2.1 \times E_\gamma^{0.2} \quad (10^9 \text{MeV}/(\text{cm}^2 \cdot \text{R})) \tag{3.13}$$

此式的精度为 3%。对于韧致辐射 X 射线,平均 X 射线能量约为电子能量 E_e 的 $1/6\sim 1/5$,于是

$$\varepsilon \approx 1.5 \times E_e^{0.2} \quad (10^9 \text{MeV}/(\text{cm}^2 \cdot \text{R})) \tag{3.14}$$

(2)辐射概率修正因子在所关心的电子能量范围内($10\sim30\text{MeV}$),$K\approx 0.8$。

(3)辐射长度 t 是以 X_0 为单位的无量纲长度,一般取 $t\approx 0.4$。

最后可以近似求得以 R 为单位的辐射能通量的近似表达式为

$$X_1 \approx 1.06 E_e^{2.8} I_b \tau_n \quad (\text{R}) \tag{3.15}$$

式(3.15)与 Martin 公式相比,在一定的精度之内是相互符合的。因此,可直接使用 Martin 公式来估算闪光机靶前 1m 处的照射量的上限。

3.2 击靶电子束的特性

3.2.1 电子束的发射度

电子束的发射度是描述电子束内电子横向运动情况的物理量[3-5],是四维相空间 (x,y,x',y') 的函数,其中 $x'=\text{d}x/\text{d}z, y'=\text{d}y/\text{d}z$。粒子输运理论已表明,轴对称连续电子束的二维相空间的形状为椭圆。若用 A_n 表示椭圆的面积,那么轴对称电子束的归一发射度 ε_n 就定义为

$$\varepsilon_n = \frac{A_n}{\pi} = \gamma\beta\varepsilon \tag{3.16}$$

式中:γ 为相对论质量;β 为相对论速度;ε 为边发射度。

理想电子束的所有电子位于相空间的一条直线上,二维相平面面积 A_n 等于零,它的发射度和归一发射度都等于零。实际上并不存在理想电子束。由于束电子之间的库仑排斥力和洛伦兹力,电子束在相空间要占据一定面积,因此电子束一定具有非零的发射度和归一发射度。在高能闪光照相中,击靶电子束一般都不是垂直入射到靶上,因此,必须认真考虑电子束发射度对闪光机照射量及其角分布的影响。

实际上最常用的发射度是均方根发射度,它们之间的定量关系与电子束的横向分布有关。均方根发射度的定义为

$$\varepsilon_{\mathrm{rms},x} = 4\sqrt{\langle x^2 \rangle \langle x'^2 \rangle - \langle xx' \rangle^2}$$

$$\varepsilon_{\mathrm{rms},y} = 4\sqrt{\langle y^2 \rangle \langle y'^2 \rangle - \langle yy' \rangle^2} \tag{3.17}$$

在电子束的束腰处,$\langle xx' \rangle = \langle yy' \rangle = 0$,$\varepsilon_{\mathrm{rms}} = \varepsilon_{\mathrm{rms},x} = \varepsilon_{\mathrm{rms},y}$,同样有

$$\varepsilon_{\mathrm{n,rms}} = \gamma\beta\varepsilon_{\mathrm{rms}} \tag{3.18}$$

3.2.2 电子束分布及其抽样

电子束的常用分布主要有高斯(Gaussian,GS)分布、均匀(Kapchiskij – Vladimirskij,K – V)分布、水袋(water – bag,W – B)分布、本涅特(Bennett)分布[6]。

3.2.2.1 高斯分布

高斯分布的概率密度函数为

$$f(x,y,x',y') = \frac{1}{4\pi^2 \sigma_x \sigma_y \sigma_{x'} \sigma_{y'}} \exp\left[-\frac{1}{2}\left(\frac{x^2}{\sigma_x^2} + \frac{y^2}{\sigma_y^2} + \frac{x'^2}{\sigma_{x'}^2} + \frac{y'^2}{\sigma_{y'}^2}\right)\right] \tag{3.19}$$

在轴对称情况下,有 $\sigma_x = \sigma_y = \sigma$,$\sigma_{x'} = \sigma_{y'} = \sigma'$。式(3.19)中的 σ 与电子束的半高全宽(FWHM)的关系为

$$\sigma = \mathrm{FWHM}/(2\sqrt{2\ln 2}) \tag{3.20}$$

由式(3.17)可得

$$\varepsilon_{\mathrm{rms}} = \varepsilon_{\mathrm{rms},x} = \varepsilon_{\mathrm{rms},y} = 4\sigma\sigma' \tag{3.21}$$

由式(3.20)和式(3.21)可确定:

$$\sigma' = \frac{\varepsilon_{\mathrm{rms}}}{4\sigma} \tag{3.22}$$

将概率密度函数表示为柱坐标形式:

$$\begin{cases} x = r\cos\varphi, & x' = r'\cos\varphi' \\ y = r\sin\varphi, & y' = r'\sin\varphi' \end{cases} \tag{3.23}$$

对高斯分布,经式(3.23)变换后得到

$$f(r,\varphi,r',\varphi') = f_1(r)f_2(r')f_3(\varphi)f_4(\varphi') = \frac{rr'}{4\pi^2 \sigma^2 \sigma'^2} \exp\left[-\frac{1}{2}\left(\frac{r^2}{\sigma^2} + \frac{r'^2}{\sigma'^2}\right)\right] \tag{3.24}$$

其中

$$\begin{cases} f_1(r) = \dfrac{r}{\sigma^2}\exp\left(-\dfrac{r^2}{2\sigma^2}\right) \\ f_2(r') = \dfrac{r'}{\sigma'^2}\exp\left(-\dfrac{r'^2}{2\sigma'^2}\right) \\ f_3(\varphi) = \dfrac{1}{2\pi} \\ f_4(\varphi') = \dfrac{1}{2\pi} \end{cases} \tag{3.25}$$

高斯分布的抽样可以采用 Box – Muller 方法[7],但是,由于电子是在一个束包络中运

动,其最大径向半径应在一定的范围内,这就涉及高斯分布的截断问题。考虑关于径向 r 的 $n\sigma$ 截断高斯分布,可以令截断高斯分布为

$$f(r) = C r \exp\left(-\frac{r^2}{2\sigma^2}\right), \quad r \leq n\sigma \tag{3.26}$$

其中,C 为归一化因子,由 $\int_0^{n\sigma} f(r)\mathrm{d}r = 1$,得 $C = [\sigma^2(1-\mathrm{e}^{-n^2/2})]^{-1}$。于是有

$$\xi = \int_0^{r_\mathrm{f}} f(r)\mathrm{d}r = \frac{1-\exp(-r_\mathrm{f}^2/2\sigma^2)}{1-\exp(-n^2/2)} \tag{3.27}$$

从而确定径向长度 r 的抽样值为

$$r_\mathrm{f} = \sigma\sqrt{-2\ln[1-\xi(1-\mathrm{e}^{-n^2/2})]} \tag{3.28}$$

同理,可以确定 r' 的抽样值为

$$r'_\mathrm{f} = \sigma'\sqrt{-2\ln[1-\xi(1-\mathrm{e}^{-n^2/2})]} \tag{3.29}$$

得到 r、r' 的抽样值 r_f 和 r'_f 后,做如下判断:如果 $\left(\frac{r_\mathrm{f}}{n\sigma}\right)^2 + \left(\frac{r'_\mathrm{f}}{n\sigma'}\right)^2 \leq 1$ 不成立,重新抽样确定 r_f 和 r'_f;否则,在 $0 \sim 2\pi$ 内抽样角度为 φ_f 和 φ'_f 时,电子击靶的位置和方向为

$$\begin{cases} x_\mathrm{f} = r_\mathrm{f}\cos\varphi_\mathrm{f} \\ y_\mathrm{f} = r_\mathrm{f}\sin\varphi_\mathrm{f} \\ z_\mathrm{f} = z_0 \\ u_\mathrm{f} = r'_\mathrm{f}\cos\varphi'_\mathrm{f}/\sqrt{1+r'^2_\mathrm{f}} \\ v_\mathrm{f} = r'_\mathrm{f}\sin\varphi'_\mathrm{f}/\sqrt{1+r'^2_\mathrm{f}} \\ w_\mathrm{f} = 1/\sqrt{1+r'^2_\mathrm{f}} \end{cases} \tag{3.30}$$

式中:z_0 为转换靶入射面的轴向位置。

按截断计算的均方根发射度 $\tilde{\varepsilon}_\mathrm{rms}$ 为

$$\tilde{\varepsilon}_\mathrm{rms} = C_n^2 \varepsilon_\mathrm{rms} \tag{3.31}$$

式中:C_n 为与 n 有关的修正参数,且有

$$C_n = \left\{1 - \frac{n^4\exp(-n^2/2)}{8[1-(1+n^2/2)\exp(-n^2/2)]}\right\}^{1/2} \tag{3.32}$$

3.2.2.2 均匀分布

均匀分布的概率密度函数为

$$f(x,y,x',y') = \frac{1}{\pi^2 abuv}\delta\left(\frac{x^2}{a^2} + \frac{y^2}{b^2} + \frac{x'^2}{u^2} + \frac{y'^2}{v^2} - 1\right) \tag{3.33}$$

式中,$\langle x^2 \rangle = a^2/4$,$\langle y^2 \rangle = b^2/4$,$\langle x'^2 \rangle = u^2/4$,$\langle y'^2 \rangle = v^2/4$。在轴对称情况下,有 $a = b = R$,$u = v = \theta_\mathrm{max}$,$\varepsilon_\mathrm{rms} = \varepsilon_{\mathrm{rms},x} = \varepsilon_{\mathrm{rms},y} = \varepsilon = R\theta_\mathrm{max}$。显然,$R = \mathrm{FWHM}/2$ 为电子束半径,$\theta_\mathrm{max} = \varepsilon/R$ 为电子束的散角。

柱坐标系下的概率密度函数为

$$f(r,\varphi,r',\varphi') = f_1(r,r')f_2(\varphi,\varphi') = \frac{1}{4\pi^2}\frac{4rr'}{R^2\theta_\mathrm{max}^2}\delta\left(1 - \frac{r^2}{R^2} - \frac{r'^2}{\theta_\mathrm{max}^2}\right) \tag{3.34}$$

关于 $f_1(r,r')$ 对 r' 积分,得 $f(r) = 2r/R^2$。于是有

$$\xi = \int_0^{r_f} f(r)\,dr = \frac{r_f^2}{R^2} \tag{3.35}$$

从而确定径向长度 r 的抽样值为

$$r_f = R\sqrt{\xi} \tag{3.36}$$

同理,可以确定 r' 的抽样值为

$$r'_f = \theta_{max}\sqrt{1-(r_f/R)^2} \tag{3.37}$$

然后在 $0 \sim 2\pi$ 内均匀抽样角度为 φ_f 和 φ'_f 时,由式(3.30)得到电子击靶的位置和方向。

3.2.2.3 水袋分布

水袋分布的概率密度函数为

$$f(x,y,x',y') = \frac{2}{\pi^2 abuv} \tag{3.38}$$

式中,$\langle x^2 \rangle = a^2/6$,$\langle y^2 \rangle = b^2/6$,$\langle x'^2 \rangle = u^2/6$,$\langle y'^2 \rangle = v^2/6$。在轴对称情况下,有 $a = b = R$,$u = v = \theta_{max}$,$\varepsilon_{rms} = \varepsilon_{rms,x} = \varepsilon_{rms,y} = 2R\theta_{max}/3$,$\varepsilon_{rms} = 2\varepsilon/3$。这里,$R = \text{FWHM}/\sqrt{2}$ 为电子束半径,$\theta_{max} = 3\varepsilon_{rms}/(2R)$ 为电子束的散角。

柱坐标系下的概率密度函数为

$$f(r,r',\varphi,\varphi') = f_1(r,r')f_2(\varphi,\varphi') \tag{3.39}$$

其中

$$f_1(r,r') = \begin{cases} \dfrac{8rr'}{R^2\theta_{max}^2}, & \dfrac{r^2}{R^2} + \dfrac{r'^2}{\theta_{max}^2} \leqslant 1 \\ 0, & \dfrac{r^2}{R^2} + \dfrac{r'^2}{\theta_{max}^2} > 1 \end{cases} \tag{3.40}$$

$$f_2(\varphi,\varphi') = \frac{1}{4\pi^2} \tag{3.41}$$

令

$$\int_0^{r_f}\int_0^{\theta_{max}\sqrt{1-(r/R)^2}} \frac{8rr'}{R^2\theta_{max}^2} dr dr' = 1 - \xi_1 \tag{3.42}$$

从而确定径向长度 r 的抽样值为

$$r_f = R\sqrt{1-\sqrt{\xi_1}} \tag{3.43}$$

进而可以确定 r' 的抽样值为

$$r'_f = \theta_{max}\sqrt{\xi_2[1-(r_f/R)^2]} \tag{3.44}$$

然后在 $0 \sim 2\pi$ 内抽样角度为 φ_f 和 φ'_f 时,由式(3.30)得到电子击靶的位置和方向。

3.2.2.4 本涅特分布

本涅特分布的概率密度函数为

$$f(x,y,x',y') = \frac{4}{\pi^2 abuv}\left[1 + \left(\frac{x^2}{a^2} + \frac{y^2}{b^2} + \frac{x'^2}{u^2} + \frac{y'^2}{v^2}\right)\right]^{-2} \tag{3.45}$$

式中,$\langle x^2 \rangle = a^2/6$,$\langle y^2 \rangle = b^2/6$,$\langle x'^2 \rangle = u^2/6$,$\langle y'^2 \rangle = v^2/6$。

在轴对称情况下,有 $a = b = R$,$u = v = \theta_{max}$,$\varepsilon_{rms} = \varepsilon_{rms,x} = \varepsilon_{rms,y} = 4R\theta_{max}$。

柱坐标系下的概率密度函数为

$$f(r,r',\varphi,\varphi')=f_1(r,r')f_2(\varphi,\varphi') \tag{3.46}$$

其中

$$f(r,r')=\frac{4rr'}{R^2\theta_{\max}^2}\left[1+\left(\frac{r^2}{R^2}+\frac{r'^2}{\theta_{\max}^2}\right)\right]^{-2} \tag{3.47}$$

$$f_2(\varphi,\varphi')=\frac{1}{4\pi^2} \tag{3.48}$$

令

$$\int_0^{r_f}\int_0^{\infty}\frac{4rr'}{R^2\theta_{\max}^2}\left[1+\left(\frac{r^2}{R^2}+\frac{r'^2}{\theta_{\max}^2}\right)\right]^{-2}\mathrm{d}r\mathrm{d}r'=\xi \tag{3.49}$$

积分得

$$1-\frac{1}{(r_f/R)^2+1}=\xi \tag{3.50}$$

从而确定径向长度的抽样值为

$$r_f=R\sqrt{\frac{\xi_1}{1-\xi_1}} \tag{3.51}$$

同理,可以确定 r' 的抽样值为

$$r'_f=\theta_{\max}\sqrt{\frac{\xi_2}{1-\xi_2}} \tag{3.52}$$

然后在 $0\sim2\pi$ 内抽样角度为 φ_f 和 φ'_f 时,由式(3.30)得到电子击靶的位置和方向。

3.2.3 电子束参量对光源照射量的影响

为了弄清归一发射度和电子束半径对 X_1 的影响,在电子束能量为20MeV、靶厚度为0.15cm的情况下,假设电子束的分布为 W-B 分布,针对不同的归一发射度和电子束半径,利用蒙特卡罗方法计算了韧致辐射转换靶正前方1m处的照射量 X_1,计算结果如图3.3和图3.4所示[8]。

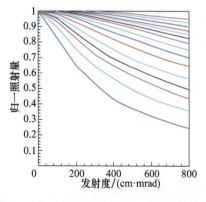
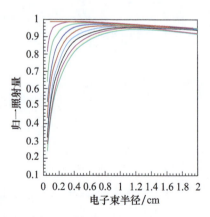

图 3.3 归一照射量 X_1 随归一发射度的变化　　图 3.4 归一照射量 X_1 随电子束半径的变化

图 3.3 中的归一照射量 X_1 是在给定的电子束半径下用最大的 X_1 来归一的,从下而

上的 15 条曲线对应的电子束半径分别为 0.05cm、0.075cm、0.10cm、0.12cm、0.15cm、0.20cm、0.25cm、0.30cm、0.35cm、0.40cm、0.45cm、0.50cm、0.60cm、0.70cm 和 0.80cm。

由图 3.3 看出,在给定电子束半径 R 的条件下,X_1 随归一发射度 ε_n 的增加而减小。在电子束半径较小时,X_1 随归一发射度 ε_n 的增大而减小的速率较快;在电子束半径较大时,X_1 随归一发射度 ε_n 的增大而减小的速率较慢。也就是说,电子束半径越小,归一发射度对转换靶正前方 1m 处的照射量的影响越大;电子束半径越大,归一发射度对转换靶正前方 1m 处的照射量的影响越小,在电子束半径大于 1cm 时,最大的归一发射度(800cm·mrad)对转换靶正前方 1m 处的照射量的影响不会超过 10%。这是因为在给定电子束半径下,归一发射度越大,击靶电子的横向偏角越大,则轫致辐射光子向转换靶正前方 1m 处出射的概率减小,从而转换靶正前方 1m 处的照射量随归一发射度的增加越来越低。另外,在电子束半径较小时,击靶电子的横向偏角随归一发射度增大的幅度较大,导致轫致辐射光子向转换靶正前方 1m 处出射概率降低的幅度也较大,进而转换靶正前方 1m 处的照射量随归一发射度的增大而快速降低;反之,在电子束半径较大时,击靶电子的横向偏角随归一发射度增大的幅度较小,导致轫致辐射光子向转换靶正前方 1m 处光子的出射概率降低的幅度也较小,则转换靶正前方 1m 处的照射量随归一发射度的增大而缓慢降低。

图 3.4 中的归一照射量 X_1 是除以一个很大的值得到的,从上到下的 9 条曲线对应的归一发射度分别为 0、100cm·mrad、200cm·mrad、300cm·mrad、400cm·mrad、500cm·mrad、600cm·mrad、700cm·mrad 和 800cm·mrad。图 3.4 表明,在固定归一发射度时,X_1 随电子束半径的增大而迅速增大;当电子束半径为某一值以后,X_1 随电子束半径的增大而缓慢降低。这说明,对于给定的归一发射度,存在一个电子束半径,使得 X_1 的值最大。在电子束半径较小时,束电子的横向偏角偏大,击靶束电子的发散就更严重,则轫致辐射光子向转换靶正前方 1m 处出射的概率就很低,相应的 X_1 值也就低;随着电子束半径的增大,束电子的横向偏角减小,击靶电子的发散就越来越不严重,从而使得轫致辐射光子向转换靶正前方 1m 处出射的概率越来越大,相应的 X_1 值也就越来越高;但是,当电子束半径大到一定程度以后,束电子的横向偏角非常小,可以近似将击靶束看成是垂直入射的,由于电子束半径很大,而高能电子轫致辐射的前冲性又很强,轫致辐射光子向转换靶正前方 1m 处出射的概率就很低,相应的 X_1 值也很低,因而存在一个最大的 X_1 值。该最大值所对应的电子束半径与归一发射度有关,发射度越大,最大 X_1 所对应的电子束半径也越大,这是由束电子的横向偏角所决定的。

由以上的分析不难发现:①电子束击靶半径越小、归一发射度越小时,X_1 值越高,电子束击靶半径越小而归一发射度越大时,X_1 值越低;②当电子束击靶半径大到一定程度时,归一发射度对 X_1 值的影响很小,可以忽略发射度的作用。

3.2.4 电子束参量对照射量分布的影响

图 3.5 给出了电子束半径分别为 0.075cm、0.15cm 和 1.0cm 时,在 20°范围内靶前 1m 处的照射量角分布随发射度的变化情况。每个图从下到上的 9 条曲线对应的归一发射度分别为 0、100cm·mrad、200cm·mrad、300cm·mrad、400cm·mrad、500cm·mrad、600cm·mrad、700cm·mrad 和 800cm·mrad。从图 3.5 中不难看出,在电子束半径一定

时,归一发射度越大,照射量角分布曲线越趋于平缓。因为归一发射度越大,束电子的横向偏角越大,对应的照射量空间分布越趋于均匀,因而照射量角分布曲线越趋于平缓。但是,当电子束半径大到一定程度时(图3.5(c)),归一发射度对照射量角分布的影响很小,这是因为在电子束半径很大时,即使归一发射度相当高(如800cm·mrad),对应的束电子的横向偏角也是比较小的,此时电子束近似垂直击靶,所以其照射量角分布近似与发射度无关。

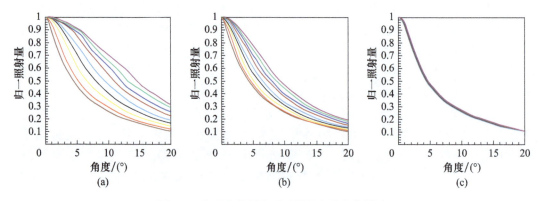

图 3.5　电子束发射度对照射量角分布的影响
(a)束半径为0.075cm;(b)束半径为0.15cm;(c)束半径为1.0cm。

图 3.6 给出了归一发射度分别为 0、200cm·mrad 和 500cm·mrad 时,在 20°范围内靶前 1m 处的照射量角分布随电子束半径的变化情况。除图 3.6(a)外,每个图从上到下的 8 条曲线对应的电子束半径分别为 0.075cm、0.10cm、0.12cm、0.15cm、0.20cm、0.30cm、0.50cm 和 1.0cm。由图 3.6 表明,当归一发射度一定时(图 3.6(b) 和图 3.6(c)),随着电子束半径的增加,照射量空间分布的均匀性减弱。这是因为在一定的发射度下,电子束半径越大,束电子的横向偏角越小,因而照射量的空间分布越不均匀。然而,在零发射度的情况下(图 3.6(a)),照射量空间分布的均匀性随电子束半径的增加而略有改善。发射度为零,表示电子束中的所有电子都是垂直入射的,照射量的空间分布主要由电子束半径决定,那么,增大电子束半径有利于提高照射量的空间分布;又由于再大的电子束半径相对于光场而言总是小量,则对照射量空间分布均匀性的改善是很差的。

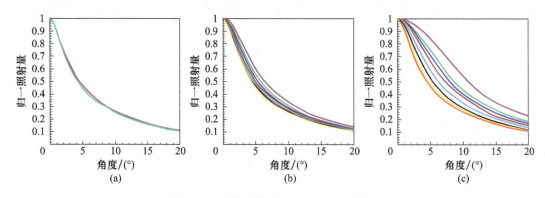

图 3.6　电子束半径对照射量角分布的影响
(a)归一发射度为0;(b)归一发射度为200cm·mrad;(c)归一发射度为500cm·mrad。

3.2.5 光源尺寸与电子束斑尺寸的关系

为了得到光源焦斑尺寸 ϕ_s 与击靶电子束的焦斑尺寸 ϕ_e 及其发射度 $\varepsilon_{n,rms}$ 的关系,设定 ϕ_e 和 $\varepsilon_{n,rms}$ 的值,采用蒙特卡罗方法模拟得到光源焦斑尺寸 ϕ_s。对于不同的 ϕ_e 和 $\varepsilon_{n,rms}$,得到一系列光源的 ϕ_s,从而建立 ϕ_s 与 ϕ_e 和 $\varepsilon_{n,rms}$ 之间的相互关系。

仅研究高斯型电子束下光源尺寸同束斑尺寸和归一均方根发射度之间的关系。根据 20MeV 闪光机的相关文献报道,研究了当均方根归一发射度分别为 2060mm·mrad、2935mm·mrad 和 3900mm·mrad 时光源尺寸随束斑尺寸的变化关系,如表 3.1 所列。

表 3.1 光源尺寸与电子束斑尺寸的关系

ϕ_e/mm	ϕ_s/mm		
	$\varepsilon_{n,rms}$ = 2060mm·mrad	$\varepsilon_{n,rms}$ = 2935mm·mrad	$\varepsilon_{n,rms}$ = 3900mm·mrad
0.8	0.997	1.051	1.112
1.6	1.720	1.749	1.784
2.4	2.466	2.480	2.512
3.2	3.227	3.248	3.259
4.0	3.982	4.005	4.010
4.8	4.749	4.757	4.758
5.6	5.507	5.520	5.518
6.4	6.259	6.266	6.309
7.2	7.018	7.061	7.067
8.0	7.797	7.814	7.818
8.8	8.573	8.613	8.651
9.6	9.291	9.339	9.346

由表 3.1 可知,在给定的击靶电子束发射度下,束斑尺寸与光源尺寸之间并不完全相同,特别是在小束斑尺寸时,光源尺寸稍大于束斑尺寸;而当束斑尺寸较大时,光源尺寸稍小于束斑尺寸;但当束斑尺寸大于 2.4mm 时,束斑尺寸与光源尺寸之间的相对差均小于 5%,特别是束斑尺寸为 4.0mm 左右时,光源尺寸近似等于束斑尺寸。由表 3.1 还可以看出,尽管电子束发射度不同,但对光源尺寸的影响却不是很明显。为了进一步说明这一点,在给定束斑尺寸下研究了光源尺寸同发射度之间的关系,如图 3.7 所示。

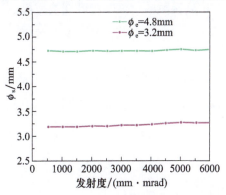

图 3.7 光源尺寸与击靶电子束发射度的关系

由图 3.7 看出，在给定击靶电子束斑尺寸的情况下，尽管光源尺寸随击靶电子束发射度的增加而增加，但这种增加的幅度非常小，即使在击靶电子束斑尺寸较小的情况下，其最大增幅也不会超过 0.4mm。这说明电子束发射度对光源尺寸的影响并不明显。

3.3 光源焦斑的描述

3.3.1 光源的分布函数

强流电子束聚焦后与重金属靶相互作用产生 X 射线，X 射线在靶面的强度分布形成了具有一定大小的 X 射线焦斑。X 射线源强度分布用点扩展函数（PSF）和线扩展函数（linear spread function,LSF）来描述，线扩展函数由点扩展函数沿某一方向积分后得到。在闪光照相系统中，通常用光源调制传递函数（MTF）描述 X 射线焦斑大小和分布。MTF 是 PSF 或 LSF 的傅里叶变换的模，对于旋转对称系统，可用 LSF 经傅里叶变换后得到 MTF[9]。

点扩展函数为

$$\int_{-\infty}^{\infty} \text{PSF}(x,y)\,dxdy = 1 \quad \text{或} \quad \int_{0}^{\infty} \text{PSF}(r)2\pi r\,dr = 1 \tag{3.53}$$

其中，$\text{PSF}(x,y) = I(x,y)/I_{\text{total}}$。

线扩展函数是点扩展函数在某方向上的投影：

$$\text{LSF}(x) = \int_{-\infty}^{\infty} \text{PSF}(x,y)\,dy \tag{3.54}$$

线扩展函数也可以用阿贝尔变换计算得到，即

$$\text{LSF}(x) = 2\int_{x}^{\infty} \frac{r\text{PSF}(r)}{\sqrt{r^2 - x^2}}\,dr \tag{3.55}$$

反之，由线扩展函数通过逆阿贝尔变换得到点扩展函数，即

$$\text{PSF}(r) = -\frac{1}{\pi}\int_{r}^{\infty} \frac{d\text{LSF}(x)/dx}{\sqrt{x^2 - r^2}}\,dx \tag{3.56}$$

边扩展函数（edge spread function,ESF）是线扩展函数的积分，即

$$\text{ESF}(x) = \int_{-\infty}^{x} \text{LSF}(x')\,dx' \tag{3.57}$$

调制传递函数定义为点扩展函数的二维傅里叶变换取模：

$$\text{MTF}(f_x,f_y) = |H(f_x,f_y)| \tag{3.58}$$

其中

$$H(f_x,f_y) = \int_{-\infty}^{\infty} dx \int_{-\infty}^{\infty} \text{PSF}(x,y)\exp[-2\pi j(f_x x + f_y y)]\,dy \tag{3.59}$$

式中，波数与空间频率的关系为 $k = 2\pi f$，调制传递函数就是波数空间的二维面。

$$\text{MTF}(f_x,0) = |H(f_x,0)| = \left|\int_{-\infty}^{\infty} dx \int_{-\infty}^{\infty} \text{PSF}(x,y)\exp[-2\pi j(f_x x)]\,dy\right|$$

$$= \left|\int_{-\infty}^{\infty} \text{LSF}(x)\exp[-2\pi j(f_x x)]\,dx\right| \tag{3.60}$$

设 $x = r\cos\theta, y = r\sin\theta, 2\pi f_x = k\cos\phi, 2\pi f_y = k\sin\phi$，其中 $k = 2\pi\sqrt{f_x^2 + f_y^2}$，有

$$2\pi(f_x x + f_y y) = kr(\cos\theta\cos\phi + \sin\theta\sin\phi) = kr\cos(\theta - \phi) \tag{3.61}$$

$$H(k,\phi) = \int_0^\infty \mathrm{PSF}(r)r\mathrm{d}r \int_0^{2\pi} \exp[-jkr\cos(\theta-\phi)]\mathrm{d}\theta$$

$$= \int_0^\infty \mathrm{PSF}(r)r\mathrm{d}r \int_0^{2\pi} \exp(-jkr\cos\vartheta)\mathrm{d}\vartheta \tag{3.62}$$

其中,$\vartheta = \theta - \phi$。

$$\mathrm{MTF}(k) = H(k) = 2\pi \int_0^\infty \mathrm{PSF}(r) \mathrm{J}_0(kr) r\mathrm{d}r \tag{3.63}$$

式中:J_0 为零阶贝塞尔(Bessel)函数。

同样,由调制传递函数也可得到点扩展函数:

$$\mathrm{PSF}(r) = \frac{1}{2\pi} \int_0^\infty \mathrm{MTF}(k) \mathrm{J}_0(kr) k\mathrm{d}k \tag{3.64}$$

3.3.2 光源的焦斑尺寸

通常情况下,X 射线焦斑尺寸指的是 X 射线光强分布(点扩展函数)的 FWHM,有时也会用到点扩展函数峰值 10% 处的宽度(full width at tenth maximum, FWTM)。但在高能 X 射线闪光照相实验中,考虑到不同闪光机的轫致辐射光源分布之间的差异,各国在进行闪光机性能的描述和比较时,更多地采用"有效焦斑尺寸(effective spot size)"这个术语,表示实际光源分布与均匀分布等效的尺寸。通常采用美国 LANL 焦斑尺寸[10]和英国 AWE 焦斑尺寸[11]。

1)美国 LANL 焦斑尺寸的定义

焦斑尺寸按光源调制传递函数 50% 所对应的空间频率 $f_{1/2}$ 来表征,即

$$d_{\mathrm{LANL}} = 2a = 2 \times 2.21508937/k_{1/2} = 2.21508937/(\pi f_{1/2}) = 0.70508/f_{1/2} \tag{3.65}$$

将不同分布的 X 射线源等效为均匀圆盘分布,通过均匀圆盘分布的 FWHM 与 $f_{1/2}$(或 $f_{0.5}$)的关系计算得到等效的均匀圆盘分布的光斑大小即 50% MTF X 射线焦斑大小。

2)英国 AWE 焦斑尺寸的定义

焦斑尺寸按边扩展函数最大值的 25% 和 75% 之间的距离 Δ_x 来表征,即

$$d_{\mathrm{AWE}} = 2a = 2.47541 \Delta_x \tag{3.66}$$

关于光源焦斑,也可以采用极限分辨(limiting resolution, LR)来表征。极限分辨是指不透明光栅图像对比度 5% 对应的空间频率,它是根据人眼几乎无法识别对比度小于 5% 的图像这一现象来表征焦斑大小。实际上,极限分辨对应调制传递函数 5% 处的空间频率,即 $\mathrm{LR} = f_{\mathrm{LR}} = k_{\mathrm{LR}}/(2\pi)$ (lp/mm)。

3.3.2.1 均匀分布

点扩展函数为

$$\mathrm{PSF}(r) = \begin{cases} \dfrac{1}{\pi a^2}, & r \leqslant a \\ 0, & r > a \end{cases} \tag{3.67}$$

这里,$a = d/2$,其中 d 为圆盘均匀分布的直径。

在 $-a \leqslant x \leqslant a$ 范围内,均匀分布的线扩展函数、边扩展函数、调制传递函数分别为

$$\mathrm{LSF}(x) = \frac{2}{\pi a^2}\sqrt{a^2 - x^2} \tag{3.68}$$

$$\mathrm{ESF}(x) = \frac{1}{\pi a^2}[x\sqrt{a^2-x^2} + a^2\arcsin(x/a) + \pi a^2/2] \qquad (3.69)$$

$$\mathrm{MTF}(k) = \frac{2}{a^2}\int_0^a J_0(kr)r\mathrm{d}r = 2\frac{|J_1(ka)|}{ka} \qquad (3.70)$$

式中：J_1 为一阶贝塞尔函数。

对于均匀分布，$\mathrm{FWHM}=2a$，AWE 和 LANL 定义的焦斑尺寸：$d_{\mathrm{LANL}}=d_{\mathrm{AWE}}=2a$。LANL 定义的焦斑尺寸是按 50% 调制传递函数计算的。当 $\mathrm{MTF}(k_{1/2})=0.5$ 时，由式(3.70)可得 $k_{1/2}a=2.21508937$，则 $d_{\mathrm{LANL}}=2a=2\times 2.21508937/k_{1/2}=2.21508937/(\pi f_{1/2})=0.70508/f_{1/2}$。

AWE 定义的焦斑尺寸是按边扩展函数 25% 和 75% 之间的距离计算的。当 $\mathrm{ESF}(x_{75})=0.75$，由式(3.69)可得 $\Delta_x=2x_{75}$，$x_{75}=0.403973a$。那么，$d_{\mathrm{AWE}}=2a=2.47541\Delta_x$。

3.3.2.2 高斯分布

点扩展函数为

$$\mathrm{PSF}(r) = \frac{1}{\pi a^2}\exp(-r^2/a^2) \qquad (3.71)$$

对于高斯分布，$\mathrm{FWHM}=2\sqrt{\ln 2}\,a$，其调制传递函数为

$$\mathrm{MTF}(k) = \frac{2}{a^2}\int_0^\infty \exp(-r^2/a^2)J_0(kr)r\mathrm{d}r = \exp(-k^2a^2/4) \qquad (3.72)$$

当 $\mathrm{MTF}(k_{1/2})=0.5$ 时，由式(3.72)可得：$k_{1/2}a=2\pi f_{1/2}a=2\sqrt{\ln 2}$，则 $d_{\mathrm{LANL}}=2.21508937/(\pi f_{1/2})=2.21508937a/\sqrt{\ln 2}\approx 2.661a$。

根据 MTF 可得 $f_{\mathrm{LR}}=\sqrt{\ln 20}/(\pi a)\approx 0.55094/a$。

高斯分布的线扩展函数、边扩展函数分别为

$$\mathrm{LSF}(x) = \frac{1}{a\sqrt{\pi}}\exp(-x^2/a^2) \qquad (3.73)$$

$$\mathrm{ESF}(x) = \frac{1}{2}[\mathrm{erf}(x/a)+1] \qquad (3.74)$$

$$\mathrm{ESF}(x) = q, \quad \mathrm{erf}(x/a) = 2q-1 \qquad (3.75)$$

AWE 定义的焦斑尺寸是按边扩展函数 25% 和 75% 之间的距离计算的，则 $d_{\mathrm{AWE}}=2.47541\Delta_x\approx 2.361a$。

3.3.2.3 本涅特分布

点扩展函数为

$$\mathrm{PSF}(r) = \frac{1}{\pi a^2}\frac{1}{[1+(r/a)^2]^2} \qquad (3.76)$$

对于本涅特分布，$\mathrm{FWHM}=2\sqrt{\sqrt{2}-1}\,a\approx 1.2872a$，其调制传递函数为

$$\mathrm{MTF}(k) = \frac{2}{a^2}\int_0^\infty \frac{r}{[1+(r/a)^2]^2}J_0(kr)\mathrm{d}r = ka\mathrm{K}_1(ka) \qquad (3.77)$$

式中：K_1 为第二类一阶虚宗量贝塞尔函数。

需要求解方程：$k_{1/2}a\mathrm{K}_1(k_{1/2}a)=1/2$，$k_{1/2}a=2\pi f_{1/2}a=1.27515$，则 $d_{\mathrm{LANL}}=2.21508937/(\pi f_{1/2})=2\times 2.21508937a/1.27515\approx 3.474a$。

同样的方法,求解方程:$k_{LR}aK_1(k_{LR}a) = 0.05$,可得 $f_{LR} \approx 0.636384/a$。
本涅特分布的线扩展函数、边扩展函数分别为

$$\text{LSF}(x) = \frac{a^2}{2(a^2+x^2)^{3/2}} \tag{3.78}$$

$$\text{ESF}(x) = \frac{1}{2}\left(\frac{x}{\sqrt{a^2+x^2}} + 1\right) \tag{3.79}$$

这里,$\Delta_x = 2a/\sqrt{3} \approx 1.1547a$,则 $d_{AWE} = 2.47541\Delta_x \approx 2.85836a$。

3.3.2.4 准本涅特分布

点扩展函数为

$$\text{PSF}(r) = \frac{1}{2\pi a^2}\frac{1}{[1+(r/a)^2]^{3/2}} \tag{3.80}$$

对于准本涅特分布,$\text{FWHM} = 2\sqrt{2^{2/3}-1}\,a = 1.5328a$,其调制传递函数为

$$\text{MTF}(k) = \frac{1}{a^2}\int_0^\infty \frac{r}{[1+(r/a)^2]^{3/2}}J_0(kr)\mathrm{d}r = \mathrm{e}^{-ka} \tag{3.81}$$

当 $\text{MTF}(k_{1/2}) = 0.5$ 时,由式(3.81)可得:$k_{1/2}a = 2\pi f_{1/2}a = \ln 2$,则 $d_{LANL} = 2.21508937/(\pi f_{1/2}) = 2.21508937a/\ln 2 \approx 6.3914a$。

根据 MTF 可得 $f_{LR} = \ln 20/(2\pi a) \approx 0.47676/a$。

准本涅特分布的线扩展函数、边扩展函数分别为

$$\text{LSF}(x) = \frac{a}{\pi(a^2+x^2)} \tag{3.82}$$

$$\text{ESF}(x) = \frac{1}{\pi}\arctan(x/a) + \frac{1}{2} \tag{3.83}$$

这里,$\Delta_x = 2a$,则 $d_{AWE} = 2.47541\Delta_x = 4.95082a$。

3.3.2.5 DARHT-Ⅰ分布

线扩展函数为

$$\text{LSF}(x) = \frac{A}{2a}\mathrm{e}^{-|x|/a} + \frac{1-A}{2qa}\mathrm{e}^{-|x|/(qa)} \tag{3.84}$$

其中,$A \leq 1$,对于 DARHT-Ⅰ,$A = 0.93$,$q = 10.9$,其调制传递函数为

$$\text{MTF}(k) = \frac{A}{1+(ka)^2} + \frac{1-A}{1+(kqa)^2} \tag{3.85}$$

当 $\text{MTF}(k_{1/2}) = 0.5$ 时,由式(3.85)可得:$k_{1/2}a = 2\pi f_{1/2}a \approx 0.92873$,则 $d_{LANL} = 2.21508937/(\pi f_{1/2}) = 2 \times 2.21508937a/0.92873 \approx 4.77017a$。

根据 MTF 可得 $f_{LR} \approx 0.667929/a$。

点扩展函数为

$$\text{PSF}(r) = \frac{A}{2\pi a^2}K_0(r/a) + \frac{1-A}{2\pi q^2 a^2}K_0[r/(qa)] \tag{3.86}$$

式中:K_0 为第二类零阶虚宗量贝塞尔函数。

当 $r \to 0$ 时,函数无界,所以,点扩展函数的 FWHM 没有定义。

边扩展函数为

$$\text{ESF}(x) = \begin{cases} \dfrac{A}{2}e^{x/a} + \dfrac{1-A}{2}e^{x/(qa)}, & x \leqslant 0 \\ \dfrac{A}{2}(2 - e^{-x/a}) + \dfrac{1-A}{2}\left[2 - e^{-x/(qa)}\right], & x \geqslant 0 \end{cases} \quad (3.87)$$

这里，$\Delta_x \approx 1.41452a$，则 $d_{\text{AWE}} = 2.47541\Delta_x \approx 3.50152a$。

3.3.2.6 几种典型光源的分布函数

表 3.2 给出了均匀、高斯、本涅特、准本涅特、DARHT-I 等光源分布的 PSF、LSF 和 MTF 函数表达式。在具有相同 LANL 焦斑尺寸（$d_{\text{LANL}} = 2.0\text{mm}$）下，几种典型光源分布的 PSF、LSF 和 MTF 函数如图 3.8 所示。为了说明光源分布对分辨率的影响，表 3.3 比较了不同焦斑尺寸定义下几种典型光源分布的焦斑尺寸度量。

表 3.2 几种典型光源的分布函数

源分布	PSF(r)	LSF(x)	MTF(k)
均匀	$\dfrac{1}{\pi a^2},\ r \leqslant a$	$\dfrac{2}{\pi a^2}\sqrt{a^2 - x^2}$	$2\dfrac{|J_1(ka)|}{ka}$
高斯	$\dfrac{1}{\pi a^2}\exp(-r^2/a^2)$	$\dfrac{1}{a\sqrt{\pi}}\exp(-x^2/a^2)$	$\exp(-k^2 a^2/4)$
本涅特	$\dfrac{1}{\pi a^2}\dfrac{1}{[1+(r/a)^2]^2}$	$\dfrac{a^2}{2(a^2+x^2)^{3/2}}$	$kaK_1(ka)$
准本涅特	$\dfrac{1}{2\pi a^2}\dfrac{1}{[1+(r/a)^2]^{3/2}}$	$\dfrac{a}{\pi(a^2+x^2)}$	$\exp(-ka)$
DARHT-I	$\dfrac{0.93}{2\pi a^2}K_0(r/a) + \dfrac{0.07}{2\pi(10.9a)^2} \times K_0[r/(10.9a)]$	$\dfrac{0.93}{2a}e^{-|x|/a} + \dfrac{0.07}{2(10.9a)}e^{-|x|/(10.9a)}$	$\dfrac{0.93}{1+(ka)^2} + \dfrac{0.07}{1+(10.9ka)^2}$

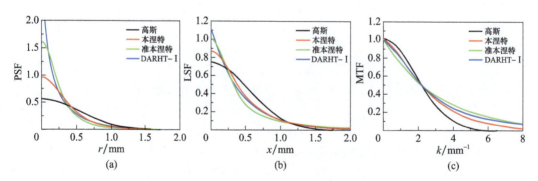

图 3.8 具有相同 LANL 焦斑尺寸（$d_{\text{LANL}} = 2.0\text{mm}$）光源强度分布的比较
(a) PSF；(b) LSF；(c) MTF。

表 3.3 几种典型光源分布的焦斑尺寸度量

源分布	FWHM	d_{LANL}	d_{AWE}	LR
均匀	$2a$	$2a$	$2a$	na
高斯	$1.665a$	$2.661a$	$2.361a$	$0.511/a$

续表

源分布	FWHM	d_{LANL}	d_{AWE}	LR
本涅特	1.287a	3.474a	2.858a	0.636/a
准本涅特	1.533a	6.391a	4.951a	0.477/a
DARHT-I	na	4.770a	3.502a	0.668/a

注：na 表示缺失值。

3.4 光源的数值模拟

由连续电子束聚焦到转换靶所产生的韧致辐射 X 射线作为光源。利用蒙特卡罗方法对韧致辐射源主要特性进行定量模拟，对于提高光源的品质、成像的质量具有重要的指导作用。根据高能 X 射线闪光照相加速器的实际情况，模拟计算采用的参数如下：电子束的能量为 20MeV，归一发射度为 400cm·mrad，电子束（高斯分布）的 FWHM 为 3mm[12-13]。

3.4.1 转换靶的厚度

高能 X 射线闪光照相的转换靶材料一般选钽和钨。转换靶很薄时，入射电子几乎无损失地穿过靶，不会有 X 光子产生。随着靶厚度的增加，产生的光子数增多，但同时产生的 X 光子在靶中前进时也在衰减，所以，必然存在一个对于给定能量的电子束产生最大 X 光强度的最佳厚度。

高能 X 射线闪光照相实验主要关心 2°范围内的 X 光强度，图 3.9(a)给出了 20MeV 电子束入射 Ta 靶时，与束轴夹角为 2°范围内 X 光强度随转换靶厚度的变化。由图 3.9(a)知，靶的最佳厚度约为 1.5mm，且靶厚度围绕最佳厚度有小的变化时，X 光的强度变化很小。这个特性对于靶厚度的选择提供了余地。图 3.9(b)给出了不同靶厚度的韧致辐射角分布。由图 3.9(b)知，随着靶的厚度增加，韧致辐射角分布具有均匀化的趋势，但不明显。两个方面结合可给出转换靶的最佳厚度约 1.5mm。

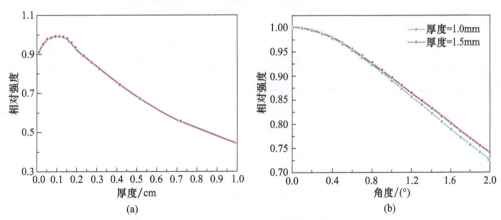

图 3.9 韧致辐射强度与角分布

(a)韧致辐射强度随靶厚度的变化；(b)不同靶厚度的韧致辐射角分布。

3.4.2 韧致辐射光子、出射电子和光中子的产额

高能电子与高原子序数材料金属靶相互作用产生了辐射照相所需的 X 射线（光源），同时也产生了大量的次级电子和中子。出射电子（也称泄漏电子）包括电子经过靶产生的透射、反射及次级电子等，中子（也称光中子）由光子与靶的光核反应产生[14]。

从入射电子的能量利用角度，定义韧致辐射效率为电子入射到靶上所产生的韧致辐射能量与入射电子动能之比，即

$$\eta_p = \sum_{i=1}^{N_p} E_{pi}/T_0 \quad (3.88)$$

式中：η_p 为韧致辐射效率；N_p 为韧致辐射光子的总数；E_{pi} 为第 i 个光子的能量；T_0 为入射电子的动能。

这里的光源包括了次级电子产生的 X 射线，值得注意的是，在通用的蒙特卡罗程序中，是将次级电子产生的 X 射线作为散射光子处理的，需要修改程序来满足辐射照相的需求。

类似韧致辐射效率的定义，出射电子的产额率为

$$\eta_e = \sum_{i=1}^{N_e} E_{ei}/T_0 \quad (3.89)$$

式中：η_e 为出射电子的产额率；N_e 为出射电子总数；E_{ei} 为第 i 个出射电子的能量。

光中子的产额率为

$$\eta_{pn} = \sum_{i=1}^{N_{pn}} E_{pni}/T_0 \quad (3.90)$$

式中：η_{pn} 为光中子的产额率；N_{pn} 为光中子总数；E_{pni} 为第 i 个光中子的能量。

表3.4给出了从钽靶（厚度为1.5mm）出来的韧致辐射光子、出射电子和光中子的产额。从中可计算出韧致辐射的效率 $\eta_p = 5.04/20 = 25.2\%$，出射电子的产额率 $\eta_e = 10.82/20 = 54.1\%$，光中子的产额率 $\eta_{pn} = 2.09 \times 10^{-4}/20 = 1.045 \times 10^{-5}$。

表 3.4 韧致辐射光子、出射电子和光中子的产额

产额	韧致辐射光子		出射电子		光中子	
	总	2°以内	总	2°以内	总	2°以内
数目	2.17	2.70×10^{-2}	0.95	2.48×10^{-3}	2.00×10^{-4}	6.44×10^{-8}
能量/MeV	5.04	8.96×10^{-2}	10.82	3.30×10^{-2}	2.09×10^{-4}	6.05×10^{-8}
平均能量/MeV	2.32	3.32	11.39	13.31	1.05	1.06

光中子的数目与光子数目相比要少得多，而且光中子的平均能量约1MeV，很难穿透面密度很大的客体到达成像平面，而且一个光中子与一个光子在CCD转换屏中的能量沉积相差约30倍，因此，转换靶中产生的光中子对照相的影响可以忽略。

如果考虑到光中子可能引起核材料的裂变，采用复合靶结构是最佳的选择。一方面可以减少光中子产额；另一方面，复合靶最外层的石墨，可以慢化产生的中子，降低中子剂量。

3.4.3 韧致辐射光子、出射电子和光中子的能谱和角分布

图3.10给出了一个电子入射到半径5cm、厚1.5mm的圆柱体Ta靶，产生的韧致辐射

光子、光中子和出射电子能通量随角度的变化。韧致辐射光子有较强的前向性,韧致辐射光子和出射电子在正前方的能通量最大,随着角度的增加而快速减小,在90°方向有一个突变,达到最小,然后随着角度的增加(反向),变化较为缓慢。90°方向的突变是由于径向需穿透几个厘米的金属 Ta。

在 10~30MeV 范围内,光中子主要由巨共振光核反应产生,包括蒸发中子和直接中子(电子直接与核碰撞产生的中子)。直接中子由角分布 $\sin^2\theta$ 决定(θ 为光子与中子的夹角),但只占很小比例。大部分由蒸发过程产生的中子是各向同性的。所以可认为光中子的角分布是各向同性的。

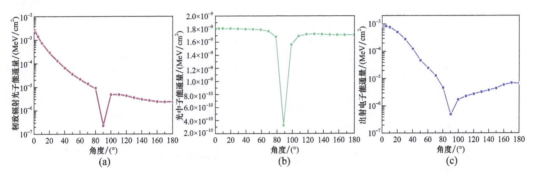

图 3.10 韧致辐射光子、光中子和出射电子的角分布
(a)韧致辐射光子;(b)光中子;(c)出射电子。

图 3.11 给出了韧致辐射光子、光中子和出射电子的平均能量随角度的变化。由图可以看出,出射电子的平均能量是非常高的。靶很薄时入射电子基本能够穿透,能量损失很小。

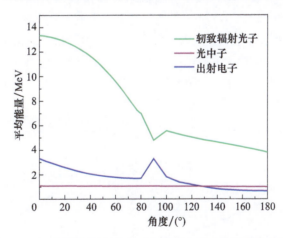

图 3.11 韧致辐射光子、光中子和出射电子平均能量的角分布

韧致辐射能谱为连续谱,随电子能量、入射角度和靶材料的不同而具有不同的能谱。

图 3.12 给出了 0°和 20°方向韧致辐射光子、光中子和出射电子的能谱。由图 3.12(a)看出,在 0.511MeV 处,由于电子湮没现象,谱线存在明显峰值。在低能区域,由于 K 壳层电离引起的特征 X 射线也会出现局部峰值,对高能电子来讲,这部分影响很小(图中没有给出)。越接近 0°,能谱硬化程度越高,这是由于电子产生的光子还没有被多次散射偏转所致。

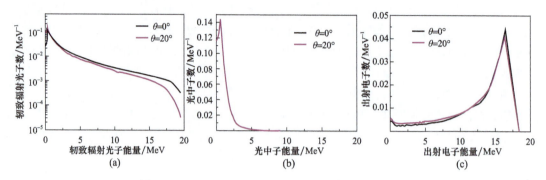

图 3.12 韧致辐射光子、光中子和出射电子的能谱
(a)韧致辐射光子;(b)光中子;(c)出射电子。

光中子的能谱可由 Maxwellian 分布很好的描述,能谱曲线可由下式拟合得到:

$$\frac{dN}{dE} = k\frac{E}{T^2}e^{-E/T} \tag{3.91}$$

式中:T 为核温度(MeV),表示光中子数最多的能量[15]。

对于 Ta 靶来说,$T \approx 0.5\,\text{MeV}$。由图 3.11(b)看出,光中子主要由低能中子组成,并在约 0.5MeV 处有一峰值。

3.4.4 模拟结果与实验结果的比较

对于兆电子伏以上能量的光子能谱测量很困难,且韧致辐射光具有方向性,不同发射角的光子能谱也不相同,通常用蒙特卡罗方法来模拟韧致辐射能谱。为验证模拟结果的准确性,模拟条件与 Starfelt 和 Koch[16]所做的实验一致,电子动能为 9.66MeV,W 靶的面密度为 5.80g/cm²。模拟了电子垂直入射到 W 靶上在 0°和 12°方向上产生的韧致辐射能谱[16-18],图 3.13 给出了蒙特卡罗模拟结果和实验数据的比较。从图中看出,随着光子出射角增大,韧致辐射谱形变化不大,但强度下降很多,并且高能段光子强度下降快于低能段光子。这说明高能光子大多集中在小出射角范围。

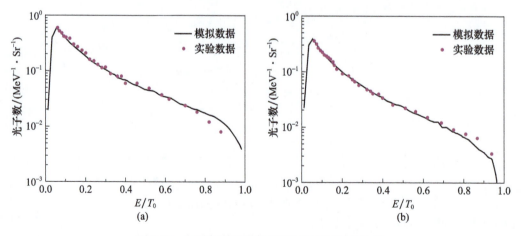

图 3.13 韧致辐射能谱的模拟与实验结果的比较
(a)0°;(b)12°。

光中子产额对转换靶的物质和厚度比较敏感,为了确定程序计算光中子的准确性,模拟条件与 Swanson[19] 的实验条件一致,转换靶是半径为 3cm、厚度为 1.68cm 的铅靶。图 3.14 给出了 Xu 等[12] 的模拟结果与 Petwal 等[15] 的模拟结果以及实验结果[19] 的比较。

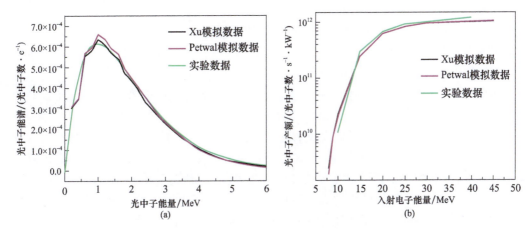

图 3.14　光中子能谱和产额的模拟与实验结果的比较
(a)电子动能为 45MeV 的光中子能谱;(b)不同电子能量的光中子产额。

结果表明:当靶厚度一定时,入射电子能量增加,光中子产额也随之增加;当电子能量越来越高时,光中子产额增加越来越缓慢,最后达到"饱和"。这是因为,在能量较低时,随着入射电子能量的增加,产生的能量在(γ, n)和(γ, 2n)反应阈能之间的光子份额增加,(γ, n)反应截面也随之增加,因而光中子产额也相应增加。当能量较高时,能量在(γ, n)和(γ, 2n)反应阈能之间的光子份额变小,导致(γ, n)反应产生的中子减少;而能量大于(γ, 2n)反应阈能的光子份额变大,这使得更多的光子发生(γ, 2n)反应释放出中子,从而使得光中子产额达到"饱和"。但当能量特别高(>30MeV)时,高能光子所占的份额增加,而高能光子发生(γ, n)和(γ, 2n)反应的截面很小,从而产额会有所下降。

3.5　光源尺寸的测量方法

3.5.1　测量原理

测量 X 射线光斑尺寸的方法主要有针孔(pinhole)法、狭缝(slit)法和刃边(edge)法。针孔法是直接测量方法,可以获得 X 射线焦斑的形状、分布和大小,得到的是 X 射线源的点扩展函数;狭缝法和刃边法是一种间接测量方法,得到的是 X 射线源的线扩展函数。

根据光学函数的传递特性,对于一个线性系统,有

$$i(x,y) = o(x,y) * s(x,y) * f(x,y) \tag{3.92}$$

式中:$i(x,y)$ 为结果图像,即 X 射线对客体透视后在探测平面上所成的像;$o(x,y)$ 为客体的传递特性,即客体理想成像后的像,对于一般光学系统,像的位置和大小都由高斯光学

决定,像的亮度分布不考虑光学系统的光吸收、表面反射和光的衍射效应等,认为反衬度和客体完全一样,对于高能 X 射线成像系统,指 X 光源是一理想的点光源所成的像;$f(x,y)$ 为图像接收系统的模糊函数;$s(x,y)$ 为 X 射线源的点扩展函数;* 表示卷积。

式(3.92)经傅里叶变换可得

$$I(f) = O(f) \cdot S(f) \cdot F(f) \tag{3.93}$$

式中:$I(f)$ 为结果图像的傅里叶变换;$O(f)$ 为客体传递特性的傅里叶变换;$S(f)$ 为 X 光源的点扩展函数(或线扩展函数)的傅里叶变换,即光源的调制传递函数 MTF;$F(f)$ 为图像接收系统模糊函数的傅里叶变换,即接收系统的调制传递函数。

如果客体的传递特性可近似为狄拉克(δ)函数,即 $O(f) \approx 1$,于是式(3.92)为

$$S(f) = I(f)/F(f) \tag{3.94}$$

在光源特性测量中,为了得到成像平面上关于物(即光源)的真实信息,要求 $O(f) = 1$。因此,在进行光源尺寸测量时,应该尽量选择理想透射函数 $o(x,y)$,保证其傅里叶变换为 1,这样的透射函数就是 δ 函数。对于可见光,针孔透射函数、狭缝透射函数、台阶(或)刃边响应函数的导数均为 δ 函数。于是出现了光源尺寸测量的针孔法、狭缝法和刃边法,在成像平面上得到的光强分布分别是点扩展函数、线扩展函数和边扩展函数。

由式(3.94)可知,只要知道接收系统的调制传递函数,通过针孔、狭缝和刃边装置成像就能得到 X 射线源的调制传递函数,进一步可计算得到 X 射线焦斑大小。

高能 X 射线源尺寸的测量,不论使用何种测量方法,透射率函数均为

$$T(u,v) = \exp[-\tilde{\mu} l(\xi, \eta, x, y)] \tag{3.95}$$

式中:$l(\xi,\eta,x,y)$ 为从源点 (ξ,η) 到像点 (x,y) 的 X 射线在照相器件中的路程长度。

3.5.2 可见光光源的针孔法和狭缝法测量

3.5.2.1 可见光光源的测量原理

从测量原理来看,针孔法和狭缝法的测量原理是相同的。针孔法由一个很小的孔来成像,这样的图像为点扩展函数,其二维傅里叶变换得到系统调制传递函数。狭缝法使用一个狭缝来成像,获得的图像为线扩展函数,其一维傅里叶变换得到系统的调制传递函数。

对于可见光光源情况,测量原理如图 3.15 所示[20],图中 d 为针孔的直径,$A'B'$ 为光源 AB 通过针孔在探测平面上的像。$M = b/a$ 为针孔成像系统的几何放大比。

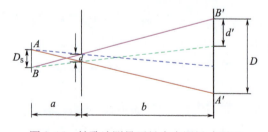

图 3.15　针孔法测量可见光光源尺寸原理

假设光源为圆对称的有界分布,光源的各个点均可通过针孔在像平面成像,根据

图 3.15 所示几何关系,可计算得到光源直径 D_S 与像直径 D 的关系为

$$D_S = \frac{Da - d(a+b)}{b} \tag{3.96}$$

在针孔直径 d 趋于零或针孔直径 d 远小于光源直径 D_S 时,式(3.96)等效为

$$D_S = \frac{a}{b}D = \frac{D}{M} \tag{3.97}$$

这就是理想针孔成像的情况。

针孔成像的空间分辨率分为两部分,即几何分辨率 Δ_1 和因衍射效应引起的物理分辨率 Δ_2。由这两部分决定的总的空间分辨率为 $\Delta = \sqrt{\Delta_1^2 + \Delta_2^2}$。

从图 3.15 的几何关系容易得到

$$\Delta_1 = d'/M = d(1 + 1/M) \tag{3.98}$$

根据物理光学得到物理分辨率 Δ_2 为

$$\Delta_2 = k\lambda a/d \tag{3.99}$$

式中: $k = 2.44$; λ 为光的波长。

光源能量较高时,其波长通常远小于针孔直径(如兆电子伏级的 X 光波长在 10^{-12} m 量级),此时几何分辨率起主要作用,$\Delta \approx \Delta_1 = d(1 + 1/M)$,即针孔成像的空间分辨率仅与针孔的直径及系统的成像几何放大比有关。

3.5.2.2 成像公式

在源发射强度分布为轴对称的情况下,探测平面上单位面积内的光能量为

$$I(x,y) = \frac{1}{2\pi f^2} \int_{-\infty}^{\infty} \int_{-\infty}^{\infty} I_S(\xi,\eta) T(u,v) S(\theta) d\xi d\eta \tag{3.100}$$

式中: $I(x,y)$ 和 $I_S(\xi,\eta)$ 分别为像点 (x,y) 与源点 (ξ,η) 处的光强度; $T(u,v)$ 为透过率函数; f 为源像之间的距离; $S(\theta)$ 为源强的角分布。对于理想的针孔, $T(u,v) = \delta(u - u_0, v - v_0)$;对于理想的狭缝, $T(u,v) = \delta(u - u_0)$。像点 (x,y) 与源点 (ξ,η) 的关系为: $x = mu - M\xi, y = mv - M\eta$。注意,这里的 $M = m - 1$,M 表示像斑尺寸与源尺寸之比,就是传统意义上的针孔成像的放大比(即几何放大比),m 是传统意义上的高能 X 射线闪光照相的放大比(即系统放大比)。

狭缝的透射率函数(狭缝位于 $u = u_0$ 处) $T(u,v) = \delta(u - u_0)$ (注:理想的狭缝宽度很小,近似为 δ 函数)。令 $S(\theta) = c_1$,有

$$I(x) = \frac{c_1}{2\pi f^2} \frac{m}{M} \iint I_S(\xi,\eta) \delta(u - u_0) d\eta du$$

$$= \frac{c_1}{2\pi f^2} \frac{m}{M} \int_{\eta_{\min}(\xi_0)}^{\eta_{\max}(\xi_0)} I_S(\xi_0,\eta) d\eta = CY(\xi) \tag{3.101}$$

其中,$C = \frac{c_1}{2\pi f^2}\left(\frac{m}{M}\right)$, $Y(\xi) = \int_{\eta_{\min}(\xi_0)}^{\eta_{\max}(\xi_0)} I_S(\xi_0,\eta) d\eta$。当 $u_0 = 0$ 时,$\xi_0 = mu_0/M - x/M = -x/M$;$\eta_{\max}(\xi_0)$ 和 $\eta_{\min}(\xi_0)$ 分别为源上 $\xi = \xi_0$ 线对应的变量 η 的最大和最小值。式(3.101)即为狭缝法求得的可见光光源的线扩展函数。

3.5.2.3 狭缝宽度对像分布的 FWHM 的影响

应该注意到式(3.101)中完全没有考虑狭缝的宽度,也就是说狭缝透过率函数为 δ 函

数。实际上,狭缝总是有一定的宽度,对于毫米量级的光源尺寸,狭缝宽度为多大时才不会影响光源尺寸测量的精度呢? 如图 3.16 所示,在狭缝宽度为 d 时,透过率函数为

$$T(u,v) = \begin{cases} 1, & |u| \leqslant \dfrac{d}{2} \\ 0, & |u| > \dfrac{d}{2} \end{cases} \quad (3.102)$$

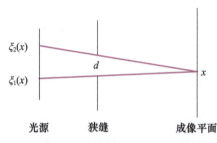

图 3.16 可见光狭缝成像示意图

于是,成像平面上狭缝的光强分布为

$$I(x) = \dfrac{c_1}{2\pi f^2} \iint I_S(\xi,\eta) T(u,v) \mathrm{d}\eta \mathrm{d}\xi = \dfrac{c_1}{2\pi f^2} \int_{\xi_1(x)}^{\xi_2(x)} \int_{\eta_{\min}}^{\eta_{\max}} I_S(\xi,\eta) \mathrm{d}\eta \mathrm{d}\xi \quad (3.103)$$

其中,$\xi_1(x) = -\dfrac{x}{M} - \dfrac{m}{M} \times \dfrac{d}{2}$,$\xi_2(x) = -\dfrac{x}{M} + \dfrac{m}{M} \times \dfrac{d}{2}$。对于圆对称光源,$\eta_{\max} = \sqrt{R_S^2 - \xi^2}$ ($R_S = D_S/2$),$\eta_{\min} = -\eta_{\max}$;对于无截断的高斯分布源,$\eta_{\max} = \infty$,$\eta_{\min} = -\infty$。

假定可见光源为高斯型,采用 1mm 光源焦斑,在 $M = 1$ 的情况下,利用式(3.103)计算了不同狭缝下像分布的 FWHM(FWHM$_{像}$),如表 3.5 所列。

表 3.5 可见光狭缝宽度对 FWHM$_{像}$ 的影响

狭缝宽度/mm	0.005	0.07	0.1	0.2	0.4	0.6	0.8	1.0
FWHM$_{像}$/mm	1.00	1.00	1.01	1.04	1.15	1.33	1.57	1.85

由表 3.5 可以看出,对于毫米量级的可见光源,只要狭缝的宽度小于 0.2mm,或者说狭缝宽度小于实际焦斑尺寸的 20% 时,光源尺寸的测量误差在 5% 以内,基本上可以不考虑狭缝宽度的影响。在狭缝较宽的情况下,由像强度分布曲线计算光源强度分布的 FWHM 的各种方法是值得商讨的。尽管传统方法根据几何相似给出了许多基于狭缝法的光源尺寸推导公式,但这些方法对于测量光源的底宽是有效的,或者说对于均匀型光源尺寸是正确的,因为只有均匀分布的 FWHM 与其底宽相同;而对于其他光源尺寸的 FWHM,采用狭缝法很难建立 FWHM$_{源}$ 与 FWHM$_{像}$、狭缝宽度之间的关系表达式。造成这种困难的主要原因是式(3.103)中与狭缝宽度有关的光强积分。

3.5.2.4 狭缝厚度对像分布的 FWHM 的影响

对于可见光源的狭缝法用不着考虑狭缝的厚度,这里研究可见光狭缝厚度的影响纯粹是为了和后面关于 X 射线源狭缝法进行比较,同时也为了说明可见光下也要求狭缝厚度很小。

对于高斯分布源,在假定缝宽的情况下,狭缝的厚度引起成像平面上任一点的光强变化需要进行分区计算,如图 3.17 所示。

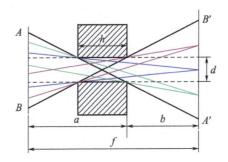

图 3.17 考虑厚度的狭缝法

由图 3.17，根据式(3.103)，狭缝像分布的计算公式为

$$I(x) = \begin{cases} \dfrac{c_1}{2\pi f^2} \displaystyle\int_B^A \int_{\eta_{\min}}^{\eta_{\max}} I_S(\xi,\eta)\,\mathrm{d}\eta\mathrm{d}\xi, & |x| \leqslant \dfrac{b}{h}d + \dfrac{d}{2} \\ 0, & |x| > \dfrac{b}{h}d + \dfrac{d}{2} \end{cases} \quad (3.104)$$

式中：f 为光源到成像平面的距离；b 为狭缝后表面到成像平面的距离；$\eta_{\max} = \infty$，$\eta_{\min} = -\infty$。

根据图 3.17，式(3.104)中的积分上下限的取值如下：

$$\begin{cases} A = x - \dfrac{a+b}{b}\left(x + \dfrac{d}{2}\right), B = x - \dfrac{a+b}{b+h}\left(x - \dfrac{d}{2}\right), & x < -\dfrac{d}{2} \\ A = x - \dfrac{a+b}{b+h}\left(x + \dfrac{d}{2}\right), B = x - \dfrac{a+b}{b+h}\left(x - \dfrac{d}{2}\right), & |x| \leqslant \dfrac{d}{2} \\ A = x - \dfrac{a+b}{b+h}\left(x + \dfrac{d}{2}\right), B = x - \dfrac{a+b}{b}\left(x - \dfrac{d}{2}\right), & x > \dfrac{d}{2} \end{cases} \quad (3.105)$$

式中：a 为光源到狭缝后表面的距离。

对于 FWHM = 1.0mm 的高斯型可见光源，假定缝宽 $d = 0.1$mm，并取 $a = 1000$mm 和 $b = 1000$mm，利用式(3.104)和式(3.105)计算了各种狭缝厚度下像分布的 FWHM，如表 3.6 所列。

表 3.6 可见光狭缝厚度对 $\text{FWHM}_{像}$ 的影响

狭缝厚度/mm	0.1	1	5	10	30	50	70	100
$\text{FWHM}_{像}$/mm	1.01	1.01	1.00	0.99	0.96	0.91	0.86	0.78

由表 3.6 可知，狭缝厚度对 $\text{FWHM}_{像}$ 的影响是比较明显的，特别是当厚度大于 30mm 时，$\text{FWHM}_{像}$ 随狭缝厚度的变化比较大。从整个变化趋势来看，$\text{FWHM}_{像}$ 随着狭缝厚度的增加而减小。这说明，如果狭缝厚度太大，按一般几何相似原则推算的源焦斑尺寸比实际焦斑尺寸小。

3.5.3 高能 X 射线源的针孔法和狭缝法测量

对于 X 射线光源情况，其成像原理类似于可见光，但由于 X 射线物质的相互作用（光电效应、康普顿散射、电子对生成和湮灭、瑞利散射等），表现为 X 射线对物质（针孔的基底材料）具有一定的穿透能力，其实际成像与可见光成像有较大不同。

根据 X 射线与物质的相互作用,在 X 射线成像时,像平面上探测器探测到的光子由三部分构成:直穿光子、透射光子、散射光子。直穿光子为直接通过针孔到达像平面的光子,透射光子为直接透过针孔的基底材料但与基底材料不发生任何相互作用并到达像平面上的光子,散射光子为经针孔基底材料散射而到达像平面上的光子。

由于透射光子及散射光子的存在,使得针孔法的使用存在较大限制。在近似理想针孔情况(孔的基底很薄)情况下,高能 X 射线的强穿透性将使得探测器上无法获得清晰的图像。而采用加厚针孔基底来减小图像模糊,将导致机械加工以及系统准直的难度增加。

为降低机械加工及系统准直的困难,可采用狭缝装置代替针孔装置。与针孔相比,狭缝虽然只能得到 X 射线源在某一方向上的投影,但由于其易于加工及相对针孔更易准直,在光源强度近似为轴对称分布的情形下,常用于 X 射线源的焦斑尺寸测量[21-22]。

采用狭缝法进行测量的实验布局如图 3.18 所示。在 X 射线路径上布置狭缝光阑,狭缝是采用足够厚的两块重金属钨板夹住一层厚为 d 的有机玻璃板形成的,d 远小于光斑大小,钨板的厚度可使 X 射线足够衰减,在其后的接收系统上将接收到层次分明的灰度分布图像。

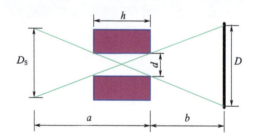

图 3.18 针孔法或狭缝法测量 X 射线源焦斑尺寸布局

定义成像几何放大比 M 为

$$M = b/a \tag{3.106}$$

由于增加了基底材料厚度,可能导致 X 射线源边缘信号的损失,即光源的尺寸超出了成像系统的接收度。

接收度是指针孔成像系统的图像接收面上能看到的物的最大尺寸,定义为

$$R = \frac{2ad}{h} - d \tag{3.107}$$

当 $a \gg h$ 时,式(3.107)近似为

$$R = 2ad/h \tag{3.108}$$

针孔或狭缝成像的空间分辨是指针孔或狭缝成像系统对 X 射线光源空间变化的分辨程度,定义为

$$\Delta D_S = d\left(1 + \frac{1}{M}\right) \tag{3.109}$$

在光源尺寸超出成像系统接收度情况下,式(3.96)不能直接使用。因此,在实验测量时,针孔或狭缝装置的设计和实验布局的选择必须使成像系统的接收度大于光源分布大小,空间分辨小于光源大小,以获得较清晰的光源分布,得到可靠准确的测量结果。

此外,对于高能 X 射线源,即使满足接收度要求,如果光源没有明显的边界,如高斯分

布、本涅特分布等，X 射线对针孔装置的透射、散射将使得像平面上获得的图像变得模糊，没有明显边界，此时无法确定式(3.96)中的 D 值，也就无法通过该式计算得到高能 X 射线源的焦斑尺寸。此时，通常用光源图像分布的 FWHM 来计算光源的焦斑尺寸，即式(3.97)的变形：

$$\text{FWHM}_{源} = \text{FWHM}_{像}/M \tag{3.110}$$

3.5.3.1 狭缝像强计算公式

对于兆电子伏级 X 射线的狭缝成像公式完全可以按式(3.104)写出，但在被积函数中除了光源强度分布之外还要考虑 X 射线的衰减项。

由于解析法处理材料中含能谱的透射率函数比较烦琐，可以采用材料的有效衰减系数进行分析。对于高斯型光源，令在 $R_S = n\sigma$ 处截断(若为标准高斯分布，则 $R_S = \infty$)。截断型归一高斯分布 $I_S(\xi,\eta)$ 和对应的一维积分 $Y(\xi)$ 如下：

$$I_S(\xi,\eta) = \frac{1}{2\pi\sigma^2(1-e^{-n^2/2})}\exp\left(-\frac{\xi^2+\eta^2}{2\sigma^2}\right) \tag{3.111}$$

$$Y(\xi) = \frac{1}{\sqrt{2\pi}\sigma(1-e^{-n^2/2})}\text{erf}\left(\sqrt{\frac{n^2}{2}-\frac{\xi^2}{2\sigma^2}}\right)\exp\left(-\frac{\xi^2}{2\sigma^2}\right) \tag{3.112}$$

如图 3.19 所示，狭缝器件系统几何参量有狭缝厚度 h、狭缝宽度 d、源物距 L_1、物像距 L_2、源(截断)半径 R_S 照相距离 $f = L_1 + L_2$、狭缝前端放大比 M_1 和狭缝后端放大比 M_2。$-R_S$ 源端共轭像坐标如下：

$$x_1 = M_1\left(R_S + \frac{d}{2}\right) + \frac{d}{2}, \quad x_2 = M_2\left(R_S + \frac{d}{2}\right) + \frac{d}{2}$$

$$x_3 = M_1\left(R_S - \frac{d}{2}\right) - \frac{d}{2}, \quad x_4 = M_2\left(R_S - \frac{d}{2}\right) - \frac{d}{2}$$

大多数情况满足 $x_2 \geq x_3$，其中

$$M_1 = \frac{L_2 + h/2}{L_1 - h/2}, \quad M_2 = \frac{L_2 - h/2}{L_1 + h/2}$$

假定源具有圆对称分布，狭缝法得到的图像关于 $x=0$ 左右对称，因此仅需求出 $x \geq 0$ 的像强分布。将像区中心线 $(y=0)$ 上 $x \geq 0$ 半轴分成六区：①$x \geq x_1$，②$x_1 \geq x \geq x_2$，③$x_2 \geq x \geq x_3$，④$x_3 \geq x \geq x_4$，⑤$x_4 \geq x \geq d/2$，⑥$d/2 \geq x \geq 0$。

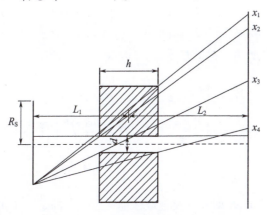

图 3.19　狭缝成像几何参量示意图

对于高能X射线源尺寸测量,除了未被遮挡部分的透射函数为1外,其他部分的透射函数为 $T(u,v) = \exp[-\tilde{\mu}l(\xi,\eta,x,y)]$。不难求出各区的线扩展函数 $\mathrm{LSF}(x)$,其表达式为

$$\mathrm{LSF}(x) = \begin{cases} e^{-\tilde{\mu}h}, & x \geq x_1 \\ \int_{-R_S}^{\xi_1(x)} Y(\xi)\exp[-\tilde{\mu}l_1(x,\xi)]d\xi + e^{-\tilde{\mu}h}\int_{\xi_1(x)}^{R_S} Y(\xi)d\xi, & x_1 \geq x \geq x_2 \\ \int_{-R_S}^{\xi_2(x)} Y(\xi)d\xi + \int_{\xi_2(x)}^{\xi_1(x)} Y(\xi)\exp[-\tilde{\mu}l_1(x,\xi)]d\xi + \\ \quad e^{-\tilde{\mu}h}\int_{\xi_1(x)}^{R_S} Y(\xi)d\xi, & x_2 \geq x \geq x_3 \\ \int_{-R_S}^{\xi_3(x)} Y(\xi)\exp[-\tilde{\mu}l_2(x,\xi)]d\xi + \int_{\xi_3(x)}^{\xi_2(x)} Y(\xi)d\xi + \\ \quad \int_{\xi_2(x)}^{\xi_1(x)} Y(\xi)\exp[-\tilde{\mu}l_1(x,\xi)]d\xi + e^{-\tilde{\mu}h}\int_{\xi_1(x)}^{R_S} Y(\xi)d\xi, & x_3 \geq x \geq x_4 \\ e^{-\tilde{\mu}h}\left[\int_{-R_S}^{\xi_4(x)} Y(\xi)d\xi + \int_{\xi_1(x)}^{R_S} Y(\xi)d\xi\right] + \\ \quad \int_{\xi_4(x)}^{\xi_3(x)} Y(\xi)\exp[-\tilde{\mu}l_2(x,\xi)]d\xi + \\ \quad \int_{\xi_3(x)}^{\xi_2(x)} Y(\xi)d\xi + \int_{\xi_2(x)}^{\xi_1(x)} Y(\xi)\exp[-\tilde{\mu}l_1(x,\xi)]d\xi, & x_4 \geq x \geq d/2 \\ e^{-\tilde{\mu}h}\left[\int_{-R_S}^{\xi_4(x)} Y(\xi)d\xi + \int_{\xi_2(x)}^{R_S} Y(\xi)d\xi\right] + \\ \quad \int_{\xi_4(x)}^{\xi_3(x)} Y(\xi)\exp[-\tilde{\mu}l_{21}(x,\xi)]d\xi + \\ \quad \int_{\xi_3(x)}^{\xi_1(x)} Y(\xi)d\xi + \int_{\xi_1(x)}^{\xi_2(x)} Y(\xi)\exp[-\tilde{\mu}l_2(x,\xi)]d\xi, & d/2 \geq x \geq 0 \end{cases}$$

(3.113)

其中,相关的积分上下限为

$$\xi_1(x) = x - f(x-d/2)/(L_2+h/2), \quad \xi_2(x) = x - f(x-d/2)/(L_2-h/2)$$
$$\xi_3(x) = x - f(x+d/2)/(L_2+h/2), \quad \xi_4(x) = x - f(x+d/2)/(L_2-h/2)$$

而指数函数中相关长度表达式如下:

$$l_1(x,\xi) = \left[L_1 + \frac{h}{2} + \frac{f(\xi-d/2)}{x-\xi}\right]\sqrt{1+\left(\frac{x-\xi}{f}\right)^2} \quad (3.114)$$

$$l_2(x,\xi) = \left[\frac{f(\xi+d/2)}{\xi-x} - L_1 + \frac{h}{2}\right]\sqrt{1+\left(\frac{x-\xi}{f}\right)^2} \quad (3.115)$$

$$l_{21}(x,\xi) = \left[\frac{f(\xi-d/2)}{\xi-x} - L_1 + \frac{h}{2}\right]\sqrt{1+\left(\frac{\xi-x}{f}\right)^2} \quad (3.116)$$

从上述公式可以看出,X射线的狭缝像强是在可见光的基础上加上透射项,同狭缝宽度和厚度相关,如表3.7和表3.8所列。表3.7的几何布局同表3.5,但狭缝厚度是

50mm;表3.8采用的几何布局与表3.6完全一样。

表3.7 X射线狭缝宽度对FWHM$_{像}$的影响

狭缝宽度/mm	0.1	0.2	0.4	0.6	0.8	1.0
FWHM$_{像}$/mm	1.01	1.07	1.19	1.37	1.61	1.89

表3.8 X射线狭缝厚度对FWHM$_{像}$的影响

狭缝厚度/mm	5	10	30	50	70	100
FWHM$_{像}$/mm	1.02	1.02	1.02	1.01	0.98	0.92

从表3.5~表3.8可以看出,在相同狭缝照相布局下,X射线的FWHM$_{像}$比可见光的FWHM$_{像}$略大,这主要是由X射线的穿透性引起的。这同样也说明,在根据FWHM$_{像}$推断FWHM$_{源}$时,必须同时考虑狭缝的宽度和厚度;要从几何相似法则推算FWHM$_{源}$也是很困难的。

3.5.3.2 针孔或狭缝成像的蒙特卡罗模拟

由表3.7和表3.8表明,与狭缝厚度相比,狭缝宽度对测量结果的影响更加敏感,也就是说狭缝宽度的选取至关重要,这个结论对针孔成像同样成立。为明确狭缝宽度或针孔孔径选取的大致原则,可以采用已知光源尺寸,通过狭缝成像的蒙特卡罗模拟,建立不同狭缝或针孔尺寸下测量的光源尺寸与实际光源尺寸之间的关系,当这两者一致时所对应的狭缝宽度或针孔孔径就是比较理想的狭缝宽度和针孔尺寸。考虑到高斯型光源的点扩展函数过中心剖线和线扩展函数相同,均采用高斯型光源来模拟狭缝成像和针孔成像,其中狭缝成像的光源尺寸为2.0mm,针孔成像的光源尺寸为2.75mm;采用的几何放大比为1(源到客体中心的距离等于客体中心到成像平面的距离),狭缝厚度和针孔厚度均为60mm。在给定光源尺寸的情况下,分别模拟了不同狭缝宽度和不同孔径下像的强度分布,如图3.20所示。

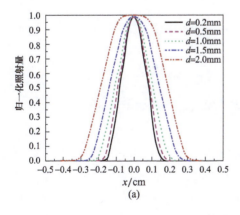 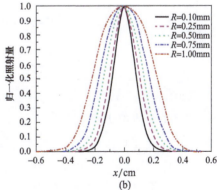

图3.20 狭缝和针孔成像的蒙特卡罗模拟结果
(a)狭缝;(b)针孔。

图3.20表明,随着狭缝宽度或针孔孔径的增加,测量的光源尺寸也增加,而且增加的

幅度也越来越大。仔细比较发现,无论是狭缝成像还是针孔成像,当狭缝宽度或针孔孔径为实际光源尺寸的20%左右时,测量的光源尺寸与实际尺寸基本相当,与文献[9]的相关要求一致。

在实际测量中,并不清楚实际光源尺寸的大致范围,但是,可以借助蒙特卡罗方法,改变焦斑尺寸来模拟实际的狭缝法或针孔法照相,在得到模拟图像的强度分布与实验图像的强度分布一致(基本重合)的情况下,蒙特卡罗模拟中的输入参数焦斑尺寸就是实际的光源尺寸。

3.5.4 刃边法

台阶法和刃边法利用边扩展函数来测量光源的尺寸[23]。对于可见光光源,刃边法不同于狭缝法,狭缝法的透射函数不完全是 δ 函数,而刃边法的透射函数的微分是 δ 函数。从这点而言,刃边法应该是比较理想的光源尺寸测量方法。

利用刃边法测量光源尺寸的布局与狭缝法基本一致,仅是将狭缝换成了刃边,利用刃边成像得到的是 ESF,对其进行求导得到 LSF,然后将 LSF 进行傅里叶变换得到 MTF,以 MTF 为 0.5 对应的空间频率之值确定光源的焦斑大小。

在测量 X 射线光源时,刃边法的刃边为具有一定纵向深度的高原子序数材料,而且对刃边的摆放具有较高的要求,否则会降低刃边法的测量稳定性。对于刃边法,照相几何布局的影响比较小,可以采用较大的几何放大比来减小图像的判读误差,而且对刃边的深度也没有很严格的要求,但是对几何对中精度的要求很高,否则会降低测量结果的可信度。

3.5.4.1 可见光刃边成像公式

将单位阶梯函数代入式(3.100),就可以得到边扩展函数:

$$\mathrm{ESF}(x) = \frac{1}{2\pi f^2}\int_{-R_\mathrm{S}}^{R_\mathrm{S}} H(u)\left[\int_{-\eta_0(\xi)}^{\eta_0(\xi)} I_\mathrm{S}(\xi,\eta)\mathrm{d}\eta\right]\mathrm{d}\xi = \frac{1}{2\pi f^2}\frac{m}{M}\int_{\xi_0(x)}^{R_\mathrm{S}} Y(\xi)\mathrm{d}\xi \tag{3.117}$$

推导中利用 $mu = x + M\xi$ 和 $u \geqslant 0$ 时 $H(u) = 0$ 的性质,并且 $\xi_0(x) = -x/M$,可得

$$\mathrm{LSF}(x) = \frac{\mathrm{d}}{\mathrm{d}x}\mathrm{ESF}(x) = \frac{1}{2\pi f^2}\frac{m}{M^2}Y(\xi) \tag{3.118}$$

与式(3.101)相比,式(3.118)仅多一个无关紧要的常数因子 $1/M$。

3.5.4.2 X 射线刃边成像公式

在高能 X 射线源情况中,刃边器件纵向厚度为 h,通过刃边平面的 X 射线会受到不同程度的吸收,图像中刃边投影区的接收光强会降低。为了考察刃边厚度 h 对 ESF 和 LSF 的影响,引入几个参数(图 3.21):从源上 $\xi = -R_\mathrm{S}$ 关于刃边前后两个角点的像素位置 $x_1 = M_1 R_\mathrm{S}$ 和 $x_2 = M_2 R_\mathrm{S}$,任意像素点 x 关于刃边前后角点的共轭源点坐标 $\xi_1(x) = -x/M_1$ 和 $\xi_2(x) = -x/M_2$,从 $\xi < 0$ 出发到达像平面 $x > 0$ 像素的射线在刃边器件中的长度 $l_2(x,\xi)$,从 $\xi > 0$ 出发到达像平面 $x < 0$ 像素的射线在刃边器件中的长度 $l_1(x,\xi)$。

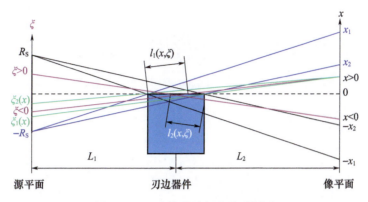

图 3.21 刃边成像几何参量示意图

由于 $R_S \ll h$ 和 $h \ll f$，射线通过刃边器件的最大长度近似等于 h，则 $l_1(x,\xi)$ 和 $l_2(x,\xi)$ 的表达式分别为

$$l_1(x,\xi) \approx L_1 + \frac{h}{2} - \frac{f|\xi|}{|x|+|\xi|} \tag{3.119}$$

$$l_2(x,\xi) \approx \frac{f|\xi|}{|x|+|\xi|} - L_1 + \frac{h}{2} \tag{3.120}$$

像区中心线上分为六个区：①$x \geqslant x_1$，②$x_1 \geqslant x \geqslant x_2$，③$x_2 \geqslant x \geqslant 0$，④$0 \geqslant x \geqslant -x_2$，⑤$-x_2 \geqslant x \geqslant -x_1$，⑥$x \leqslant -x_1$。显然，到达①区的所有源 X 射线均不受刃边器件的影响；到达⑥区的所有源 X 射线均受刃边器件的吸收，透射因子近似为 $\exp(-\tilde{\mu}h)$；到达其他四区的射线受不同程度的衰减。

将刃边 $T(u,v) = \exp[-\tilde{\mu}l(\xi,\eta,x,y)]$ 代入式 (3.100)，可以得到高能 X 射线情况的边扩展函数 $\mathrm{ESF}(x)$ 和线扩展函数 $\mathrm{LSF}(x)$ 分别为

$$\mathrm{ESF}(x) = \begin{cases} 1, & x \geqslant x_1 \\[4pt] \displaystyle\int_{-R_S}^{\xi_1(x)} Y(\xi)\exp[-\tilde{\mu}l_2(x,\xi)]\mathrm{d}\xi + \int_{\xi_1(x)}^{R_S} Y(\xi)\mathrm{d}\xi, & x_1 \geqslant x \geqslant x_2 \\[4pt] \displaystyle\mathrm{e}^{-\tilde{\mu}h}\int_{-R_S}^{\xi_2(x)} Y(\xi)\mathrm{d}\xi + \int_{\xi_2(x)}^{\xi_1(x)} Y(\xi)\exp[-\tilde{\mu}l_2(x,\xi)]\mathrm{d}\xi + \\[4pt] \displaystyle\int_{\xi_1(x)}^{R_S} Y(\xi)\mathrm{d}\xi, & x_2 \geqslant x \geqslant 0 \\[4pt] \displaystyle\mathrm{e}^{-\tilde{\mu}h}\int_{-R_S}^{\xi_1(x)} Y(\xi)\mathrm{d}\xi + \int_{\xi_1(x)}^{\xi_2(x)} Y(\xi)\exp[-\tilde{\mu}l_1(x,\xi)]\mathrm{d}\xi + \\[4pt] \displaystyle\int_{\xi_2(x)}^{R_S} Y(\xi)\mathrm{d}\xi, & 0 \geqslant x \geqslant -x_2 \\[4pt] \displaystyle\mathrm{e}^{-\tilde{\mu}h}\int_{-R_S}^{\xi_1(x)} Y(\xi)\mathrm{d}\xi + \int_{\xi_1(x)}^{R_S} Y(\xi)\exp[-\tilde{\mu}l_1(x,\xi)]\mathrm{d}\xi, & -x_2 \geqslant x \geqslant -x_1 \\[4pt] \mathrm{e}^{-\tilde{\mu}h}, & x \leqslant -x_1 \end{cases}$$

(3.121)

$$\mathrm{LSF}(x) = \begin{cases} 0, & x \geqslant x_1 \\ -\tilde{\mu}f \int_{-R_S}^{\xi_1(x)} Y(\xi) \exp[-\tilde{\mu} l_2(x,\xi)] \frac{\xi}{(\xi-x)^2} \mathrm{d}\xi, & x_1 \geqslant x \geqslant x_2 \\ -\tilde{\mu}f \int_{\xi_2(x)}^{\xi_1(x)} Y(\xi) \exp[-\tilde{\mu} l_2(x,\xi)] \frac{\xi}{(\xi-x)^2} \mathrm{d}\xi, & x_2 \geqslant x \geqslant 0 \\ \tilde{\mu}f \int_{\xi_1(x)}^{\xi_2(x)} Y(\xi) \exp[-\tilde{\mu} l_1(x,\xi)] \frac{\xi}{(\xi-x)^2} \mathrm{d}\xi, & 0 \geqslant x \geqslant -x_2 \\ \tilde{\mu}f \int_{\xi_1(x)}^{R_S} Y(\xi) \exp[-\tilde{\mu} l_1(x,\xi)] \frac{\xi}{(\xi-x)^2} \mathrm{d}\xi, & -x_2 \geqslant x \geqslant -x_1 \\ 0, & x \leqslant -x_1 \end{cases}$$

(3.122)

从式(3.117)和式(3.121)可以看出,在可见光源情况下,ESF 与刃边厚度、刃边材料无关;但在 X 光源情况下,ESF 不但与刃边厚度、刃边材料有关,还与材料的有效衰减系数有关。图 3.22 为计算得到的边扩展函数和线扩展函数,其中能量为 4MeV 的 X 光源尺寸与可见光源尺寸均为 3mm。

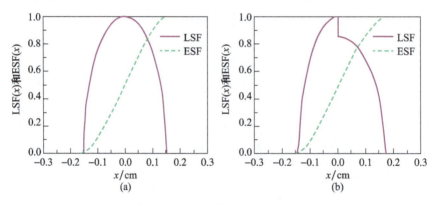

图 3.22 均匀分布源的 ESF 和 LSF
(a)可见光源;(b)X 光源。

由图 3.22 可以看出,尽管可见光光源和 X 光源的 ESF 公式不相同,但由此计算的线扩展函数是相似的,其底宽均与光源尺寸基本相同。这说明对于 X 光源,刃边法的确能反映光源的尺寸。但也应注意到,高能 X 光源的线扩展函数在成像中心是不连续的,而且被刃边遮挡部分的强度变化要比无遮挡部分的强度变化快。

式(3.122)表明,刃边法得到的线扩展函数在 $x=0$ 处不连续,突变幅度为 $\Delta L = \mathrm{LSF}(x \to 0_-) - \mathrm{LSF}(x \to 0_+)$。

在 $M=1$、$f=400\mathrm{cm}$、$R_S=2\mathrm{mm}$ 的高斯分布高能 X 射线源条件下,对于不同厚度 h,式(3.122)的计算结果如图 3.23 所示。高能 X 射线源刃边法得到的 LSF 在中心处有突降。降低幅度与刃边厚度 h 成正比,与光源尺寸和分布近似无关。当 $h < 6\mathrm{cm}$ 时,降低幅度可以忽略。在实际测量中,刃边厚度以小于 6cm 为宜。

刃边厚度 h 增加时,刃边器件中近探测器边所增加部分对 X 射线的吸收增加,使探测器接收的强度降低,对应的曲线下部分右移;刃边器件中近光源边所增加部分对 X 射线的吸收增加,使探测器接收的照射量降低,对应的曲线上部分右移。在图 3.23 中,LSF 曲线的左部分随 h 增加均右移,中心点从左到右的突变幅度明显增加。厚度 h 增加时,ESF 曲线下部分右移而中心位置不变,因此对应的 LSF 曲线左半部分不断变陡并右移;同样,ESF 曲线上部分右移而中心位置不变,对应的 LSF 曲线右半部分不断变缓并右移。LSF 曲线中心点处的突变是由 ESF 曲线以中心为界的左右两部分陡度不同引起的;随厚度增加,ESF 曲线左半部分不断变陡、右部分不断变缓而中心不变,因此对应的 LSF 的突变(降低)幅度增加。LSF 曲线的底宽近似不变。

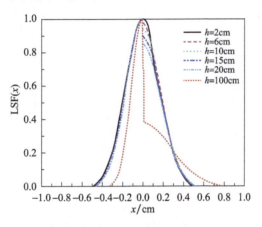

图 3.23　不同刃边厚度情况下的 LSF

3.5.4.3　刃边厚度对 FWHM 测量值的影响

针对 $2\sqrt{2}\sigma$ 截断(下同)的高斯分布光源和 K-V 分布光源,假定刃边材料的有效线衰减系数为 0.5 和源 FWHM 均为 4mm 的情况下,可以利用式(3.122)计算不同刃边厚度下的光源 FWHM 测量值。有两种方法:直接法和平均法。直接法是按刃边法思想直接对 LSF 进行傅里叶变换后得到 MTF,利用调制度 0.5 的空间频率 $f_{1/2}$ 来计算;平均法针对 LSF 在中心点的奇异性(图 3.23),对 LSF 的左右曲线进行映射以后分别做傅里叶变换,然后对各自计算的源 FWHM 进行平均来作为源的 FWHM 测量值。计算结果如表 3.9 所列。

表 3.9　不同刃边厚度的 FWHM 测量值($M=1$)　　　　　　　　单位:mm

厚度/mm	高斯分布				K-V 分布			
	直接法	平均法			直接法	平均法		
		左映射	右映射	平均		左映射	右映射	平均
10	3.91	3.89	3.90	3.90	4.02	4.00	4.00	4.00
20	3.91	3.89	3.90	3.90	4.02	3.99	4.01	4.00
50	3.91	3.86	3.93	3.90	4.02	3.96	4.04	4.00
100	3.91	3.78	4.02	3.90	4.02	3.88	4.12	4.00
120	3.91	3.74	4.06	3.90	4.02	3.84	4.16	4.00
140	3.91	3.70	4.10	3.90	4.03	3.80	4.20	4.00
200	3.91	3.58	4.20	3.89	4.03	3.69	4.33	4.01

表 3.9 表明，无论是直接法还是平均法，最后得到的源 FWHM 值与厚度没有多大关系，平均法的结果更稳定。高斯型光源 FWHM 的测量值与 4mm 的输入源 FWHM 的相对误差均在 3% 以内，这种差异主要是由高斯截断引起的。直接法和平均法的结果比较接近也说明 LSF 在中心点的奇异性的影响不是很大，从 K-V 型光源 FWHM 的测量结果来看，这种奇异性的影响小于 1%。另外，由 K-V 型光源的测量结果得到的 FWHM 与实际输入的光源 FWHM 基本相同，这也是强调采用 50% MTF 空间频率来计算光源尺寸的原因之一。

考虑到实际情况多为高斯型光源，下面的研究仅针对高斯型光源。对于其他类型的光源，其结论是一致的。

3.5.4.4 几何放大比对 FWHM 测量值的影响

输入源 FWHM 仍为 4mm，假定刃边厚度为 100mm，固定照相距离（源到成像平面的距离），通过移动刃边的位置来说明几何放大比对 FWHM 测量值的影响，如表 3.10 所列。

表 3.10 放大比对 FWHM 测量值的影响

几何放大比	直接法		平均法					
			左映射		右映射		平均	
	$f_{1/2}/\text{mm}^{-1}$	FWHM/mm	$f_{1/2}/\text{mm}^{-1}$	FWHM/mm	$f_{1/2}/\text{mm}^{-1}$	FWHM/mm	FWHM/mm	
0.5	0.225	3.91	0.231	3.80	0.221	3.98	3.89	
1.0	0.113	3.91	0.115	3.82	0.111	3.97	3.90	
1.5	0.075	3.91	0.077	3.81	0.074	3.98	3.90	
2.0	0.056	3.90	0.058	3.81	0.055	3.99	3.90	
2.5	0.045	3.91	0.046	3.80	0.044	4.00	3.90	
3.0	0.038	3.90	0.039	3.79	0.037	4.01	3.90	
3.5	0.032	3.90	0.033	3.79	0.031	4.02	3.90	

表 3.10 表明了同样的结果，这也说明了刃边法与几何放大比无关。

3.5.4.5 光源实际尺寸对 FWHM 测量值的影响

在固定刃边照相几何的情况下，改变输入源尺寸，考察 FWHM 测量值与输入源尺寸之间的差异，如表 3.11 所列。

表 3.11 光源实际尺寸与 FWHM 测量值的比较

实际 FWHM/mm	$f_{1/2}/\text{mm}^{-1}$	测量 FWHM/mm	误差/%
1.0	0.447	0.98	1.50
1.5	0.300	1.47	2.0
2.0	0.225	1.96	2.17
2.5	0.180	2.44	2.24
3.0	0.150	2.93	2.29

续表

实际 FWHM/mm	$f_{1/2}$/mm^{-1}	测量 FWHM/mm	误差/%
3.5	0.129	3.42	2.31
4.0	0.113	3.91	2.34
4.5	0.100	4.39	2.34

表 3.11 表明,光源实际尺寸与其测量值之间的相对误差仍小于 3%,这种差异同样归结为高斯截断。光源尺寸越小,高斯截断的影响也越小。

3.5.4.6 高斯截断的影响

从前面的研究结果来看,高斯截断对刃边法测量值有一定的影响。到底截断多少比较合适,在固定照相布局的情况下,计算了不同截断的 FWHM 测量值,如表 3.12 所列。

表 3.12 高斯截断的影响

截断半径/mm	$f_{1/2}$/mm^{-1}	FWHM/mm	误差/%
2σ	0.13	3.44	13.99
$2\sqrt{2}\sigma$	0.11	3.91	2.35
3σ	0.11	3.94	1.46
4σ	0.11	4.00	0.10
5σ	0.11	4.00	0.06
6σ	0.11	4.00	0.06

表 3.12 表明,采用 4σ 的高斯截断对测量的焦斑尺寸没有多大的影响,这为今后的蒙特卡罗模拟提供了参考。

3.5.4.7 刃边几何对中不理想的影响

实验布局中各个器件的对准误差一般小于 2mm,这里仅计算刃边最大离轴 2mm 的情况。光源的 FWHM 为 3.03mm,采用 200mm 的刃边,几何放大比为 3.005,计算结果如表 3.13 所列。其中刃边位于光轴上方为正,刃边位于光轴下方为负。

表 3.13 刃边对中不理想的影响

离轴距离/mm	像 FWHM/mm	误差/%
0	9.06	0.0
+0.5	8.65	-4.5
+1.0	8.32	-8.2
+1.5	8.12	-10.4
+2.0	8.04	-11.3
-0.5	9.49	+4.7
-1.0	9.83	+8.5

续表

离轴距离/mm	像 FWHM/mm	误差/%
-1.5	10.14	+10.9
-2.00	10.16	+12.0

由表 3.13 表明,刃边偏离光轴越远,测量的光源尺寸的误差越大,在偏离光轴 2mm 内的最大误差可达 12%。刃边位于光轴下方,测量的光源尺寸大于实际光源尺寸,反之小于实际光源尺寸。

3.5.5 滚边法

在实际应用中,常用滚边(rollbar)代替刃边,主要是在实验布局时,滚边装置对 X 射线源的对准程度引起的测量误差很小,即对中要求低,很容易达到测量要求,同时降低了装置加工难度。

3.5.5.1 滚边法的解析理论

由于刃边法得到的 LSF 曲线在 $x=0$ 处不连续,影响光源尺寸的正确提取。为了避免这一现象,美国 LLNL 提出了刃边法的改进形式,即滚边法[24-25]。如图 3.24 所示,将位于轴上的刃边平面改造成大曲率半径的柱面,消除了 ESF 的右移现象,保证了对应 LSF 曲线的连续性。

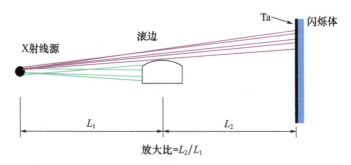

图 3.24 滚边法测量光源焦斑实验原理图

利用滚边法求 ESF 和 LSF 时,设定器件的柱面与轴相切、曲率中心位于轴线下方($-R$, $0, L_1$)处。分析中必须使用图像平面中心垂直线(即 X 轴)上的几个特征点坐标:$-x_1$ 和 $-x_2$ 是正向的源端点 R_S 关于滚边前后角点的共轭像坐标;x_3 和 x_4 是负向的源端点 R_S 关于滚边前后角点的共轭像坐标;x_F 和 x_B 分别是正、负向的源端点关于柱面圆切线的共轭像坐标:

$$\xi_1 = f/k_1 + R_S, \quad \xi_2 = f/k_2 + R_S, \quad \xi_3 = f/k_3 - R_S$$
$$\xi_4 = f/k_4 - R_S, \quad \xi_B = f/k_B - R_S, \quad \xi_F = -\left| f/k_F + R_S \right|$$

其中

$$k_1 = -\frac{L_1 - h/2}{R_S + \Delta}, \quad k_2 = -\frac{L_1 + h/2}{R_S + \Delta}, \quad k_3 = \frac{L_1 + h/2}{R_S - \Delta}, \quad k_4 = \frac{L_1 - h/2}{R_S - \Delta},$$

$$k_B = \frac{L_1(R - R_S) + \sqrt{R^2(L_1^2 - 2RR_S + R_S^2)}}{R_S(2R - R_S)},$$

$$k_F = -\frac{L_1(R+R_S) + \sqrt{R^2(L_1^2 + 2RR_S + R_S^2)}}{R_S(2R+R_S)}$$

式中：$f = L_1 + L_2$ 为照相距离；h 为器件平板部分的纵向厚度；Δ 为柱面部分相对于平板部分的高度。

各区的边扩展函数 $\mathrm{ESF}(x)$ 表达式为

$$\mathrm{ESF}(x) = \begin{cases} 1, & x \geqslant x_B \\ \int_{-R_S}^{\xi_0(x)} Y(\xi)\exp[-\tilde{\mu} l_0(x,\xi)]\mathrm{d}\xi + \int_{\xi_0(x)}^{R_S} Y(\xi)\mathrm{d}\xi, & x_B > x > x_4 \\ e^{-\tilde{\mu}h}\int_{-R_S}^{\xi_1(x)} Y(\xi)\mathrm{d}\xi + \int_{\xi_1(x)}^{\xi_0(x)} Y(\xi)\exp[-\tilde{\mu} l_2(x,\xi)]\mathrm{d}\xi + \\ \int_{\xi_0(x)}^{R_S} Y(\xi)\exp[-\tilde{\mu} l_0(x,\xi)]\mathrm{d}\xi, & x_4 \geqslant x > x_3 \\ e^{-\tilde{\mu}h}\int_{-R_S}^{\xi_2(x)} Y(\xi)\mathrm{d}\xi + \int_{\xi_2(x)}^{\xi_1(x)} Y(\xi)\exp[-\tilde{\mu} l_2(x,\xi)]\mathrm{d}\xi + \\ \int_{\xi_1(x)}^{\xi_0(x)} Y(\xi)\exp[-\tilde{\mu} l_0(x,\xi)]\mathrm{d}\xi + \int_{\xi_0(x)}^{R_S} Y(\xi)\mathrm{d}\xi, & x_3 \geqslant x > -\Delta \\ e^{-\tilde{\mu}h}\int_{-R_S}^{\xi_1(x)} Y(\xi)\mathrm{d}\xi + \int_{\xi_1(x)}^{\xi_2(x)} Y(\xi)\exp[-\tilde{\mu} l_1(x,\xi)]\mathrm{d}\xi + \\ \int_{\xi_2(x)}^{\xi_0(x)} Y(\xi)\exp[-\tilde{\mu} l_0(x,\xi)]\mathrm{d}\xi + \int_{\xi_0(x)}^{R_S} Y(\xi)\mathrm{d}\xi, & -\Delta \geqslant x > -x_F \\ e^{-\tilde{\mu}h}\int_{-R_S}^{\xi_1(x)} Y(\xi)\mathrm{d}\xi + \int_{\xi_1(x)}^{\xi_2(x)} Y(\xi)\exp[-\tilde{\mu} l_1(x,\xi)]\mathrm{d}\xi + \\ \int_{\xi_2(x)}^{R_S} Y(\xi)\exp[-\tilde{\mu} l_0(x,\xi)]\mathrm{d}\xi, & -x_F \geqslant x > -x_2 \\ e^{-\tilde{\mu}h}\int_{-R_S}^{\xi_1(x)} Y(\xi)\mathrm{d}\xi + \int_{\xi_1(x)}^{R_S} Y(\xi)\exp[-\tilde{\mu} l_1(x,\xi)]\mathrm{d}\xi, & -x_2 \geqslant x > -x_1 \\ e^{-\tilde{\mu}h}, & x \leqslant -x_1 \end{cases}$$

(3.123)

在 ESF 的各表达式中，$l_0(x,\xi)$ 表示从源平面 (ξ,η) 出发、从器件的柱面部分进出而到达探测平面 $(x,0)$ 点的 X 射线在器件内的路程长度，$l_1(x,\xi)$ 是从柱面部分进入器件、从器件的后平面离开的射线在器件内的路程长度，而 $l_2(x,\xi)$ 是从器件的前平面部分进入器件、从器件的柱面部分离开的射线在器件内的路程长度。各路程长度如下：

$$l_0(x,\xi) = 2\sqrt{(\gamma L_1 - \alpha\xi - \alpha R)^2 - L_1^2 - \xi^2 - 2R\xi} \tag{3.124}$$

$$l_1(x,\xi) = \frac{L_1 + h/2}{\gamma} - (\gamma L_1 - \alpha\xi - \alpha R) + \sqrt{(\gamma L_1 - \alpha\xi - \alpha R)^2 - L_1^2 - \xi^2 - 2R\xi}$$

(3.125)

$$l_2(x,\xi) = (\gamma L_1 - \alpha\xi - \alpha R) + \sqrt{(\gamma L_1 - \alpha\xi - \alpha R)^2 - L_1^2 - \xi^2 - 2R\xi} - \frac{L_1 - h/2}{\gamma}$$

(3.126)

而 ESF 的各表达式中，$\xi_0(x)$ 为到达像点 $(x,0)$ 而与器件柱面相切的射线在源平面的 X 坐标，$\xi_1(x)$ 和 $\xi_2(x)$ 分别为到达像点 $(x,0)$ 而通过接近源和远离源的器件平面 – 柱面相交棱线的射线在源平面的 X 坐标，它们都随 x 变化。源平面上的特征坐标为

$$\xi_0(x) = x - \frac{fL_2(R+x) - \sqrt{[fL_2(R+x)]^2 - (L_2^2 - R^2)(2R+x)xf^2}}{L_2^2 - R^2} \quad (3.127)$$

$$\xi_1(x) = x - \frac{(x+\Delta)}{L_2 + h/2}f \quad (3.128)$$

$$\xi_2(x) = x - \frac{(x+\Delta)}{L_2 - h/2}f \quad (3.129)$$

按照定义 $L_n(x) = \mathrm{d}E_n(x)/\mathrm{d}x$，求出 $L_n(x)$。求 LSF 的方式有两种：一种是从 ESF(x) 的数值积分结果直接进行数值差分求出，可以取前差分，也可以取中心差分；另一种是完成对 ESF(x) 的解析微分求得，由于用滚边法求 LSF 在各区间的解析表达式比较烦琐，这里不一一列出。求微分时，相关导数如下：

$$\gamma = \frac{f}{\sqrt{f^2 + (x-\xi)^2}}, \quad \frac{\partial \gamma}{\partial x} \approx 0$$

$$\alpha = \frac{x-\xi}{\sqrt{f^2 + (x-\xi)^2}}, \quad \frac{\partial \alpha}{\partial x} \approx \frac{1}{f}$$

$$\frac{\mathrm{d}\xi_1(x)}{\mathrm{d}x} = -\frac{1}{M_1}, \quad \frac{\mathrm{d}\xi_2(x)}{\mathrm{d}x} = -\frac{1}{M_2}, \quad \frac{\mathrm{d}\xi_0(x)}{\mathrm{d}x} \approx -\frac{1}{M} - \frac{fR^2}{L_2(L_2^2 - R^2)}$$

$$\frac{\partial l_0(x,\xi)}{\partial x} \approx -\frac{(\gamma L_1 - \alpha\xi - \alpha R)}{\sqrt{(\gamma L_1 - \alpha\xi - \alpha R)^2 - L_1^2 - \xi^2 - 2R\xi}} \frac{\xi + R}{f}$$

$$\frac{\partial l_1(x,\xi)}{\partial x} \approx \frac{\xi + R}{f} + \frac{1}{2}\frac{\partial l_0(x,\xi)}{\partial x}$$

$$\frac{\partial l_2(x,\xi)}{\partial x} \approx -\frac{\xi + R}{f} + \frac{1}{2}\frac{\partial l_0(x,\xi)}{\partial x}$$

不难证明各特征点所对应的 LSF 的左右表达式之值相等。因此，在滚边情况下，图像的 LSF 是一条连续曲线；曲线中心点位于 $x_3 \geq x > -\Delta$ 范围内，对应 LSF 的表达式为

$$L_5(x) = Y(\xi)\frac{\mathrm{d}\xi_2(x)}{\mathrm{d}x}[\mathrm{e}^{-\tilde{\mu}h} - \mathrm{e}^{-\tilde{\mu}l_2(x,\xi)}] + Y(\xi)\frac{\mathrm{d}\xi_1(x)}{\mathrm{d}x}[\mathrm{e}^{-\tilde{\mu}l_2(x,\xi)} - \mathrm{e}^{-\tilde{\mu}l_0(x,\xi)}] +$$

$$Y(\xi)\frac{\mathrm{d}\xi_0(x)}{\mathrm{d}x}[\mathrm{e}^{-\tilde{\mu}l_0(x,\xi)} - 1] - \tilde{\mu}\int_{\xi_2(x)}^{\xi_1(x)} Y(\xi)\mathrm{e}^{-\tilde{\mu}l_2(x,\xi)}\frac{\partial l_2(x,\xi)}{\partial x}\mathrm{d}\xi -$$

$$\tilde{\mu}\int_{\xi_2(x)}^{\xi_0(x)} Y(\xi)\mathrm{e}^{-\tilde{\mu}l_0(x,\xi)}\frac{\partial l_0(x,\xi)}{\partial x}\mathrm{d}\xi \quad (3.130)$$

显然，该函数不会出现间断。这正是滚边法与刃边法的区别，也是在高能 X 射线情况下，用滚边法代替刃边法的主要理由。

3.5.5.2 滚边法测量光源尺寸

美国 LLNL 利用滚边法对实验测试加速器 (experimental test accelerator, ETA) Ⅱ 的光源焦斑尺寸进行了测量[26]。实验布局如图 3.24 所示，$L_1 = 108\mathrm{cm}$、$L_2 = 427\mathrm{cm}$（$M = 3.95$），器件厚度为 3cm，柱面曲率半径为 100cm。图 3.25(a) 给出了滚边器件和紧贴闪烁

体的刃边器件(厚度约为 0.6mm,取向与滚边器件垂直)图像。图 3.25(c)和图 3.25(d)分别为总图像强度和接收系统引起的模糊的灰度曲线。图 3.25(b)为描述调制传递函数处理数据的汇总。

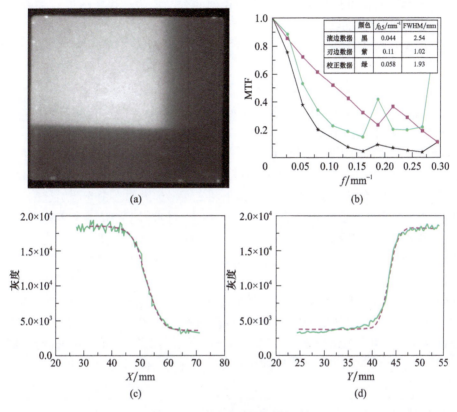

图 3.25　滚边法测量光源尺寸
(a)滚边图像和刃边图像；(b)各种 MTF 曲线数据；
(c)滚边图像的 ESF 曲线；(d)刃边图像的 ESF 曲线。

按照信息传递理论,从图 3.25(c)处理得到的图像总的 MTF_T 是从图 3.25(d)得到的接收系统的 MTF_R 与光源在图像平面上的 MTF_S 的乘积。于是按照 $MTF_S = MTF_T/MTF_R$,得到图 3.25(b)的绿色曲线。从该曲线得到在 $MTF_S = 0.5$ 的空间频率 $f_{1/2} = 0.058 mm^{-1}$,光源图像的 FWHM 为 7.61mm。如果简单地仅按照滚边曲线的 MTF_T 来处理,光源非实际图像的 FWHM 为 10.03mm。将源图像的 FWHM 除以放大比,得到实际光源的 FWHM 为 1.93mm,而包括闪烁体影响的非实际光源的 FWHM 为 2.54mm。可见,扣除了闪烁体影响使光源的 FWHM 从 2.54mm 降低到 1.93mm。

滚边法测量光源尺寸的基本步骤概括如下：

(1)精确加工滚边器件(钨材料)：器件尺寸为 10cm×10cm×(3~6)cm,圆柱部分的曲率大于 100cm。精加工由钨或铅制成刃边器件,其厚度约为 3cm。

(2)取比较大的几何放大比(约为 4),并按照图 3.24 的布局,将滚边器件精确定位,使器件的柱面轴垂直于系统轴,该柱面中心点位于轴附近。

(3)以 CCD 测量系统作为探测器,并在转换屏表面放置一刃边器件,使刃边与滚边器件的切面线相互垂直。对滚边器件和刃边器件进行 X 射线闪光照相,取得对应的图像。

(4) 从垂直于刃边图像线和垂直于滚边切面线图像线的两条扫描线上采集两条 ESF 的数据,经消噪声后做微分处理,从而得到对应的两条 LSF 曲线。

(5) 将滚边法得到的 LSF 曲线和刃边法得到的 LSF 曲线做快速傅里叶变换,归一后得到 MTF_T 曲线和 MTF_R 曲线。

(6) 利用 $MTF_S = MTF_T/MTF_R$,确定光源理想图像的 MTF_S,并找出 $MTF_S = 0.5$ 对应的空间频率。

(7) 由 $MTF_S = 0.5$ 对应的空间频率即可求出光源的等效尺寸。

滚边法具有可以直接得到测量的处理结果和精度较高的优势,在高能 X 射线闪光照相的光源尺寸测量中应用十分广泛。

3.5.5.3 滚边法的蒙特卡罗验证

蒙特卡罗方法使用完全相同的布局和器件条件,对蒙特卡罗求得的 ESF 原始数据求导和高斯拟合得到图像中源的 LSF。经过傅里叶变换得到图像上由光源引起的调制传递函数,由 $MTF = 0.5$ 处的空间频率 $f_{1/2} = 0.05785 mm^{-1}$ 可求得 $FWHM = 1.929 mm$。结果与 3.5.5.2 节中的推演结果高度一致。蒙特卡罗方法得到的图像强度分布曲线与用滚边法得到的结果完全符合。

为了进一步校验蒙特卡罗计算的正确性,使用图 3.24 的实验布局位形和各种不同的源尺寸输入值,利用滚边法的蒙特卡罗图像推算的源尺寸的输出值,结果见表 3.14。二者高度一致,说明了滚边法或刃边法可以直接测量源尺寸的几何放大、放大比 M 按器件中心位置确定。数值模拟结果表明,在没有噪声和散射的情况下,滚边法的测量误差小于 1%,这也是美、英、法等国采用滚边法测量光源尺寸的主要原因。

表 3.14 滚边法源尺寸的蒙特卡罗方法的输入和输出

蒙特卡罗模拟输入/mm	1.93	2.5	3.0	3.5	4.0	4.5	5.0
蒙特卡罗模拟输出/mm	1.929	2.502	3.001	3.500	4.000	4.497	4.995

对滚边法进行类似于前面刃边法的研究,结果表明:滚边法不但与滚边的厚度、放大比、照相距离等无关外,它还解决了 LSF 在中心处的奇异性[27]。另外,滚边的偏轴对测量结果造成的误差不超过 1%,而且这种误差与滚边的偏离程度基本上没有关系(表 3.15)。

表 3.15 滚边法的偏轴影响

离轴距离/mm	0	+0.5	+1.0	+1.5	+2..0	-0.5	-1.0	-1.5	-2.0
像 FWHM/mm	4.90	4.90	4.92	4.97	4.92	4.92	4.93	4.90	4.91
离轴误差/%	0.0	0.0	+0.3	+1.0	+0.4	+0.3	+0.4	0.0	0.0

3.5.6 焦斑测量方法的适用性

3.5.6.1 三种测量方法的使用条件

理论上,狭缝法、针孔法和刃边法(包括滚边法)都可用于焦斑测量,其中刃边法似乎是比较理想的测量方法,但在实际应用中,三种方法存在不同的优缺点。

对于狭缝法,通过合理设计狭缝参数和照相布局设计,可以获得信噪比较高的狭缝图像,易于获得线扩展函数的 FWHM,但有两个前提:一是已知光源分布的类型;二是需要借助蒙特卡罗模拟才能准确确定光源的 FWHM。如果不清楚光源分布的类型,或者光源不具备圆对称特性,采用狭缝法很难得到比较准确的光源尺寸。因为狭缝法获得的狭缝图像仅仅是某个方向上的积分结果,不能反映光源的空间分布,采用其傅里叶变换后 50% MTF 计算的光源尺寸只能代表该方向上的光源尺寸。因此,狭缝法仅适用于具有圆对称特点的光源,而且最好清楚光源类型;当然,也可以通过旋转狭缝进行 360°测量,但需要足够的测量次数,而且要求光源的重复性极高。

尽管理论上刃边法是比较理想的光源尺寸测量方法,但面临与狭缝法类似的问题,同样仅适用于具有圆对称特点的光源。除此以外,由于线扩展函数是边扩展函数的导数,对刃边图像的信噪比要求较高,而且散射的影响也不可忽视,否则线扩展函数因噪声可能存在较大的误差,如图 3.26 所示,散射使得平台区信号不平坦,噪声放大了 LSF 曲线的涨落。通常做法是根据光源分布类型对图 3.26 的边扩展函数进行拟合,然后再求导。这样做的好处是基本消除了噪声的影响,同时也部分扣除了散射。

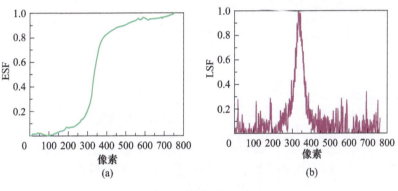

图 3.26 测量的 ESF 和 LSF
(a)ESF;(B)LSF。

针孔图像可以获得光源分布的全貌,且针孔成像系统的散射小,但针孔装置加工难度大,且对针孔装置几何对中有更严格的要求。尽管如此,对于非圆对称光源,由于目前照相器件几何精密定位技术水平较高,针孔法仍然是运用较多的一种光源模糊函数(包括光源尺寸)测量方法,并得到了改进和完善。下面讨论针孔法的实际应用问题。

3.5.6.2 再论焦斑测量中的针孔法

前面已经说明狭缝和针孔并不是理想的 δ 函数,在实际应用中也没有针对这个问题采取应对措施。也就是说,无论是狭缝成像还是针孔成像,测量结果中仍含有狭缝装置和针孔装置的光学传递特性(即式(3.92)中的 $o(x,y)$),致使测量结果严重依赖于狭缝宽度和孔径尺寸。实际上,通过图像复原可以消除针孔装置本身的影响,至少可以减低其影响程度。式(3.92)中的 $o(x,y)$ 可以采用点光源通过射线追踪算法或蒙特卡罗模拟来获得成像平面上的扩展(即针孔装置在成像平面上的点扩展函数)。

为了说明考虑的必要性,采用不同的针孔装置,如图 3.27 所示。图 3.27(a)为通孔,孔径为 0.47mm;图 3.27(b)为锥孔 + 通孔,$L = 19\text{mm}$,$L_1 = 41\text{mm}$,$d = 0.365\text{mm}$,$2\theta_0 =$

0.860rad;图3.27(c)为锥孔+通孔+锥孔,$L_1 = L_2$,$L_1 + L_2 + L = 100\text{mm}$,$d = 0.3\text{mm}$,$2\theta_0 = 0.920\text{rad}$。通过蒙特卡罗模拟分别获得式(3.92)中的$i(x,y)$、$o(x,y)$和$f(x,y)$,其中$i(x,y)$是采用全过程模拟针孔成像得到的成像探测器(闪烁体)中沉积的能量密度分布,即系统点扩展函数;$o(x,y)$是用20MeV连续谱点源通过蒙特卡罗模拟获得的成像平面上X射线强度分布,即针孔装置在成像平面上的点扩展函数;$f(x,y)$是用垂直入射的X射线点源通过蒙特卡罗模拟获得的闪烁体中沉积的能量密度分布,即成像探测器的点扩展函数。通过比较三种针孔装置测量结果与真值之间的差异来说明考虑针孔装置本身传递特性的必要性。

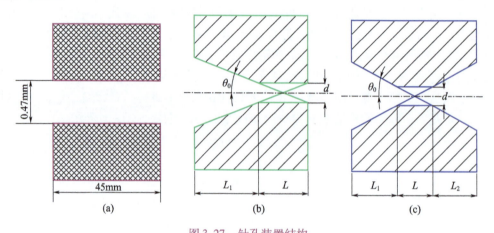

图3.27 针孔装置结构
(a)通孔;(b)锥孔+通孔;(c)锥孔+通孔+锥孔。

针孔成像系统的放大比为3,通过蒙特卡罗模拟,针孔装置、成像探测器和系统的点扩展函数如图3.28所示,其中系统点扩展函数是采用FWHM=2mm的高斯型光源得到的。

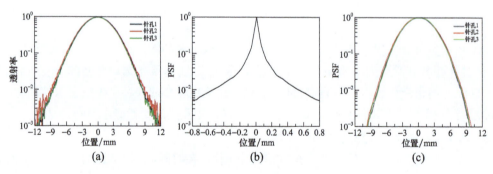

图3.28 蒙特卡罗计算的点扩展函数
(a)针孔;(b)探测器;(c)系统。

用针孔点扩展函数和成像探测器点扩展函数对系统点扩展函数进行去卷积运算就可以得到光源的点扩展函数,结果如图3.29所示。

仔细分析重构的三个光源点扩展函数,其FWHM分别为6.130mm、6.336mm和6.114mm,按放大比3回推的光源FWHM分别为2.043mm、2.112mm和2.038mm,与真值2mm的相对偏差分别为2.15%、5.60%和1.90%,测量结果与针孔装置几何参量之间的

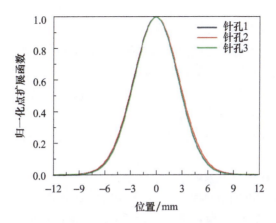

图 3.29　重构的光源点扩展函数

相关性明显减弱,说明考虑针孔装置的光学传递特性后可以获得与刃边法相当的测量结果。

3.5.6.3　针孔法测量焦斑尺寸的主要步骤

美国 LANL 给出了用针孔法测量 DARHT-I 光源焦斑尺寸的具体过程[28],其方法可以总结为图 3.30 所示的流程。针孔装置采用针孔直径为 0.2mm 的钨,接收系统采用直径为 5cm、厚度为 1cm 的钨阵列屏,晶柱直径为 0.25mm 的 NE102 闪烁光纤,并嵌入到间距为 0.355mm 的阵列栅元中,光学放大比为 5。在该流程中,针孔的点扩展函数是通过蒙特卡罗模拟得到的,只是对该点扩展函数进行了洛伦兹拟合,其 FWHM 为 0.272mm。每 5°取一剖线(按水平方向取值,然后图像旋转 5°,下一剖线仍按水平方向取值),通过计算调制传递函数得到 $f_{1/2}$,进而得到焦斑尺寸 $d_{LANL}=2.215/(\pi M f_{1/2})$($M$ 为几何放大比)。根据 36 条剖线的焦斑尺寸均值与标准差,最终得到 DARHT-I 的针孔法焦斑测量结果:$(1.85\pm0.1)\text{mm}$。

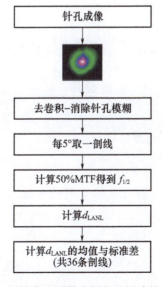

图 3.30　用针孔法测量光源焦斑尺寸的基本流程

实际上,从前面的研究结果来看,只要跟踪的光子数足够多,蒙特卡罗计算的针孔点扩展函数是很准确的,当然如果知道 X 射线源光子谱,采用射线追踪法可以获得真实的针孔点扩展函数。另外,图 3.30 没有考虑成像探测器的点扩展函数,主要原因是针孔成像的系统放大比较大,成像探测器的模糊影响较小,对测量结果的影响不大,但在实际应用中仍建议考虑成像探测器的点扩展函数。成像探测器的点扩展函数可以采用两种方式来确定:一是针孔装置紧贴成像探测器进行照相,对针孔图像采用类似去卷积算法(消除针孔模糊)得到成像探测器的点扩展函数,但会存在散射的影响;二是采用蒙特卡罗方法来计算成像探测器的点扩展函数,但忽略了可见光接收器件 CCD 相机的模糊(实际上该模糊也很小)。

因此,用针孔法测量光源焦斑尺寸的主要步骤如下:

(1)根据焦斑尺寸的可能范围按 20% 的比例确定针孔孔径,并采用不低于 4 的系统放大比合理设计针孔成像系统,重点考虑散射的降低措施和图像的动态范围,同时采用蒙特卡罗方法计算针孔装置在成像平面上的强度分布作为针孔装置的点扩展函数。

(2)进行针孔照相得到整个系统的针孔图像,采用针孔装置紧贴成像探测器的针孔图像或者蒙特卡罗直接模拟的闪烁体中能量沉积密度分布作为探测器的点扩展函数。

(3)对系统的针孔图像关于针孔点扩展函数和探测器函数进行去卷积计算,得到成像平面上的光源点扩展函数,同时按几何放大比确定光源的点扩展函数。

(4)选取合适的角度间隔,按照图 3.30 的方法来确定光源尺寸。

3.6 光源能谱的测量方法

常见脉冲功率装置产生的脉冲 X 射线能量范围为 1keV 至数十兆电子伏,脉冲时间宽度为几十纳秒。针对这类 X 射线装置,发展出了很多能谱测量技术和诊断手段,其中具有代表性的是吸收法、康普顿谱仪法[29]。

3.6.1 吸收法

3.6.1.1 吸收法的基本原理

吸收法也称为透射系数法、衰减透射法,在诸多测量方法中最为通用。该方法利用 X 射线经过不同材料、不同厚度的吸收片后在探测器上沉积能量的不同,得到衰减程度不同的照射量,求解得到能谱,还可以通过调整吸收片的质量密度以适应更宽的能量范围,缺点是信噪比较低,后期解谱难度较大、不确定度变大[30]。

在 X 射线未经过衰减材料时,照射量与能谱的关系为

$$X_0 = \int_0^{E_{max}} S(E)\varepsilon(E)\mathrm{d}E \tag{3.131}$$

式中:$S(E)$ 为单位能量间隔内、能量为 E 的 X 射线通量;$\varepsilon(E)$ 为照射量转换因子(单位通量的照射量);E_{max} 为能谱范围上限,也就是击靶电子能量。

X 射线穿过厚度为 h 的衰减材料时,照射量与能谱的关系为

$$X(h) = \int_0^{E_{max}} S(E)\varepsilon(E)\exp[-\mu_m(E)\rho h]\mathrm{d}E \tag{3.132}$$

式中:$\mu_m(E)$ 和 ρ 分别为材料的质量衰减系数和密度。

利用式(3.131)和式(3.132),可以从经 m 个厚度 $h_i(i=1,2,\cdots,m-1)$ 吸收片衰减后的照射量测量值 $X(h_i)$,求出通量 $S(E_j)$。

将式(3.131)和式(3.132)离散化,得到关于 n 个能区通量 $S(E_j)$ 的 m 个 n 元一次方程组

$$X(h_i) = \sum_{j=1}^{n} S(E_j)\varepsilon(E_j)\exp[-\mu_{\mathrm{m}}(E_j)\rho h_i]\Delta E_j, \quad i = 0,1,\cdots,m-1 \quad (3.133)$$

令 $c_{ij} = \varepsilon(E_j)\exp[-\mu_{\mathrm{m}}(E_j)\rho h_i]\Delta E_j$,故式(3.133)简化为

$$X(h_i) = \sum_{j=1}^{n} c_{ij} S(E_j), \quad i = 0,1,\cdots,m-1 \quad (3.134)$$

这就是能谱测量的基本原理。通过实验测量不同厚度吸收片某距离处的照射量 $X(h_i)$,就可以得到能谱值 $S(E_j)$。

在实际中,除了能谱概念外,还有能通量谱和照射量谱。能通量谱和能谱的关系为 $S_{\mathrm{E}}(E_j) = S(E_j)E_j$,照射量谱和能谱的关系为 $S_{\mathrm{X}}(E_j) = S(E_j)\varepsilon(E_j)$。而且,实验上关心的是客体照相范围内的轫致辐射能谱,在此范围内可以近似认为轫致辐射能谱与角度无关。

3.6.1.2 能谱的求解方法

对于较高能量($E > 100\mathrm{keV}$)的 X 射线,材料对 X 射线的质量衰减系数 $\mu_{\mathrm{m}}(E)$ 随能量变化比较缓慢,此时线性方程组的系数矩阵 C 具有准奇异性,其行列式接近于零,使数值求解逆矩阵非常困难。同时,实际测量时总是希望 n 尽可能取较大的值以得到精细的能谱分布,而实验条件往往限制了照射量的测量个数 m,此时方程组的个数 m 比未知量的个数 n 小很多,无法采用矩阵直接求逆的方法。为解决这一问题,已发展出许多方法来估测高能 X 射线的能谱分布,如迭代扰动法、期望最大值法、准牛顿法、投射矩阵法等。其中迭代扰动法具有计算相对简单、适应能谱范围比较广等特点。

Waggener 等[31]提出一种迭代扰动法来求解能谱。通过不断扰动改变各能谱分量 $S(E_j)$,由式(3.134)得到照射量计算值 $X_{\mathrm{calc}}(h_i)$,并与照射量的测量值 $X_{\mathrm{exp}}(h_i)$ 进行比较,两者的相对偏差表示为

$$D_{\mathrm{X}} = \frac{1}{m} \sum_{i=1}^{m} \frac{X_{\mathrm{calc}}(h_i) - X_{\mathrm{exp}}(h_i)}{X_{\mathrm{exp}}(h_i)} \quad (3.135)$$

经反复迭代计算,当 D_{X} 取得最小值即可确定一组能谱离散值。

考虑到兆电子伏量级的能谱分布是一条平滑曲线,Manciu 等[32]提出计算偏差时,在式(3.135)的基础上增加一项用于平滑函数曲线的补偿函数,即

$$D_{\mathrm{P}} = D_{\mathrm{X}} + \frac{\alpha}{n-1} \sum_{j=2}^{n} [X(E_j) - X(E_{j-1})]^2 \quad (3.136)$$

式中:α 为能谱分布函数平滑度重要性的参数。

显然,由偏差 D_{P} 最小时得到的 $S(E_j)$ 并非式(3.134)的准确解而是近似解,但却更符合实际能谱分布曲线的平滑特性要求。

3.6.1.3 散射对能谱的影响

通过测量照射量来确定能谱时,应该密切关注散射对照射量的影响。通常,用 X 射线剂量片测量照射量,而能谱测量中又必须使用对 X 射线有衰减作用的吸收片。由于 X 射线在吸收片中的散射,吸收片附近由散射引起的照射量比较高。如果将剂量片放置于吸

收片附近,势必干扰源照射量的测量结果。因此,剂量片放置于远离吸收片的地方。

图 3.31 给出了剂量片位于吸收片后不同位置的散直比(SDR),吸收片位于 $z=350\text{cm}$ 处。可以看出,在吸收片后方距离吸收片 $5\sim25\text{cm}$ 的范围内,散直比从 1.5 降到 0.5。在吸收片的较近距离内散射对总照射量的贡献相当可观,也就是说探测器(剂量片)离开吸收片的距离仅数十厘米的散射影响仍然相当大。

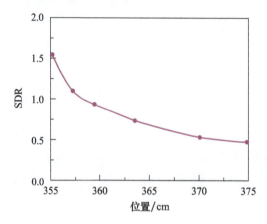

图 3.31 剂量片位于吸收片后不同位置的散直比

X 射线源能谱测量应注意以下几点:①所有测量的照射量必须在探测器的线性响应范围内,即最大照射量 $X(h_0)$ 和最小照射量 $X(h_{m-1})$ 都能正确测到;②为提高精度,式(3.134)右边应乘以几何修正因子 $1+(r_i/d)^2$,r_i 和 d 分别为第 i 个剂量片中心离源中心的径向和轴向距离;③吸收片厚度 h_i 不同,散射效应也各不相同,探测器测到的是总照射量,将它除以累积因子 B_i 就可以转化为直穿照射量。累积因子等于散直比加 1,即 $B_i = X_{T,i}/X_{D,i} = 1 + \text{SDR}_i$。

3.6.2 康普顿谱仪法

3.6.2.1 康普顿谱仪法的基本原理

康普顿谱仪的基本结构示意图如图 3.32 所示[33-34],其由两部分组成:一是源光子与铍薄片发生康普顿散射(非弹性碰撞)产生康普顿散射电子;二是利用质谱仪记录聚焦平面上具有不同能量的电子数目。根据康普顿散射的 Klein – Nishina 公式,出射角为 0°的康普顿电子能量与入射的光子能量相同,只要获得连续谱光源产生的 0°康普顿散射电子能谱就是源光子谱,而 0°康普顿散射电子能谱可以利用电子在磁场中的偏转(质谱仪)进行精确测量。

实际上,图中的准直器和石墨孔都有一定的孔径,质谱仪记录的电子数目并非都是 0°康普顿电子个数,还有其他小角度的康普顿电子,这就需要通过建立 X 射线能量与聚焦平面上记录的电子能量之间的关系(称为转移矩阵)来重构源光子谱。另外,对于高能 X 射线源,铍薄片厚度的选择至关重要,一般为毫米量级。如果太薄,高能 X 射线在薄片中产生的康普顿电子很少甚至没有;如果太厚,多次库仑散射比较严重,能谱测量误差也就偏大。结合国外实验室使用情况,建议铍靶厚度小于 1.7mm。另外,质谱仪的永久磁铁材料也很重要,美国 LANL 的 Andrew 等[35]已证明 Sm – Co 和 Nd – Fe 合金是一种稳定无源紧

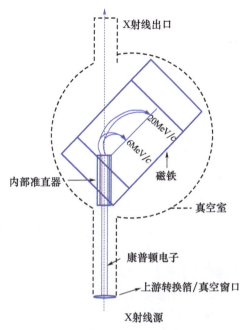

图3.32 康普顿谱仪的基本结构示意图

凑型质谱仪材料。

3.6.2.2 质谱仪磁场偏转角度的选取

聚焦平面上的位移 x 与磁场偏转角 A 之间的关系为[33]

$$x = \sqrt{2 \times 3.3356 p(1 + \sin A)/G} \tag{3.137}$$

式中：x 为聚焦平面上的位移(cm)；p 为电子动量(MeV/c)；G 为磁场梯度(kG/cm)；A 为电子入射方向与聚焦平面的夹角。

偏转角度很大程度上决定了电子能量的分辨能力，也就是不同入射角度电子进入磁场在接收面位置会出现不同程度的展宽。

研究结果表明，不论电子能量为3MeV还是18MeV(基本涵盖了关注的能量范围)，电子入射角度在41.5°~43°范围内电子在接收面上展宽最小、信号也更加锐利，如图3.33所示，这也是国外同类装置选择在该入射角度范围的原因。

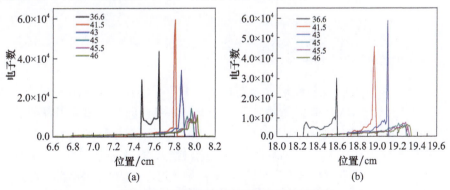

图3.33 不同偏转角度下的电子数目分布
(a)3MeV；(b)18MeV。

3.6.2.3 光子谱的重构方法

电子能谱和光子能谱之间的关系可以表达为

$$AI_x = I_e \tag{3.138}$$

具体表示为

$$\begin{pmatrix} a_{11} & \cdots & a_{1n} \\ \vdots & \ddots & \vdots \\ a_{n1} & \cdots & a_{nn} \end{pmatrix} \begin{pmatrix} I_{x1} \\ \vdots \\ I_{xn} \end{pmatrix} = \begin{pmatrix} I_{e1} \\ \vdots \\ I_{en} \end{pmatrix} \tag{3.139}$$

式中：向量 I_x 和 I_e 分别为光子能谱和电子能谱；A 为转移矩阵，表示康普顿散射的转换作用。

转移矩阵中的每一列表示某个单能光子与靶作用后产生的康普顿电子能量权重，可以采用蒙特卡罗方法来计算转移矩阵。有了转移矩阵，式(3.138)和式(3.139)就是标准的线性方程组，采用诸如高斯消元法等可以精确得到源光子谱。如果源光子的能量箱不同于电子的能量箱，则可采用代数重构技术(ART)、偏微分方程(PDE)等方法进行求解。

采用已知的源光子谱(如图 3.32 中轴上即 0°的光子谱)，通过数值模拟来验证这种测量方法的有效性。对于 20MeV 光源，计算的转移矩阵及重构的源光子谱如图 3.34 所示。图 3.34(b)中的红色曲线为重构结果，绿色曲线为质谱仪记录的电子谱，蓝色曲线为实际源光子谱。不难看出，图 3.34(b)中的红色曲线与蓝色曲线基本重合，只是红色曲线有一点涨落，这主要是计算转移矩阵时所跟踪的粒子历史数(蒙特卡罗抽样次数)不够造成的。

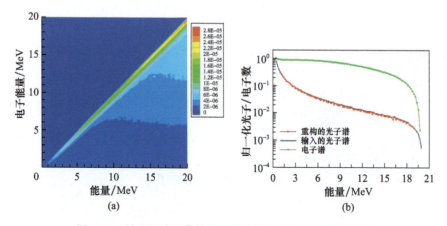

图 3.34　转移矩阵的蒙特卡罗计算结果及光子谱重构结果
(a)转移矩阵；(b)光子谱重构结果(红色)。

图 3.35 是美国 LANL 康普顿谱仪分别在 DARHT 和 Cygnus 上的测量结果与 MCNP 模拟结果[36-37]。对于 DARHT，测量的光子谱和 MCNP 模拟的光子谱在低能部分比较一致，而在高能(10MeV 以上)部分差别越来越大，其中一个原因是轫致辐射转换靶透射电子可能与铍薄片作用后直接进入质谱仪了，但从绝对量来看，这种差别不是特别明显。对于 Cygnus，200keV 以下部分差别十分明显，测量结果显著小于 MCNP 模拟结果，一个主要原因是低能光子在空气中也会被衰减。由此可以看出，影响康普顿谱仪测量精度的因素较多，在实际应用时需针对终端能量的大小进行精心设计，尽量降低各种干扰因素的影响

程度。即使如此,与传统的吸收片方法相比,无论从测量效率的角度还是从测量精度的角度,采用康普顿谱仪测量高能 X 射线源的光子谱仍是一种比较有效的方法,值得深入研究。相关学者也一直在开展康普顿谱仪测量方法研究[38-39],目前 DARHT 光源的能谱测量结果与 MCNP 模拟结果之间的差异明显减小[40]。

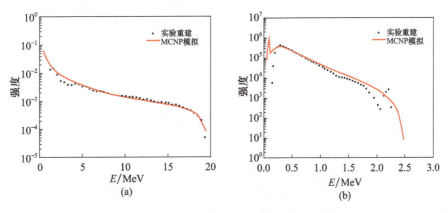

图 3.35 DARHT 和 Cygnus 光子谱的测量结果
(a) DARHT;(b) Cygnus。

参考文献

[1] KOCH H W, MOTZ J W. Bremsstrahlung cross-section formulas and related data[J]. Reviews of Modern Physics, 1959, 31(4): 920-955.

[2] MARTIN T H. A computerized method of predicting electron beam bremsstrahlung radiation with specific application of high-voltage flash X-ray machines: SC-RR-69-241[R]. Albuquerque: Sandia National Laboratory, 1969.

[3] JAMET F, THOMER G. Flash radiography[M]. New York: Elsevier Scientific Publishing Company, 1976.

[4] KWAN T J T, SNELL C M, CHRISTENSON P J. Electron beam-target interaction and spot size stabilization in flash X-ray radiography[J]. Physics of Plasmas, 2000, 7: 2215-2223.

[5] CHEN Y J, CAPORASO G J, CHAMBERS F W, et al. Beam physics in X-ray radiography facilities: UCRL-JC-149928[R]. Livermore: Lawrence Livermore National Laboratory, 2001.

[6] 刘军,刘进,施将君,等. 电子束的抽样方法[J]. 清华大学学报,2007,47(S1): 1065-1068.

[7] PILLARDS T, COOLS R. Using Box-Muller with discrepancy points[J]. Lecture Notes in Computer Science, 2006, 3984(1): 780-788.

[8] 刘军,崔蔚,施将君,等. 影响 X 光源特性的参数研究[J]. 光子学报,2005,34(2): 209-213.

[9] EKDAHL C. Characterizing flash-radiography source spots[J]. J. Opt. Soc. Am. A, 2011, 28(12): 2501-2509.

[10] MUELLER K H. Measurement and characterization of X-ray spot size: LA-UR-89-1886[R]. Los Alamos: Los Alamos National Laboratory, 1989.

[11] FORSTER D W. Radiographic spot size definitions: HWH/9201/R8[R]. Aldermaston: AWE Report, 1992.

[12] XU H B, PENG X K, CHEN C B. The Monte Carlo simulation for bremsstrahlung and photoneutron yields in high-energy X-ray radiography[J]. Chinese Physics B, 2010, 19(6): 062901.

[13] 龙继东,石金水,禹海军,等. 厚靶轫致辐射特性的数值模拟研究[J]. 高能物理与核物理,2004,

28(11):1238-1243.

[14] 魏熙晔,李泉风,严慧勇. 高能电子束韧致辐射特性的理论研究[J]. 物理学报,2009,58(4): 2313-2319.

[15] PETWAL V C, SENECHA V K, SUBBAIAH K V, et al. Optimization studies of photo-neutron production in high-Z metallic targets using high energy electron beam for ADS and transmutation[J]. Pramana J. Phys., 2007, 68(2):235-241.

[16] STARFELT N, KOCH H W. Differential cross-section measurements of thin-target bremsstrahlung produced by 2.7- to 9.7-MeV electrons[J]. Phys. Rev., 1956, 102(6):1598-1612.

[17] MARTIN J B, STEPHEN M S. Bremsstrahlung and photoneutrons from thick Tungsten and Tantalum targets[J]. Phys. Rev. C, 1970, 2(2):621-631.

[18] SELTZER S M, BERGER M J. Photoneutron production in thick targets [J]. Phys. Rev. C, 1973, 7(2):858-861.

[19] SWANSON W P. Radiological safety aspects of the operation of electron linear accelerators: IAEA Technical Report Series 188[R]. Vienna: International Atomic Energy Agency, 1979.

[20] 李成刚. 高能X射线源焦斑尺寸诊断技术研究[D]. 绵阳:中国工程物理研究院,2015.

[21] WANG Y, LI Q, CHEN N, et al. Spot size measurement of a flash-radiography source using the pinhole imaging method[J]. Chinese Physics C, 2016, 40(7):076202.

[22] 李勤,石金水,禹海军,等. 狭缝法测量X射线斑点大小[J]. 强激光与粒子束,2008,18(10): 1691-1694.

[23] SHI J J, LIU J, LIU J, et al. Edge method for measuring source spot-size and its principle[J]. Chinese Physics,2007, 16(1):266-271.

[24] RICHARDSON R A, HOUCK T L. Roll bar X-ray spot size measurement technique:UCRL-JC-130427[R]. Livermore:Lawrence Livermore National Laboratory, 1998.

[25] WITTENAU A E, LOGEN C M, RIKARD R D. Using a tungsten rollbar to characterize the source spot of a megavoltage bremsstrahlung linac[J]. Medicine Physics,2002, 29(8):1797-1806.

[26] RICHARDSON R A. Optical diagnostics on ETA II for x ray spot size:UCRL-JC-132301[R]. Livermore:Lawrence Livermore National Laboratory, 1999.

[27] KAFTANDJIAN V, ZHU Y M, ROZIERE G. A comparison of the ball, wire, edge, and bar/space pattern techniques for modulation transfer function measurements of linear X-ray detectors[J]. Journal of X-ray Science and Technology, 1996, 6:205-221.

[28] McCUISTIAN B T, MOIR D, ROSE E, et al. Temporal spot size evolution of the DARHT first axis radiographic sources[C]//Proceedings of the 11th European Particle Accelerator conference. Paris:EPS-AG,2008:1206-1211.

[29] 苏兆锋,邱爱慈,来定国,等. 脉冲X射线能谱测量技术发展综述[J]. 现代应用物理,2018,9(3):030401.

[30] 王毅,李勤,江孝国,等. 衰减透射法测量高能X射线能谱[J]. 强激光与粒子束,2012,24(6): 1466-1470.

[31] WAGGENER R G, BLOUGH M M, TERRY J A, et al. X-ray spectra estimation using attenuation measurements from 25 kVp to 18 MV[J]. Med. Phys., 1999, 26(7):1269-1278.

[32] MANCIU M, MANCIU F S, VULCAN T, et al. Robust megavoltage X-ray spectra estimation from transmission measurements[J]. Journal of X-ray Science and Technology, 2009, 17:85-99.

[33] GEORGE L M, NICHOLAS S P R, PAUL W L, et al. Broad range electron spectrometer using permanent magnets[J]. Nuclear Instruments and Methods in Physics Research A, 1991, 308:544-556.

[34] GEHRING A E. Determining X-ray spectra of radiographic sources with a Compton spectrometer:LA-UR-15-25040[R]. Los Alamos:Los Alamos National Laboratory, 2015.

[35] ANDREW W O, NICHOLAS S P K, ARTHUR D H, et al. A compact permanent magnet proton spectrometer[J]. Nuclear Instruments and Methods in Physics Research A, 1988, 263: 407-413.

[36] MORNEAU R A. The nature of scatter at the DARHT facility and suggestions for improved modeling of DARHT facility:LA-UR-17-30298[R]. Los Alamos:Los Alamos National Laboratory, 2017.

[37] GEHRING A E, ESPY M A, HAINES T J, et al. New energy spectral measurements of a distributed X-ray source with a Compton spectrometer:LA-UR-18-27911[R]. Los Alamos:Los Alamos National Laboratory, 2018.

[38] HADEN D, GOLOVIN G, YAN W, et al. High energy X-ray Compton spectroscopy via iterative reconstruction[J]. Nuclear Instruments and Methods in Physics Research A, 2020, 951: 163032.

[39] 贾清刚,张天奎,许海波. 基于前冲康普顿电子高能伽马能谱测量系统设计[J]. 物理学报,2017, 66(1): 010703.

[40] ESPY M, KLASKY M, JAMES M, et al. Spectral characterization of flash and high flux X-ray radiographic sources with a magnetic Compton spectrometer[J]. Review of Scientific Instruments, 2021, 92: 083102.

第4章　图像接收系统

4.1　图像探测原理

高能 X 射线闪光照相的特点是曝光时间极短（100ns 左右）、信号弱（只有十万之一的源光子可以穿过客体和防护材料到达探测器）、噪声较大（入射光子数目少并且散射严重）。而且，大多数穿过客体和防护材料到达探测器的光子又会直接穿过探测器，不产生可探测的信号，这会使问题变得更加复杂。这些特点使得高能 X 射线闪光照相对探测器的要求极高。

首先，探测器的面积要足够大（直径为数十厘米）以便得到客体的全尺寸图像；其次，探测器对高能 X 射线的能量转换效率要高，同时要具有较高的空间分辨率。实际上，转换效率和空间分辨率两者相互竞争，因为厚的探测器具有较高的转换效率却具有较差的空间分辨率，所以探测器的设计必须在转换效率和空间分辨率之间折中；再次，对于多幅成像技术，使用能够利用快门对曝光量进行控制的探测器以减少其他方向散射辐射的串扰；最后，探测器对于爆炸引起的震动和恶劣的强电磁环境具有抗干扰性。

探测器分为成像探测器和非成像探测器两种。所有的探测器都是提供一个有限的面积承受辐射通量照射，辐射通量在探测器上的分布表现为图像。成像探测器和非成像探测器的区别仅在于它们所提供的信息不同。成像探测器所提供的是作用在其面积上的辐射通量的空间分布，而非成像探测器则只能提供一个与辐射的空间平均值成正比的信号。显然，用于高能辐射照相的探测器只能是成像探测器，主要包括三类：胶片、CCD 相机和磷光板。目前，高能 X 射线闪光照相常用的成像探测器是胶片和 CCD 相机。

理想的探测器应能探测入射到其上面的每一个光子的位置、能量和到达时间等信息，无论光子到达的速率有多快。实际的探测器在这些方面肯定不能全部做到。

首先，并非所有的入射光子都与探测器发生相互作用。例如，对于诊断所用的高能 X 射线辐射成像，绝大多数光子都会直接穿过放射照相胶片而与它完全不发生作用。而且，即使那些与胶片发生了作用的光子，也不一定有实际效果。只有产生出可以检测到的输出信号的那些相互作用才是有效作用。比如说，一个光子若在胶片的片基中由于光电作用而被完全吸收，以致再无剩余能量使卤化银微粒产生潜影，那么它就不可能被检测到。因此，检测器有一个量子效率 Q_E，它是入射光子中对检测系统的输出做出了贡献的光子所占的百分比。这意味着，Q_E 是单个入射光子有可能被检测到的概率。

但是，具有 100% 量子效率的探测器不一定是理想探测器。同样以高能 X 射线辐射成像为例，产生输出信号的不一定就是入射 X 光子，也可能是由散射事件即次级光子或电子等引起的，即使输出信号都是由入射 X 光子产生的，但是由于探测器的输出信号是一个积分量,它反映不出输出信号相对于平均值的涨落。输入信号与输出信号在传输过程中围绕平均值存在涨落,这种涨落通常称为噪声。辐射成像的信息内容可以用信噪比(SNR)来量度。理想探测器的输出 SNR 与输入 SNR 一致。然而,一般探测器除随机涨落外还有附加涨落,输出涨落更大,即使它与理想探测器具有相同的平均值,一般探测器的 SNR 低于理想探测器的 SNR。

为了定量地讨论这个问题,引入一个新的物理量——检测量子效率(DQE)。DQE 是一个分数,它等于假定无附加噪声时,应该被检测到的光子数与入射到探测器的光子数之比。因此,DQE 可表示为

$$DQE = [SNR(输出)/SNR(输入)]^2 \quad (4.1)$$

式中,SNR(输入)只取决于平均光子到达速率和观测时间的长短,而 SNR(输出)则是探测器输出的信噪比[1]。更确切些说,这里的 SNR(输出)应该是检测系统中 SNR 在其后面再也不会进一步下降的那一点所测得的 SNR。

实际量子效率究竟是多少并不重要,因为一个信号是否被探测取决于 SNR,而 SNR 只取决于检测量子效率,不取决于实际量子效率。

4.2 屏-片接收系统

4.2.1 照相胶片

众所周知,照相过程本质上是信息的传递和记录过程,客体上的相关信息通过辐射场(可见光、X 光等)而传递到胶片上,这一步人们称之为曝光。经曝光后,胶片的明胶中就存在潜影,从某种意义上说,潜影过程就是信息的存储过程。已曝光的胶片经过显影步骤后,将胶片中原先看不见的图像转化成可见的图像。为了使所得图像可较持久地保留,并清除未曝光的卤化银晶粒,经显影后的胶片还应进行定影处理。因此,照相胶片形成图像可以分为曝光形成潜影、显影和定影三个基本过程。

照相胶片主要由保护层、照相乳胶层、结合层和片基组成,其结构如图 4.1 所示。保护层主要是一层极薄的明胶层,厚度为 1~2μm,涂在照相乳胶上,以免照相乳胶直接与外界接触,产生损坏。照相乳胶是一种在明胶基质中混有卤化银晶体的悬浊液,厚度为 10~20μm。卤化银主要采用的是溴化银,其颗粒尺寸一般不超过 1μm。X 射线胶片通常在片基的两面都涂有这种乳胶,而片基是聚酯薄膜或醋酸纤维薄膜,它是照相乳胶的支撑体[2-3]。

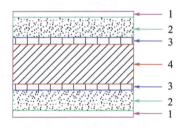

图 4.1 照相胶片几何结构

1—保护层;2—照相乳胶层;3—结合层;4—片基。

表 4.1 给出了国产 TX1 胶片的参数。显然，照相胶片的核心部分是照相乳胶层，它决定了胶片的感光性能。

表 4.1　TX1 胶片参数

材料	厚度/μm	密度/(g/cm³)	组成元素质量百分比/%								
			C	H	O	Br	Ag	N	I	Na	K	S
片基	175	1.45	60	8	32							
乳剂	20	1.4	22.4	4.1	9.4	22.2	32.0	6.5	1.6	1.0	0.6	0.2

携带客体信息的辐射场照射到胶片即为曝光，在光化学作用下，照相乳胶通过下面四个阶段形成潜影：①卤化银微粒吸收光子，激发溴离子产生电子；②产生的电子移动，到达感光中心；③带负电荷的感光中心吸引卤化银晶格之间的银离子；④银离子与电子结合产生银原子。

当胶片经可见光、紫外光或 X 射线曝光后，卤化银晶体因光电效应而释放出电子。这些电子在晶体的俘获中心被捕获。此处的电子使游离银离子在卤化物颗粒处进行电中和，并留下细微的金属银沉淀而分布在胶片上。感光中心具有一个银原子后，基本过程再度重复，直至曝光结束。由此产生的银原子团称为"潜影中心"。当胶片显影时，那些已含有多于 1 个（近似 4 个）银原子的晶粒就完全还原成金属银。反之，小于这个临界数目的则不转变成金属银，在定影过程中被除掉。这样，胶片上就会留下一些沉淀的金属银，它们在胶片上的分布则取决于胶片受到的初始曝光强度分布。正是这些银粒子的分布形成了胶片上的照相图像。

对胶片显影的过程实际上相当于放大过程。显影过程使得射入的几个光量子产生出一颗包含有大约 10^{10} 个银原子的银颗粒。胶片固有的这种放大作用是照相检测和照相记录的关键。当一颗卤化银晶粒受到可见光或紫外线照射时，肯定会有好几个光子与它发生作用，使之变成一颗可显影的或者说有"潜影"的晶粒。

但是，如果直接用 X 射线（包括电子曝光）对胶片曝光，则情况有所不同。一个基本的差别是 X 射线的能量远大于可见光，单个 X 光子碰撞释放出来的高速电子足以造成二次（或更多次）电离，这样每吸收一个 X 光子就能够使多个卤化银颗粒成为"潜影"，而可见光的量子效率约为 1。表 4.2 给出了 Bromley 从实验上获得的一个不同能量的光子产生潜影数（量子效率）[4]。

表 4.2　X 射线产生潜影的量子效率和需要能量

光子能量/keV	量子效率	平均需要能量/keV
35	1	35
100	4	25
330	20	16.5
625	40	15.6
1000	80	12.5

一个 X 射线光子就能够使一个或多个卤化银颗粒成为可显影的潜影中心，称为"一次打击"本领。这导致了 X 射线照相效应与可见光照相效应的明显不同：X 射线照相效

应不存在曝光量阈值,可见光照相效应存在曝光量阈值;X 射线照相不存在互易律失效,可见光照相在低照度和高照度时都存在互易律失效。这样,照相乳胶受 X 射线照射和受可见光照射时的乳胶特性曲线就有很大不同。

显影的作用是将曝光生成的潜影变成可见的图像;显影密度随时间增长,这可能是显影银颗粒尺寸的增加,或是正在显影和已显影的颗粒数的增加,或二者兼而有之。在显影过程中,感光材料的特征曲线是随显影时间而变化的,但是这些不同时刻的特征曲线的直线部分都交汇到同一个点上。显影液的主要部分是显影剂,显影剂首先将含潜影的颗粒的银离子还原。显影液含有防氧化剂、催化剂和防灰雾剂。防氧化剂是防止显影剂被氧气所氧化,催化剂是为了提高显影剂的活性而加快显影速度,而防灰雾剂是为了抑制灰雾的发生。

值得一提的是,由于 Cabannes – Hofmam 效应,低照射量曝光所产生的密度比高照射量曝光所产生的密度的显影要快一些。

图像显影时,除了形成图像外,显影过程在胶片中还含有未受显影剂影响的剩余卤化银。为了得到比较持久的图像,就要用定影过程把这些卤化银转变成可用清水清洗掉的可溶性化合物,或者把它们转变成对光没有响应的透明化合物。定影之前的漂洗目的是从溶胀的明胶层中除去显影剂。

用酸性停显液漂洗更有效,因为显影液是碱性的,这样既可迅速降低 pH 值,又可阻止显影剂氧化以免生成污斑。

显影后剩余的银盐仅微溶于水,于是定影要使用定影剂使银盐形成可溶性络合盐,这些络合盐可很快从明胶中被清除掉。

定影的三个主要步骤是:①定影剂向明胶内部扩散;②卤化银颗粒的溶解;③含银的络离子从明胶向外的扩散。定影的速度受到明胶性质、硫代硫酸盐的浓度和阳离子性质、温度、定影过程的搅动以及定影剂消耗程度等因素的影响。

胶片经过曝光和暗室处理后常称为底片。在实践中,常常把底片呈透明状作为定影的结束。但为了能长久地保存底片,要将定影时间延长到底片开始透明时的时间的 1.5~2 倍。

4.2.2 H – D 曲线

底片的感光特性曲线是指胶片曝光后(经暗室显影、定影处理)得到的底片光学密度与(相对)曝光量的关系。感光特性曲线集中反映了包括感光度(S)、梯度(G)、灰雾度(D_{min})及宽容度等底片的主要感光特性。

在描述这个特性曲线之前,首先建立光学密度和曝光量的概念。

底片以不透明和透明变化的方式来存储信息。底片上各处的银斑密度不同,所以各处透光的程度也不同。底片的光学密度就是底片的不透明程度,它表示了金属银使底片变黑的程度,所以光学密度又称为黑密度(简称黑度)。有了黑密度的概念,就可以把银颗粒图像数字化。

设入射到胶片的光强度为 I_0,透过胶片的光强度为 I,胶片的透射率 T 定义为

$$T = I/I_0 \tag{4.2}$$

记黑密度为 D,则有

$$D = -\lg T = \lg(1/T) \tag{4.3}$$

即底片黑密度为白光透射率倒数的对数值,由此可见,胶片是一个线性非常差的探测系统。胶片在曝光和显影后,它的黑密度主要取决于照射到胶片上的能流密度(每平方厘米得到的尔格数)。

曝光量(照射量)是在曝光期间胶片所接收的光能量。记光强度为 I,曝光时间为 t,曝光量为 X,则曝光量为

$$X = It \tag{4.4}$$

在 X 射线照相中通常所说的曝光量常用 X 表示,式(4.4)中的 I 则为辐照度(每秒每平方厘米得到的尔格数)。由式(4.4)可见,高 I 短 t 和低 I 长 t 能造成相同的曝光量,这一关系称为互易律。对于可见光,I 与 t 互易律失效。

表示曝光量的对数和相应的底片黑密度之间关系的曲线叫作 H-D 曲线(Hurter 和 Driffield 在 1890 年首次提出底片的这种特性曲线,H 和 D 是首次命名者名字的首字母)。一条比较理想的 H-D 曲线通常是由三段组成的,如图 4.2 所示。

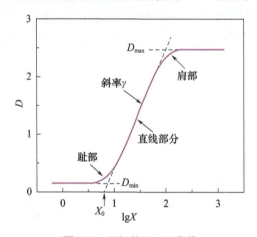

图 4.2 理想的 H-D 曲线

第一段为曝光不足区(趾部)。在这部分,对应于曝光量的增加,光学密度增加得很慢,但斜率逐渐增加。胶片 $D_{\min}$ 很低,与曝光量无关。

第二段直线部分为正常曝光部分,在这一部分,光学密度与曝光量的对数近似成正比:

$$D = \gamma \lg(X/X_0) = D_0 + \gamma \lg X \tag{4.5}$$

式中:γ 为特性曲线的斜率;D_0 为常数,可认为是归一化后底片的本底。

第三段为曝光过度区(肩部)。在这部分,当曝光量增加时,光学密度增加得很缓慢或不再增加。这意味着显影彻底,所有的卤化银都转变成了金属银(灰度不再增加)。胶片探测器在这里已经饱和,斜率逐渐降低,直到零。输出信号 $D_{\max}$ 不再是输入曝光量的函数。

在可见光照相中,因为一个颗粒要吸收多个光子以后才能产生潜影。这样,可见光照相中 $D-X$ 曲线在低密度处出现趾部(注意不要与 H-D 曲线的趾部相混淆)、曝光量的互易性失效以及特征曲线受到光的波长的影响。X 光照相中,也可以用 $D-X$ 曲线和特征曲线来描述。大量研究表明,明胶颗粒只要吸收一个 X 光量子就足以发生可显影的潜

影,所以 X 光曝光情况下的 $D-X$ 曲线在低密度范围是一条过原点的直线,不存在趾部。于是对 X 射线曝光的灵敏度而言,它不存在一个阈值。另外,特征曲线的形状与 X 光的波长无关。这样的曲线在转化为 $D-\log X$ 曲线后,必然出现趾部。

从胶片的感光特性曲线,容易理解和定义胶片的主要感光特性。

(1)感光度(S)。感光度也称为感光速度,它表示胶片感光的快慢。通常定义为使胶片产生一定光学密度所需的曝光量的倒数,即 $S=1/X$。不同胶片感光度不同。胶片的感光度(在没有指明为 X 射线的感光度时)均指可见光(白光)感光测定的结果。

(2)梯度(G)。胶片特性曲线上任一点切线的斜率称为梯度,有些文献也称为反差系数,用 γ 表示,它是反映胶片特性的一个重要参量。即使在正常曝光部分,特性曲线上不同点的梯度也不同,这是由于实际的 H-D 曲线只是近似直线,因此各点的梯度也存在一些小的差别。对可见光,胶片特性曲线的正常曝光部分,可以认为梯度是常数。对 X 射线,在一定光学密度范围内,梯度随着光学密度的增加连续增大,为了简单化,常也近似地认为梯度为常数。

(3)宽容度。胶片对曝光能一直保持敏感的一段曝光量范围叫作曝光宽容度,可以用特性曲线上直线部分对应的曝光量对数之差进行量化。

(4)灰雾度($D_{\min}$)。它表示胶片即使不经曝光在显影后也能得到的光学密度,这就是所谓的本底密度或者说本底灰雾度。在胶片感光特性曲线上是曲线起点对应的光学密度。

(5)饱和密度($D_{\max}$)。它是由于过度曝光后明胶中化学反应已全部完成的结果。

胶片的感光度、梯度和灰雾度等感光特性与存放时间和显影条件都相关。研究指出,感光材料对不同能量的射线的敏感度不同,也就是感光度不同,因而要达到同一光学密度,采用不同能量的射线曝光将需要不同的曝光量。

利用式(4.3)和式(4.5)得到

$$T = kX^{-\gamma} \tag{4.6}$$

其中,$k = X_0^\gamma$。如果 T 和 X 分别考虑为探测器的输出(透射率)和输入(照射量),那么底片是一个超非线性系统,因为大多数底片 γ 的取值范围为 $0.6\sim3$。但是任何非线性系统在足够小幅度输入和输出信号(分别为 ΔX 和 ΔT)范围内是线性的,H-D 曲线的任意一个点上有

$$\Delta T/T = -\gamma \Delta X/X \tag{4.7}$$

这意味着 γ 是低对比度信号的反增益。辐射诊断中使用高 γ 底片取了这一反增益的优点。将式(4.5)微分,可得到式(4.7)的另一种表述:

$$\Delta D = 0.434\gamma \Delta X/X \tag{4.8}$$

γ 描述了将低对比度能量或照射量输入转换为输出的小密度差的增益因子。对于 X 射线底片,通常 γ 在 $2\sim3$ 范围内,于是根据式(4.8)有一个非常有用的经验法则:一个给定的密度差数值(近似)等于形成这一密度差的分数照射量差。

4.2.3 胶片的感光特性

在 X 射线闪光照相中,X 射线使胶片曝光的过程为:X 射线与胶片相互作用(光电效应、康普顿效应、电子对效应等)产生较高能量的电子(光电效应、康普顿效应、电子对效

应都能产生从几十 keV 到 MeV 能量的高能电子),高能电子与乳剂相互作用产生较低能量的自由电子或可见光,从而使乳剂"感光"[5]。

设能量为 E 的 X 射线的入射强度为 $I_0(E)$,则其在穿过胶片时应遵从光强度衰减公式:

$$I(E) = I_0(E)\exp(-\mu_m \rho d) \quad (4.9)$$

式中:μ_m,ρ 和 d 分别为胶片中银元素的质量衰减系数、密度和估值厚度。

由此可得胶片截获 X 射线的能量为

$$\frac{\Delta I}{I} = \frac{I_0(E) - I(E)}{I_0(E)} = 1 - \exp(-\mu_m \rho d) \quad (4.10)$$

取银元素厚度为 5 μm,由式(4.10)可得到胶片截获 X 射线能量的比例,其截获百分比的估值与入射 X 射线的能量的近似关系如表 4.3 所列。

表 4.3　胶片截获 X 射线能量的比例

X 射线能量 E	10keV	50keV	0.5MeV	2~20MeV
截获百分比/%	50	5	0.05	0.02

X 射线照相能够获得广泛应用正是利用了 X 射线可以使胶片感光这一可贵的性质,但是由于 X 射线的能量大,穿透能力强,因此明显不同于一般可见光对胶片的感光。由表 4.3 中数据可知,高能 X 射线能量的有效利用率是很低的。尤其对于高能($E>1$MeV) X 射线来说,截获有效能量的比例只有万分之二。增感屏的目的是提高 X 射线的胶片记录"感光度"。在某些情况下,低能($E<10$keV) X 射线可以不用增感屏记录。医用 X 射线图像记录中,为降低人身 X 射线吸收剂量,需要用增感屏提高 X 射线图像记录灵敏度。高能 X 射线照相系统的"造价/源强"比值和技术难度很高,研究增感屏以提高胶片记录灵敏度,可适当地降低源强的造价。

4.2.4　增感屏-胶片系统

增感屏有三类:金属增感屏、荧光增感屏、金属-荧光增感屏。增感原理基本分为两种:电子增感和荧光增感。金属增感屏吸收 X 光产生次级电子使胶片感光,荧光增感屏将 X 光转换为可见光使胶片感光[5-8]。

4.2.4.1　金属增感屏

根据物质的质量衰减系数随能量变化的规律可知,增感屏为高原子序数的材料,其效果优于低原子序数的材料。一般用作金属增感屏的材料都是高原子序数、高密度金属材料,如铅、钽、钨和铀等。

在某一能量下,随着屏厚的增加,金属增感屏的增感效应逐渐增加,当达到某一厚度时,屏中产生的电子数与被其自身吸收的电子数相当,增感效应不再提高,此厚度称为"平衡厚度"。在此厚度的前后,增感效应变化缓慢。金属增感屏一般用高原子序数、高密度的金属薄片紧贴在胶片上,贴在胶片前的称为前增感屏,贴在胶片后的称为后增感屏。设金属屏截获的 X 射线(相对)能量为 $(\mu_m \rho d)_M$,胶片截获的 X 射线(相对)能量为 $(\mu_m \rho d)_F$,显然,$(\mu_m \rho d)_M > (\mu_m \rho d)_F$。金属屏截获 X 射线能量转换成具有动能的电子,运动电子通过与胶片紧贴的界面而输运到乳剂层,使乳剂获得增感"感光"。这里存在一个电子输运到乳剂层的效率问题,由于高能康普顿电子的角分布在 X 射线前进方向占有较强的比例,因而金属前增感屏比后增感屏具有更好的空间分辨率,且前增感屏的电子输运效率比后增感屏高。设前、后金属增感屏的输运效率分别为 η_1 和 η_2,则金属屏的增感系数 τ_M 的近似估值可表示为

$$\tau_M \approx \frac{\eta_1 (\mu_m \rho d)_{M1} + \eta_2 (\mu_m \rho d)_{M2}}{(\mu_m \rho d)_F} \tag{4.11}$$

输运效率 η_1 和 η_2 可近似表示为

$$\eta_1 \approx \frac{E_{e1}}{E_0 (\mu_m \rho d)_{M1}}, \quad \eta_2 \approx \frac{E_{e2}}{E_0 (\mu_m \rho d)_{M2}} \tag{4.12}$$

式中:E_0 为入射光子的能量;E_{e1} 为前增感屏的向前出射电子的总能量;E_{e2} 为后增感屏的向后出射电子的总能量。

由式(4.11)和式(4.12)可得增感系数 τ_M 为

$$\tau_M \approx \frac{E_{e1} + E_{e2}}{E_0 (\mu_m \rho d)_F} \tag{4.13}$$

铅增感屏价格便宜,但机械强度不好,容易损坏平整性,影响屏与胶片贴合度,从而影响图像空间分辨。钽的 $\mu_m \rho$ 值比铅的高 1.5 倍,截获 X 射线的效率高,且钽箔的机械强度比铅箔好。因此,钽增感屏又薄又平整,既能保证增感,又能保证图像质量,为最佳的选择。

4.2.4.2 荧光增感屏

荧光增感屏是在屏上涂上一层闪烁材料。当 X 射线通过荧光屏时,荧光屏截获 X 射线能量,以产生荧光的机理将其能量的一部分转换为可见光。荧光发射在 4π 立体角内均匀分布。前荧光屏和后荧光屏有几乎相同的荧光发射,照射到被夹在中间的胶片乳剂层上,可见的荧光使乳剂增感"感光"。除可见光增感"感光"外,还有胶片自身截获的 X 射线产生的电子"感光"和荧光屏截获的 X 射线产生的电子输运到乳剂层的电子"感光",均产生"潜影"而叠加在一起。由于荧光屏组成中多数成分为低原子序数元素,其电子增感和荧光增感相比较小。

如果将胶片直接接触荧光屏,探测效率可增加 1~2 个量级。X 射线被荧光材料吸收,产生数千个能量为 1~5eV 的光子。这些"可见"光子使胶片曝光。首先,由于荧光物质中含有许多重金属离子,以及荧光屏的厚度通常是照相明胶厚度的许多倍,这个系统对 X 射线光子的吸收会变得很大。其次,每吸收一个 X 射线光子便会产生出许多个光学光子,这能使明胶中好几个颗粒同时感光。

荧光增感的原理是可见光使乳剂感光产生一个"潜影"需要两个可见光光子。两个可见光光子能量共约 4eV;若用 X 射线($E_X > E_C$)感光产生一个"潜影",需要能量为 10~35keV。根据表 4.2 中的数据估算,可见光感光和 1MeV X 射线感光产生"潜影"的能效率之比 $\eta \approx 3 \times 10^3$。

影响荧光屏增感系数 τ_S 的因素有三个:①荧光转换效率 η_S,即被荧光屏截获 X 射线能量转换为可见光能量的转换效率(表 4.4);②荧光屏截获 X 射线能量$(\mu_m \rho d)_S$ 与胶片截获 X 射线能量$(\mu_m \rho d)_F$ 之比值;③可见光对乳剂的输运和耦合效率 η_C。荧光屏增感系数 τ_S 可表示为

$$\tau_S \approx \frac{(\mu_m \rho d)_S}{(\mu_m \rho d)_F} \eta_S \eta_C \eta \tag{4.14}$$

表4.4 荧光材料的荧光转换效率

荧光材料	荧光转换效率/%	荧光颜色
(Zn、Cd)S:Ag	0.15	绿
$CaWO_4$	0.03	蓝
$Gd_2O_2S:Tb$	0.15	绿

一般荧光屏增感系数 τ_S 值为 100~300。对超高能 X 射线，τ_S 值偏低（在 10 左右）。荧光屏的增感系数比金属屏的增感系数大许多倍，当照射量很低时有重要价值。与金属屏比较，主要的缺点是图像空间分辨率有较大的下降。主要原因是：荧光发射是在 4π 立体角内均匀发射的，荧光材料全厚度均为发光点，且在前后屏间会发生荧光的多次反射，荧光屏的增感系数越大，要求屏越厚，空间分辨率越差，使用时需适当选择。

使用荧光增感屏可以使探测效率增加 1~2 个量级。因为每吸收一个 X 射线光子便会产生许多个光学光子，这能使明胶中好几个晶粒同时感光。探测效率的提高，在医学 X 射线诊断领域具有重要意义，因为其能够缩短曝光时间，减轻患者由于接收过多辐射而受到伤害。由于可见光对胶片感光产生"潜影"的能效率是 X 射线感光时的能效率的 3×10^3 倍，对于高能 X 射线闪光照相中深穿透、信号弱的问题，其意义也不言而喻。

商用屏的速度范围很宽。最快的屏比较厚，分辨率较差，而且会有较多的"色斑"。如果减少曝光量是主要矛盾，就可以使用这样的荧光屏。如果物体的对比度很低，本来就不太清楚，也可以使用这种荧光屏。使用这种高速屏还可以避免因客体运动引起的图像模糊。另外，如果想得到高分辨率的影像，所用的荧光屏则必须薄一些，速度慢一些。

在过去 70 多年的时间里，钨酸钙（$CaWO_4$）是最常使用的荧光材料。它具有优良的力学性能，发射的蓝光和紫外谱对感光明胶的曝光很理想。最近几年又提出了一些新的荧光材料，主要分为两类：发射绿光的 $X_2O_2S:Tb$（其中，X 表示 Gd、La 或 Y）和发射蓝光的 LaOBr:Tm 与 BaFCl:Eu。

4.2.4.3 金属-荧光增感屏

相比荧光增感屏，使用金属增感屏有两个好处：首先是金属增感屏内的元素晶粒细小，不像荧光增感屏内晶粒那样粗大而影响图像的清晰度；其次金属增感屏能吸收一部分低能散射射线，这些低能散射射线打在胶片上，会增加底片的光学密度，降低图像的清晰度，故金属增感屏还能起到滤波的作用，遏制干扰噪声，起到提高底片像质的作用。因此，为了得到较高清晰度和灵敏度的 X 射线照相底片，应采用金属增感屏。

但是，金属增感屏的增感系数要比荧光增感屏的小很多，对于照射量较低的辐射成像系统，需要用到荧光增感屏提高探测量子效率。而荧光增感屏的不足之处在于荧光材料太厚，离乳剂太远的发光点会使图像点曝光弥散，降低图像空间分辨率，影响成像质量。一般来说，减薄荧光材料厚度可以增加图像空间分辨率，但将减少单位面积上的荧光产额；凡是可以用来增加可见光输出的因素，又会增加可见光在照相胶片上的扩展，降低系统的空间分辨率。

为了充分利用金属增感屏和荧光增感屏的增感性能，常使用金属增感屏和荧光增感屏叠加技术。金属-荧光增感屏就是在金属屏紧贴乳剂的一面涂一层较薄的荧光层，这样既能克服金属屏电子增感效率低的缺点又能克服荧光屏空间分辨率太差的缺点，至少可减少它们单独使用时的缺点,同时利用了各自的长处。这是由于金属增感屏可以提供更多电子,可以适当减小荧光屏的厚度,而使荧光产额获得一定补偿。金属-荧光增感屏的增感效益大约比单纯金属增感屏高15倍。表4.5中比较了三种增感屏的性能。

表4.5 三种增感屏的性能比较

增感屏类型	增感系数	空间分辨率
金属增感屏	低(3~4)	高
荧光增感屏	高(100~300)	低
金属-荧光增感屏	中(约45)	中

4.2.5 金属增感屏的增感效应

大量研究表明,在金属增感屏-胶片系统中,底片光学密度的大小与胶片乳剂中的能量沉积具有一一对应的关系。因此,在接收系统响应特性的数值模拟中,目前普遍采用蒙特卡罗方法计算胶片乳剂中的能量沉积及其空间分布。

4.2.5.1 金属增感屏-胶片系统的能量沉积效率

X射线在接收系统中的能量沉积与其能量密切相关,首先需要研究乳剂中的能量沉积与X射线能量的关系。金属增感屏的材料选用Ta,厚度分别取0.4mm、0.6mm、0.8mm,图4.3给出了乳剂中的能量沉积效率随光子能量的变化。对于三种厚度的金属增感屏,虽然能量沉积效率不同,但变化趋势基本相同;能量沉积效率随光子能量的增加先增大再减小,然后再缓慢增大,最后逐渐减小。光子能量从100keV到300keV,能量沉积效率随增感屏厚度的增加而减小;从300keV到5MeV,三种增感屏的能量沉积效率基本相同;能量大于5MeV,能量沉积效率随增感屏厚度的增加而增大。在高能X射线闪光照相中,到达探测平面上低能光子占比很小,因此,能量沉积效率随增感屏厚度的增加而增大。

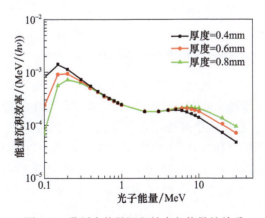

图4.3 乳剂中能量沉积效率与能量的关系

4.2.5.2 能量沉积的径向分布

20MeV的高能电子束入射到金属钽板上,产生的光子具有一定的能谱结构。而实际到达CCD记录系统的光子能谱是经过被测物体后的硬化能谱。图4.4给出了蒙特卡罗模拟得到的20MeV电子束垂直入射到金属钽板上产生的光子能谱以及透过10mm厚的金属铀后的硬化能谱。

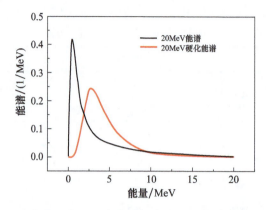

图4.4　20MeV电子束轰击钽产生的光子能谱以及透过10mm厚的金属铀后的硬化能谱

在图像处理中,为了问题的简化,通常用到单能近似。图4.4中20MeV能谱的平均能量近似为4MeV,有必要研究4MeV的单能光子与20MeV能谱和20MeV硬化能谱在乳剂中能量沉积的差别。图4.5给出了三种光子在乳剂中能量沉积的径向分布。

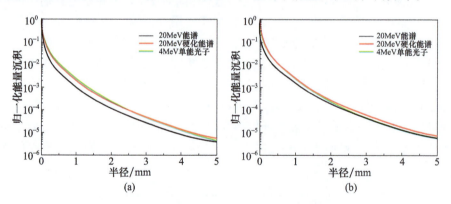

图4.5　三种入射光子在乳剂中能量沉积的径向分布
(a)Ta屏厚度为0.4mm;(b)Ta屏厚度为0.8mm。

由图4.5可以看出,20MeV硬化能谱和4MeV单能光子的能量沉积径向分布近似相同,但空间扩散较光源能谱稍大一些。理论上,X射线在乳剂中的能量沉积都是通过次级电子的电离作用产生的。由于电子穿透能力有限,能量沉积主要集中在入射线附近;对于能量低的次级电子,电子的射程也很短,次级电子能量基本上就地沉积;随着次级电子能量的增大,次级电子与乳剂的作用次数就越多,能量沉积的弥散就越大。

根据能量沉积的径向分布(即点扩展函数),可以计算出调制传递函数,如图4.6所示。

当Ta屏的厚度为0.4mm时,三种光子能量沉积的调制传递函数50%处的空间频率分别为0.53mm^{-1}、0.46mm^{-1}、0.46mm^{-1}。当Ta屏的厚度为0.8mm时,三种光子能量沉积的调制传递函数50%处的空间频率分别为0.45mm^{-1}、0.43mm^{-1}、0.46mm^{-1}。对于4MeV的单能光子,调制传递函数50%处的空间频率基本上没有受到厚度的影响;另外两

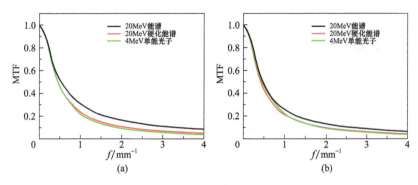

图 4.6 三种入射光子在乳剂中的调制传递函数
(a)Ta 屏厚度为 0.4mm;(b)Ta 屏厚度为 0.8mm。

种光子的调制传递函数 50% 处的空间频率随着厚度的增大稍有减小,也就是模糊程度稍有增大。

4.2.6 H-D 曲线的测量技术

4.2.6.1 H-D 曲线的测量方法

H-D 曲线是底片的光学密度对照射量的响应曲线,称为底片的特性曲线。它是定量提取客体信息的基础。目前,实验上测量 H-D 曲线的方法有两种:①采用能量相对单一的放射性同位素,常用的放射性同位素有 ^{60}Co(1.173MeV,1.333MeV)、^{24}Na(1.368MeV,2.754MeV)、^{137}Cs(0.662MeV),测出底片相应位置的照射量和灰度值,这种方法没有体现底片系统的能谱响应特性。②在高能 X 射线闪光照相条件下直接测量出底片相应位置的照射量和灰度值,这种方法的照射量测量误差较大,有可能掩盖小信号的变化。

采用放射性同位素作为高能 X 光源有下列原因[9]:①光源体积小,可作点源看待,消除了面源的不良影响;②引起的环境散射较弱,可以忽略,可避免散射对实验结果的影响及 X 光机工作时对系统的干扰影响;③产生的 γ 光子能量较单一,有一种或两种主要射线,从能量考虑 ^{24}Na 产生的 γ 光子能量最接近高能 X 射线的平均能量;④放射性同位素的半衰期也是考虑的主要因素,半衰期越长,说明衰变过程越缓慢,可以认为释放 γ 光子的速率在实验时间段内是恒定的,易于计算其绝对照射量。由于 ^{24}Na 的半衰期只有 15h,^{60}Co 的半衰期达到 5.27 年,因此通常选用 ^{60}Co 作为光源。^{60}Co 源的性能如表 4.6 所列。

表 4.6 ^{60}Co 源的性能参数

外形/mm	活性区尺寸/mm	主要射线/MeV	半衰期/年	活度/mCi	1m 处照射量率/(C·kg^{-1}·s^{-1})
$\phi5\times7$	$\phi1\times2$	1.333 1.173	5.27	10	5.5814×10^{-10}

实验研究的 X 光胶片主要是美国 KODAK 公司生产的 XAR-5 科学型胶片和 XK 医用胶片,以及国产的 TX-1 型科学胶片。其中,XAR-5 胶片感光度为 400,XK 胶片感光度为 200,TX-1 胶片感光度为 800,金属增感屏的材料为 Ta,增感屏的厚度为 0.3mm 和 0.4mm,增感屏与胶片的面积一致。胶片与增感屏的堆叠方式为:2mm Al/0.4mm Ta/XAR-5/0.4mm Ta/XK/0.4mm Ta/TX-1/0.4mm Ta。

实验中底片与放射源保持在一个固定的距离,通过控制曝光时间来得到不同的曝光量(照射量)。实验结果如图4.7所示。结果表明,底片的光学密度与X射线照射量基本上有近似的线性关系,对照射量响应的下限值在20mR左右[10]。

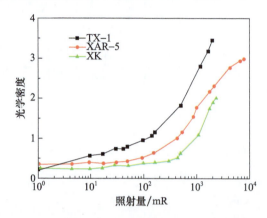

图4.7　^{60}Co源照射下三种底片的H-D曲线

在20MeV LIA产生的X射线照射条件下,测量了荧光屏/XBT1和Ta屏/TX2两种屏-片组合的H-D曲线。实验采用钨台阶样品,在每级台阶后面、暗盒前布置一LiF剂量片,用于测量该位置处胶片所接收到的X射线照射量。在曝光和冲洗条件相同的情况下,图4.8是实验得到的底片光学密度与入射照射量的关系曲线,即H-D曲线[11]。

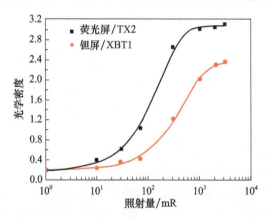

图4.8　20MeV X射线照射下两种屏-片组合的H-D曲线

4.2.6.2　H-D曲线的拟合方法

针对实验上测量H-D曲线的困难,可以采用数值模拟与实验相结合来构造H-D曲线的方法。考虑到能谱和照射量测量误差的影响,可以针对实际照相模型,采用蒙特卡罗模拟给出成像平面上的照射量分布,根据实验上得到的光学密度分布,就可以建立底片光学密度与计算的照射量之间的关系,即H-D曲线。

基本步骤:①构造一个与待测客体相似的轴对称(或球对称)客体,进行高能X射线闪光照相;②对照相结果进行对称化处理以消除非理想照相因素的影响;③采用蒙特卡罗模拟方法,得到理想照相下成像平面上的照射量分布,绝对值的标定需借助于1m处的实验测量值;④建立底片光学密度与计算照射量之间的关系;⑤采用二项双击模型来拟合

H-D 曲线。

考虑到底片噪声和曝光的相关理论,采用 Silberstein 等给出的二项双击模型来拟合 H-D 曲线[12-13]。该模型为

$$D = D_0 + D_{1,\max}\left[1 - e^{-\alpha_1 X}(1 + \alpha_1 X)\right] + D_{2,\max}\left[1 - e^{-\alpha_2 X}(1 + \alpha_2 X)\right] \quad (4.15)$$

式中:D 为底片的光学密度;D_0 为底片的本底;X 为照射量;$D_{1,\max}$ 和 α_1 分别为第一项的最大密度和响应系数;$D_{2,\max}$ 和 α_2 分别为第二项的最大密度和响应系数。

图 4.9 是根据客体照相结果确定的底片光学密度与照射量的关系。图 4.10 是根据客体照相结果确定的三种型号底片光学密度与照射量的关系曲线以及 H-D 曲线。

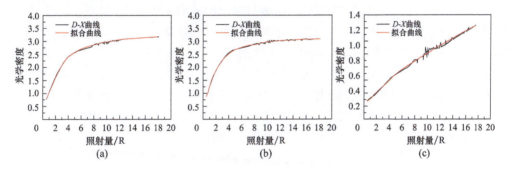

图 4.9　底片光学密度与模拟的照射量之间的关系
(a)TX;(b)BMS;(c)C4。

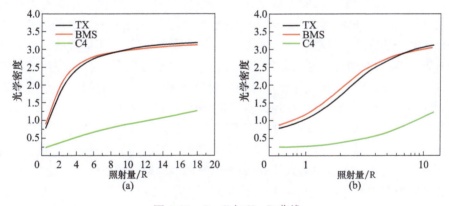

图 4.10　$D-X$ 与 H-D 曲线
(a)$D-X$ 曲线;(b)H-D 曲线。

这种 H-D 曲线测量方法,不但避免了照射量测量误差,还考虑了 H-D 曲线对 X 射线能谱的依赖关系,可以针对具体的照相客体来生成 H-D 曲线。因此,这种结合蒙特卡罗方法生成的 H-D 曲线具有较高的精度,更能体现实际情况。

需要注意的是,这种 H-D 曲线的构造方法有一个前提,那就是屏-片接收系统对直穿照射量和散射照射量的响应相同,或者说直穿光子的能谱和散射光子的能谱基本相同。但实际上,两者有一定差异。

4.2.6.3　LLNL 测量 H-D 曲线的方法介绍

高能 X 射线照相中到达屏-片接收系统的 X 射线具有能谱,给探测造成很大困难。获得比较好的探测效率(约30%)的唯一办法是使用胶片堆叠(一打或更多的胶片)[14]

这些堆叠胶片可以封装在一对金属屏中,金属屏将某些 X 射线转化成高能电子而使胶片曝光;也可以将堆叠胶片封装在一对金属屏和一对荧光屏中,这种屏将部分电子能量转换为可见光而使胶片曝光。在照射量低的情况下主要使用第二种方案。

胶片显影后,经微密度计数字化就得到一幅光学密度图像(每张底片有一幅图像)。如何将这些光学密度图像转化为相对照射量的图像?对于金属屏-胶片,这一转化很容易,因为照射量几乎与 D^*($D^* = D - D_{雾}$)成正比。将曝光胶片与未曝光胶片同时显影可得到 $D_{雾}$ 值,前提是雾密度均匀。如果这个假定不成立,那么在测量小照射量时会造成较大的误差。

使用荧光屏时,情况要复杂一些。这种情况给出的 H-D 曲线(即光学密度与相对照射量对数的关系)类似于可见光照相中的"S"曲线。因此,不仅需要知道 $D_{雾}$ 的大小,还需要知道 H-D 曲线的形状。获得 H-D 曲线最好的办法是利用闪光机、台阶楔形靶及与照相中实际使用的屏-片接收系统类型相同的屏-片接收系统做一次专门的实验。然而近似精确的方法是,使用短脉冲光源对台阶(或连续)楔形靶进行简单的胶片曝光,将胶片连同客体照相的胶片一起显影,使胶片处理工艺完全相同。需要注意的是,这样做会造成荧光屏-胶片低照射量处的精度很差,其原因包括雾本底的不确定性及底片在低照射量处的 γ 值(D 关于照射量对数的导数)非常低。最高照射量处因饱和其 γ 值也很低。D 比 $D_{雾}$ 高 1~2 时,γ 值不仅大且近似常数,其定量分析较为准确。

绝对照射量可以根据相对照射量来确定。理想的条件是,暗室操作要有重复性和良好的控制,以便获得某种型号底片的 D 和绝对照射量的定标关系,适用于同类底片的所有照相。目前尚未达到这一控制水平。事实上,对于金属屏-胶片,不同批次的胶片在处理过程中有较大偏差,必须检测这一偏差并校正。校正方法是将另一控制胶片连同客体照相的胶片一起显影,这一控制胶片已在已知放射源下曝光了一定时间。对于荧光屏-胶片而言,此一致性要好一些,至少在几天内如此(几个月或几年内不行)。

弥补照射量认识不足的方法是进行模拟模型的高能 X 射线闪光照相。模拟模型是一静态客体,它与动态客体有近似相同的透射率范围和相同的高原子序数、低原子序数材料组合。穿过模拟模型的透射率可以计算,每次闪光脉冲的输出照射量可以检测,对模拟客体照相和实际照相采用相同的屏-片组合和显影过程。因此,可以利用模拟客体数据来归一实际客体数据,并将这些数据转化为穿过动态客体的绝对透射率。

4.3 CCD 接收系统

4.3.1 CCD 接收系统简介

自从发现 X 射线以来,胶片一直用以记录 X 射线图像。胶片本质上是一种记录介质,有一定的灵敏度限制,也就是说,在能够记录一幅图像之前,它必须达到一定的曝光量。通常对动画来说,不同的图像记录在不同的胶片上,但是,X 射线不像可见光那样可以聚焦和反射,所以现有的任何手段都达不到这种效果。如果只是单使用胶片,则胶片的移动速度不可能快到足以拍摄非常迅速的运动过程。

为了提高探测器接收能力和宽容度,在高能 X 射线闪光照相实验中通常采用数个不同的金属屏(荧光屏)/胶片/(荧光屏)金属屏和金属屏/荧光屏/胶片/荧光屏/金属屏等三明治似的堆叠方式来捕获客体信息。当光子的能量在兆电子伏以上时,即使采用多个胶片的堆叠方式进行探测,这些屏–片的量子效率之和也仅大约为 30%。多幅照相中,多脉冲的重复曝光成为屏–片系统的致命缺点。

为了满足高能 X 射线闪光照相对高 DQE 探测器的需求,可以进行快门控制。美、英等国的科学家们利用近些年在医学、高能物理和天文探测等领域发展的高密度晶体闪烁体和 CCD 成像技术,设计了可应用于探测高能 X 射线的 CCD 接收系统,常称为 CCD 相机。相比传统的胶片探测器,CCD 相机具有实时显示图像、高动态范围、高灵敏度和良好线性响应的特性[15-16]。CCD 相机主要由转换屏(高密度闪烁体)、反射镜和 CCD 成像系统等组成,如图 4.11 所示。

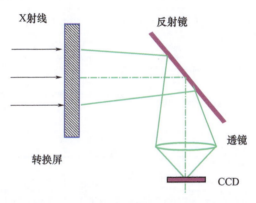

图 4.11　高能 CCD 相机示意图

4.3.1.1　转换屏

转换屏其实就是高密度闪烁体,它是 CCD 相机的关键部件,对整个照相系统的 DQE 和空间分辨率起主导作用。这里的闪烁体不像胶片成像中仅起增感作用,而是为了把 X 射线图像转换成可见光图像,使 CCD 可探测,其作用无可替代。图 4.12 是常用的 CsI:Tl 晶体作为转换屏的结构示意图。由于 CsI:Tl 晶体在空气中会发生潮解,因此,它一般是被密封保存的。在 X 光的作用下,CsI:Tl 晶体内部发出的可见光一部分从前表面玻璃窗口透射出去而被探测,这是对成像有用的部分;还有一部分则通过侧面散射、前表面反射(或全反射)或直接照射到 CsI:Tl 晶体的后表面而被散射,散射中的一部分仍旧会被探测到,从而造成对相应图像的影响。

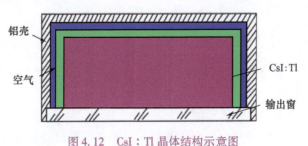

图 4.12　CsI:Tl 晶体结构示意图

对用作转换屏的闪烁体材料的要求是:高密度、高原子序数以尽可能增大吸收 X 射线的概率并减小 X 光子在闪烁体内的扩展;良好的可见光发射效率即每吸收一个 X 射线光子生成的可见光光子数;余辉时间短;光输出效率高并具有较小的折射率。

常用的转换屏材料有硅酸镥(Lu_2SiO_5,LSO)、锗酸铋($Bi_4Ge_3O_{12}$,BGO)和碘化铯(CsI),相关特性见表 4.6。其中,CsI:Tl 晶体屏的光产额很高,在闪光单幅照相 CCD 相机中一直占有很重要的地位。而 LSO 屏以其发光余辉时间较短且量子效率也较高的特点,可用于闪光多幅照相接收系统。转换屏的厚度一般为几个厘米,直径数十厘米,制作成本很高。

表 4.6 闪烁晶体的主要指标

闪烁晶体	密度/(g/cm^3)	折射率	衰减常数/ns	荧光效率/(光子数/MeV)	发射光谱波峰/nm	是否潮解	是否商用	相对成本
CsI:Tl	4.51	1.78	100	54000	550	轻微	是	低
LSO:Ce	7.4	1.82	40	25000	420	否	是	很高
GSO:Ce	6.71	1.85	60	8000	450	否	是	适中
BGO:Ce	7.13	2.15	300	8500	480	否	是	适中
LuAP:Ce	8.34	1.97	17	12000	365	否	否	高
YAP:Ce	5.5	1.95	30	15000	380	否	是	高

4.3.1.2 反射镜

放置在束轴上与束轴夹角为 45°的平面镜在 CCD 相机中起中转反射作用,它把闪烁体发射的可见光反射到 CCD 成像系统的镜头上。

4.3.1.3 CCD 成像系统

自从 20 世纪 60 年代末期,美国贝尔实验室提出"固态成像器件"概念并制造出 CCD 后,CCD 图像传感器便得到了迅速发展,成为传感技术中的一个重要分支,经过近 30 多年的发展,它已随着 PC 外设、监控设备和数码相机的普及走进千家万户。

CCD 是金属氧化物半导体(MOS)电容器(传感器或感光元件)阵列。每个感光元件对应图像传感器中的一个像点。CCD 成像系统的主要工作原理是:照相机镜头上的透镜把被反射的可见光信号聚焦到平面光电二极管的光阴极上。利用光电效应,光阴极把可见光信号转变为电子信号,产生的电流大小与光强对应。之后再经过一系列相关电子器件的处理,图像信号被数字化,显示在 PC 机上。尽管这个过程显得很麻烦,但它是目前技术上唯一可以实现的高速电 – 光转换办法。

4.3.2 转换屏模糊效应的物理分析

转换屏厚度(或者说景深)、可见光衍射、X 射线在转换屏内的辐射输运是转换屏模糊效应的三个影响因素。

4.3.2.1 转换屏厚度引起的模糊

转换屏的厚度比较大,闪烁材料全厚度均为发光点。经过透镜成像,不可能聚焦于一点,有一定的模糊范围。图 4.13 给出了景深对透镜成像的影响示意图[17]。

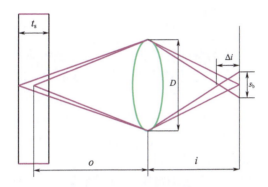

图 4.13 景深引起模糊示意图

对透镜方程求微分得

$$\frac{1}{i} + \frac{1}{o} = \frac{1}{f} \Rightarrow -\frac{\Delta i}{i^2} - \frac{\Delta o}{o^2} = 0 \Rightarrow \frac{\Delta i}{i} = -\frac{t_s}{2o}M \quad (4.16)$$

式中: f、i 和 o 分别为焦距、像距和物距; t_s 为转换屏厚度; $M = i/o$ 为成像系统的几何放大比。

简单的几何相似给出:

$$s_b = \frac{D}{i - \Delta i}\Delta i = \frac{D\dfrac{t_s}{2}}{\dfrac{o}{M} + \dfrac{t_s}{2}} \approx D\frac{t_s M}{2o} \quad (4.17)$$

式中: D 为透镜的孔径; s_b 为转换屏厚度引起的模糊。

设 CCD 相机所用的透镜参数为: 焦距为 280mm, 物距为 2500mm, 像距为 250mm, 透镜孔径/焦距 = 1/2。当 $t_s = 20$mm 时, $s_b = 0.056$mm。

4.3.2.2 可见光衍射引起的模糊

转换屏将高能 X 光转换为可见光, 可见光经光学镜头成像于 CCD 表面。可见光经光学镜头发生衍射现象, 这一过程可视为圆孔衍射。圆孔衍射公式为

$$s_d = 2.44\frac{\lambda f}{D} \quad (4.18)$$

国产 CsI:Tl 晶体(ST-121 型号)的最强发射波长为 540nm, 透镜孔径/焦距 = 1/2。由式(4.18)可得衍射引起的模糊 $s_d = 0.00268$mm。

4.3.2.3 转换屏内辐射输运引起的模糊

X 射线与闪烁晶体发生光电效应、康普顿效应和电子对效应等相互作用, 将能量转移到次级电子, 次级电子在闪烁晶体中沉积能量并由物质原子转换为可见光。由于次级电子在能量沉积过程中的扩散, 以及可见光子在传播过程中的吸收、反射、折射等作用引起的弥散, 导致图像的模糊。利用蒙特卡罗程序计算 X 射线在转换屏中的能量沉积分布, 再根据晶体的发光效率, 将能量沉积的空间分布转换为可见光发射的相对光子数分布, 并利用可见光输运的蒙特卡罗程序计算出闪烁晶体出射面的光子数分布。本节利用蒙特卡罗程序计算了 X 射线在转换屏中的能量沉积分布。可见光的能量只有几个电子伏, 远低于通用的蒙特卡罗程序中光子的截断能量 1keV, 需要开发专用的可见光输运蒙特卡罗程

序,这部分内容将在4.4节中详细介绍。

1) 转换屏中的能量沉积效率

不同能量的X射线在转换屏中的能量沉积及其分布是不同的,可以用能量沉积效率来描述转换屏对X射线的响应。能量沉积效率是指转换屏中沉积的能量与入射光子能量之比。采用蒙特卡罗模拟可以得到入射光子在转换屏内的能量沉积。转换屏采用国产CsI:Tl晶体(ST-121型号),其主要参数:密度为$4.51g/cm^3$,掺Tl浓度为$4.8\times10^{-5}g/cm^3$;前盖Al的密度为$2.7g/cm^3$,厚度为1mm;后盖玻璃的密度为$1.18g/cm^3$,厚度为3mm。

图4.14给出了转换屏中的能量沉积效率随光子能量的变化。能量沉积效率随转换屏厚度的增加而增加。对于四种厚度的转换屏,虽然能量沉积效率不同,但变化趋势基本相同。从100keV到1MeV,能量沉积效率随光子能量的增加而减小;当光子能量高于1MeV时,能量沉积效率变化较为缓慢。

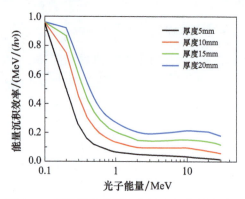

图4.14 转换屏中能量沉积效率与能量的关系

2) 能量沉积的径向分布

按照图4.4给出的能谱,图4.15给出了三种入射光子在CsI:Tl晶体中能量沉积的径向分布。

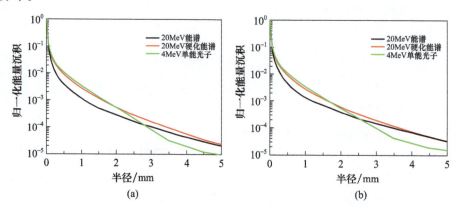

图4.15 三种入射光子在CsI:Tl晶体内能量沉积的径向分布
(a)晶体厚度为10mm;(b)晶体厚度为20mm。

由图4.15可以看出,硬化能谱的能量沉积的空间扩散较光源能谱稍大一些,与屏-片系统中的规律一致。4MeV单能光子与屏-片系统中稍有不同,其空间扩散在半径小于2.5mm时较光源能谱稍大一些,但在半径大于2.5mm时较光源能谱稍小一些。这主要是因为转换屏更厚一些,4MeV 单能光子产生的次级电子能量都小于 4MeV,在一定射程之后能量沉积会急剧下降。

根据能量沉积的径向分布(即点扩展函数),可以计算出调制传递函数,如图 4.16 所示。

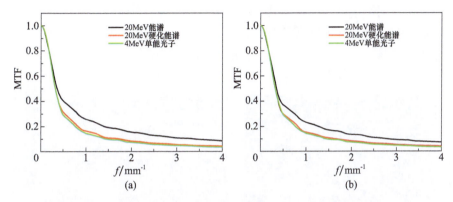

图 4.16　三种入射光子在 CsI：Tl 晶体内能量沉积的调制传递函数
(a) 晶体厚度为 10mm；(b) 晶体厚度为 20mm。

当晶体厚度为 10mm 时,三种入射光子能量沉积的调制传递函数 50% 处的空间频率分别为 0.37mm^{-1}、0.32mm^{-1}、0.32mm^{-1}。当晶体厚度为 20mm 时,三种入射光子能量沉积的调制传递函数 50% 处的空间频率分别为 0.34mm^{-1}、0.32mm^{-1}、0.32mm^{-1}。对于硬化能谱和 4MeV 的单能光子,调制传递函数 50% 处的空间频率基本上没有受到晶体厚度的影响；20MeV 光子谱的调制传递函数 50% 处的空间频率随着厚度的增大稍有减小,也就是模糊程度稍有增大。

3) 能量沉积的轴向分布

按照图 4.4 给出的能谱,图 4.17 给出了三种入射光子在 CsI：Tl 晶体中能量沉积的轴向分布。在晶体表面,由于从晶体中会有电子逸出,使得沉积能量减少。在晶体内部,随着 X 射线穿透深度的增加,直穿能通量指数衰减,相应的能量沉积也逐渐减少。

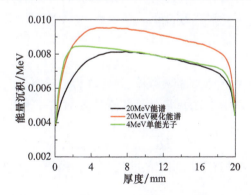

图 4.17　三种入射光子在 CsI：Tl 晶体内能量沉积的轴向分布

4.3.3　阵列屏非均匀响应的校正方法

当闪烁体用于图像接收时,对于深穿透客体,由于信号较弱,需要增大闪烁体的厚度来提高闪烁体的转换效率,以获得满足记录介质要求的荧光强度。由于 X 射线与闪烁体材料相互作用,激发的荧光光子在 4π 立体角内均匀发射,厚度的增加必然导致图像的分辨率下降。为了解决这一问题,世界上目前都采用闪烁体阵列(也称为阵列转换屏,简称阵列屏)。

阵列转换屏由大量的晶体柱拼接而成,晶体柱之间填充金属材料和可见光反射材料,图 4.18 给出了阵列转换屏示意图。其与整体屏比较具备三个优点:①避免了屏内可见光在各像素间的串扰;②大幅度降低了 X 射线及其次级电子在屏内的扩展程度;③通过增加屏的厚度可以提高 X 射线的能量转换效率,进而提高图像接收系统的灵敏度。美国 DARHT 装置上就采用了阵列转换屏。

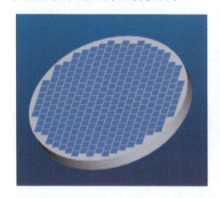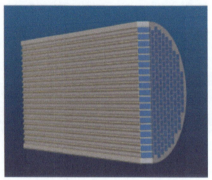

图 4.18　阵列转换屏示意图

但阵列转换屏中的晶柱数量众多,很难保证各晶柱特性的一致性。也就是说,同样的 X 射线照射到阵列转换屏上,各单元输出的可见光不一致,称之为响应非均匀性[18]。而且,图像中不可避免地存在网格状现象,这种非均匀性和网格状现象一般根据空场图像和本底图像进行消除。

空场图像是指没有被照客体的情形,其 CCD 上输出的图像可以表示为

$$G_{空场}(x,y) = G_0(x,y) + X_0(x,y) R_D(x,y) \tag{4.19}$$

式中:$G_{空场}(x,y)$ 为空场图像;$G_0(x,y)$ 为背影图像;$X_0(x,y)$ 为空场情形下成像平面上的 X 射线照射量;$R_D(x,y)$ 为 CCD 对 X 射线的响应系数。

当有被照客体时,在单能近似下,CCD 上输出的图像可以表示为

$$G(x,y) = G_0(x,y) + X_0(x,y) T(x,y) R_D(x,y) \tag{4.20}$$

式中:$T(x,y)$ 为被测客体对 X 射线的衰减率,通常称为透射率。

将式(4.19)和式(4.20)联立,可得被测客体对 X 射线的透射率为

$$T(x,y) = \frac{G(x,y) - G_0(x,y)}{G_{空场}(x,y) - G_0(x,y)} \tag{4.21}$$

透射率图像不仅可以消除晶柱响应的非均匀性和网格状现象,而且还可以消除光源固有的分布不均匀性。

在 20MeV 闪光机上,按照校正方法的要求,获取了空场图像和有客体图像,以及校正后的图像,如图 4.19 所示[19]。由图可以看出,阵列屏的响应非均匀性非常严重,不但存在许多发光强度低的奇异点,而且存在网格状的干扰。如果不对图像进行校正,难以获得有用信息。校正后的图像质量明显得到改善,有利于图像的信息的提取。

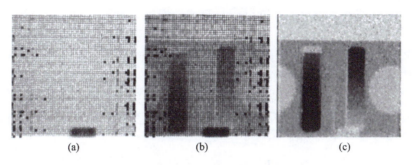

图 4.19 阵列屏非均匀性响应实验图像和校正图像

(a)空场图像;(b)有客体图像;(c)校正图像。

校正后的图像上存在较多的随机脉冲噪声干扰,主要来源于两个方面:①由于在空场图像和样品图像拍摄过程中,存在较强的散射 X 射线,散射 X 射线直接或间接与 CCD 作用,在图像上会形成幅度较大的脉冲干扰。两幅图像减去本底图像后相除得到校正图像,就会在校正图像上形成随机脉冲噪声干扰。②实验中虽然采用深度制冷的 CCD 相机,但是仍不可避免存在热噪声,在数据读取和传输过程中也会引入随机噪声。

4.3.4 CCD 接收系统的特性曲线

CCD 接收系统主要包括转换屏、反射镜和 CCD 成像系统三部分,其响应由转换屏的增益 G_S、反射镜的增益 G_R、CCD 成像系统的增益 G_{CCD} 构成。转换屏的增益为单个 X 射线光子在出射面发出的可见光光子数,可表示为

$$G_S = \frac{P_L \eta_E E_{mean}}{n_S^2} \tag{4.22}$$

式中:P_L 为发光效率,表示沉积 1MeV 能量产生的可见光光子数,LYSO 的发光效率为 28000;η_E 为能量沉积效率,是 X 射线在闪烁晶体中沉积的能量与 X 射线的能量之比,由蒙特卡罗模拟计算得到;E_{mean} 为入射 X 射线的平均能量;n_S 为闪烁晶体的折射系数。

需要说明的是,式(4.22)中没有考虑可见光在转换屏中的输运衰减问题。

反射镜的增益 G_R 完全由反射镜的反射系数决定,目前反射镜的反射系数为 0.9。

CCD 成像系统的增益 G_{CCD} 为转换屏发出的平均每个可见光光子产生的电子数,与可见光的收集角有关,可表示为

$$G_{CCD} = \frac{Q_E T_{Lens}}{16 (f/D)^2 \left(1 + \frac{1}{\beta}\right)^2} \tag{4.23}$$

式中:Q_E 为 CCD 的量子效率,与转换屏的发光谱和 CCD 相机的谱响应相关;T_{Lens} 为耦合透镜的透射率;f 为焦距,D 为透镜直径,D/f 即为耦合透镜的数值孔径,其倒数 f/D 为 F 数;β 为光学增益,即耦合透镜的横向放大率,由 CCD 芯片尺寸与转换屏尺寸之比决定。

焦距的选择取决于物距 L(转换屏与耦合透镜之间的距离)和横向放大率,有关系 $f = \beta L (1 + \beta)$。

那么,CCD 相机的系统增益就是平均每个 X 射线光子产生的光电子数,可以表示为

$$G_{system} = G_S G_R G_{CCD} \tag{4.24}$$

把 CCD 系统的输出信号定义为 CCD 释放的平均光电子数：

$$N_e = N_p G_{system} = N_p G_S G_R G_{CCD} \tag{4.25}$$

式中：N_e 为 CCD 系统的输出信号；N_p 为入射到转换屏一个像素上的平均 X 光子数。

光子数 N_p 与照射量 X 的关系为

$$N_p = X\varepsilon P_{CCD}/E_{mean} \tag{4.26}$$

式中：ε 为照射量和能通量的转换因子；P_{CCD} 为 CCD 像素面积；E_{mean} 为入射 X 射线的平均能量。

联合式(4.22)~式(4.26)，得到

$$N_e = \frac{\varepsilon P_{CCD} P_L \eta_E G_R Q_E T_{Lens}}{16(f/D)^2\left(1+\dfrac{1}{\beta}\right)^2 n_S^2} X = kX \tag{4.27}$$

式(4.27)基本代表了 CCD 接收系统的响应关系，可以看出 CCD 系统的输出信号 N_e 与入射 X 射线的照射量 X 成正比即线性关系，并且在系统已定的情况下，线性系数 k 仅与转换屏的能量沉积效率有关，也就是与转换屏的厚度有关。考虑到环境光在 CCD 上形成的本底和 CCD 相机的暗电流本底，CCD 系统的特性曲线可以表示为

$$G = G_0 + kX \tag{4.28}$$

式中：G_0 为灰度本底。

用 ^{60}Co 源测量 CsI：Tl 晶体的特性曲线，通过对实验数据进行处理后，获得了 10mm 和 20mm 厚的 CsI：Tl 晶体对 ^{60}Co 源产生的能量在兆电子伏级的 γ 光子的特性曲线[9,20]，如图 4.20 所示。在单能情况下，CCD 系统的响应特性为线性关系。

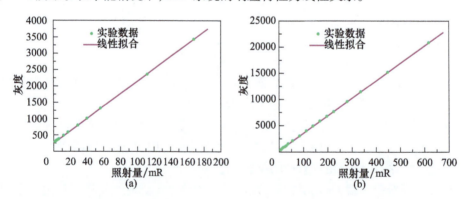

图 4.20　CsI：Tl 晶体的特性曲线
(a)10mm；(b)20mm。

对于 10mm 厚的转换屏，CCD 系统的特性曲线为

$$G = 18.65024X + 277.43852 \tag{4.29}$$

对于 20mm 厚的转换屏，CCD 系统的特性曲线为

$$G = 33.37606X + 269.08117 \tag{4.30}$$

4.3.5　CCD 相机的灵敏度

假定 CCD 相机的满阱电子数为 N，对应的 X 射线光子数就是 N/G_{system}，也就是说入射到像元的 X 射线光子数超过 N/G_{system} 时就会出现饱和。假定 CCD 像元面积为 P_{CCD}，相应的照射量 X 可表示为

$$X = \frac{NE_{\text{mean}}}{\varepsilon P_{\text{CCD}} G_{\text{system}}} \tag{4.31}$$

其中,ε 为照射量与能通量之间的转换因子,按入射到转换屏的 X 射线谱 $S_X(E)$ 来计算,即

$$\varepsilon = \int_0^{E_{\max}} S_X(E) \varepsilon(E) \mathrm{d}E \tag{4.32}$$

式中:$\varepsilon(E)$ 为 X 射线能量为 E 的照射量转换因子;$E_{\max}$ 为 X 射线的最大能量。

进一步假定 CCD 图像的灰度等级为 G(一般为 16 位 A/D 转换,即 $G = 65535$),则 CCD 相机的灵敏度 S 就是 X/G,联合式(4.22)~式(4.24)和式(4.31),得到

$$S = \frac{N}{G} \times \frac{16(f/D)^2 \left(1 + \frac{1}{\beta}\right)^2 n_S^2}{\varepsilon P_{\text{CCD}} P_L \eta_E G_R Q_E T_{\text{Lens}}} \tag{4.33}$$

式(4.33)就是计算 CCD 相机的灵敏度公式。

对于阵列屏相机,式(4.31)改为

$$X = \frac{NE_{\text{mean}}}{\varepsilon P_S G_{\text{system}}} \tag{4.34}$$

假定 CCD 像元面积 P_{CCD} 对应到转换屏上的面积为 P_S,它们之间有关系 $P_{\text{CCD}} = \beta^2 P_S$,则式(4.33)改为

$$S = \frac{N}{G} \frac{16(f/D)^2 \left(1 + \frac{1}{\beta}\right)^2 n_S^2}{\varepsilon P_S P_L \eta_E G_R Q_E T_{\text{Lens}}} = \frac{N}{G} \frac{16(f/D)^2 (1+\beta)^2 n_S^2}{\varepsilon P_{\text{CCD}} P_L \eta_E G_R Q_E T_{\text{Lens}}} \tag{4.35}$$

式(4.35)是按 CCD 像元尺寸 P_{CCD} 来计算的。而阵列屏相机图像的像素尺寸是按照晶柱横截面尺寸来计算的,一般都比 P_S 大。令晶柱横截面尺寸为 P_A 和 $k = P_A/P_S$,在可见光接收部分保持不变的情形下,在晶柱导致的电子数应是 CCD 像元尺寸下的 k 倍,那么阵列屏相机的灵敏度应是 CCD 像元尺寸下的 $1/k$,即阵列屏相机的灵敏度可以表示为

$$S = \frac{N}{G} \frac{16(f/D)^2 \left(1 + \frac{1}{\beta}\right)^2 n_S^2}{\varepsilon P_A P_L \varepsilon_E G_R Q_E T_{\text{Lens}}} = \frac{N}{G} \frac{16(f/D)^2 (1+\beta)^2 n_S^2}{\varepsilon k P_{\text{CCD}} P_L \varepsilon_E G_R Q_E T_{\text{Lens}}} \tag{4.36}$$

需要说明的是,在按晶柱面积计算或测量阵列屏相机的灵敏度时,应对每个晶柱图像内的灰度(counts)求和,然后根据成像平面上的照射量来计算灵敏度;在按晶柱面积生成阵列屏相机图像时也应按晶柱尺寸对原始图像求和,只有这样才能反映实际量子统计噪声(求平均也行,但在细节信号特别是空腔图像分析中慎用,会压缩信号的动态范围)。

4.3.6 DARHT 照相机

有趣的是,在 PHERMEX 设计阶段,Doug Venable 和 Ralpg Stevens 就建议使用非胶片系统,即使用闪烁体探测器组件来观测穿过被探测客体的脉冲辐射[21]。X 射线被闪烁体吸收并转变成可见光,通过电子设备可以记录有限数量的信道。Berlyn Brixer 和后来的 Fred Doremire 拓展了最初的概念,建议使用高速电子照相机,使在一次试验中获得多幅辐射图像成为可能。但是不幸的是,这些想法超出了他们所处的时代,后来又花了 30 年才使这些技术发展到当初预想的状态。

1996 年,在 PHERMEX 上第一次使用 X 射线照相机获得两幅图像,几乎不能称之为

动画。这仍然是静态的全电子照相系统,但是没有使用胶片,由此证明可获得比胶片更高的灵敏度和吸收更多的 X 射线(也就是更高的"量子效率")。

如图 4.21 所示,从闪烁体正面发射的光子沿着一条光路形成一帧图像,从闪烁体背面发射的光子则形成第二帧图像。每个光路的微通道板(MCP)是重要的电子"快门"。MCP 的光电阴极管把光子转换成电子(最后又被磷光材料转换成光子)。通过改变 MCP 上的电压可以快速阻止电子流,从而阻止任何光到达冷却的 CCD 器件。对 MCP 上的电压采取合适的定时控制可以获得连续的辐射图像。

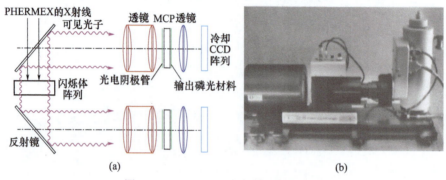

图 4.21 PHERMEX 的两帧照相机系统
(a)来自靶的 X 射线被闪烁体转变成可见光子;(b)照相机系统外观。

随着 DARHT 装置的投入使用,X 射线照相机技术伴随着优化组件的发展而显著进步。一方面,相机中的转换屏已经由整体屏发展为阵列屏,阵列屏通常使用非常致密的长方体闪烁晶体棒来吸收 X 射线(棒长超过 40mm,密度超过 $7g/cm^3$),例如 Lu_2SiO_5∶Ce(LSO)等,在两次 X 闪光之间具有快速的磷光衰减(50ns),使得在连续动画照相中一幅图像的射线不会影响相邻的图像,是常用的阵列屏材料之一。LSO 晶体棒通过几百层光化学蚀刻不锈钢的堆叠方式镶嵌为阵列屏,如图 4.22 所示。图 4.22(a)显示的 LSO 镶嵌式闪烁体的聚焦像素单元超过 135000 个,蓝色是 LSO 的自然发射光谱,其峰值在 420nm 附近。图 4.22(b)显示阵列屏的排布方式,其中像素尺寸为 1.1mm×1.1mm(LSO 尺寸为 1.0mm×1.0mm,不锈钢厚度为 0.1mm)。

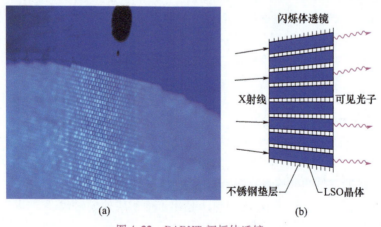

图 4.22 DARHT 闪烁体透镜
(a)LSO 镶嵌式闪烁体;(b)像素被排布形成马赛克。

这种特殊的镶嵌工艺使每根棒都直接指向 X 射线源,因此尽管是长的像素结构,闪烁体仍旧没有出现视差模糊。

把 X 射线转变成更有用的可见光信号仅仅是一项挑战。在照相中,通常随着帧速率上升要求更高的灵敏度,但是现在可用仪器的灵敏度都是随着帧速率上升而下降,所以必须制造灵敏度更高的探测器。

美国 LANL 使用了很多诀窍来制造这样的探测器。使用一种定制的 $f_{1.0}$ 透镜尽可能多地收集闪烁体发出的光并把光聚焦在最大最灵敏的光学记录设备上,这种设备称为天文级的电荷耦合器件。这种器件非常类似于哈勃太空望远镜上使用的 CCD 器件。但即使是这种设备,其灵敏度也还是不够高,所以必须在一个阵列屏上使用多个照相机。如图 4.23 所示,DARHT 第一轴照相机包括闪烁体、反射镜和 5 个捕捉闪烁体光线的光学透镜/CCD 系统。具有重叠视场特性的多个照相机可以完整地对闪烁体成像,其几何失真不超过 1%,并且要用液氮冷却 CCD 以把电噪声减少到几个电子的水平。LANL 有特殊的照相机系统,其灵敏度很容易超过胶片灵敏度的 100 倍,吸收 X 射线的效率也超过胶片的 40 倍。在 DARHT 第一轴上正在使用这种系统。

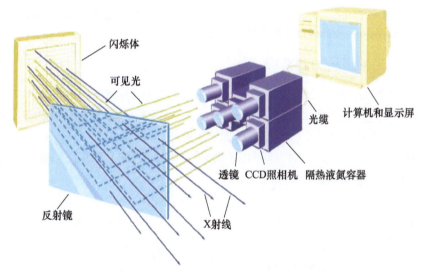

图 4.23　DARHT 第一轴照相机

美国 LANL 的研究人员使用 LANL 和麻省理工学院林肯实验室特别为 DARHT 第二轴联合开发的具有独特结构的 CCD 来获得多幅图像。这是一种芯片结构,保留了大格式、低噪声和天文级 CCD 灵敏度的特点,能在 2×10^6 帧/s 的速率下记录 4 幅图像。由于在这么高的照相速率下没有足够时间把数据导出芯片,因此每幅图像的信息必须储存在原来各自的像素上,等到爆炸试验结束后再读出数据。

新一代的照相机(MOXIE)将使用一种新技术[22]:每个像素使用一个雪崩型光电二极管来收集闪烁体发出的光,经过放大后导向一个专门的高速数字转换器。虽然这种方法要求更大更复杂的电子封装,但是能得到更令人惊异的性能。虽然 PHERMEX 已经能在 500kHz 照相速率下拍摄 2 帧图像,DARHT 也能在 2MHz 速率下拍摄 4 帧图像,但 MOXIE 将能在 20MHz 速率下拍摄上千帧图像,其实物如图 4.24 所示。

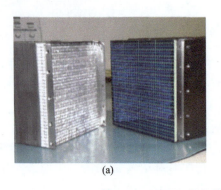 

图 4.24 MOXIE 相机的实物图

(a)LSO 阵列和探测器阵列;(b)电子学器件。

4.4 可见光的输运特性

利用蒙特卡罗方法可以直接模拟高能 X 射线与物质相互作用过程,但是从荧光增感屏和闪烁晶体中发射的光学光子的能量只有几个电子伏,远低于通用的蒙特卡罗程序中光子的截断能量 1keV,所以必须单独编制能够模拟可见光光子输运的蒙特卡罗程序[23-25]。

4.4.1 可见光输运的物理建模

理论上,只要知道了光学光子在传播过程中的物理行为,就可以利用蒙特卡罗方法对光学光子的输运过程进行模拟。一般情况下,可见光的波长远小于荧光增感屏或闪烁晶体的尺寸,关于可见光光子输运的计算可以在几何光学的基础上进行。这样可见光光子从光源出发,沿某方向向前传输,就可以看作三维空间中的一条射线。根据蒙特卡罗方法,对光学光子的随机输运过程描述如下:

1)光子的初始状态

给定光子的初始位置,点光源发出的光子在 4π 立体角内均匀分布,光子的飞行方向 $\boldsymbol{\Omega}(u,v,w)$ 可表示为

$$\begin{cases} u = \sin\theta\cos\varphi = \sqrt{1-(2\xi_1-1)^2}\cos(2\pi\xi_2) \\ v = \sin\theta\sin\varphi = \sqrt{1-(2\xi_1-1)^2}\sin(2\pi\xi_2) \\ w = \cos\theta = 2\xi_1 - 1 \end{cases} \tag{4.37}$$

其中,ξ_1 和 ξ_2 为 $[0,1]$ 区间的随机数。

2)碰撞位置的计算

设可见光光子的当前位置为 $\boldsymbol{r}_0(x_0,y_0,z_0)$,飞行方向为 $\boldsymbol{\Omega}$,则下一个碰撞点的位置 $\boldsymbol{r}_1(x_1,y_1,z_1)$ 可以表达为

$$\boldsymbol{r}_1 = \boldsymbol{r}_0 + R\boldsymbol{\Omega} \tag{4.38}$$

在笛卡儿坐标系中表示为

$$\begin{cases} x_1 = x_0 + Ru \\ y_1 = y_0 + Rv \\ z_1 = z_0 + Rw \end{cases} \tag{4.39}$$

式中：R 为光子在相邻两次碰撞间行走的距离。

碰撞后，光子的散射方向由碰撞点处散射角的方向余弦描述。在球坐标系下，光子碰撞后，散射方向与碰撞前的飞行方向夹角由方位角 φ 和散射角 θ 确定，通过坐标变换，当 $-1 < w < 1$ 时，光子飞行的新方向用方向余弦表示为

$$\begin{cases} u' = \sqrt{\dfrac{1-\mu^2}{1-w^2}}(v\cos\varphi + uw\sin\varphi) + u\mu \\ v' = \sqrt{\dfrac{1-\mu^2}{1-w^2}}(-u\cos\varphi + vw\sin\varphi) + v\mu \\ w' = -\sqrt{(1-w^2)(1-\mu^2)}\sin\varphi + w\mu \end{cases} \quad (4.40)$$

式中，方位角 $\varphi = 2\pi\xi(\xi \in [0,1])$ 可通过抽样确定，$\mu = \cos\theta$ 为散射角的方向余弦，满足 Heney-Greenstein 概率分布：

$$p(\cos\theta) = \frac{1-g^2}{2(1+g^2-2g\cos\theta)^{3/2}} \quad (4.41)$$

对 μ 抽样，有

$$\mu = \begin{cases} \dfrac{1}{2g}\left[1+g^2-\left(\dfrac{1-g^2}{1-g+2g\xi}\right)^2\right], & g \neq 0 \\ 2\xi - 1, & g = 0 \end{cases} \quad (4.42)$$

而 g 被称为散射因子，可通过 Mie 散射理论计算得到，$g \neq 0$ 时散射为各向异性，$g = 0$ 时散射为各向同性。

当 $w = \pm 1$ 时，即光子沿 Z 轴正负方向飞行时，碰撞后光子的散射方向为

$$\begin{cases} u' = \sqrt{1-\mu^2}\cos\varphi \\ v' = \sqrt{1-\mu^2}\sin\varphi \\ w' = w\mu \end{cases} \quad (4.43)$$

3）吸收与散射

光子经过距离 R 后不被吸收和不被散射的概率服从指数分布，即

$$P_t = \exp(-R/L_{abs})\exp(-R/L_{scat}) = \exp(-\mu_t R) \quad (4.44)$$

式中：$\mu_t = 1/L_{abs} + 1/L_{scat}$，其中，$L_{abs}$ 和 L_{scat} 分别为荧光增感屏或闪烁晶体的吸收长度和散射长度。

由式(4.44)可知光子经过距离 R 后的散射概率是

$$P_{scat} = 1/(L_{scat}\mu_t) \quad (4.45)$$

把 P_{scat} 与 $[0,1]$ 区间的随机数 ξ 相比较，如果 P_{scat} 小于随机数 ξ，则光子被吸收；否则，光子发生碰撞被散射。

4）相邻两次碰撞事件中光子传播距离的抽样

可见光在介质中的输运长度服从指数分布，由式(4.44)可以对 R 进行抽样，

$$R = \frac{-\ln\xi}{\mu_t} \quad (4.46)$$

式中：ξ 为在 $[0,1]$ 区间均匀分布的随机数。

5) 与界面的作用

光子与荧光增感屏或闪烁晶体表面发生相互作用,光子的行为由界面的性质和反射率决定。介质表面可以分为普通电介质表面(抛光表面)、金属表面、粗糙表面和吸收表面。当光子与介质表面相交时,将会发生全反射、折射、镜面反射、漫反射或吸收等。为了模拟方便,一般在定义几何结构时指定介质表面的反射率 R_{refl}。

对于抛光表面,具体判断光子是反射还是折射出介质表面的规则是:首先把反射率 R_{refl} 与[0,1]区间的随机数 ξ 相比较,若 $R_{refl} < \xi$,则光子被吸收,否则继续判断光子是全反射还是折射。利用 Snell 折射定律可知临界角为

$$\theta_c = \arcsin\left(\frac{n_{out}}{n_{in}}\right) \tag{4.47}$$

如果光子的入射角小于 θ_c,则光子折射出荧光体进入下一个介质,否则被全反射。

对于金属表面,同样由金属表面的反射率判断光子是吸收还是被反射,反射时服从镜面反射规律,即反射角等于入射角。

对于粗糙表面,反射角与入射角无关,遵从 Lambert 定律,即

$$dI(\varphi)/dI(0) = \cos\varphi \tag{4.48}$$

式中:φ 为相对于表面法线方向的反射角。

6) 内俘获

光子可以在介质表面历经多次反射而继续在介质内传播,若超过一定次数,仍没有被吸收、探测或逃逸出当前介质,则杀死该光子,认为光子被内俘获,不再继续追踪该光子的输运。

7) 探测

光子传播过程中入射到设定的探测面上,则认为该光子被检测到。对于屏-片接收系统,认为光子从增感屏的下底面折射出,就算被探测到。

4.4.2 可见光输运的数值模拟程序

根据上述方法,参考美国 Virginia 大学 Frlez 等[26]编制的 Optics 程序,用 Fortran 95 语言开发了模拟可见光输运的蒙特卡罗程序。程序利用模块化思想采用了自上向下的设计模式,可应用于可见光光子在各种形状、各种材料的闪烁体和光导系统(不包括透镜系统)中输运过程的模拟,程序流程如图 4.25 所示。

具体步骤如下:

(1) 生成光子,包括初始位置和方向。

(2) 抽样生成光子的自由程。

(3) 判断光子在传输到这个交点的过程中是否被吸收或者散射。若被吸收,该光子历史终结,返回到(1),继续追踪新光子;否则,继续下一步。

(4) 检查光子飞行方向与预先定义的几何结构是否相交。若不相交,在碰撞点处发生散射,随机抽样光子下一步长的飞行方向,返回到(2);若相交,继续。

(5) 光子传输到与界面的交点处,把抽样得到的光子自由程减去光子传输到界面所走的距离替换为当前自由程。

(6) 查看与界面交点相邻的区域并给出区域号。

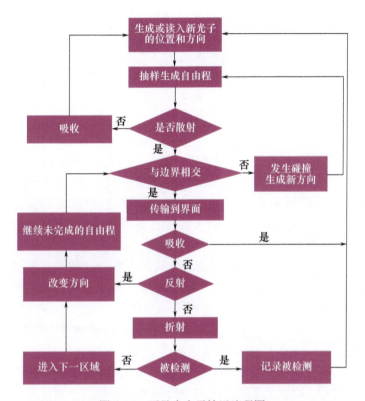

图 4.25 可见光光子输运流程图

(7) 如果下一个区域与光子当前所在区域号不同,查看与光子发生相互作用的表面类型。①如果是吸收表面,停止追踪该光子,把该光子记录为吸收,然后返回步骤(1),开始追踪新光子。②如果是反射表面,首先根据反射率与随机数的比较判断光子吸收与否。若被吸收,把该光子记录为吸收,返回步骤(1);否则,光子留在原区域,并根据反射类型,改变光子方向,返回步骤(4)。③如果表面透明,继续传输,返回到步骤(4)。④当物体表面是抛光表面时,同样根据反射率与随机数的比较判断光子吸收与否。若被吸收,把该光子记录为吸收,返回步骤(1);若没有被吸收,根据 Snell 定律判断光子是反射还是折射。如果光子被反射,由镜面反射规律,改变光子传播方向,返回到步骤(4);如果是折射,进入下一个区域。

(8) 如果新区域不是检测面,光子从步骤(4)开始继续传输;否则,记录光子被探测。

4.4.3 数值模拟程序的验证

为了验证程序的正确性,模拟了掺杂稀土元素 Tb 的荧光屏 $Gd_2O_2S:Tb$ 的可见光收集效率。可见光的收集效率被定义为在出射面上被探测到的光学光子数除以光源产生的总光学光子数,即

$$\eta_C = \frac{N_G - N_A - N_{OS} - N_T}{N_G} \quad (4.49)$$

式中:N_G 为光源产生的总光学光子数;N_A 为被吸收了的光学光子数;N_{OS} 为由于散射损失掉的光学光子数;N_T 为从荧光屏其他表面透射出的光子数。

在计算过程中,增感屏上表面反射层设为金属材料,光子到达上表面时,或者被金属吸收,或者被金属反射,没有光子透射,因此式(4.49)中的 $N_T=0$。反射回增感屏的光子可被增感屏再次吸收,金属表面的反射率取 0.5。

荧光颗粒之间的距离大约为 $25\mu m$,可见光光子在荧光颗粒间来回散射,所以式(4.44)中的散射长度 L_{scat} 取为 $25\mu m$。光子在增感屏内的吸收长度由经验系数和实验数据的拟合得到,大约为 4cm。增感屏的折射率取为 2.4。这个值决定了光子入射到增感屏下表面时的命运。

模拟中把荧光屏分为 10 层,在每层的中心设有一点光源,点源的光子数目设为 10 万个,图 4.26 给出了不同厚度荧光屏和光源位置对可见光收集效率的影响规律。需要指出的是,计算用到的反射层的反射率,增感屏的吸收长度、散射长度和折射率都取自文献[27],因为文献[27]的模拟结果与实验上的测量结果符合很好。计算过程中不考虑 X 射线与增感屏的相互作用,也不考虑可见光的波长转化问题。

图 4.26(a)显示了可见光的收集效率随增感屏厚度变化的关系。当增感屏的厚度小于 0.5mm 时,可见光的收集效率随着增感屏厚度增加缓慢提高;增感屏的厚度为 0.5mm 时,可见光的收集效率最大;当增感屏的厚度大于 0.5mm 时,光子在增感屏内被再吸收的概率增大,收集效率随增感屏厚度增加而迅速减小。当增感屏的厚度为 3mm 时,只有 14.6% 的光子能够逃出增感屏。这些结果符合文献[27]对实验结果的分析。可见光的收集效率不仅与增感屏的厚度有关系,而且强烈依赖于光源在增感屏中的位置。图 4.26(b)给出了不同厚度的增感屏内光源的位置对可见光收集效率的影响。以 1mm 厚的增感屏为例,容易看到,靠近增感屏上表面的第一层,只有 4.5% 的可见光可以折射出下表面而被探测,而最下部紧邻出射面的第十层,可见光的收集效率可达 70.2%。增感屏厚度为 2mm 时,紧贴反射层的第一层中的点光源只有 1.23% 的光子被收集,说明继续增加增感屏的厚度,增感屏上部的光源对可见光的输出几乎不再起作用。计算的 1mm 厚增感屏各层的可见光收集效率与文献[28]的模拟结果吻合得很好。

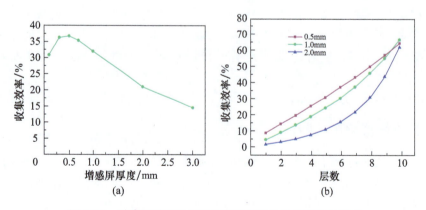

图 4.26 增感屏厚度与光源位置对可见光收集效率的影响

增感屏厚度不仅对可见光的收集效率影响很大,还影响光源的扩展。图 4.27 给出了不同厚度的增感屏的 LSF 和 MTF。当增感屏的厚度为 0.5mm 时,LSF 的 FWHM 为 0.34mm,50% MTF 对应的空间频率是 $0.77mm^{-1}$;当增感屏的厚度为 1mm 时,LSF 的 FWHM

为0.44mm,50% MTF 对应的空间频率是 0.53mm^{-1}。比起 0.5mm 厚的增感屏,1mm 厚和 2mm 厚的增感屏的 MTF 迅速下降,这意味着增感屏越厚,光源的扩展越大,空间分辨率越低。

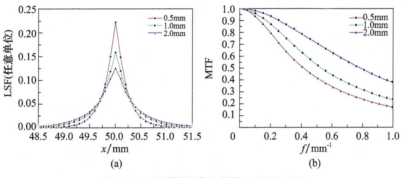

图 4.27　不同厚度荧光屏的 LSF 和 MTF
(a)LSF；(b)MTF。

点源位置也影响光源的扩展。依次选取 1mm 厚的增感屏内第一、第四、第七和第十层中的点光源,考察其在出射面上的扩展,结果如图 4.28 所示。

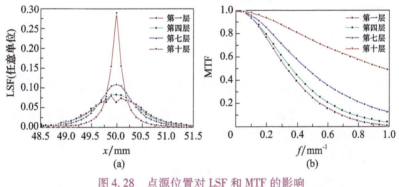

图 4.28　点源位置对 LSF 和 MTF 的影响
(a)LSF；(b)MTF。

由图 4.28 可以看到光源位置越接近出射面(如第十层中的点光源),LSF 峰值越陡,MTF 下降得越慢,说明光学模糊越小,空间分辨率越高;而离出射面远的光源(如第一层),LSF 分布平坦,MTF 随着空间频率增大下降很快,当空间频率为 1.0mm^{-1} 时,MTF 已接近于 0,显示空间分辨率迅速降低。由于位于增感屏上部的光源发射的光子被收集的效率比较低,因此第一和第四层点光源的 LSF 扩展几乎相同。

4.5　接收系统成像性能的数值模拟

4.5.1　图像接收系统中的能量沉积

4.5.1.1　图像接收系统中能量沉积的计算方法

研究探测器(或图像接收系统)对 X 射线的响应特性的一个主要方法是计算探测器中沉积的能量及其分布。探测器的能量沉积主要归结为光子与材料相互作用产生的次级电子在探测器中的能量损失,这就涉及次级电子的产生和输运计算。电子输运过程十分复杂,为了减少计算量,普遍采用 Berger 提出的浓缩历史方法[29]。应用浓缩历史方法来模拟带电粒子输运能否得出理想的结果,主要取决于对粒子历史阶段的划分是否合理,也取决于各历史阶段中所采取的统计理论是否合适。目前常用的浓缩历史方法包括两类:能量对数分割法和大碰撞分割法。针对碰撞能量损失,能量对数分割法根据理论和经验修正的能量损失来计算每个电子步末端主电子的能量,统计上能量是守恒的,模拟程序有 ETRAN[30]、ITS[31]、MCNP 等。大碰撞分割法根据次级电子的产生来决定主电子的能量,统计上不能保证能量守恒,模拟程序有 EGS、FLUKA[32]、GEANT 等。

Schaart 等[33]对 MCNP 的能量沉积记录方式*F8 进行了十分详细的分析,指出了其存在的两个主要问题:一是为了得到探测器的能量沉积分布,需要不断地将探测器几何划分为具有更小体积的体素,这样在小体素边界处不断切断电子径迹,从而影响电子输运;二是当体素尺寸小于电子射程的 10% 左右时,多次散射理论可能失效,采用*F8 计数会产生较大误差。

为了克服上述缺点,Schaart 等提出采用 MCNP 的 F4 记录可以得到正确的能量沉积。F4 记录是径迹长度估计,结合电子的碰撞阻止本领同样可以得到电子在探测器中的能量沉积。采用 F4 记录的好处是可以用段记录方式计算探测器中的能量沉积密度(单位质量上沉积的能量,单位为 MeV/g)分布,其计算公式为

$$E_D = \int_\Delta^\infty \Phi(E) \frac{1}{\rho} L_\Delta(E) dE + E_\Delta \quad (4.50)$$

式中:$\frac{1}{\rho} L_\Delta(E) = \left(-\frac{1}{\rho}\frac{dE}{ds}\right)_\Delta$ 为限制质量电子阻止本领,即质量电子阻止本领的一部分,仅包括因碰撞损失的能量小于截断能 Δ 的那些质量电子阻止本领部分;$\Phi(E)$ 为电子通量谱;E_Δ 为径迹末端单位质量沉积的能量(MeV/g)。

电子阻止本领为

$$\left(-\frac{dE}{ds}\right)_\Delta = \frac{\rho N_A \overline{Z} C}{M_A}\left\{\ln\left[\frac{\kappa^2(\kappa+2)}{2I^2/(m_e c^2)^2}\right] + F^-(\kappa,\eta) - \delta\right\} \quad (4.51)$$

式中:$\eta = \Delta/E$;$\rho N_A/M_A$ 为原子密度,其中,N_A 为阿伏伽德罗常数,M_A 为摩尔质量;$\overline{Z} = \sum(w_i Z_i A_i)/\sum(w_i A_i)$ 为材料的平均原子序数,其中,Z_i 为材料的第 i 种元素的原子序数,w_i 为第 i 种元素的权重,A_i 为原子量;I 为材料的电离能(MeV);$\kappa = E/(m_e c^2)$,其中,$m_e c^2$ 为电子的静止质量;$C = 2\pi m_e c^2 r_e^2/\beta^2$,其中,$\beta = \sqrt{1-\left(\frac{1}{\kappa+1}\right)^2}$,$r_e$ 为电子的经典半径;δ 为密度效应校正系数。

$$F^-(\kappa,\eta) = -1 - \beta^2 + \frac{\kappa^2}{(\kappa+1)^2}\frac{\eta^2}{2} + \frac{2\kappa+1}{(\kappa+1)^2}\ln(1-\eta) + \ln[4\eta(1-\eta)] + \frac{1}{1-\eta} \quad (4.52)$$

这样,在采用 F4 记录时,可以将下式看成 F4 记录的响应函数,即

$$f(E) = \frac{1}{\rho} L_\Delta(E) \quad (4.53)$$

假定 $E_n(n=0,1,\cdots,N)$ 为第 n 步末端的电子能量,于是有

$$f(E) = \begin{cases} \dfrac{1}{\rho} L_\Delta(kE_0), & n=0 \\ \dfrac{1}{\rho} L_\Delta(kE_{n-1}), & 0 < n \leqslant N-1 \\ \dfrac{1}{\rho} L_\Delta(kE_{n-1}) + \dfrac{E_N}{s_{N-1}}, & N-1 \leqslant n \leqslant N \end{cases} \quad (4.54)$$

式中：E_0 为电子的最大能量；E_N 为电子的截断能量；s_{N-1} 为以 g/cm² 为单位的 $N-1$ 步路程长度；通常选择 $k = E_n/E_{n-1} = 2^{-1/8}$，使得电子每一步的能量损失约为 8.3%。

值得注意的是，在能量 E_{N-1} 处，$f(E)$ 有两个值，这是从能量守恒的角度对最后一个电子步的响应函数进行修正。式(4.54)中第三式右边第一项是对式(4.50)中 E_Δ 的修正，第二项是对光子截断能量的修正。

4.5.1.2 模拟结果与实验结果的比较

为了说明能量沉积记录方式的正确性，开展了相应的检验工作。实验上将一10mm厚的 Ta 板紧贴屏-片系统进行闪光照相，得到一幅实验图像，如图 4.29 所示。

图 4.29 Ta 屏实验图像

利用预抽样方法可以获得 Ta 板边的光学密度分布。采用蒙特卡罗方法模拟该实验布局下胶片乳剂中的能量沉积分布，根据屏-片系统成像原理，可以得到对能量沉积取对数以后的空间分布。然后分别进行误差函数 $y = y_0 + a \operatorname{erf}[b(x - x_0)]$ 拟合，如图 4.30 所示。

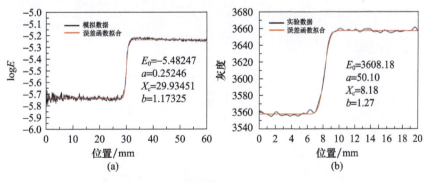

图 4.30 Ta 板边扩展及其误差函数拟合
(a)模拟结果；(b)实验结果。

通过比较拟合参数 b 的值就可以判断模拟得到的边扩散与实际边扩散之间的差异,因为线扩散的 FWHM 等于 $2\sqrt{\ln 2/b}$。因此,b 越大说明边扩散越小,反之亦然。注意,由于 Ta 板较厚,实验得到的结果并不能表征屏-片系统的分辨率,主要原因是这么厚的重金属板会产生大量的散射 X 射线,而散射 X 射线不会垂直入射到屏-片系统上,具有一定的角度,从而使边扩散增大。进行该实验的目的是检验上述探测器模拟方法的正确性,通过比较实验得到的边扩散与模拟得到的边扩散,可以说明程序在能量沉积模拟方面的正确性。

由图 4.30 可知,采用蒙特卡罗模拟得到的边扩散程度与实验结果比较接近,两者相差不到 8%,说明上面给出的能量沉积计算方法是正确的。模拟的边扩散程度比实验结果略大的主要原因是实验布局中在靠近光源处设置了吸收板(目的是使探测平面上的 X 射线强度位于特性曲线的线性区),使得成像平面上 X 光子能谱较硬,低能光子较少,造成边扩散范围变窄。

利用蒙特卡罗的直接记录方式和径迹长度估计方式分别计算了 TX 底片乳剂中的能量沉积与金属增感屏厚度的关系,结果如图 4.31 所示。

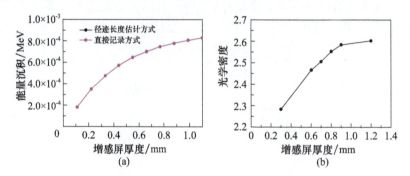

图 4.31 底片乳剂中的能量沉积与增感屏厚度的关系
(a)模拟结果;(b)实验结果。

由图 4.31 可知,采用两种记录方式得到的结果类似,而且与实验结果的位形基本一致。随着增感屏厚度的增加,底片乳剂中沉积的能量也增加,当增感屏厚度较大时(如 0.8mm),乳剂中沉积的能量不会显著增加。实际上,更关心光子入射点处乳剂的能量沉积是否随增感屏厚度的增加而增加。为了说明这一点,计算了该处沉积的能量密度与增感屏厚度的关系,同时也计算了该处增感屏出射的电子通量,计算结果如图 4.32 所示。

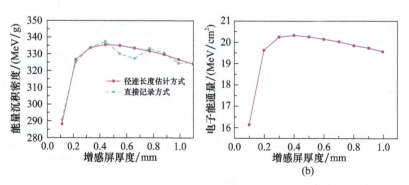

图 4.32 直穿光子入射点处的能量沉积密度及屏出射的电子能通量与屏厚的关系
(a)能量沉积密度;(b)电子能通量。

从图 4.32 可以看出，能量沉积直接记录方式在局部能量沉积计算方面会产生比较大的奇异性。能量沉积密度分布主要由金属增感屏出射的电子通量分布决定，当金属增感屏厚度为 0.4mm 时，光子入射点处乳剂中的能量沉积密度最大。由此可以看出，宏观上对于胶片乳剂中的能量沉积两种记录方式没有太大的差别，但在局部能量沉积方面，使用径迹长度估计方式产生的误差比使用直接记录方式产生的误差要小，更有利于深入研究成像探测器的响应特性。

4.5.2 屏－片接收系统的数值模拟

4.5.2.1 荧光增感屏点扩展函数的解析推导

对屏－片接收系统进行数值模拟，首先需要明确 X 射线与屏－片系统发生了哪些物理作用。无论低能 X 射线还是高能 X 射线，促使荧光物质发生荧光现象的机理都是在荧光物质中沉积能量，促使荧光物质的电子激发到较高能态，在荧光物质的退激过程中发射出大量的紫外光子或者光学光子。

由于屏－片接收系统的点扩展函数几乎完全取决于荧光增感屏的特性，为模拟方便，一般只考虑荧光增感屏出射面上的光子分布而不考虑胶片的作用。用蒙特卡罗方法对 X 射线与屏－片系统的作用进行模拟，模拟用的模型如图 4.33 所示。数值模拟关心的物理量主要是屏－片接收系统的模糊大小即空间分辨能力，以及 DQE 即检测图像信号的能力。

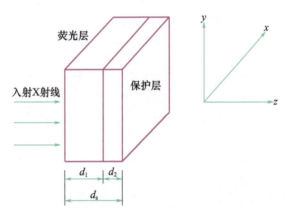

图 4.33 计算荧光屏点扩展函数的简单模型

假定荧光屏对可见光是透明的，而且其前表面不会产生反射。根据到达荧光屏的 X 射线光子通量(光子数/cm^2)计算乳胶平面所产生的光学光子通量(光子数/cm^2)，就可以用解析的方法得到荧光屏的点扩展函数 PSF(x,y) 的表达式：

$$\text{PSF}(x,y) = \frac{\mu m}{4\pi} \int_0^{d_1} \frac{\exp(-\mu z)\cos\theta}{x^2 + y^2 + (d_s - z)^2} \mathrm{d}z \tag{4.55}$$

式中：μ 为荧光屏对 X 射线的线衰减系数；m 为每吸收一个 X 射线光子所发出的光学光子数；θ 为光学光子的出射点与 X 光子入射方向的夹角。

再假定 X 射线光子被吸收的概率与它在屏中的穿透深度无关，而是一个常数。当荧光屏足够薄时，可以做这样的假定：对于所有的 z，$\exp(-\mu z) \approx 1$。

因此，PSF(x,y)可简化为

$$\text{PSF}(x,y) = \frac{\mu m}{4\pi} \int_0^{d_1} \frac{d_s - z}{[x^2 + y^2 + (d_s - z)^2]^{3/2}} dz \quad (4.56)$$

进一步积分可得

$$\text{PSF}(x,y) = \frac{\mu m}{4\pi} \left[\frac{1}{(x^2 + y^2 + d_2^2)^{1/2}} - \frac{1}{(x^2 + y^2 + d_s^2)^{1/2}} \right]$$

$$= \frac{\mu m}{4\pi} \left[\frac{1}{(r^2 + d_2^2)^{1/2}} - \frac{1}{(r^2 + d_s^2)^{1/2}} \right] \quad (4.57)$$

式中，$r = \sqrt{x^2 + y^2}$，$d_s = d_1 + d_2$。这是一个用简单模型推导出的结果，但是这个结果同实际观察到的情形十分接近，由式(4.57)计算的点扩展函数如图4.34(a)所示。

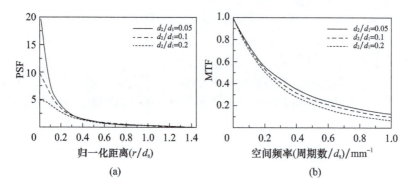

图4.34 荧光屏在不同保护层厚度 d_2 下的 PSF 和 MTF

(a) PSF；(b) MTF。

计算 PSF(x,y)时，已假定模型具有圆对称性，所以根据式(4.57)可以求得荧光屏在 $f=0$ 处进行归一化的 MTF，即

$$\text{MTF}(f) = \frac{\exp(-2\pi f d_2)[1 - \exp(-2\pi f d_1)]}{2\pi f d_1} \quad (4.58)$$

式(4.58)的 MTF(f)如图4.34(b)所示。可以看出，荧光屏的 MTF 随空间频率的升高而迅速下降。

式(4.57)和式(4.58)的结果是假定荧光屏对可见光既无吸收也无散射的理想情况下得出的结果。真实的情况是荧光屏对于可见光既有吸收也有散射。此时，不能再用解析的方法来计算荧光屏的空间分辨率。

在辐射成像中，荧光屏的模糊包含两部分：一是入射 X 射线能量沉积引起的扩展；二是能量沉积点处光学光子的扩散造成的模糊。如果屏-片系统是一个线性成像系统（一般情况下，近似成立），那么总的模糊应是这两部分模糊在空间的卷积[35]。

在实际模拟过程中，往往沿着 z 轴把荧光屏划分为 N 层（如10层）等厚度的薄层，沿着径向 r 选取某一尺寸（如0.005cm）记为一个像素。用蒙特卡罗方法可以得到 X 射线束在每一层内的能量沉积分布PSF$^{\text{energy}}(r,z_i)$。把 X 射线束在磷光屏的平均能量沉积分布定义为

$$\langle \text{PSF}^{\text{energy}} \rangle = \frac{1}{N} \sum_{i=1}^{N} \text{PSF}^{\text{energy}}(r,z_i) \quad (4.59)$$

记第 z_i 层的点光源的点扩展函数为PSF$^{\text{opt}}(r,z_i)$，假设增感屏系统是一个线性成像系统，

则增感屏总的点扩展函数可以认为是磷光屏的能量沉积分布与光学点扩展函数的卷积：

$$\mathrm{PSF}(r) = \frac{\sum_{i=1}^{N}\int_{0}^{\infty}\mathrm{d}r'\,\mathrm{PSF}^{\mathrm{energy}}(r',z_i)\,\mathrm{PSF}^{\mathrm{opt}}(r-r',z_i)w_{z_i}}{\sum_{i=1}^{N}w_{z_i}} \quad (4.60)$$

由于可见光的光学扩展是点源位置的函数，荧光屏内不同深度处的点光源对总的光学扩展函数贡献不同，因此需要对每层的光学点扩展函数进行加权处理，w_{z_i} 为权重因子，它在这里定义为从第 z_i 层收集到的可见光子数与第 z_N 层收集到的可见光子数之比。为避免式(4.60)中的卷积运算，利用二维傅里叶变换与汉克尔变换的关系，可以得到

$$\mathrm{HPSF}^{\mathrm{energy}}(f,z_i) = 2\pi\int_{0}^{\infty}\mathrm{d}r\,\mathrm{PSF}^{\mathrm{energy}}(r,z_i)\mathrm{J}_0(2\pi fr)r \quad (4.61)$$

$$\mathrm{HPSF}^{\mathrm{opt}}(f,z_i) = 2\pi\int_{0}^{\infty}\mathrm{d}r\,\mathrm{PSF}^{\mathrm{opt}}(r,z_i)\mathrm{J}_0(2\pi fr)r \quad (4.62)$$

式(4.61)、式(4.62)中的 $\mathrm{J}_0(2\pi fr)$ 是第一类 0 阶贝塞尔函数。再利用汉克尔逆变换就可以得到增感屏系统的点扩展函数：

$$\mathrm{PSF}(r) = \frac{\sum_{i=1}^{N}\int_{0}^{\infty}\mathrm{d}f\,\mathrm{HPSF}^{\mathrm{energy}}(f,z_i)\,\mathrm{HPSF}^{\mathrm{opt}}(f,z_i)w_{z_i}\mathrm{J}_0(2\pi fr)f}{\sum_{i=1}^{N}w_{z_i}} \quad (4.63)$$

4.5.2.2 米氏散射理论

可见光在均匀介质中与球形颗粒碰撞后的散射和吸收可以用米氏(Mie)散射理论描述。米氏散射理论是 Mie 通过对定态电磁波的麦克斯韦方程组的求解，得到的在均匀介质中可见光碰到球形粒子平面波散射的精确解。按照 Bohren 和 Huffman[36]的写法，可见光与球形粒子碰撞，散射效率和湮灭效率因子写为

$$Q_\mathrm{s} = \frac{2}{x^2}\sum_{n=1}^{N}(2n+1)(|a_n|^2+|b_n|^2)$$
$$Q_\mathrm{e} = \frac{2}{x^2}\sum_{n=1}^{N}(2n+1)\mathrm{Re}(a_n+b_n) \quad (4.64)$$

其中

$$a_n = \frac{x\psi_n(x)\psi_n'(y)-y\psi_n'(x)\psi_n(y)}{x\zeta_n(x)\psi_n'(y)-y\zeta_n'(x)\psi_n(y)}$$
$$b_n = \frac{y\psi_n(x)\psi_n'(y)-x\psi_n'(x)\psi_n(y)}{y\zeta_n(x)\psi_n'(y)-x\zeta_n'(x)\psi_n(y)} \quad (4.65)$$

式中：$x = \pi dn_{\mathrm{medium}}/\lambda$ 被称为粒径参数，其中，d 为散射颗粒的直径，n_{medium} 为散射颗粒周围介质的折射率，λ 为可见光在真空中的波长；$y = mx$，$m = n_{\mathrm{grain}}/n_{\mathrm{medium}}$ 为散射颗粒相对于周围介质的复折射率。

$\psi_n(z)$ 和 $\zeta_n(z)$ 为 Riccati-Bessel 函数，它们与第一类球贝塞尔函数 $\mathrm{j}_n(z)$ 和第二类球贝塞尔函数 $\mathrm{y}_n(z)$ 的关系为

$$\psi_n(z) = z\mathrm{j}_n(z)$$
$$\zeta_n(z) = z\mathrm{j}_n(z) + \mathrm{i}z\mathrm{y}_n(z) \quad (4.66)$$

$\psi_n(z)$ 和 $\zeta_n(z)$ 均满足下面的迭代关系式:

$$R_{n+1}(z) = \frac{2n+1}{z}R_n(z) - R_{n-1}(z) \tag{4.67}$$

由式(4.64)可见,米氏散射系数是一振荡函数,对参数比较敏感,需要对无穷项求和并判断收敛条件。

最终,可见光的吸收系数 m_{abs} 和散射系数 m_{scat} 可以写为[37]

$$m_{abs} = V_d A Q_a$$
$$m_{scat} = V_d A Q_s \tag{4.68}$$

式中: $Q_a = Q_e - Q_s$, V_d 为散射介质的体积密度; A 为散射颗粒的几何截面。

光子散射后散射角余弦的平均值,被称为各向异性因子,用符号 g 表示:

$$g = \frac{\int_0^\pi 2\pi S_{11}(\theta)\cos\theta\sin\theta d\theta}{\int_0^\pi 2\pi S_{11}(\theta)\sin\theta d\theta} \tag{4.69}$$

式中, $S_{11}(\theta)$ 与振幅函数 $S_1(\theta)$ 和 $S_2(\theta)$ 相关:

$$S_{11}(\theta) = \frac{1}{2}(|S_1(\theta)|^2 + |S_2(\theta)|^2) \tag{4.70}$$

振幅函数 $S_1(\theta)$ 和 $S_2(\theta)$ 可以用连带勒让德(Legendre)函数 π_n 和 τ_n 表示为

$$S_1(\theta) = \sum_{n=1}^\infty \frac{2n+1}{n(n+1)}(a_n\pi_n + b_n\tau_n)$$
$$S_2(\theta) = \sum_{n=1}^\infty \frac{2n+1}{n(n+1)}(b_n\pi_n + a_n\tau_n) \tag{4.71}$$

π_n 和 τ_n 仅与散射角 θ 有关, $\pi_0 = 0$, $\pi_1 = 1$, 并且满足下列关系式:

$$\pi_n = \frac{2n-1}{n-1}\cos\theta\pi_{n-1} - \frac{n}{n-1}\pi_{n-2}$$
$$\tau_n = n\cos\theta\pi_n - (n+1)\pi_{n-1} \tag{4.72}$$

米氏散射系数是利用电磁波理论计算光与物质相互作用得到的严格的数学解,利用米氏散射系数可以实现对粒状磷光增感屏的精确模拟。根据米氏散射理论可以计算得到一定波长的光在物质中传播时的散射效率和湮灭效率,由此可以进行光散射传导的仿真模拟,实现对增感屏的理论预先研究。

4.5.2.3 金属-荧光增感屏输运过程的数值模拟

高能 X 射线在金属增感屏中的主要作用是康普顿散射和对生成效应。通过康普顿散射和对生成效应产生的次级电子会穿过金属板进入荧光增感屏,在荧光增感屏中沉积能量产生荧光,少部分电子也会穿过荧光增感屏进入胶片直接使胶片感光。

金属-荧光增感屏几何模型如图 4.35 所示,金属增感屏和荧光增感屏均为柱体结构,一窄束 6MeV 单能 X 射线垂直入射到钨的表面,X 射线束半径设为 0.001cm。X 光子可以与钨板或荧光屏发生相互作用沉积能量,在荧光屏内沉积能量的一部分转化成可见光。Kausch[27] 的研究结果表明1mm 厚的钨和1mm 厚的 GOS 荧光屏无论从检测量子效率还是从空间分辨率来说都是一个不错的配置。模拟的 GOS 颗粒尺寸分别取为 4μm、7μm 和 10μm,GOS 的密度取为 7.34g/cm³,当颗粒堆积密度分别为 50%、70% 和 85% 时,对应的约化密度分别为 3.67g/cm³、5.14g/cm³ 和 6.24g/cm³。

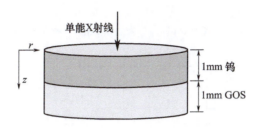

图 4.35 金属 – 荧光增感屏几何模型

荧光层一般由约 10μm 的荧光颗粒组成,被一种黏结剂黏结在一起。荧光屏的厚度应根据成像要求和目的而定。所用的黏结剂可以是透明的,以增强输出的光量;也可以是一种能吸收光的燃料,以减少光线的扩展。荧光物质填料比(packing density)被定义为荧光层中实际含有的荧光晶体所占有的体积百分比,通常为 50%。可见光在荧光屏传播过程中不仅会受到荧光颗粒的散射和吸收,也会在荧光层的表面发生反射和(或)折射现象。利用模拟可见光输运的蒙特卡罗方法就可以对可见光光子在荧光层中的传播行为进行数值模拟[38]。

为了描述荧光层对 X 射线的吸收能力和把 X 射线转换成可见光的效率,需要用到几个参数,介绍如下:

(1) 荧光屏的涂层重量(coating weight)W 定义为

$$W = d_1 \rho f \tag{4.73}$$

W 与荧光屏的厚度 d_1、密度 ρ 和填料比 f 相关。

(2) 荧光屏的阻止本领定义为 X 射线光子中被荧光屏吸收掉的光子数占入射光子数的比例。

(3) 荧光屏的能量吸收效率则定义为荧光屏吸收的初始辐射能与入射的 X 射线能量之比。

(4) 荧光物质把入射的 X 射线转换为光学光子的过程存在一个固有效率 η_{inh},定义为它发射的光学光子的平均能量 $\overline{E}_p$ 与吸收的 X 射线能量 E_{abs} 的比值:

$$\eta_{inh} = \frac{m \overline{E}_p}{E_{abs}} \tag{4.74}$$

式中:m 为生成的光学光子数。

商业上常用的 $Gd_2O_2S:Tb$ 荧光屏的固有效率约为 0.15。

有了这些参数的定义,就可以对荧光屏进行数值模拟。模拟需要的荧光屏对光学光子的吸收系数和散射系数,可以从实验测量中得到,对于球形荧光颗粒均匀分布在黏结体的理想情况,可以从米氏理论出发计算得到。基于米氏散射理论,可以计算得到荧光增感屏在不同颗粒尺寸和不同颗粒堆积密度情况下的散射系数和吸收系数。这样,既可以通过理论预先研究来模拟粒状荧光增感屏的内禀参数对其光学性能的影响,也可以避免在实验测量荧光增感屏的散射系数和吸收系数的过程中由于受实验技术和拟合方法的影响出现同一种荧光材料测得的数据不同的情况。

表 4.7 给出了应用米氏散射理论得到的一些主要物理参数。从表中可以得知荧光颗

粒越小,吸收系数和散射系数越大,以 50% 的荧光颗粒堆积密度为例,GOS 颗粒直径等于 4μm 时,吸收系数和散射系数分别为 0.281cm^{-1} 和 4160cm^{-1},而 GOS 颗粒直径等于 10μm 时,吸收系数和散射系数分别为 0.0244cm^{-1} 和 198cm^{-1},比前者要小一个量级。

表 4.7　米氏散射理论得到的参数($\lambda = 545\text{nm}$)

荧光颗粒直径/μm	堆积密度	x	m_{abs}/cm^{-1}	m_{scat}/cm^{-1}	g
4	50%	31.2	0.281	4160	0.73
4	70%	31.2	0.394	5820	0.73
4	85%	31.2	0.479	7080	0.73
7	50%	54.6	0.182	2173	0.74
7	70%	54.6	0.255	3047	0.74
7	85%	54.6	0.309	3697	0.74
10	50%	78.0	0.0244	198	0.73
10	70%	78.0	0.0342	278	0.73
10	85%	78.0	0.0415	337	0.73

图 4.36 描述了荧光屏内不同位置处可见光收集效率随 GOS 颗粒直径和颗粒堆积密度变化的情况。当 GOS 颗粒直径分别为 4μm 和 7μm 时,如图 4.36(a) 和图 4.36(b) 所示,荧光颗粒堆积密度高的,相同位置的光源可见光的收集效率低。这是因为随着颗粒堆积密度增大,可见光吸收系数也增大,被衰减的光子数增多。

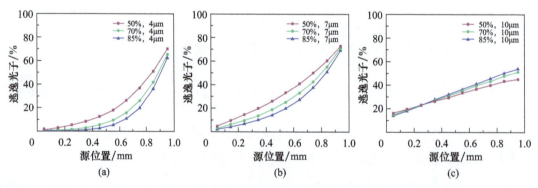

图 4.36　可见光收集效率随荧光颗粒尺寸和颗粒堆积密度变化关系
(a) 颗粒直径为 4μm;(b) 颗粒直径为 7μm;(c) 颗粒直径为 10μm。

然而,图 4.36(c) 与 (a) 和 (b) 相比却表现出相反的特征。当 GOS 颗粒直径等于 10μm 时,位于荧光屏上部的光源(即 $z_i < 4$)符合上面的分析。但荧光屏下部的光源可见光收集效率随 GOS 颗粒堆积密度的增大而增大。这是因为 GOS 颗粒直径为 10μm 时,可见光在荧光屏内的吸收平均自由程可达几十厘米,增感屏厚度只有 0.1cm,可见光在荧光屏内的衰减很少,而这时的散射平均自由程也达几十微米,要比前两种情况高一个量级。对于厚度一定的荧光屏,由于散射和吸收的竞争,导致距探测面近的光源的可见光收集效率随荧光颗粒堆积密度的增大而增大。

在图 4.36(c) 中,可见光收集效率随光源位置的变化几乎是线性关系,而图 4.36(a) 和 (b) 中,可见光收集效率先缓慢增大然后迅速上升。小颗粒直径的荧光屏上部的光源如第一层中的点光源,可见光收集效率极低,不超过 5%。造成这一现象的原因有两个:首先,荧光屏上部光源发射的可见光光子,距离荧光层和金属板的交界面很近,光子很容易传输到荧光屏的上底面被吸收掉;其次,小的荧光颗粒对可见光的散射系数大,散射平均自由程小,荧光屏上部发射的可见光光子距探测面较远,这些光子在没有传播到达探测面之前,就已经被散射了数千次而被吸收或者杀死,没有机会逸出探测面。于是 GOS 颗粒直径为 4μm 时,对应三种不同的颗粒堆积密度,第一层可见光的收集效率仅为 1.1%、0.2% 和 0.06%。相比之下,GOS 颗粒直径为 10μm 时,第一层可见光的收集效率分别为 14.8%、13.5% 和 12.5%。由此可见,对于小颗粒的荧光屏,如果增加荧光屏的厚度(荧光屏厚度大于 1mm),可以预见荧光屏上部发出的可见光对整个荧光屏的荧光产额贡献很小。

图 4.37 给出了 GOS 颗粒直径和堆积密度对钨-GOS 荧光屏组合总的点扩展函数的影响。由图 4.37 可以发现,荧光颗粒尺寸相同时,荧光颗粒堆积密度越大,点扩展函数的 FWHM 越小;荧光颗粒堆积密度相同时,荧光颗粒尺寸越小,点扩展函数的 FWHM 越小。以荧光颗粒直径为 4μm 的情况为例,颗粒堆积密度等于 50% 时,点扩展函数的 FWHM 为 0.47mm,颗粒堆积密度等于 85% 时,点扩展函数的 FWHM 为 0.31mm;同样条件下,颗粒直径为 7μm 的荧光屏,点扩展函数的 FWHM 分别为 0.58mm 和 0.46mm,而颗粒直径为 10μm 时,荧光屏点扩展函数的 FWHM 分别为 0.87mm 和 0.77mm。

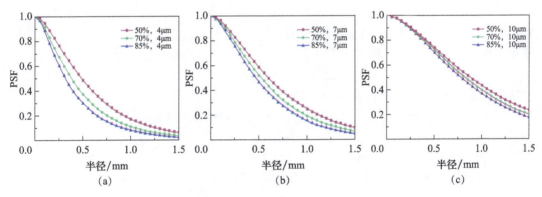

图 4.37　荧光颗粒尺寸和颗粒堆积密度对增感屏点扩展函数的影响
(a)颗粒直径为 4μm;(b)颗粒直径为 7μm;(c)颗粒直径为 10μm。

为了解释这一现象,可以从米氏散射理论进行探讨。由米氏散射理论可知,对于相同的荧光颗粒尺寸,荧光颗粒堆积密度不影响可见光的散射概率,即在荧光颗粒直径相同的情况下,可见光被散射的概率是一样的,只是吸收系数和散射系数不同。于是可见光光子穿越相同的距离,荧光屏散射系数和吸收系数越大,单位体积内堆积的颗粒个数越多,光子经历的散射事件就越多,被吸收的概率就越高;或者说经历相同的散射次数,荧光屏散射系数和吸收系数越大,单位体积内堆积的颗粒个数越多,可见光光子被吸收的概率越大,扩散的距离越小。所以,由表 4.7 给出的吸收系数和散射系数,就容易理解图 4.37 所表现出的现象了。值得注意的是,图 4.37(c)中三种条件下的点扩展函数很接近。当荧光颗粒直径为 10μm 时,可见光的吸收平均自由程可达数十厘米,可见光在 0.1cm 厚的荧光屏内传输,被衰减的概率很小,于是散射对可见光的影响很大,而且同一光源位置可见光的收集效率接近,出射面上可见光的分布也接近,所以最后的点扩展函数的差别也就很小。

4.5.3 CCD 接收系统的数值模拟

利用 4.5.2 节中的方法可以计算 CCD 接收系统中转换屏的空间分辨率和探测量子效率,但是 CCD 图像接收系统的透镜系统和 CCD 成像器件也对成像质量具有重要影响。为了定量评估 CCD 成像系统各组件对成像质量的影响及信号和噪声在各个组件传播的情况,对于 CCD 图像接收系统的数值模拟主要是探测量子效率的计算。

人们通常使用的一个简单方法,是将系统描述为一系列级联阶段,每一阶段可能对应着量子个数的增长或者损失及量子的散射。假设 CCD 图像接收系统满足下面三个条件:①CCD 图像接收系统为线性移位不变系统;②每个量子的作用过程与其他量子不相关;③噪声过程为广义稳态随机过程,则可以把 CCD 图像接收系统的成像过程描述为一系列级联过程。级联模型的基本过程包括量子增益、量子散射和附加量子噪声过程。

4.5.3.1 探测量子效率的计算方法

对于零频噪声传播的情况,即不考虑量子散射和附加量子噪声的情况,可以把 CCD 图像接收系统的成像过程看成是 5 个增益阶段的级联过程:①X 光子入射到转换屏并与转换屏相互作用;②被转换屏吸收的 X 光子沉积的能量转换成可见光光子;③可见光光子从转换屏中出射;④中继透镜对可见光光子的耦合;⑤可见光光子与 CCD 光阴极通过光电效应生成光电子。这样每一阶段对应着成像系统的一部分。每一阶段都是一个随机过程,每一阶段的次级量子数或入射初级量子数由前面阶段的所有增益的乘积给出。于是,利用统计学的方法就可以研究信号和噪声的传播情况。如在第 i 个阶段,平均有 $\bar{n}_{i-1}$ 个量子以平均 $\bar{g}_i$ 倍的增益平均转换成 $\bar{n}_i$ 个量子,即 $\bar{n}_i = \bar{g}_i \bar{n}_{i-1}$,则输出噪声为

$$\sigma_{n_i}^2 = \bar{g}_i^2 \sigma_{n_{i-1}}^2 + \sigma_{g_i}^2 \bar{n}_{i-1} \tag{4.75}$$

其中,$\sigma_{n_i}^2$ 和 $\sigma_{g_i}^2$ 分别为 n_i 和 g_i 的方差。

把 CCD 系统的输出信号 S_O 定义为 CCD 释放的平均光电子数:

$$S_O = N\eta N_S G_R N_{CCD} \tag{4.76}$$

式中:N 为入射到转换屏一个像素上的平均 X 光子数;η 为转换屏的量子效率或者检测效率;N_S 为每吸收一个 X 射线光子平均产生的可见光光子数,ηN_S 就是闪烁晶体的增益,即 $\eta N_S = \dfrac{P_L \eta_E E_{mean}}{n_S^2} = G_S$;$G_R$ 为反射透镜的反射系数,目前反射透镜的反射系数约为 0.9;N_{CCD} 为每一个光学光子在 CCD 上产生的平均光电子数(N_{CCD} 就是 CCD 相机的增益:$N_{CCD} = G_{CCD}$)。具体表达式可参见式(4.22)和式(4.23)。

根据式(4.75)可以得到信号 S_O 的方差:

$$\sigma_{S_O}^2 = N\eta G_R (N_S^2 N_{CCD}^2 + \sigma_{N_S}^2 N_{CCD}^2 + N_S \sigma_{N_{CCD}}^2) \tag{4.77}$$

其中,$\sigma_{N_{CCD}}^2 = N_{CCD}(1 - N_{CCD})$。

DQE 是探测系统信息传输效率的量度,定义为输出信噪比与输入信噪比之比的平方:

$$DQE = \frac{SNR_{out}^2}{SNR_{in}^2} \tag{4.78}$$

由探测量子效率的定义可以得到高能 CCD 相机的 DQE:

$$DQE = \frac{SNR_{out}^2}{SNR_{in}^2} = \frac{S_O^2/\sigma_{S_O}^2}{N} = \frac{\eta G_R}{1 + \dfrac{\sigma_{N_S}^2}{N_S^2} + \dfrac{(1 - N_{CCD})}{N_S N_{CCD}}} \tag{4.79}$$

由于转换屏对 X 射线辐射的吸收过程通常是一个积分过程而不是计数过程，Swank[39] 指出 $\sigma_{N_S}^2/N_S^2$ 可以用转换屏吸收的能量分布(AED)的 n 阶矩表示：

$$k_S = \frac{\sigma_{N_S}^2}{N_S^2} = \frac{M_0 M_2}{M_1^2} - 1 \tag{4.80}$$

式中，k_S 被称为 Swank 因子 $(0 < k_S < 1)$，$M_n = \sum_E E^n P(E)$ $(n = 1,2,\cdots)$。$P(E)$ 表示在闪烁晶体中 X 光子沉积能量为 E 的概率。显然，$M_0 = \sum_E P(E)$ 为能量沉积的概率即 X 光子与闪烁晶体的相互作用概率，$M_1 = \sum_E E P(E)$ 是每入射一个 X 射线光子沉积的平均能量。虽然难以直接测量 AED，但可以用蒙特卡罗方法对 AED 进行计算。

4.5.3.2 转换屏中的能量沉积分布

根据以上分析，要准确计算量子探测效率需要对入射到闪烁晶体的 X 射线源和射线在闪烁晶体中的能量沉积进行细致模拟。

实际上，到达 CCD 相机图像接收系统的光子能谱是经过被测物体后的硬化能谱。以 20MeV 电子束轰击金属钨产生的韧致辐射 X 射线穿过 10cm 厚的金属钨后的能谱作为硬化 X 射线能谱(参见图 4.4)。

常用的闪烁晶体作为转换屏的结构一般由三层组成：前铝盖(密度为 2.7g/cm³，厚度为 1mm)、闪烁晶体(厚度分别为 1cm 和 2cm，杂质的质量含量占 1%)、后玻璃窗(密度为 1.18g/cm³，厚度为 3mm)。

以上述的硬化 X 射线能谱为光源，用蒙特卡罗方法模拟了其穿过厚度分别为 1cm 和 2cm 的 CsI:Tl、LSO:Ce、GSO:Ce、BGO:Ce、LuAP:Ce 和 YAP:Ce 等 6 种闪烁晶体的能量沉积分布[40]。模拟中的能量间隔取 0、10^{-5}MeV、0.1MeV、$\cdots$、20MeV。图 4.38 给出了蒙特卡罗计算得到的不同厚度下 6 种闪烁晶体的能量沉积分布。

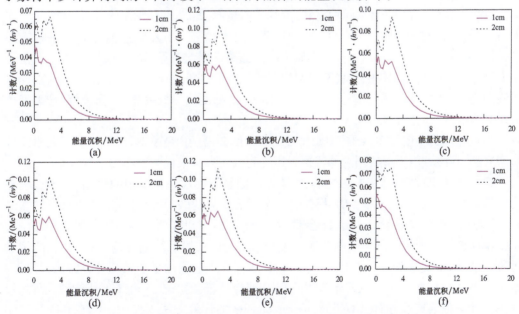

图 4.38　闪烁晶体的吸收能量分布(厚度分别为 1cm 和 2cm)
(a)CsI:Tl；(b)LSO:Ce；(c)GSO:Ce；(d)BGO:Ce；(e)LuAP:Ce；(f)YAP:Ce。

4.5.3.3 探测量子效率

对于英国 AWE 的 CCD 相机 PV424,参数为:$Q_E \approx 0.8$,$T_{Lens} = 0.9$,$f/D = 1.25$,$M = 0.25$,可得到其增益为 $G_{CCD} \approx 1.152 \times 10^{-3}$。利用闪烁晶体中 X 光子的能量沉积分布,分别计算了厚度为 1cm 和 2cm 的 CsI:Tl、LSO:Ce、GSO:Ce、BGO:Ce、LuAP:Ce 和 YAP:Ce 等 6 种闪烁晶体与英国 AWE 的 CCD 相机 PV424 组合成的 CCD 系统的探测量子效率 DQE,结果如表 4.8 所列。

表 4.8 探测量子效率

闪烁晶体		$M_0(\eta)$	M_1	M_2	k_S	G_S	G_{CCD}	DQE
CsI:Tl	1cm	0.17	0.42	1.75	0.63	7.158×10^3	1.152×10^{-3}	8.7%
	2cm	0.30	0.87	4.04	0.59	1.483×10^4	1.152×10^{-3}	16.4%
LSO:Ce	1cm	0.26	0.75	3.42	0.59	5.661×10^3	1.152×10^{-3}	13.4%
	2cm	0.45	1.45	7.17	0.53	1.094×10^4	1.152×10^{-3}	25.2%
GSO:Ce	1cm	0.23	0.64	2.85	0.61	1.421×10^3	1.152×10^{-3}	9.4%
	2cm	0.41	1.27	6.12	0.56	2.820×10^3	1.152×10^{-3}	19.8%
BGO:Ce	1cm	0.26	0.76	3.47	0.58	1.398×10^3	1.152×10^{-3}	10.6%
	2cm	0.45	1.46	7.26	0.52	2.685×10^3	1.152×10^{-3}	22.0%
LuAP:Ce	1cm	0.29	0.83	3.80	0.59	2.417×10^3	1.152×10^{-3}	13.4%
	2cm	0.49	1.58	7.82	0.53	4.600×10^3	1.152×10^{-3}	25.7%
YAP:Ce	1cm	0.18	0.44	1.74	0.67	2.083×10^3	1.152×10^{-3}	7.7%
	2cm	0.33	0.89	3.96	0.62	4.213×10^3	1.152×10^{-3}	16.3%

从表 4.8 可以看出,对于同种材料,闪烁晶体越厚,相机的 DQE 就越大。在同样厚度下,相比较其他材料,LuAP 和 LSO 的探测量子效率最高。虽然它们的荧光效率不是最高,折射率不是最小,但它们的密度和原子序数最高。由此可见,高密度、高原子序数是影响 DQE 的主要因素。其中,CsI(Tl)晶体的荧光产额很高,制作成本低,在目前的高能 X 射线闪光照相中应用比较普遍。而 LuAP 和 LSO 的探测量子效率高、发光余辉短,可用于多时刻连续照相的图像接收。

闪烁晶体的厚度为 2cm 的 DQE 大约是 1cm 的 2 倍。但随着晶体厚度的增加,空间分辨率必然下降。近几年来,国内外普遍采用阵列式转换屏来代替整体转换屏。

实际上,CCD 成像系统中的光子、电子等图像量子在成像系统中的传输、转换过程更为复杂。常规的零空间频率 DQE 模型认为级联成像系统的 DQE 仅等于各级量子增益之积,忽略了次级散射量子,结果会低估图像噪声。对于非零频噪声的传播情况,Bissonnette 等[41]根据量子增益和散射的过程,把 CCD 成像系统划分为 10 个独立的级联过程,并以医学成像系统为基础,给出了 CCD 成像系统的探测量子效率计算方法。虽然,医学成像系统与高能 X 射线闪光照相的 CCD 成像系统相比,在入射 X 射线能谱、照射量、探测器和成像装置等方面都不相同,但 Bissonnette 的计算方法不失为研究高能闪光照相 CCD 成像系统的成像特性提供了一种简便的定量研究方法。

参考文献

[1] BARRETT H H, SWINDELL W. Radiological imaging: The theory of image formation, detection, and processing[M]. New York: Academic Press, 1981.

[2] 米斯 C E K, 詹姆斯 T H. 照相过程理论: 下册[M]. 陶宏, 等译. 北京: 科学出版社, 1986.

[3] 沙什洛夫 B A. 照相原理[M]. 魏瑞玲, 杨蔼宜, 王昌厚, 译. 北京: 印刷工业出版社, 1986.

[4] BROMLEY D, HERZ R H. Quantum efficiency in photographic X–ray exposures[J]. Proc. Phys. Soc. B, 1950, 63: 90–106.

[5] 吴世法. 近代成像技术与图像处理[M]. 北京: 国防工业出版社, 1997.

[6] NAVON E, BARNEA G, DICK C E. The intensifying effect of metallic screens on the sensitivity of X–ray films at 662keV[J]. Journal of Applied Physics, 1989, 65(7): 2852–2855.

[7] BARNEA G, GINZBURG A. High energy X–ray film response and the intensifying action of metal screens[J]. IEEE Transactions on Nuclear Science, 1987, NS–34(6): 1580–1585.

[8] SPLETTSTOSSER H R. Co–60 radiography: Photographic effect of electron kinetic energy[J]. Materials Evaluation, 1971, 29: 205–208.

[9] 江孝国, 王伟, 吴建华, 等. CsI:Tl 晶体对高能 X 光照射量的响应关系研究[J]. 光子学报, 2005, 25(10): 1429–1432.

[10] 胡美娥, 吴建华, 刘瑞根, 等. 金属增感屏底片系统实验研究[J]. 光子学报, 2002, 31(Z2): 268–270.

[11] 肖智强, 杨新民, 蒋庆宇. TX2 型超高速 X 射线胶片的特性[J]. NDT 无损检测, 2011, 33(11): 58–59.

[12] 刘军, 刘进, 施将君, 等. 利用数值模拟测量闪光照相中 H–D 曲线[J]. 强激光与粒子束, 2007, 19(7): 1221–1225.

[13] ZHU X R, YOO S, JURSINIC P A, et al. Characteristics of sensitometric curves of radiographic films[J]. Medicine Physics, 2003, 30(5): 912–919.

[14] NORMAN B, DAN S, CHARLES M, et al. Research on computed tomography reconstructions from one or two radiographs: a report and the application to FXR radiography: UCRL–ID–120019[R]. Livermore: Lawrence Livermore National Laboratory, 1995.

[15] 江孝国, 谭肇, 王婉丽, 等. 转换屏背底散射对图像对比度的影响研究[J]. 强激光与粒子束, 2003, 15(1): 29–32.

[16] YAFFE M J, ROWLANDS J A. X–ray detectors for digital radiography[J]. Phys. Med. Biol. 1997, 42: 1–39.

[17] 许海波. 高能 X 光照相 CCD 成像系统的模糊效应[J]. 强激光与粒子束, 2006, 18(10): 1717–1720.

[18] FOX E C, AGWANI M S, DYKAAR D R, et al. A high speed linear CCD sensor with pinned photodiode photosite for low lag and low noise imaging[C]//Proceedings of SPIE, Bellingham: SPIE, 1998, 3301: 17–26.

[19] 祁双喜, 王伟, 钱伟新, 等. γ 光闪烁体阵列的非均匀响应相对较正方法[J]. 强激光与粒子束, 2008, 20(8): 1365–1368.

[20] QUILLIN S, AEDY C. A pixelated BGO scintillator array for high energy flash radiography[C]//IEEE Nucl. Sci. Symp. Conf. Record. Piscataway: IEEE Press, 2004: 794–797.

[21] WATSON S A. The DARHT camera[R]. Los Alamos: Los Alamos Science Magazine, 28, 2003.

[22] MENDEZ J, BALZER S, WATSON S, et al. MOXIE movies of extreme imaging experiments: LA–UR–

11 - 03730[R]. Los Alamos:Los Alamos National Laboratory, 2011.

[23] 靳罡,高海靖,刘立业,等. 通用闪烁光子输运程序 LightGuide 的开发[J]. 核电子学与探测技术. 2003, 23(6): 563 - 566.

[24] GABRIEL T A, LILLIE R A. Scintillation light transport and detection[J]. Nucl. Instr. and Meth. in Phys. Res. A, 1987, 258: 242 - 245.

[25] 彭现科,许海波. 荧光增感屏的光学模糊效应研究[J]. 核电子学与探测技术, 2009, 29(2): 301 - 305.

[26] FRLEZ E, WRIGHT B K, POCANIC D. Optics: General - purpose scintillator light response simulation code[J]. Computer Physics Communications, 2001, 134(1): 110 - 135.

[27] RADCLIFFE T, BARNEA G, WOWK B, et al. Monte Carlo optimization of metal/phosphor screens at megavoltage energies[J]. Med. Phys. , 1993, 20(4): 1161 - 1169.

[28] KAUSCH C, SCHREIBER B, KREUDER F, et al. Monte Carlo simulations of the imaging performance of metal plate/phosphor screens used in radiotherapy[J]. Med. Phys. ,1999, 26(10): 2113 - 2124.

[29] BERGER M J. Monte Carlo calculation of the penetration and diffusion of fast charged particles[J]. Methods in Computational Physics, 1963, 1: 135 - 215.

[30] SELZER S M. Electron - photon Monte Carlo calculations: The ETRAN code[J]. Appl. Radiat. Isot. 1991, 42: 917 - 941.

[31] HALBLEIB J A, KENSEK R P, VALDEZ G D, et al. ITS: The integrated TIGER series of electron/photon transport codes - Version 3.0[J]. IEEE Trans. Nucl. Sci. , 1992, 39: 1025 - 1030.

[32] BÖHLEN T T, CERUTTI F, CHIN M P W, et al. The FLUKA Code: Developments and challenges for high energy and medical applications[J]. Nuclear Data Sheets, 2014, 120: 211 - 214.

[33] SCHAART D R, JANSEN J T M, ZOETELIEF J. A comparison of MCNP4C electron transport with ITS3.0 and experiment at incident energies between 100keV and 20MeV: influence of voxel size, substeps and energy indexing algorithm[J]. Physics in Medicine Biology, 2002, 47: 1459 - 1484.

[34] BARRETT H H, SWINDELL W. Radiological imaging: Theory of image formation, detection and processing[M]. New York: Academic Process, 1981.

[35] CUNNINGHAM I A, WESTMORE M S, FENSTER A. A spatial frequency dependent quantum accounting diagram and detective quantum efficiency model of signal and noise propagation in cascaded imaging systems[J]. Med. Phys. 1994, 21(3): 417 - 427.

[36] BOHREN C F, HUFFMAN D R. Absorption and scattering of light by small particles[M]. New York: Wiley Interscience, 1983.

[37] LIAPARINOS P F, KANDARAKIS I S, CAVOURAS D A. Modeling granular phosphor screens by Monte Carlo methods[J]. Medical Physics, 2006, 33(12): 4502 - 4514.

[38] 彭现科,许海波. 粒状磷光增感屏点扩展函数的蒙特卡罗研究[J]. 计算物理, 2010, 27(6): 816 - 822.

[39] SWANK R K. Absorption and noise in X - ray phosphors[J]. J. Appl. Phys. , 1973, 44(9):4199 - 4203.

[40] 许海波,郑娜,陈朝斌. 高能伽玛相机探测量子效率的蒙特卡罗模拟[J]. 强激光与粒子束,2013, 25(10):2734 - 2738.

[41] BISSONNETTE J P, CUNNINGHAM I A, JAFFRAY D A, et. al. A quantum accounting and detective quantum efficiency analysis for video - based portal imaging[J]. Med. Phys. , 1997, 24(6): 815 - 826.

第5章 散射的物理规律

从转换靶发射出来的源光子会按一定的概率直接穿透照相客体和器件而到达探测平面,这种直穿光子反映了客体的几何特征和物理性质。同时,源光子也会与照相客体和器件发生相互作用而被吸收或散射,散射光子同样会到达探测平面。这样,包含了散射光子的信号就不能真实地反映客体的几何特征和物理性质。

高能 X 射线照相诊断被照射客体时,由于高能 X 射线与物质的相互作用,X 射线要发生光电吸收、康普顿散射、电子对产生三个主要过程,光子能量有一部分转化为电子(光电子、反冲电子及正负电子对)的动能,电子从光子那里得到的能量又使物质电离激发和产生韧致辐射;另一部分被一些能量较低的光子(特征 X 射线、散射光子及质湮辐射)所带走。散射光子和次级电子产生的韧致辐射构成散射量。散射量强烈干扰成像平面上直穿量的正确提取。对于工业探伤、医学 CT、废物监测等领域使用的 X 射线通常能量较低,诊断对象一般是面密度或光程较小的物体,因此散射程度较低,其影响比较小。对于高能 X 射线照相,诊断对象是面密度或光程较大的物体,X 射线的透射率达到万分之一。由于保护装置的使用,散射影响相当严重,局部的散射量可能远远大于直穿量,即散射量严重到将直穿量淹没的程度,难于取得正确的诊断结果。因此,对于深穿透客体的 X 射线照相与图像处理,需要对照相客体产生的散射量的分布规律及降低散射影响程度的方法进行深入的研究。

5.1 散射照射量及其影响

根据 X 射线的输运理论,某像素上直穿照射量 $X_D(x,y)$ 与相应光路的总光程 $L(x,y)$ 的关系由比尔-朗伯定律确定:

$$X_D(x,y) = X_0 \exp[-L(x,y)] \tag{5.1}$$

式中:X_0 为探测平面上的直穿照射量(无客体情况下)。

由于散射的存在,到达该像素的总照射量是直穿照射量和散射照射量的和:

$$X_T(x,y) = X_D(x,y) + X_S(x,y) \tag{5.2}$$

为了说明散射对光程实验测定的影响,将总照射量写为类似于直穿照射量的衰减形式:

$$X_T(x,y) = X_0 \exp[-L_{ex}(x,y)] \tag{5.3}$$

式中:$L_{ex}(x,y)$ 为实验上的表观光程(或称为光程实验测定值)。

不难理解,该像素所反映的光程实验测定值一定小于实际光程。

由式(5.2)和式(5.3)可得到真实光程 $L(x,y)$ 和光程实验测定值 $L_{ex}(x,y)$ 的关系为

$$L(x,y) = L_{\text{ex}}(x,y) + \ln\left[\frac{X_{\text{T}}(x,y)}{X_{\text{D}}(x,y)}\right] \tag{5.4}$$

也就是说,因散射引起的光程差为

$$\Delta L_{\text{S}} = L(x,y) - L_{\text{ex}}(x,y) = \ln\left[\frac{X_{\text{T}}(x,y)}{X_{\text{D}}(x,y)}\right] = \ln[1 + \text{SDR}(x,y)] \tag{5.5}$$

式中:SDR 为散射照射量与直穿照射量的比值,简称散直比。

式(5.5)表明,由于散射的介入,光程实验测定值一定小于光程的实际值。因此,式(5.5)是对图像进行散射修正的理论基础。当 SDR≪1 时,散射的影响可以忽略。但对于高能 X 射线照相实验来说,穿过样品芯部的 SDR 甚至大于 1,因此,散射对成像质量有很大的影响[1]。

表 5.1 列出了高能 X 射线闪光照相深穿透问题中会发生的各种大小的散直比(从 100 到 0.0125)所求得的光程差 ΔL_{S},为具体客体闪光照相的图像处理的散射修正提供对应的修正数据。

表 5.1 不同散直比下的光程差

SDR	100	50	20	12.5	10	5	2	1.25
ΔL_{S}	4.615	3.932	3.045	2.603	2.398	1.792	1.099	0.811
SDR	1	0.5	0.2	0.125	0.1	0.05	0.02	0.0125
ΔL_{S}	0.693	0.405	0.182	0.118	0.095	0.049	0.020	0.012

5.2 一次散射规律的解析分析

高能 X 射线照相中 X 射线的散射过程包括多个级联的随机过程,而且这些过程并不是相互独立的,散射理论研究存在很大的困难。现有的散射理论分析都是基于一定近似基础上的结果。但是,可以利用几个基本假设:①一次散射在总散射中占主导地位,可以采用一次散射来代替多次散射过程;②小角度散射的 X 射线与透射的 X 射线穿过的距离和受到的衰减相同;③小角度散射的 X 射线与透射的 X 射线的能量近似相同,而且角分布是均匀的。这样就可以建立一个计算散射的解析模型,得到散射分布的解析解。进而与蒙特卡罗数值模拟的结果进行比较,互相验证,从而给出正确的散射分布。

5.2.1 平板模型

5.2.1.1 平板模型散射的解析分析

假设 X 射线源是单能点源 $O(0,0,0)$,垂直入射到平板物质上,探测点 P 在 z 轴上,如图 5.1 所示。

根据比尔-朗伯定律,单能 X 射线通过物质时,其强度的衰减遵循指数衰减规律:

$$X_{\text{D}}(z) = X_{\text{D}_0}\exp\left[-\int_0^z \mu(z')\,\text{d}z'\right] \tag{5.6}$$

式中:X_{D}、X_{D_0} 分别为 z 处的直穿照射量和入射到平板的直穿照射量;$\mu(z')$ 为 $z=z'$ 处物质的线衰减系数。

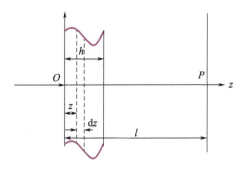

图 5.1 X 射线通过平板物质

位置 z 处、dz 厚度中与物质发生相互作用的照射量为 $-dX_D(z)$，它正比于散射照射量：

$$X_S(z)dz = -\alpha_1 \frac{dX_D(z)}{dz}dz = \alpha_1 X_{D_0}\mu(z)\exp\left[-\int_0^z \mu(z')dz'\right]dz \tag{5.7}$$

式中：α_1 为散射照射量的比例系数。

一次散射在总的散射中占有主要地位，假设 α_2 为 dz 处的散射到达正前方探测平面 P 点的比例因子，则一次散射到达正前方探测平面 P 点的散射照射量为

$$\begin{aligned}X_S(P) &= \alpha_2 \int_0^h X_S(z)\frac{1}{(l-z)^2}\exp\left[-\int_z^h \mu(z')dz'\right]dz \\ &= \alpha_1\alpha_2 X_{D_0}\exp\left[-\int_0^h \mu(z)dz\right]\int_0^h \frac{1}{(l-z)^2}\mu(z)dz\end{aligned} \tag{5.8}$$

当 $l \gg h$ 时，有

$$\begin{aligned}X_S(P) &= \alpha_1\alpha_2 X_{D_0}\exp\left[-\int_0^h \mu(z)dz\right]\frac{1}{l^2}\int_0^h \mu(z)dz \\ &= \alpha_1\alpha_2 X_D(P)\frac{1}{l^2}\int_0^h \mu(z)dz\end{aligned} \tag{5.9}$$

由式(5.9)得出结论：探测平面上某一点的散射照射量正比于该点的直穿照射量和 X 射线穿透的光程[2]。

当 $\mu(z)$ 为常数时，有

$$X_S(P) = \alpha_1\alpha_2 X_D(P)\mu h/l^2 \tag{5.10}$$

由式(5.10)得出结论：散射照射量正比于直穿照射量和穿透厚度。而直穿照射量随着穿透厚度的增加而指数减小。因此，到达探测平面上的散射量并不是随着平板厚度的增加而增加，而是存在一个散射最大的穿透厚度。

式(5.10)对 h 求导，得到一次散射最大的条件为：$\mu h = 1$。如果不满足条件 $l \gg h$，且当 $\mu(z)$ 为常数，则式(5.8)对 h 求导，得到一次散射最大的条件为[3]

$$h = \frac{1}{2}(l - \sqrt{l^2 - 4l/\mu}) \tag{5.11}$$

5.2.1.2 平板模型散射的模拟计算

高能 X 射线与材料的相互作用中以康普顿散射为主，随着平板厚度的增加，一次散射在总散射中所占的比例会逐渐减少。表 5.2 给出了平板厚度为 2 个光程（$\mu h = 2$），利用蒙

特卡罗模拟得到的不同能量不同材料下一次康普顿散射在总散射中的比例。可以看出，一次散射的比例都高于 75%。模拟采用单能 X 射线垂直入射平板[3]。

表 5.2　不同能量不同材料下一次康普顿散射在总散射中的比例

材料	能量/MeV								
	0.8	1.0	2.0	4.0	6.0	8.0	10.0	15.0	20.0
Al	0.76	0.76	0.81	0.85	0.87	0.89	0.91	0.93	0.95
Fe	0.77	0.76	0.81	0.85	0.88	0.90	0.92	0.94	0.96
Cu	0.78	0.77	0.81	0.85	0.88	0.91	0.92	0.94	0.96
Pb	0.91	0.87	0.86	0.89	0.92	0.94	0.95	0.96	0.98
W	0.88	0.85	0.85	0.88	0.91	0.93	0.95	0.96	0.97

5.2.2　球模型

5.2.2.1　球模型散射的解析分析

假设照相系统仅由源、客体和成像平面组成。图 5.2 给出了 X 射线照射球形客体的示意图。

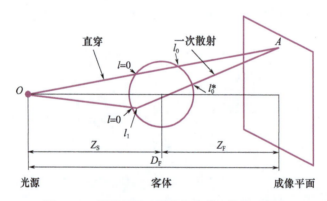

图 5.2　X 射线照射球形客体直穿和散射示意图

直穿照射量和散射照射量分别表示为

$$X_D = \frac{X_1}{D_F^2} \exp\left[-\int_0^{l_0} \mu_m(E)\rho(l)\,\mathrm{d}l\right] \tag{5.12}$$

$$X_S = \frac{X_1}{Z_S^2 Z_F^2} \iiint n_0\rho(l_1)\frac{\mathrm{d}\sigma_c(E,\theta)}{\mathrm{d}\Omega}\exp\left[-\int_0^{l_1}\mu_m(E)\rho(l)\,\mathrm{d}l - \int_{l_1}^{l_0^*}\mu_m(E')\rho(l)\,\mathrm{d}l\right]\mathrm{d}\tau + \text{高次散射} \tag{5.13}$$

式中：n_0 为单位质量电子数；$E' = E/[1 + E(1-\cos\theta)/(m_e c^2)]$ 为经过康普顿散射后的光子能量；$\mathrm{d}\sigma_c(E,\theta)/\mathrm{d}\Omega$ 为康普顿微分散射截面。

因为 $\mu_m(E')$ 随 E' 减小而迅速增大，所以只有小角度康普顿散射才比较重要。

考虑一次散射项，在式(5.13)中对客体的体积分近似分成两部分：边缘部分和旁轴部分。划分的原则是透射率近似等于 e^{-1}，即 $\mu_m\rho l \approx 1$，从而得到 X 射线在客体中的

有效距离 $l_{eff} \approx 1/(\mu_m \rho) \approx 1 \text{cm}$。因客体的半径为 R_0,那么边缘部分的球壳厚度 $\delta_{eff} \approx l_{eff}^2/(8R_0)$。

(1) 靠近轴线的旁轴部分:在这部分中由于散射 X 射线的偏转较小,故有 $E \approx E'$,使得式(5.13)中,有

$$\exp\left[-\int_0^{l_1} \mu_m(E)\rho(l)\mathrm{d}l - \int_{l_1}^{l_0^*} \mu_m(E')\rho(l)\mathrm{d}l\right] \approx \exp\left[-\int_0^{l_0} \mu_m(E)\rho(l)\mathrm{d}l\right] \quad (5.14)$$

近似等于直穿射线的透射因子。由于 $\delta_{eff} \ll R_0$,在估算旁轴部分体积时,可用整个球的体积来近似,于是,由式(5.12)、式(5.13)和式(5.14)可得

$$\frac{\text{一次散射照射量}}{\text{直穿照射量}} \approx \pi R_0^2 n_0 \rho \frac{\mathrm{d}\sigma_c}{\mathrm{d}\Omega} l_{eff} \frac{D_F^2}{Z_S^2 Z_F^2} \quad (5.15)$$

(2) 边缘部分:这部分中由于散射 X 射线的穿透物质厚度很薄,其衰减很小,使得式(5.13)中,有

$$\exp\left[-\int_0^{l_1} \mu_m(E)\rho(l)\mathrm{d}l - \int_{l_1}^{l_0^*} \mu_m(E')\rho(l)\mathrm{d}l\right] \approx 1 \quad (5.16)$$

这部分球壳的体积近似为 $2\pi R_0 l_{eff} \delta_{eff}$,由式(5.12)、式(5.13)及式(5.16)可得

$$\frac{\text{一次散射照射量}}{\text{直穿照射量}} \approx 2\pi R_0 \delta_{eff} e^{\mu_m \rho l_{eff}} n_0 \rho \frac{\mathrm{d}\sigma_c}{\mathrm{d}\Omega} l_{eff} \frac{D_F^2}{Z_S^2 Z_F^2} \quad (5.17)$$

5.2.2.2 球模型散射的模拟计算

选取一个半径为 4cm 的钨球样品,钨球的密度为 19.35g/cm^3,钨球内有一个半径为 0.5cm 的空心[4]。光源为单能点光源,$E = 3.0\text{MeV}$,样品距光源距离 $Z_S = 100\text{cm}$,距接收平面的距离 $Z_F = 20\text{cm}$。其中,$\mathrm{d}\sigma_c/\mathrm{d}\Omega \approx 1 \times 10^{24}/(4\pi) \text{cm}^2$,$\mu_m \approx 0.041 \text{cm}^2/\text{g}$,$n_0 \approx 0.24 \times 10^{24} \text{g}^{-1}$。将样品参数代入式(5.15)中得到旁轴一次散射照射量与直穿照射量的比值为 0.034。将参数代入式(5.17)中得到边缘一次散射照射量与直穿照射量的比值为 1.11。由此可见,边缘部分比旁轴部分对散射的贡献高一个数量级。为了降低散射,应采用准直技术消除边缘散射。

为了检验式(5.15)和式(5.17)的估算结果,设计两种模型,用蒙特卡罗模拟其散射照射量。模型 1:小准直孔,$\tan\theta = 1.0/100.0$;模型 2:大准直孔,$\tan\theta = 4.0/100.0$。计算测点为接收平面中心(120,0)处。对于模型 1,准直孔取得很小,故边缘散射消除很大,可认为其散射来源主要为旁轴部分。对于模型 2,由于准直孔取得很大,可认为散射照射量为边缘部分的贡献。蒙特卡罗模拟得到各次散射照射量与直穿照射量的比值如表 5.3 和表 5.4 所列。

表 5.3 模型 1 各次散射照射量/直穿照射量

直穿照射量/(10^{-8}R)	散射照射量/(10^{-9}R)		SDR/10^{-2}
	总①	1.2157	5.0990
	1 次	0.8183	3.4322
2.3842	1 次 +2 次	1.0994	4.6112
	1 次 +2 次 +3 次	1.1741	4.9245
	1 次 +2 次 +3 次 +4 次	1.2019	5.0411

① 总散射照射量包含各次散射照射量:1 次 +2 次 +3 次 +4 次 +5 次 +…。

表 5.4 模型 2 各次散射照射量/直穿照射量

直穿照射量/(10^{-8}R)	散射照射量/(10^{-8}R)		SDR
2.3842	总①	3.1422	1.3179
	1 次	2.1016	0.8814
	1 次 + 2 次	2.7853	1.1682
	1 次 + 2 次 + 3 次	3.0465	1.2778
	1 次 + 2 次 + 3 次 + 4 次	3.1103	1.3045

①总散射照射量包含各次散射照射量:1 次 + 2 次 + 3 次 + 4 次 + 5 次 + …。

从表中可看出两个模型的一次散射占总散射的比例很大,为其主要部分,且两个模型计算的一次散射照射量与直穿照射量的比值分别为 0.03432、0.8814,与从式(5.15)和式(5.17)计算所得的 0.034 和 1.11 很接近,这说明了粗估散射照射量公式的可靠性。

5.3 照相系统中各部件的散射分析

以下分析只限于客体和探测器保护器件。因为客体是 X 射线的强散射体,必须考虑;探测器保护器件虽然是弱散射体,但它离成像平面很近,所以,它对散射的贡献也是不容忽视的[5-6]。

在成像平面上的直穿照射量为

$$X_D = \frac{X_1}{D_F^2} \exp[-L_F - L_O(\theta) - L_B] \quad (5.18)$$

5.3.1 客体的散射

源辐射经过前窗的衰减(衰减因子为 e^{-L_F})后进入客体。经衰减 $e^{-L_O(\theta)}$ 后穿出客体,其余的 $1 - e^{-L_O(\theta)}$ 构成了客体的散射源。

在 $\theta \to \theta + d\theta$ 内进入客体的辐射能量为

$$dW_{in} = 2\pi X_1 \exp(-L_F) \sin\theta d\theta \quad (5.19)$$

在 $d\theta$ 内被客体吸收的能量为:$dW_a = [1 - e^{-L_O(\theta)}] dW_{in}$。需要注意的是,本节推导公式时忽略了能通量与照射量转换因子,但不影响结果。光电吸收的全部辐射能转化为热能,对生成效应和康普顿效应将部分辐射能转化为热能,而其他能量贡献于散射。用 $f_S^{[W]}$ 表示散射转化因子。在 $d\theta$ 内的散射能量为 $dW_S = f_S^{[W]} dW_a$,积分后得到客体总散射能量为

$$W_S = 2\pi X_1 e^{-L_F} f_S^{[W]} S_0 \quad (5.20)$$

式中:S_0 为角度积分常数,可表示为

$$S_0 = \int_0^{\theta_0} [1 - e^{-L_O(\theta)}] \sin\theta d\theta \quad (5.21)$$

式中:θ_0 为照相系统主准直角。

考虑客体本身对散射光的吸收及散射的前冲性,由客体引起成像平面中心像素上的实际散射照射量修正因子假设为 $e^{-L_{O,max}/3}$,无探测器保护器件的情况下由客体引起成像平面上的散射照射量为

$$X_{\text{SO}} \approx \frac{W_\text{S}}{4\pi Z_\text{F}^2} \text{e}^{-L_{\text{O,max}}/3} = \frac{S_0}{2} X_1 f_\text{S}^{[\text{W}]} \frac{1}{Z_\text{F}^2} \text{e}^{-L_\text{F}-L_{\text{O,max}}/3} \tag{5.22}$$

在有探测器保护器件的情况下由客体引起成像平面上的散射照射量为

$$X_{\text{SO}}^{(\text{B})} \approx \frac{W_\text{S}}{4\pi Z_\text{F}^2} \text{e}^{-L_\text{B}-L_{\text{O,max}}/3} = \frac{S_0}{2} X_1 f_\text{S}^{[\text{W}]} \frac{1}{Z_\text{F}^2} \text{e}^{-L_\text{F}-L_\text{B}-L_{\text{O,max}}/3} \tag{5.23}$$

因此,无探测器保护器件的情况下的直散比为

$$\text{DSR}_0 = \frac{2}{S_0 f_\text{S}^{[\text{W}]}} \frac{Z_\text{F}^2}{D_\text{F}^2} \text{e}^{-2L_{\text{O,max}}/3}$$

由此可见,增加客体到成像平面的距离 Z_F,减小光源到成像平面的距离 D_F,并适当减小准直角,对降散射是十分必要的。

5.3.2 探测器保护器件的散射

探测器保护器件离成像平面的距离很近,必须对进入探测器保护器件的辐射(包括来自光源的直穿辐射和来自客体的散射辐射)所产生的散射进行仔细分析。显然,探测器保护器件的散射包括两部分:一部分是从光源的直穿辐射在探测器保护器件内引起的散射分量(称为直穿的散射);另一部分是从客体的散射辐射在探测器保护器件内引起的散射分量(称为散射的散射)。

5.3.2.1 直穿的散射

在 $\theta \rightarrow \theta+\text{d}\theta$ 所对应的立体角元内入射到探测器保护器件的辐射能量为

$$\text{d}W_{\text{D,in}}^{(\text{B})} = 2\pi X_1 \text{e}^{-L_\text{F}-L_\text{O}(\theta)} \sin\theta \text{d}\theta \tag{5.24}$$

考虑到吸收修正(修正因子为 $1-\text{e}^{-L_\text{B}}$)和热能沉积,这一立体角元内的散射能量为 $\text{d}W_{\text{D,S}}^{(\text{B})} = f_\text{S}^{[\text{Al}]}(1-\text{e}^{-L_\text{B}})\text{d}W_{\text{D,in}}^{(\text{B})}$。因此,由直穿引起的散射总能量为

$$W_{\text{D,S}}^{(\text{B})} = 2\pi X_1 f_\text{S}^{[\text{Al}]}(1-\text{e}^{-L_\text{B}})\text{e}^{-L_\text{F}} \overline{T} \tag{5.25}$$

其中,$\overline{T}$ 为角度积分常数,可表示为

$$\overline{T} = \int_0^{\theta_0} \text{e}^{-L_\text{O}(\theta)} \sin\theta \text{d}\theta = 1 - \cos\theta_0 - S_0 \tag{5.26}$$

假设探测器保护器件散射在探测器保护器件内传输的平均衰减为 $\text{e}^{-L_\text{B}/2}$,于是,直穿的散射引起的成像平面上的散射照射量为

$$X_{\text{D,S}} \approx \frac{W_{\text{D,S}}^{(\text{B})}}{4\pi Z_\text{B}^2} \text{e}^{-L_\text{B}/2} = X_{\text{SO}}^{(\text{B})} \frac{f_\text{S}^{[\text{Al}]}}{f_\text{S}^{[\text{W}]}} \left[\frac{\overline{T}(\text{e}^{L_\text{B}/2}-\text{e}^{-L_\text{B}/2})\text{e}^{L_{\text{O,max}}/3}}{S_0}\right] \frac{Z_\text{F}^2}{Z_\text{B}^2} \tag{5.27}$$

式中:Z_B 为探测器保护器件散射中心到成像平面的距离。

5.3.2.2 散射的散射

设探测器保护器件对客体中心所张的半锥角为 θ_1,则进入探测器保护器件的总散射能量为

$$W_{\text{S,in}}^{(\text{B})} = \frac{1-\cos\theta_1}{2} W_\text{S} \tag{5.28}$$

这部分能量中,直接穿透探测器保护器件的份额为 e^{-L_B},所剩部分中 $f_\text{S}^{[\text{Al}]}$ 部分转化成探测器保护器件的散射。因此,经探测器保护器件对客体散射的再散射的总辐射能量为

$$W_{S,S}^{(B)} = \frac{1-\cos\theta_1}{2} W_S f_S^{[Al]} (1-e^{-L_B}) \tag{5.29}$$

假设探测器保护器件散射在探测器保护器件内传输的平均衰减为 $e^{-L_B/2}$，于是，散射的散射引起的成像平面上的散射照射量为

$$X_{S,S} \approx \frac{W_{S,S}^{(B)}}{4\pi Z_B^2} e^{-L_B/2} = X_{SO}^{(B)} f_S^{[Al]} \frac{1-\cos\theta_1}{2} \left[(e^{L_B/2} - e^{-L_B/2}) e^{L_{O,max}/3} \right] \frac{Z_F^2}{Z_B^2} \tag{5.30}$$

5.3.3 客体和探测器保护器件系统的直散比

显然，成像平面上的总的散射照射量近似等于这三部分之和：

$$X_S = X_{SO}^{(B)} + X_{D,S} + X_{S,S} = X_{SO}^{(B)} \left\{ 1 + \frac{f_S^{[Al]}}{f_S^{[W]}} \left[\frac{\overline{T}(e^{L_B/2} - e^{-L_B/2}) e^{L_{O,max}/3}}{S_0} \right] \frac{Z_F^2}{Z_B^2} + \right.$$

$$\left. f_S^{[Al]} \frac{1-\cos\theta_1}{2} \left[(e^{L_B/2} - e^{-L_B/2}) e^{L_{O,max}/3} \right] \frac{Z_F^2}{Z_B^2} \right\} \tag{5.31}$$

无探测器保护器件的直散比与实际系统的直散比为

$$\frac{DSR_0}{DSR} = 1 + \frac{f_S^{[Al]}}{f_S^{[W]}} \left[\frac{\overline{T}(e^{L_B/2} - e^{-L_B/2}) e^{L_{O,max}/3}}{S_0} \right] \frac{Z_F^2}{Z_B^2} +$$

$$f_S^{[Al]} \frac{1-\cos\theta_1}{2} \left[(e^{L_B/2} - e^{-L_B/2}) e^{L_{O,max}/3} \right] \frac{Z_F^2}{Z_B^2} \tag{5.32}$$

对于深穿透高能 X 射线闪光照相系统，此比值远大于 1。可见，探测器保护器件对散射的贡献是主要的。适当的增加探测器保护器件到成像平面的距离、减小张角、尽可能减小探测器保护器件的厚度，对降低散射是十分必要的。在有探测器保护器件的系统中，准直技术的使用还将从边缘穿透的直穿成分阻挡，大大降低了投射到探测器保护器件的光子数，从而减小了探测器保护器件的散射。

通过蒙特卡罗方法得到的系统的 DSR 小于用式(5.32)计算得到的值，有两方面的原因：①解析结果中散射辐射使用了在 4π 立体角内各向同性近似，而实际的散射辐射具有较强的前冲性；②解析结果中使用了单次散射近似，而实际的散射辐射是多次散射过程。因此照射量的散射成分应比解析结果要高一些。

探测器保护器件所产生的散射是起决定作用的，它在总散射中约占 90%。探测器保护器件的散射主要由照射到探测器保护器件上的总照射量分布决定。在探测器保护器件所引起的散射量中，探测器保护器件对直穿光子的散射（主要是一次散射）是起主要作用的。由此可见，为了改善高能闪光照相的图像品质，将成像平面适当地远离探测器保护器件是可取的，两者之间的距离的选取应以使最深穿透点的总照射量位于成像系统的响应曲线的直线部分为宜。如果该距离选取过大，以至于总照射量太低，反而会得不到理想的图像。

5.3.4 客体和探测器保护器件对散射贡献的分层分析

进一步通过数值模拟得到各次散射对总散射所占的比例及各层（分区）散射对接收系统散射本底的贡献，为设计减少散射本底的高能 X 射线装置提供依据（如准直器的设计）。

以 FTO 作为客体，利用蒙特卡罗方法确定 FTO 中心、铜－钨界面处的散射及其组

成。照相布局：主准直器的厚度为 20cm，后表面或底面距离光源 100cm，客体距离光源 200cm，探测器保护器件（5cm 厚的铝板）距离光源 270cm，探测平面距离光源为 300cm。考查典型记录点上散射来源的贡献情况，确定散射的主要来源及各器件中各部分对散射贡献的相对重要性，以便有针对性地采取降散射措施。散射体分别按 FTO 半径和探测器保护器件的外半径分成 20 等分，共 20 个客体球层和 20 个探测器保护器件子柱层。

图 5.3(a) 和图 5.3(b) 分别是 FTO 中心、铜－钨界面的散射及其组成，各幅图中的实线是探测器保护器件 20 个柱形散射体对散射的相对贡献，而虚线是客体中 20 个球层散射体对散射的相对贡献，各条曲线下的面积为 1。

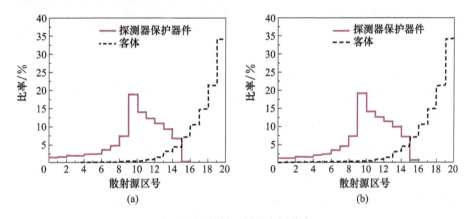

图 5.3　散射照射量来源分布
(a) FTO 中心投影点；(b) FTO 铜－钨界面。

客体和探测器保护器件对任意记录点的散射贡献规律相同，但是客体和探测器保护器件的散射以探测器保护器件散射为主。对于任意一点，探测器保护器件的散射占总散射的 97%。对于 FTO 中心、铜－钨界面和外界面的投影点，探测器保护器件的散射分别是 304mR 和 306mR，客体的散射均为 10mR。

客体的散射主要是客体外层材料的散射，铜区各层的贡献之和大于 95%，钨区的散射微乎其微。探测器保护器件对散射贡献较大的柱层序号是 10～15，这 6 个区域的散射占探测器保护器件总散射的 70% 以上，其中第 10 区的贡献最大（约 19%）。该区正好对应客体的最外球层，进入该区的 X 射线包括光源的直穿光子和客体的散射光子，而进入探测器保护器件第 11～20 区的 X 射线仅仅是客体的散射光子。考虑到散射光子的前冲性，对散射光子的再散射主要发生在第 10～15 区内。对于探测器保护器件第 1～9 区，由于入射的光源的直穿光子和客体的散射光子都很少，它们对散射记录的贡献小。

主要结论是：探测器保护器件是散射的主要来源，降散射工作应针对探测器保护器件进行。例如，利用准直屏蔽环将探测器保护器件第 11～16 区的散射全部屏蔽掉；利用距离平方反比原理，增加从探测器保护器件到探测平面的距离以降低记录的散射量。

客体的散射虽然对记录的直接贡献很小，但成为进入探测器保护器件辐射的重要来源。客体的散射主要是客体边缘的散射，降散射工作应针对客体边缘部分进行。例如，附加准直器（包括陡坡（graded）准直器和阶梯（step）准直器）的使用，就是为了降低由客体引起的直接散射和间接散射（通过探测器保护器件）。

5.4 主准直器

由于被照相的客体对源所张的立体角是很小的（典型的在半锥角约为 1.5°的圆锥内），也由于韧致辐射具有一定的角分布，并且即使 10°范围内尚有不可忽视的照射，如果不对源进行准直屏蔽的话，较大角度上的韧致辐射光子将会直接照射到环境材料（如容器等部件）上以产生大量的二次或高次光子，在记录系统上形成无法容忍的散射本底。为了提高成像质量，必须尽可能地减小图像中的散射光子成分，准直器的主要目的就在于这一点。

为了降低散射的影响，需要在光路上根据视场和所关心区域的大小放置降散射器件，准直器一般使用材料铅。在实验中人们提出了很多减少散射的准直器，主要有主准直器、附加准直器、多孔精细网栅。这些准直器能够阻挡或吸收与问题无关的光子，达到降低散射影响的作用。

准直器的准直孔形状主要有柱型孔和锥型孔两种。锥型孔的锥顶在光源附近。孔径越小或准直角越小，探测平面上的散射照射量就越小。应用中需要根据客体的实际情况选择合适的准直器尺寸。

5.4.1 主准直器的设计方法

在高能闪光照相中，对准直器的设计主要有两个要求：一是保证所关注的客体信息能够在图像中充分体现出来；二是尽量降低散射光子对实验图像的影响。众所周知，被准直的区域越小，散射光子对图像质量的影响也越小。因此，在准直器的设计中，一旦确定了照相几何布局和客体的投影区域，最关键的问题就是准直器的设计了。被准直区域太大，散射照射量的增加会大大降低图像的对比度；被准直区域太小，虽然大大降低散射照射量，但也会准直掉所关注的客体信息。准直区域的大小除了与照相布局有关外，还与所关注区域的位置和光源的尺寸有关[7]。

在闪光照相实验中，一般采用主准直器来实现这一要求。图 5.4 是主准直器设计示意图。其中，d 为照相距离，a 为光源至客体中心的距离，R_0 为所关心客体区域（region of interest，ROI）的半径。设客体（在动态情况下指重点关注区域）对源所张圆锥的半角为 θ_c。那么所谓主准直器就是指由一定厚度、由对光子起强吸收作用的材料板（中心开锥洞）组成，中心锥的锥半角近似为 θ_c。实际中选取的主准直器的锥角大于 θ_c，一方面，由于光源并不是点光源，光源中心以外的部分 X 射线会被准直器吸收，使得客体外界面的直穿信息降低，甚至影响到客体内部界面信息的完整性；另一方面，保证密度重建时边界数据的完整性。

主准直器的最小厚度要使源光子强度至少衰减 10^{-5}。那么主准直器的厚度应满足如下不等式：

$$e^{-\bar{\mu}h} \geq 10^{-5}, \quad h \geq (5\ln 10)/\bar{\mu} \tag{5.33}$$

式中：$\bar{\mu}$ 为有效线衰减系数。

在实际应用中，为更保险起见，可选 $\bar{\mu} = \mu_{\min}$。例如，对于铅，$\mu_{\min} \approx 0.482 \text{cm}^{-1}$，于是立即可求得 $h \geq 24\text{cm}$。进一步保险，可取 $h = 30\text{cm}$ 为主准直器的厚度，相应的衰减因子为 5×10^{-7}。

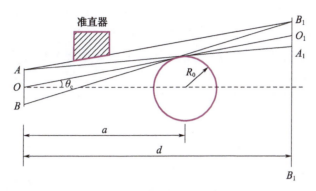

图 5.4　主准直器设计示意图

准直孔几何的求法如图 5.5 所示。由图 5.5 可知

$$\theta'_c = \arcsin\frac{R_0}{x+Z_S} \tag{5.34}$$

其中，$x = \overline{OO'}$，可按下式求解：

$$(R_0^2 - R_S^2)x^2 - 2Z_S R_S^2 x + R_S^2(Z_S^2 - R_0^2) = 0 \tag{5.35}$$

其解为

$$x = \frac{Z_S R_S^2 + \sqrt{Z_S^2 R_S^4 - (R_0^2 - R_S^2)(R_0^2 - Z_S^2)R_S^2}}{R_0^2 - R_S^2} \tag{5.36}$$

对于点源 $R_S = 0, x = 0$，则

$$\theta_c = \arcsin\left(\frac{R_0}{Z_S}\right) \tag{5.37}$$

式中：θ_c 为点源对客体所张的半锥角。

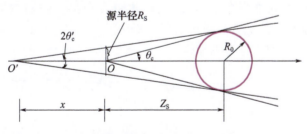

图 5.5　准直孔几何求解示意图

准直角的上述求法过于复杂，在实际设计中不必严格遵守。原则上保证从光源有效半径内出发、能够进入客体关注区域的任意一条射线都不会被准直器所阻挡即可。

投射到铅墙外的韧致辐射 X 射线对图像几乎没有贡献。一方面，由于约 20cm 厚的铅使源 X 射线的强度衰减因子小于 4.5×10^{-5}；另一方面，准直器离探测平面较远，其散射的影响微乎其微。

5.4.2　减小散射的方法

5.4.2.1　增加探测器保护器件到探测平面的距离

探测器保护器件是散射的主要来源，因此，探测器保护器件与探测平面的距离必然对

散射的分布产生较大的影响。沿用图 5.4 的照相布局,电子束击靶参量:能量为 20MeV,归一发射度为 300.0cm·mrad,尺寸(FWHM)为 0.15cm。1m 处照射量为 500R。主准直器的厚度为 20cm,后表面或底面距离光源 100cm,客体距离光源 200cm,探测器保护器件(5cm 厚的铝板)距离光源 270cm,探测平面距离光源分别为 300cm、310cm、320cm 和 330cm。图 5.6 给出了不同照相距离时散射照射量分布曲线。

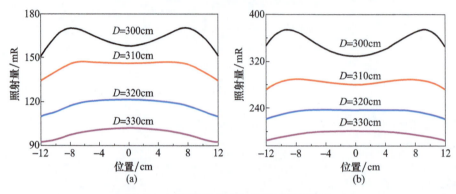

图 5.6　不同照相距离的散射照射量分布
(a)准直角为 2.0°(准直到客体半径 7cm 处);(b)准直角为 2.29°(准直到客体半径 8cm 处)。

图 5.6 表明,探测器保护器件位置不动,随着探测器保护器件与探测平面的距离的增大,散射照射量随着照相距离的增大从双峰分布(峰值位置向中心移动)到中间部分比较平坦的分布,最后演变为中间高、两边低的单峰分布,同时散射照射量大幅度降低。需要注意的是,由于散射分布与照相系统有关,随着照相系统布局的变化,以上的散射分布规律会有一定程度的变化。

5.4.2.2　减小准直器的张角

改变准直角,对不同准直角进行计算,得出准直角的变化对散射照射量的影响。图 5.7 给出了不同准直角情况下的散射照射量沿中心的分布,准直器对光源的张角分别为 1.72°、2.0°和 2.29°,对应准直到客体半径分别为 6cm、7cm、8cm 处。

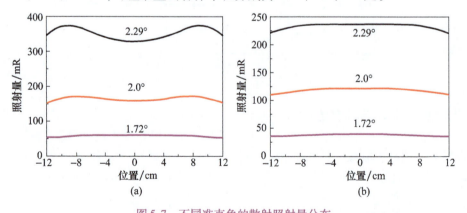

图 5.7　不同准直角的散射照射量分布
(a)探测平面在 300cm;(b)探测平面在 320cm。

从图 5.7(a)中的模拟结果可知,准直角对散射照射量的影响是非常大的,散射照射量随着准直角的减小而减小。当主准直角从 2.29°减小到 1.72°时,中心点散射的绝对照射量从328.44mR下降到了58.82mR,直散比从0.0185增大到0.103,最深穿透点的散射照射量从330.08mR下降到58.86mR,直散比从0.0037增加到0.021。而且,随着准直角的减小,散射照射量的分布形状也发生了变化,相对均匀性也越来越好。这些模拟结果为实验设计人员提供了重要的参考,一方面对照相系统设计最优的准直角及优化照相布局,以获得较好的图像质量;另一方面,由于小准直角会损失客体信息,准直角的设计应根据所关注的客体区域来确定,或者通过设计附加准直器来降低散射照射量且不损失客体信息。

5.4.2.3 对探测器保护器件采用屏蔽环技术

探测器保护器件的前后可使用一定厚度(约10cm)的屏蔽环,屏蔽环一般用钨或铅材料,环的内径应不影响所关注区域的直穿信号。前屏蔽环的使用原理是减少入射到探测器保护器件的无用照射量,因而也降低了探测器保护器件的散射;后屏蔽环的使用原理是阻挡部分由探测器保护器件引起的散射,减小探测器保护器件对所记录的散射的贡献。前屏蔽环对降低散射起了很大作用,它有效地降低了探测器保护器件对直穿光子的散射。在大准直角的情况下,有接近30%经准直后进入的直穿光子没有进入客体而直接向探测器保护器件飞行,但由于屏蔽环的存在,这些光子被前屏蔽环吸收而不会进入探测器保护器件产生散射光子,从而降低了散射。后屏蔽环对于降低散射有一定的作用,它只能吸收靠近探测器保护器件边缘的散射光,但降散射效果不如前屏蔽环明显,故可以不使用。

值得注意的是,对于正好准直到客体的闪光照相情况,前屏蔽环的降散射功能大大降低。因为在这种情况下不可能有多余的直穿光子进入探测器保护器件,而后屏蔽环仅仅起到阻挡来自客体的部分散射光子的作用。

5.5 附加准直器

在照射大尺寸客体时,需要准直孔径开得很大,而大尺寸客体的直穿照射量较小,这样,探测平面上的散直比就会很大,给定量诊断造成困难。另外,在深穿透的成像问题中,由于客体的动态量程(所谓动态量程指的是同强度入射辐射经过客体吸收后的最大出射辐射强度与最小出射强度之比)约为10^4。无论是屏-片接收系统还是CCD接收系统,目前的灰度响应小于此值。为了克服这一困难,可以在主准直器的准直空腔内再加上一个附加准直器。此附加准直器对几个关心的较深穿透部分没有任何影响,但是对穿透部分比较浅的区域的辐射起着衰减的作用(衰减量是已知的),因而降低了客体的动态量程。因此,利用附加准直器可以实现既抑制客体边缘散射而又不丢失客体边缘信息。这样,既能保证足够的辐射来照射整个客体而成像,又克服了动态量程大的问题,更重要的是减小了客体内散射光子的产生[8]。

5.5.1 附加准直器的设计方法

在附加准直器准直孔内,源X射线直接通过而不受准直器的衰减,这一区域内附加准直器的透射率:$T(x,y)=1$,因此该区域所对应图像信息不受影响。在准直孔外透射率小于1,任何源X射线都要经过附加准直器的衰减。

阶梯准直器的设置是为了使图像上的$\lg X$与黑密度的对应发生在线性响应区。一般线性区的$\Delta(\lg X)$约为2。因此该准直器的厚度应使光强衰减几百倍(至少100倍)。为保证 lg$X$ 与灰度的对应关系发生在线性响应区,取衰减量为 500 是合适的。于是,阶梯准直器的厚度 h 应满足:

$$e^{-\tilde{\mu}h} \geq 500, \quad h \geq (500)/\tilde{\mu} \tag{5.38}$$

式中:$\tilde{\mu}$ 为有效线衰减系数。

阶梯准直器的截面如图 5.8 所示,形如平行四边形或梯形,如果是平行四边形,其锥角就与主准直器一致。

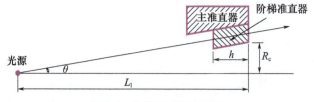

图 5.8 阶梯准直器示意图

当 $\tan\theta > R_c/L_1$ 时,在成像平面上的任何给定半径处,X 射线通过这一准直器的路程长度为

$$P_L = \frac{h}{\cos\theta} \tag{5.39}$$

此处,θ 为 X 射线与轴的夹角;L_1 为光源距阶梯准直器后端面的距离;R_c 为准直孔出口的孔半径。

当 $\tan\theta \leq R_c/L_1$ 时,$P_L = 0$。阶梯准直器各处的厚度相同,对于较小的 θ 角,所有 X 射线的衰减程度近似相同,各处的透射率近似为

$$T(x,y) = \exp[-\tilde{\mu}P_L(x,y)] \approx \exp(-\tilde{\mu}h) \tag{5.40}$$

在阶梯边缘所对应的图像处的成像信息有突变。

为了避免阶梯准直器透射的突变而采用陡坡准直器,该准直器的后表面半径和侧底角可以调整,并且不像阶梯准直器的后表面半径是决定性的。陡坡准直器各处的纵向高度随离轴半径而陡峭变化,因此透射率也随半径变化,对应的图像区的像信息无突变。

如图 5.9 所示,当 $\tan\theta > R_c/L_1$ 时,在成像平面上的任何给定半径处,X 射线通过这一准直器的路程长度为

$$P_L = \frac{\tan\alpha}{\cos\theta}\left(\frac{L_1\tan\theta - R_c}{1 + \tan\alpha\tan\theta}\right) \tag{5.41}$$

式中:θ 为 X 射线与轴的夹角;α 为准直器的侧底角;L_1 为光源距陡坡准直器后端面的距离;R_c 为准直孔出口的孔半径(图 5.9)。

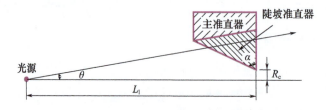

图 5.9 陡坡准直器的衰减长度计算示意图

当 $\tan\theta \leq R_c/L_1$ 时,$P_L = 0$。随着角度超过 $\theta_c = \arctan(R_c/L_1)$ 而增加时,透射率为指

数式地降低。显然,陡坡准直器的透射率近似为

$$T(x,y) = \exp[-\tilde{\mu} P_L(x,y)] \tag{5.42}$$

附加准直器的透射率定义为探测平面上各记录点的照射量 $X(x,y)$ 与中心点照射量 $X(0,0)$ 的比值乘以立体角修正因子,即

$$T(x,y) = \frac{X(x,y)}{X(0,0)} \frac{d^2(x,y)}{d^2(0,0)} \tag{5.43}$$

式中:$d(x,y)$ 为记录点到源中心的距离;$d(0,0)$ 为探测平面中心点到源中心的距离。

附加准直器的传递函数定义为透射率的对数值,即

$$f(x,y) = \lg[T(x,y)] \tag{5.44}$$

也就是说,附加准直器的传递函数为进入像素 (x,y) 的 X 射线在附加准直器内的光程乘以常数 lge 的负值,其分布基本上反映了附加准直器厚度的分布。

由于光源并非点源,对 X 射线在附加准直器内的飞行路程长度需要进行修正;由于 X 射线具有能谱,附加准直器材料的线衰减系数应通过对 X 射线在附加准直器内输运的蒙特卡罗计算来确定。

5.5.2 附加准直器的降散射效果

5.5.2.1 陡坡准直器和阶梯准直器降散射的蒙特卡罗模拟

以 FTO 客体为例,说明阶梯准直器和陡坡准直器的的作用。模拟所使用附加准直器的相关参量如下:①铅陡坡准直器:厚度为 20.0cm,后孔半径为 1.5cm,侧底角为 83.5°;②铅阶梯准直器:厚度为 10.0cm,后孔半径为 1.5cm,前孔半径为 1.35cm。准直器的后表面或底面距离光源 100cm,探测平面距离光源 300cm。为了便于比较,也模拟了只使用顺锥准直器(无附加准直器)的照射量分布。

在只使用主准直器、没有附加准直器的情况下,中心点的直穿照射量与散射照射量分别为 6.06mR 和 328.44mR,DSR 为 0.0185。总照射量最小处的直穿照射量与散射照射量分别为 1.22mR 和 330.08mR,DSR 为 0.0037。图 5.10 是使用主准直器后的直穿照射量、散射照射量过中心的分布曲线。

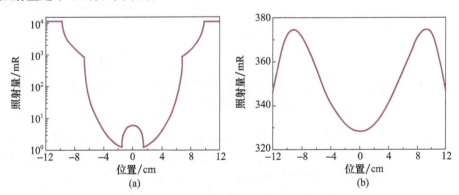

图 5.10 使用主准直器(无附加准直器)的照射量分布
(a)直穿照射量;(b)散射照射量。

对于陡坡准直器,中心点的直穿照射量与散射照射量分别为 6.06mR 和 4.23mR,DSR 为 1.43。总照射量最小处的直穿照射量与散射照射量分别是 1.22mR 和 4.24mR,

DSR 为 0.29。陡坡准直器的使用,使中心区的散射约降低到未使用该准直器时的 1/78,且散射分布较为平坦。图 5.11 是使用陡坡准直器后的直穿照射量、散射照射量过中心的分布曲线。

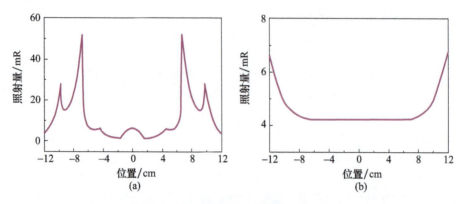

图 5.11　使用陡坡准直器的照射量分布
(a)直穿照射量;(b)散射照射量。

对于阶梯准直器,中心点的直穿照射量与散射照射量分别为 6.06mR 和 7.15mR,DSR 为 0.85。总照射量最小处的直穿照射量与散射照射量分别为 1.22mR 和 7.19mR,DSR 为 0.17。阶梯准直器的使用,使中心区的散射约降低到未使用该准直器时的 1/46,且散射分布较为平坦。图 5.12 是使用阶梯准直器后的直穿照射量、散射照射量过中心的分布曲线。

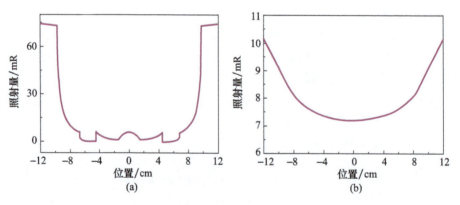

图 5.12　使用阶梯准直器的照射量分布
(a)直穿照射量;(b)散射照射量。

阶梯准直器和陡坡准直器均是比较好的降散射器件,尤其是陡坡准直器,设计相对简单、造价相对较低,是目前高能 X 射线闪光照相实验系统中用得较多的准直和降散射器件。在具体的应用中应针对不同的系统和照相布局设计准直器,以既不损失客体信息,又能有效降低系统的散射为原则。

5.5.2.2　LANL 的实验结果

LANL 的 Mueller[9] 对陡坡准直器、阶梯准直器和多孔准直器进行了深入的研究,并从实验上验证了降散射的效果,准直器与照相实验布局如图 5.13 所示。

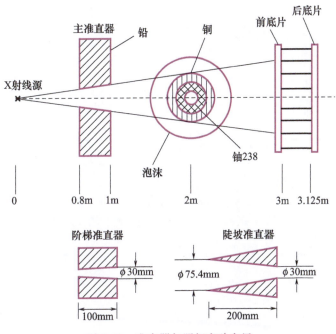

图 5.13 准直器与照相实验布局

主准直器是中心开一锥形孔的铅墙（0.6m×0.6m×0.2m），锥顶指向光源。主准直器孔径的选择是使客体的视场平面的半径约比铜球视场平面半径大 40%。通过铜球边界与主准直孔边界之间的环形内的直穿强度比通过与中心空球相切的边界处的直穿强度约高 5000 倍。在有探测器保护器件的情况下，经过这一环形区域到达探测器保护器件的源 X 射线，在探测器保护器件内形成的散射场非常强，并且随位置而急速变化。主准直器的前后平面分别位于轴向位置为 80.0cm 与 100.0cm 处。在主准直器上分别附加 ϕ = 30mm 的阶梯准直器和 ϕ_1 = 75.4mm、ϕ_2 = 30mm 的陡坡准直器。

图 5.14 和图 5.15 分别为阶梯准直器和陡坡准直器的传递函数和光学密度（灰度）变化情况。在有附加准直器的情况下，准直孔内光子没有变化。但进入客体外层和边缘的直穿光子被附加准直器衰减而大幅减少，极大降低了客体外层材料和边缘引起的散射，即降低了客体的散射。因为由客体外层和边缘进入探测器保护器件的直穿光子和散射光子均大幅减少，所以由探测器保护器件引起的散射必然大幅减小。因此，只要针对具体的照相系统精心设计附加准直器的准直角和厚度，就可以保证成像平面处的照射量均在接收系统的可探测范围或线性响应区，并能大幅降低散射，从而得到较好质量的图像。

使用附加准直器可以达到降低量程和降低散射的双重效果。对于阶梯准直器和陡坡准直器的选用，应针对具体照相系统来确定。由于阶梯准直器厚度不变，在光路上对 X 光子衰减基本相同，不会损失客体的边界信息；而陡坡准直器对 X 光子的衰减是渐变的，当客体光程的变化与陡坡准直器的光程变化相同时，有可能会损失客体信息，但是陡坡准直器针对客体外层和边缘的直穿光子的衰减幅度较大，能更有效地降低边缘引起的散射。因此，对于附加准直器的选用，没有太多具体的准则，必须针对具体照相客体来进行精心设计。

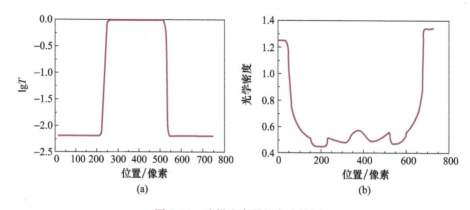

图 5.14　阶梯准直器的实验结果

(a)传递函数沿直径的变化；(b)光学密度沿直径的变化。

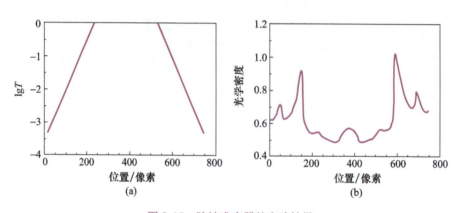

图 5.15　陡坡准直器的实验结果

(a)传递函数沿直径的变化；(b)光学密度沿直径的变化。

总之，使用陡坡准直器有效地降低了照射量量程，使得被照客体在屏-片组合感光曲线的线性响应段成像。而且对芯部成像而言，在接收系统能响应的前提下陡坡准直器的锥角应越大越好，可以更多地衰减入射到样品外层、探测器保护器件上的入射照射量，从而降低散射照射量，使芯部信号更加凸显出来。

5.6　多孔精细网栅

对于流体动力学试验的诊断，必须使用防护系统，防止冲击波和爆轰飞片对光源和接收系统的破坏作用。这样的照相系统，必然是高散射系统。这种情况下，即使使用附加准直器、增大后防护装置到接收平面的距离等降低散射的措施，都不可能使芯部散射达到可以被忽略的程度。由于接收系统的响应函数与 X 射线的能谱相关，因此接收系统对直穿和散射的响应不同，目前尚未找到一种有效的标定方法，使之能够普遍适用于图像灰度与照射量(或光程)的转换中。只有获得干净的直穿信号，才能从根本上提升诊断能力。

为了进一步降低散射 X 射线，早在 20 世纪 20 年代，防散射滤线栅(anti-scatter grid,

通常称为 Potter-Bucky 网栅)就已经在医学领域得到了应用。它由一系列金属平板拼接而成,平板上预置阵列圆孔,圆孔一一对接形成聚焦至光源中心的 X 射线通道,仅允许直穿 X 射线通过,输运方向异于直穿 X 射线的散射 X 射线将被网栅吸收。高能 X 射线闪光照相中的网栅不同于医学和无损检测领域中的防散射滤线栅,由于散射光子的平均能量一般在 1.5MeV 左右,需要厚的重金属网栅才能阻挡散射 X 射线进入成像探测器。网栅加工的困难,限制了精细网栅在高能闪光照相中的应用。早期,美国的 LANL 在实验中也尝试使用了多孔准直器[9-10],实际上,多孔准直器就是孔数较少的多孔精细网栅。多孔准直器的前后各放置一个成像探测器,直穿 X 射线可以通过孔洞到达后成像探测器,散射 X 射线仅有极少量能够通过孔洞到达后成像探测器,于是,后成像探测器得到的绝大部分是直穿量,该直穿量与前成像探测器相应位置的直穿量具有简单的立体角衰减关系。通过前后成像探测器相应位置的灰度值就可以得到相应位置的散射量。由于散射量变化比较平坦,由孔洞位置的散射量就可以得到整幅图像的散射量分布,这就是多孔准直器的原理。

美国 Watson 等[11-12]从 20 世纪末就开始兆电子伏级多孔精细网栅的研制工作,最初采用光蚀刻工艺,并于 1999 年研制了一套样机,验证了网栅的降散射效果。2002 年,完成了像素尺寸 1.1mm×1.1mm、幅面 ϕ450mm 的 LSO 阵列转换屏研制工作。2005 年,采用钨膜片浇铸加工工艺成功研制了与 LSO 阵列屏配套的兆电子伏级精细网栅。

5.6.1 多孔精细网栅技术

多孔精细网栅是由高 Z 材料(钽或钨等)构成,每个栅孔均聚焦到光源中心,使得直穿光子近乎无衰减地通过栅孔,而散射光子被材料吸收,如图 5.16 所示。图中 h 为网栅厚度,ϕ 为网栅孔直径,各栅孔聚焦于光源,f_0 为网栅前平面到光源的距离,称为焦距,网栅比定义为 $R_{\mathrm{grid}} = h/\phi$。

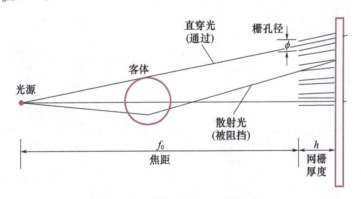

图 5.16 降散射网栅实验原理图

因为高能 X 射线能够穿透数厘米的钨,于是网栅必须是轴向厚而网孔径小以达到必要的分辨率和网栅厚度。网栅厚度至少为 10cm,而有效的网栅比至少是 100∶1。美国 LLNL 制备了具有 105×105 个亚毫米孔洞的多孔网栅,每片钨网是将厚度为亚毫米的钨膜片精确地蚀刻而成,将数百片这样的多孔网栅堆放整齐并胶粘成整体,精确地形成厚度约等于 10cm 的蜂窝型栅状厚钨块。要求将各孔洞的轴精确地汇聚到源中心,相邻孔中心距离为0.5mm,孔洞直径为0.354mm。图5.17为LLNL多孔网栅的俯视图和孔阵的显微图。

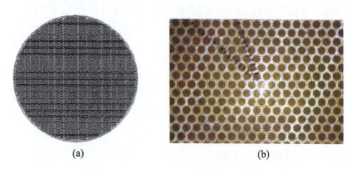

图5.17 LLNL多孔网栅示意图
(a)网栅的俯视图;(b)孔阵的显微图。

将此多孔网栅精确地放置在照相系统的探测平面之前,几何布局保证各孔洞精确地汇聚到源中心(聚焦)。该器件仅容许直穿光子通过,而将客体和其他器件所产生的散射光子阻挡,因而投射到探测平面的几乎只有直穿(信号)光子。需要说明,器件孔径很小,也会阻挡某些准直不好的直穿光子,因而降低直穿照射量。

美国LLNL在20MeV电子加速器上对FTO进行了照相实验,实验布局如图5.18所示。用具有不同锥角的钨制成的硬准直器来改变散射。一个小针孔准直器用来产生锥形束几何而作为测量通过FTO的直穿信号,1m处的照射量为500R。增加硬准直器的张角,会引入更多的散射。取针孔照射量作为直穿照射量,其他准直情况下的照射量则为各自的总照射量,从而推断散直比。

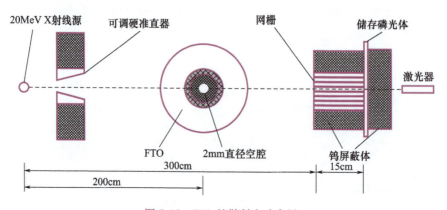

图5.18 FTO的散射实验布局

表5.5给出了不同准直角下有无降散射网栅对散射和图像品质的影响。图5.19是各种准直角下对FTO客体中心照相所得到的散直比,实验中没有使用陡坡准直器。

表5.5 探测平面上的相对照射量

准直器类型	针孔	张角1.5°	张角2.0°	张角2.5°
无网栅时的信号(图像品质)	7400(非常好)	75000(好)	340000(差)	630000(非常差)
有网栅时的信号(图像品质)	1900(好)	2100(好)	2800(好)	3700(好)

续表

准直器类型	针孔	张角 1.5°	张角 2.0°	张角 2.5°
无网栅时的散直比	0	9.1	44	84
有网栅时的散直比	0	0.11	0.47	0.95

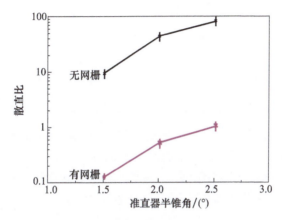

图 5.19　FTO 客体在各种准直角下的散直比

图 5.20 是 FTO 模型高能 X 射线闪光照相的实验图像(上)与蒙特卡罗模拟图像(下)的比较,左边是没有降散射网栅的结果,右边是加了降散射网栅的结果。准直器的张角为 2.5°。这种情况下散射量远大于直穿量(表 5.5)。由图 5.20 可以看出,用了降散射网栅后,中心空腔清晰可见。

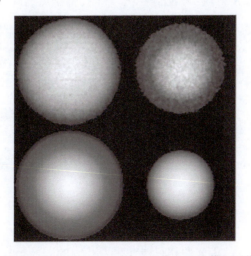

图 5.20　FTO 高能 X 射线闪光照相的实验图像(上)和模拟图像(下)的比较

表 5.6 给出了 LANL 利用蒙特卡罗方法模拟的不同网栅参数下的降散射效果。网孔尺寸受四个因素的制约:网孔阵列的一排孔数、微型探测器接收面尺寸、光源尺寸(有效半径为 R_S)和最大散直比(SDR)。对于正交阵列的网栅,设相邻孔心距离为 d,网孔半径为 $a(a<d)$,探测元半径为 b,一排孔数为 N,网栅的总外径为 D,那么 $D>Nd$。若令 $d=2\eta a$,η 为相邻孔心距离与网孔尺寸的比值,则应满足 $Na<D/(2\eta)$。

表 5.6　不同网栅参数下的降散射效果

孔直径/mm	厚度/cm	密度/(g/cm³)	网栅比	焦距/cm	透射率	降散射因子
0.35	15	17	400	300	40%	400∶1
0.90	30	17	330	400	64%	580∶1
0.85	30	17	357	400	57%	1500∶1
0.90	15	17	167	415	64%	35∶1
0.90	22	17	250	415	57%	175∶1
0.43	15	17	350	415	57%	120∶1
0.43	20	17	470	415	57%	390∶1
0.90	40	12	445	525	57%	200∶1

为了使光源上任一点发出的 X 射线都能无阻挡地到达孔中心对应的探测元上,若照相距离为 D_F、网栅焦距为 f,那么应满足的条件为 $a \geq b + (R_S - b)(1 - f/D_F)$。

实际上,为了提高网栅的降散射效果,要求网孔半径 a 尽可能小,于是来自光源而到达该面积的光线总会有一部分被网栅衰减,因此直穿量一定会降低。

5.6.2　网栅参数的确定方法

5.6.2.1　网栅的蒙特卡罗建模

在网栅建模中,使中心圆孔的轴与光轴重合,相邻孔基于中心孔六角对称排列。图 5.21 给出了网栅剖面图及利用网栅降散射的示意图。器件上大量孔柱阵列允许直穿 X 射线通过,但阻止了散射 X 射线。孔柱阵列每一个孔都聚焦到源中心。

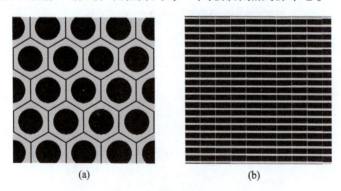

图 5.21　网栅建模示意图
(a) $x-y$ 平面;(b) $x-z$ 平面。

采用网栅的高能 X 射线闪光照相只能获得栅孔内的图像信息,栅孔以外的图像信息需要进行修补,才能形成一幅完整的图像。为了使损失的信息足够小,要求栅孔的孔径和孔间距越小越好;但实际照相过程中,由于噪声、模糊、散射及"失聚焦"、加工难度等因素的影响,栅孔和孔间距不能太小。

5.6.2.2　网栅参数的确定方法

兆电子伏级网栅的孔径一般在 1mm 左右,孔间距不会超过 2mm,而网栅的厚度超过 100mm,其材料为高 Z 金属,任何加工技术均不能一次性完成具有不同倾角的孔加工,需要用不同孔间距的金属薄片堆叠而成。

由于无法从实验上直接测量成像平面上的散射照射量,因此需要利用蒙特卡罗方法计算散射照射量,进而确定网栅设计参数。首先确定网栅的厚度,然后在确保成像平面上最深穿透点处 SDR≤0.1 的前提下,研究孔径与孔间距之间的关系,选取加工上比较合适的孔径和孔间距;其后,根据网栅的厚度、栅孔径和孔间距,研究成像平面上小孔的直穿分布、散射大小同薄片厚度之间的关系,确定每片的厚度[13]。

1) 网栅厚度

首先计算无网栅情形下的直穿照射量和散射照射量分布,最小直穿照射量为 6.78mR,相应的散射照射量为 18.31mR,即最深穿透点处的 SDR=2.7。为了确定满足要求的网栅厚度,假定网栅材料 W 的密度为 $18.7g/cm^3$,采用薄片厚 1.6mm、孔径 0.9mm 和孔间距 1.1mm 的网栅参数,计算网栅厚度分别为 8cm、12cm、16cm、20cm 时成像平面上的直穿照射量和散射照射量分布。计算结果表明,对于每个小孔图像,即使在网栅较厚的情形下,过小孔图像中心的剖线上至少有 7 个像素点(像素尺寸为 0.1mm×0.1mm)的直穿照射量未受到网栅的影响,可以利用这些像素点的值来确定实际图像的变化趋势。因此,网栅厚度的选取原则是在给定孔径和孔间距下确定使 SDR≤0.1 的最小厚度。通过计算,4 种网栅厚度下所有小孔图像的最大 SDR 分别为 0.34、0.12、0.04、0.03,考虑到成像系统对散射的响应系数比直穿大(因为散射光子的平均能量偏低,在成像系统中的能量沉积较高),选择 16cm 厚的网栅比较合适。

2) 网栅孔径与孔间距的关系

网栅孔径和孔间距共同决定了成像平面上的散射照射量大小。孔径太大而孔间距太小,势必增大成像平面上的散射照射量;而在给定孔径下增大孔间距,可以减小散射,反之亦然。因此,需要考查不同孔径下所对应的满足成像平面上最深穿透点处 SDR≤0.1 的最小孔间距。模拟结果如表 5.7 所列。

表 5.7　不同孔径和孔间距下的模拟结果

孔直径/mm	0.9	1.0	1.0	1.0	1.1	1.1	1.2	1.2
孔间距/mm	1.1	1.2	1.3	1.4	1.4	1.5	1.5	1.6
散直比	0.04	0.08	0.05	0.05	0.03	0.02	0.11	0.04
孔数	29	27	25	23	23	21	21	19
未受影响像素	6	7	7	7	8	8	10	10

由表 5.7 可知,在满足设计要求的前提下,孔径不同,对应的孔间距也不相同,孔径越大,需要的孔间距也越大,而且孔间距与孔径之差也越大。孔径越大,芯部的孔数减少,但小孔图像中直穿照射量未受影响的像素增多。综合考虑,可确定网栅孔径和孔间距分别为 1.1mm、1.5mm。

5.6.3　网栅失聚焦对图像的影响

在实际照相过程中,光源的晃动、网栅位置的晃动、照相几何的偏差等都会导致光源不在网栅聚焦的位置上,通称这些情况为失聚焦。失聚焦不但会影响网栅降散射的效果,还会阻挡部分有用的直穿信号。

5.6.3.1 网栅失聚焦的理论分析

在理想照相情况下,网栅孔均聚焦于光源,也就是说,网栅出口孔的圆心是在光源和网栅入口孔圆心的连线上。这样,网栅入口孔和出口孔投影到光源所在的平面上是重合的。在非理想照相情况下,网栅孔不聚焦于光源。那么,网栅出口孔的圆心就不在光源和网栅入口孔圆心的连线上。或者说,网栅孔柱的轴线与光源和网栅入口孔圆心的连线有一定夹角 α,导致网栅入口孔圆心和出口孔圆心投影到光源所在的平面上的距离为 $\tau = h\tan\alpha$。在这种情况下,网栅入口孔和出口孔投影到光源所在的平面上不重合,从网栅入口孔入射的直穿光子有一部分被网栅阻挡,重合的部分就是没被阻挡的部分,如图 5.22 所示[12]。

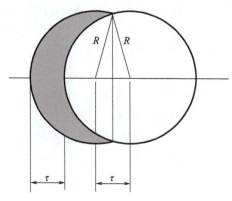

图 5.22 网栅孔透射几何示意图

透射面积与 τ 的关系:

$$S(\tau) = 2R^2 \arccos\left(\frac{\tau}{2R}\right) - \tau\sqrt{R^2 - \frac{\tau^2}{4}} \tag{5.45}$$

式中:$S(0) = \pi R^2, S(2R) = 0$。

直穿辐射衰减因子为

$$\eta = \frac{\pi R^2 - S(\tau)}{\pi R^2} \tag{5.46}$$

当 $\tau/(2R) = \tau/d \ll 1$ 时,式(5.46)简化为

$$\eta = \frac{\tau}{\pi R}\left[1 + \sqrt{1 - \left(\frac{\tau}{2R}\right)^2}\right] = \frac{h\tan\alpha}{\pi R}\left[1 + \sqrt{1 - \left(\frac{h\tan\alpha}{2R}\right)^2}\right] = G\frac{h}{d}\tan\alpha \tag{5.47}$$

式中:$G = \frac{2}{\pi}\left[1 + \sqrt{1 - \left(\frac{h\tan\alpha}{d}\right)^2}\right]$ 为几何形状因子,依赖于网栅类型。

网栅失聚焦有以下几种情况[14-15]。

(1) 网栅相对于束轴有一定的夹角 α。图 5.23(a) 给出了示意图。其直穿辐射衰减因子如式(5.47)所示。

(2) 光源或网栅沿侧向移动距离 b。图 5.23(b) 给出了示意图。其网栅入口孔圆心和出口孔圆心投影到光源所在的平面上的距离为

$$\tau = h\tan\alpha = h\frac{b}{f_0} \tag{5.48}$$

则式(5.47)改写为

$$\eta = G\frac{h}{d}\tan\alpha = G\frac{hb}{df_0} \tag{5.49}$$

式中：f_0 为网栅入射面离开光源的距离，称为焦距。

由式(5.49)可以看出，网栅的焦距越大，越接近于平行光，失聚焦对图像的影响越小。

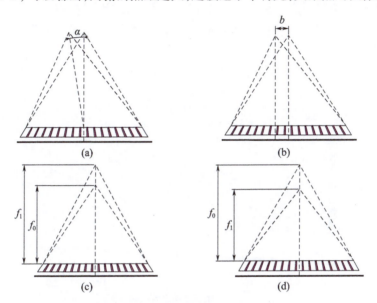

图 5.23　光源不在网栅聚焦位置的示意图
(a)网栅相对于束轴有一定的夹角 α；(b)光源或网栅沿侧向移动距离 b；
(c)网栅沿束轴方向前移动；(d)网栅沿束轴方向后移动。

(3)网栅沿束轴方向前后移动。图 5.23(c)和图 5.23(d)给出了示意图。正确放置时，横向离轴距离为 x 的网栅孔柱的轴线与系统轴的夹角为 α_0，而失配时夹角为 α_1。那么，在失配放置情况下，网栅孔柱的轴相对于光源和网栅入口孔圆心连线的夹角 $\alpha = \alpha_0 - \alpha_1$，则

$$\tan\alpha = \frac{|\tan\alpha_0 - \tan\alpha_1|}{1 + \tan\alpha_0 \tan\alpha_1} \approx |\tan\alpha_0 - \tan\alpha_1| = x\left(\frac{1}{f_0} - \frac{1}{f_1}\right) \tag{5.50}$$

式中：f_1 为失配放置时网栅入射面离开光源的距离。

式(5.47)改写为

$$\eta = G\frac{h}{d}\tan\alpha = G\frac{h}{d}x\left(\frac{1}{f_0} - \frac{1}{f_1}\right) \tag{5.51}$$

5.6.3.2　网栅失聚焦的模拟

对于 FTO 客体的照相，网栅的最佳参数：单孔的直径为 0.9mm，相邻两孔中心距为 1.2mm，网栅高度（或厚度）为 250.0mm。基本参数如表 5.8 所列[15]。下面讨论网栅聚焦长度分别为 3000mm 和 5000mm 的情况。

表 5.8　网栅和布局的基本参数　　　　　　　　　　　　单位：mm

网栅	孔直径	孔间距	厚度	聚焦长度	源物距	源像距
G1	0.9	1.2	250	5000	3500	5250
G2	0.9	1.2	250	3000	1500	3250

图 5.24 给出了由式(5.49)计算和蒙特卡罗模拟的直穿辐射衰减因子随光源横向移动距离的变化。实际的高能加速器,光源横向移动距离一般在 1mm 以内。由图 5.24 可以看出,对于聚焦长度 5000mm 的网栅,直穿辐射衰减因子小于 7.0%。对于聚焦长度 3000mm 的网栅,直穿辐射衰减因子小于 12.0%。如果加速器光源横向移动距离控制在 0.5mm 以内,那么,对于聚焦长度 5000mm 的网栅,直穿辐射衰减因子小于 3.5%。蒙特卡罗模拟计算的结果比理论值小,这是因为理论计算中图 5.22 阴影部分面积是完全按不透光处理的,而实际上会有少量光子透过。也就是说,理论计算值偏高一些。

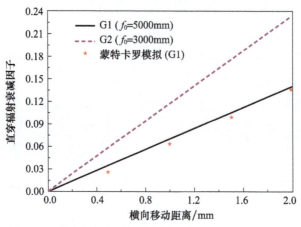

图 5.24　直穿辐射衰减因子随光源横向移动距离的变化

图 5.25 给出了由式(5.51)计算的网栅位置与光源的轴向距离偏差 1cm 时,直穿辐射衰减因子随横向离轴距离的变化。可以看出,对于聚焦长度 5000mm 的网栅,20cm 以内区域的直穿辐射衰减因子小于 3.0%。对于聚焦长度 3000mm 的网栅,20cm 以内区域的直穿辐射衰减因子小于 8.0%。在实际应用中,网栅基本上能够精确定位,与光源轴向距离的偏差在 1cm 以内,甚至更小。

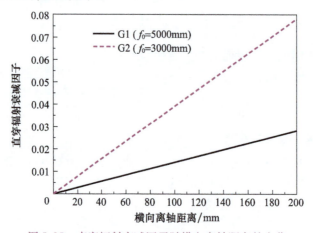

图 5.25　直穿辐射衰减因子随横向离轴距离的变化

本质上,网栅失聚焦或"近似制造"的影响就相当于网栅孔的尺寸减小了,其他位置的直穿量不变。图 5.26 给出了正确放置和光源横向偏离 1.0mm 情况下的直穿照射量。由图 5.26 可以看出,非理想照相条件下穿过每个网栅孔的照射量基本不变,只是沿着半径方向的宽度变窄了,就相当于网栅孔的尺寸减小了。

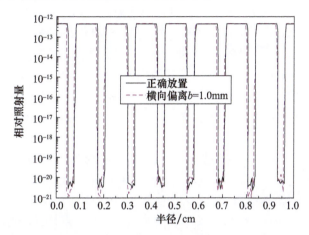

图 5.26　正确放置和光源横向偏离 1.0mm 情况下的直穿照射量

图 5.27 给出了理想网栅和膜片(厚度为 2.0mm)堆叠加工情况下的直穿照射量。可以看出,"近似制造"下穿过每个网栅孔的照射量基本不变,只是沿着半径方向的宽度变窄了,也相当于网栅孔的尺寸减小了,不过,这种情况下网栅孔的尺寸减小量小于图 5.26 的情形,和理论计算一致(图 5.26 对应的 $\tau = 0.05$mm,图 5.27 对应的 $\tau = 0.04$mm)。

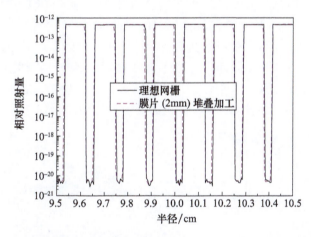

图 5.27　理想网栅和膜片(厚度为 2.0mm)堆叠加工情况下的直穿照射量

多孔精细网栅是一个非常好的降散射器件,能大大降低系统的散射照射量,降散射因子达到 10^2 的量级,而且对系统直穿照射量的影响不大,因此极大地提高了直散比。其性能与网栅孔半径、网栅厚度和孔数目直接相关。网栅的照相图像空间分辨率约为 0.5mm,满足了亚毫米分辨率的要求。但其缺陷是:首先是造价太高,其次使用多孔精细网栅时对光源的稳定性、系统的对焦精度要求极高,否则将会大大影响网栅的性能。

5.6.4　网栅的加工制造

5.6.4.1　美国 LANL 降散射 Bucky 网栅的设计与加工

网栅的设计参量[12]:网栅材料 W,尺寸 $\phi = 45$cm,厚度 $h = 40$cm;孔径 $\phi = 0.9$mm,孔

间距 $\delta = 1.1$ mm（后端面），小孔聚焦到光源中心。直径 45cm 上约有 400 个孔（直径为 0.09cm），总孔数 $N = \pi \times 400^2/4 \approx 1.35 \times 10^5$；单孔面积 $s = \pi \times 0.09^2/4 \approx 6.36 \times 10^{-3}$ cm^2，孔区的总面积 $S_{孔} = 800$ cm^2，网栅总面积 $S_{网栅} = \pi \times 45^2/4 \approx 1600$ cm^2，网栅占空比约 50%。器件总质量约 1000kg，其中钨材料约 385kg，加工前材料质量约 2×385kg $\times 125\% = 965$kg。与网栅栅孔匹配的 LSO 阵列转换屏的幅面尺寸 $\phi = 45$ cm，晶柱长度为 4cm，晶体柱尺寸为 1.0mm $\times$ 1.0mm，晶体柱中心距为 1.1mm，晶柱之间采用不锈钢或银材料阻隔，增加可见光的反射，吸收部分散射电子，抑制晶体柱之间的相互串扰。晶体柱与栅孔一一对准。

网栅的精密加工具有很大的挑战性，必须采用分层制造、层层叠加的加工方式。美国 LANL 采用微型浇铸的加工方法，具体步骤为：①利用精密机加工技术将铝板加工成模具，按要求编程得到各孔心位置，并将每片铝板钻成孔阵列，各片铝的孔心位置互不相同；②铝板共有 3300 万个孔，机床连续运行耗时一年，形成模具；③利用铝模具将钨末形成钨片（具有孔阵列），并用环氧树脂包装，然后将所有膜片按次序堆放整齐，并胶粘成约 40cm 厚的整体；④堆放后的整体，其各孔轴聚焦，焦距为 5.25m（按照设计要求确定）；⑤数百千克重量的网栅器件必须防止因下沉引起的失准直。

网栅相机主要由聚焦光源的网栅、与网栅栅孔匹配的阵列转换屏和 CCD 相机三部分组成。网栅作用是抑制散射 X 射线入射到阵列探测器上，降低散射 X 射线对图像的影响，提高图像对比度；阵列转换屏将 X 射线转换为可见光，便于 CCD 相机接收，要求与网栅匹配，即网栅的每个栅孔均与阵列转换屏的闪烁晶体柱（简称晶柱）对应，而且每个晶柱又对应于图像的一个像素。适当厚度的网栅可以使散射降低近两个量级，但所有栅孔的透光率因加工工艺等并不相同；阵列转换屏除了模糊小之外，适当增大其厚度和晶柱尺寸可以增加入射到单个像素的 X 射线数目和提高 X 射线能量转换效率，同样所有晶柱的响应系数也不相同。美国的 Bucky 网栅相机如图 5.28 所示。

图 5.28　美国 Bucky 网栅相机实物图（左上：LSO 阵列屏；左下：网栅）

5.6.4.2　网栅加工的影响分析

精细网栅的加工制造是很困难的，尤其要在几十厘米厚的钨材上均匀布满亚毫米的"聚焦孔"。目前，文献上介绍的制造工艺是在钨膜上打一些平行孔，再将大量的钨膜片粘在一起形成聚焦网栅，每个钨膜片的孔间距都不同，且随着离开光源的距离逐渐增大。

钨膜片的厚度决定了"近似制造"偏离"理想制造"的程度。采用钨膜片叠加的制造工艺,对于距离光轴 x 的孔,每片膜对应的 $\tau_0(x) = h_0\tan\alpha = h_0 x/f_0$,其中 x 为孔到光轴的距离,h_0 为钨薄膜片的厚度,f_0 为聚焦长度,h 为网栅厚度,$h_0 = h/N$,N 为网栅膜片数目。

每片膜对应的直穿辐射透射率为

$$T_0(x) = \frac{S[\tau_0(x)]}{\pi R^2} = 1 - \frac{\tau_0(x)}{\pi R}\left\{1 + \sqrt{1 - \left[\frac{\tau_0(x)}{2R}\right]^2}\right\} = 1 - \frac{h_0\tan\alpha}{\pi R}\left[1 + \sqrt{1 - \left(\frac{h_0\tan\alpha}{2R}\right)^2}\right] \tag{5.52}$$

由式(5.52)可知,层数越多,h_0 值越小,$T_0(x)$ 越大。由图 5.29 看出,能够穿过第一个膜片的直穿光子基本上都穿过了后面的膜片。所以,式(5.52)就代表了整个网栅"近似制造"的直穿辐射透射率[15]。

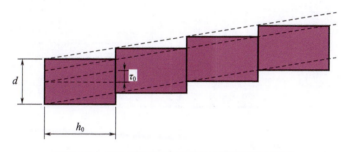

图 5.29　膜片堆叠加工网栅孔透射影响示意图

膜片的厚度决定了网栅直穿辐射透射率,而且,随着网栅孔柱横向离轴距离的增大,网栅孔柱的直穿辐射透射率减小。

5.7　散射量的确定

高能 X 射线闪光照相中,对图像质量影响最大也是最不确定的因素就是高能 X 射线与系统器件作用产生的散射照射量。对于较高面密度的客体,散射严重到可以淹没直穿信号的程度,极大地影响了对客体信息的准确提取。因此,准确确定系统的散射分布及影响因素并进行相应处理,是准确提取照相系统客体信息的前提。

一方面,理论和实验研究表明,采用适当的准直技术和合理的实验布局可以大幅度降低散射;另一方面,在客体面密度较高时,无论采用上述何种准直器(多孔精细网栅除外),也无论什么样的优化布局,都不能使散射降低到可以忽略的程度。因此,需要研究散射扣除技术。

在照相布局一定的条件下,探测平面上的散射照射量就取决于客体的结构和密度分布。可以通过研究客体的结构和密度分布与散射的关系,为动态照相实验中散射照射量的确定提供依据。

5.7.1　客体结构与散射照射量的关系

以 FTO 客体或其相似客体为例,通过改变密度分布或改变尺寸,分别研究使用主准直器和陡坡准直器的散射规律。

对于较高面密度的客体,必须使用陡坡准直器降低散射。表 5.9 给出了六个客体模型的尺寸和密度分布。模型2是标准的FTO客体;模型1和3的界面尺寸在模型2的基础上分别做了缩小和放大,各层密度不变;模型4和5的界面尺寸与模型2相同,但钨层密度分布分别做了内高外低和内低外高调整;模型6的界面尺寸与模型2相同,但铜层密度变低。

表5.9 使用陡坡准直器的客体模型

客体模型	空气		钨1		钨2		铜		泡沫	
	半径/cm	密度/(g/cm³)	半径/mm	密度/(g/cm³)	半径/mm	密度/(g/cm³)	半径/mm	密度/(g/cm³)	半径/mm	密度/(g/cm³)
模型1	0.8	0	3.0	18.9	4.3	18.9	6.3	8.9	22.5	0.5
模型2	1.0	0	3.0	18.9	4.5	18.9	6.5	8.9	22.5	0.5
模型3	1.2	0	3.0	18.9	4.7	18.9	6.7	8.9	22.5	0.5
模型4	1.0	0	3.0	23.0	4.5	18.0	6.5	8.9	22.5	0.5
模型5	1.0	0	3.0	16.0	4.5	21.0	6.5	8.9	22.5	0.5
模型6	1.0	0	3.0	18.9	4.5	18.9	6.5	7.8	22.5	0.5

陡坡准直器的厚度为20.0cm、前后孔的半径分别为3.77cm和1.5cm,准直器后表面或底面距离光源100cm,客体距光源200cm,探测器保护器件(5cm厚的铝板)距离光源270cm,探测平面距离光源300cm。电子束击靶参量:能量为20MeV,归一发射度为300cm·mrad,尺寸(FWHM)为0.15cm。1m处照射量为500R。蒙特卡罗模拟的散射照射量分布如图5.30所示。

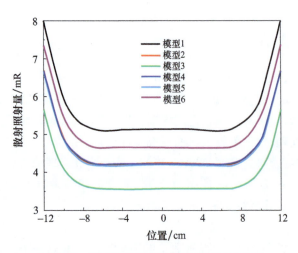

图5.30 使用陡坡准直器的散射照射量分布

图5.30表明:①六个模型的散射照射量分布基本相同,钨区以内比较平坦,中心散射照射量略高,钨区以外散射照射量逐渐增加;②对于尺寸不同的客体(模型1、2、3),散射照射量随着尺寸的增大而减小;③对于尺寸相同的客体(模型2、4、5),虽然钨区密度分布有较大变化,只要外层铜材料密度不变,散射照射量就基本不变;④对于尺寸相同的客体(模型2、6),外层铜材料密度变低,散射照射量就会增大。模型2、4、5、6的结果,证明了外层物质对散射的贡献更大。

对于较低面密度的客体,一般只需要使用主准直器。表 5.10 给出了六个客体模型的尺寸和密度分布。模型 8 是钨层较薄的类 FTO 客体;模型 7 和 9 的界面尺寸在模型 8 的基础上分别做了缩小和放大,各层密度不变;模型 10 和 11 的界面尺寸与模型 8 相同,钨层密度分别做了减小和增大;模型 12 的界面尺寸与模型 8 相同,但铜层密度变低。

表 5.10 使用主准直器的客体模型

客体模型	空气		钨		铜		泡沫	
	半径/mm	密度/(g/cm³)	半径/mm	密度/(g/cm³)	半径/mm	密度/(g/cm³)	半径/mm	密度/(g/cm³)
模型 7	2.7	0	4.2	18.9	6.2	8.9	22.5	0.5
模型 8	3.0	0	4.5	18.9	6.5	8.9	22.5	0.5
模型 9	3.2	0	4.7	18.9	6.7	8.9	22.5	0.5
模型 10	3.0	0	4.5	16.0	6.5	8.9	22.5	0.5
模型 11	3.0	0	4.5	21.0	6.5	8.9	22.5	0.5
模型 12	3.0	0	4.5	18.9	6.5	7.8	22.5	0.5

主准直器的厚度为 20cm,后表面或底面位于 100cm 处,前后孔的半径分别为 3.2cm 和 4.0cm(主准直角为 2.29°)。客体距光源 200cm,探测器保护器件(5cm 厚的铝板)距离光源 270cm,探测平面距离光源 300cm。散射照射量模拟结果如图 5.31 所示。

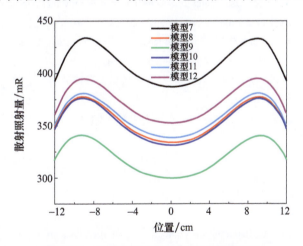

图 5.31 使用主准直器的散射照射量分布

图 5.31 表明:①六个模型的散射照射量分布基本相同,散射照射量呈现双峰分布;②对于尺寸不同的客体(模型 7、8、9),散射照射量随着尺寸的增大而减小;③对于尺寸相同的客体(模型 8、10、11),虽然钨区密度分布有较大变化,只要外层铜材料密度不变,散射照射量的变化就比较小;④对于尺寸相同的客体(模型 8、12),外层铜材料密度变低,散射照射量就会增大。模型 8、10、11、12 的结果,再一次证明了外层物质对散射的贡献更大。

不论使用主准直器还是陡坡准直器,在外层材料尺寸和密度分布不变的条件下,探测平面上的散射照射量及其分布近似不变。这个结论为我们指出了动态闪光照相实验中散射照射量的确定方法。

5.7.2 动态实验中散射照射量的确定

高能 X 射线闪光照相的散射是一个十分严重的问题,扣除散射比较困难。既需要采用降散射技术使散射最小化,也需要尽可能进行散射的准确计算。对于动态客体(密度分布未知),可以通过以下步骤确定散射照射量。

(1)根据对实际图像的初步界面重建结果,设计出用于蒙特卡罗模拟中的静态相似客体;在保证外层材料尺寸和密度分布不变的条件下,动态客体内层材料可以使用先验知识及初步密度重建得到的材料密度分布。

(2)在与动态实验一致的照相布局下进行 X 射线输运模拟计算,得到散射照射量及其分布。

(3)利用静态客体照相中的散射照射量及其分布代替实际动态客体照相中的散射照射量及其分布,对动态客体照相的图像进行扣除散射处理并重建,就可以比较准确地确定动态客体的密度分布。

(4)利用重建得到的客体密度分布和质量约束,进一步校正散射照射量。

参考文献

[1] LIU J, LIU J, JING Y, et al. Decreasing the scatter effect in density reconstruction in high – energy X – ray radiography[J]. Nuclear Instruments and Methods in Physics Research A, 2013, 716: 86 – 89.

[2] NUYTS J, BOSMANS H, SUETENS P. An analytical model for Compton scatter in a homogeneously attenuating medium[J]. IEEE Transactions on Medical Imaging, 1993, 12: 421 – 429.

[3] 刘进,刘军,李必勇,等. 基于平板模型的 X 射线散射特性研究[J]. 强激光与粒子束, 2006, 18 (1): 173 – 176.

[4] 梁德聪,邹志高,王文远. 闪光照相中散射辐射本底的计算和分析[J]. 高压物理学报,1999, 13 (增刊): 382 – 384.

[5] 施将君,李必勇,宗嵩,等. 高能闪光照相中钨球散射规律研究[J]. 强激光与粒子束, 2004, 16 (4):526 – 530.

[6] 施将君,李必勇,刘军,等. 闪光照相中散射照射量的解析分析[J]. 强激光与粒子束, 2006, 18 (7): 1211 – 1214.

[7] FAHIMI H, MACOVSKI A. Reducing the effects of scattered photons in X – ray projection imaging[J]. IEEE Transactions on Medical Imaging, 1989, 8: 56 – 63.

[8] GEORGE M J, MUELLER K H, O'CONNOR R H, et al. The use of Monte – Carlo method to simulate high – energy radiography of dense objects: LA – 11727 – MS[R]. Los Alamos: Los Alamos National Laboratory, 1990.

[9] MUELLER K H. Collimation techniques for dense object flash radiography: LA – UR – 84 – 2654[R]. Los Alamos: Los Alamos National Laboratory, 1984.

[10] GERSTENMAYER J L, NICOLAIZEAU M, VIBERT P. Multi – hole graded collimator: quantitative tomographic measurements[C]//Proceedings of 1992 SPIE Conference on Ultrahigh – and High – Speed Photography, Videography and Photonics. Bellingham: SPIE,1992: 40 – 46.

[11] WATSON S A, LEBEDA C, TUBB A, et al. The design, manufacture and application of scatter

reduction grids in megavolt radiography: LA – UR – 99 – 1011 [R]. Los Alamos: Los Alamos National Laboratory, 1999.

[12] WATSON S A, APPLEBY M, KLINGER J, et al. Design, fabrication and testing of a large anti – scatter grid for megavolt γ – ray imaging [C]//IEEE Nuclear Science Symposium Conference Record. Piscataway: IEEE Press, 2005: 717 – 721.

[13] 刘军, 刘进, 管永红, 等. 闪光照相中 MeV 级网栅的设计[J]. 强激光与粒子束, 2011, 23(8): 2047 – 2051.

[14] TAKANORI T, NOBUYUKI N, HITOSHI K, et al. The influences of incorrect placement of the focused grid on an X – ray image formation [C]//Proceedings of 1998 SPIE Conference on Physics of Medical Imaging. Bellingham: SPIE, 1998: 651 – 659.

[15] 许海波, 叶勇, 郑娜. 高能 X 射线照相中降散射网栅失聚焦对图像的影响[J]. 强激光与粒子束, 2015, 27(11): 115103.

第6章 照相系统的优化设计

6.1 最佳照相布局

6.1.1 高能 X 射线闪光照相的图像模糊

模糊是指客体上的一点对应图像上的一个斑点，也就是点扩展函数的概念。高能 X 射线闪光照相的图像模糊主要来自光源焦斑尺寸、运动、接收系统。照相系统的合理布局应该以使图像的空间分辨率达到最佳为目的。

1）源的空间分布（焦斑尺寸）引起的模糊

由于 X 射线源很难实现理想的点源，一般都具有一定的空间分布，因此，一个物点的像是一个与源分布有关的扩展像斑[1]。源的空间分布（焦斑尺寸）引起的像斑在客体平面上的尺寸可表示为

$$B_S = \frac{(m-1)\phi_S}{m} \tag{6.1}$$

式中：$m = (a+b)/a$ 为系统放大比，其中，a 为源到客体的距离，b 为客体到探测器的距离，如图 6.1 所示。

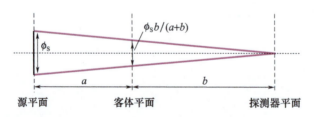

图 6.1 焦斑尺寸引起的模糊

由式（6.1）可知，X 射线源尺寸对图像空间分辨率的影响，不仅与源尺寸有关，还与照相的几何布局有关，而且放大比等于 1 时，源尺寸对空间分辨率没有影响。如果源尺寸较大，则可尽量使接收系统紧贴物体。如医院拍 X 射线胸片时常采用此方法。

理论上讲，如果焦斑中 X 射线的分布是轴对称和平滑变化的，可用某种函数形式描述，如横截面是矩形、高斯型或超高斯型分布。所得的图像虽然出现模糊，仍可以准确地进行复原。但实际情况要复杂得多，加速器出来的电子束能谱和空间分布很难达到上述要求。

2）运动模糊

高能 X 射线闪光照相中所用的 X 射线源不是瞬时源，而被照物体又在做高速运动，

因此,所得到的图像反映的是 X 射线脉冲分布时间内物体运动状态的平均值。加速器的脉冲宽度为 τ,高速运动物体的速度为 v,因此,物体运动所引起的模糊量 $B_M = v\tau$。

假定高速运动物体的速度为 10^4 m/s,如果运动模糊希望控制在 0.1mm 的尺度,则要求曝光时间(X 射线的脉宽)大约控制在 10ns。当然,曝光时间短,意味着照射量小,需要综合考虑。

3)接收系统引起的模糊

接收系统引起的模糊是由 X 射线在接收系统中的能量沉积扩展决定的。屏–片接收系统的模糊主要来自金属增感屏的散射和电子的输运、荧光增感屏的散射和可见光的输运。CCD 接收系统的模糊主要来自转换屏的散射和可见光的输运。

接收系统引起的像斑在客体平面上的尺寸可表示为

$$B_D = \frac{\phi_D}{m} \tag{6.2}$$

其中,$\phi_D \approx \frac{1}{\sqrt{2}f_{1/2}}$,如图 6.2 所示。

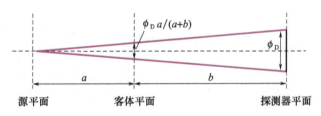

图 6.2 接收系统引起的模糊

6.1.2 最佳放大比

图像的分辨率或模糊尺寸由下式决定:

$$B = \sqrt{\left[\frac{(m-1)\phi_S}{m}\right]^2 + \left(\frac{1}{\sqrt{2}mf_{1/2}}\right)^2 + (v\tau)^2} \tag{6.3}$$

式(6.3)表明,如果只考虑光源焦斑尺寸,图像的分辨率要求放大比越小越好;如果只考虑接收系统引起的模糊尺寸,图像的分辨率要求放大比越大越好。从照相布局的角度,光源焦斑尺寸和接收系统引起的模糊尺寸是相互制约的。

令 $\frac{dB}{dm} = 0$,可得最佳放大比为

$$m = 1 + \frac{1}{2f_{1/2}^2 \phi_S^2} \tag{6.4}$$

式(6.4)表明,最佳放大比由光源焦斑尺寸和接收系统引起的模糊尺寸来决定。

在照相距离确定的情况下,放大比就决定了照相布局。在实际应用中,最佳放大比还需要考虑信噪比和散射的影响。当客体较厚时需要考虑图像的信噪比,对于不太厚的客体,一般不需考虑信噪比。散射主要由探测器保护器件产生,而探测器保护器件并没有出现在式(6.3)和式(6.4)中,所以说,式(6.4)得到的最佳放大比是理想情况下的结果。

6.1.3　图像品质的评定方法

图像的质量取决于三个因素:空间分辨率、信噪比和对比度[2]。

1978 年,英国 AWE 的 Martin 将高能 X 射线照相的图像品质定义为1m 处的照射量与有效光斑尺寸的平方之比[3]。1998 年,Holst 从信息论出发,给出了辐射照相系统的品质定义,即辐射照相系统的品质是系统调制传递函数(MTF)的面积 MTFA 与振幅信噪比 SNR(即信息量 $\log_2(1+\text{SNR})$)的乘积。1999 年,美国三大实验室根据辐射照相系统的品质定义,在不考虑散射情况下,给出了客体平面上辐射照相品质因子(FOM)的计算公式[4],即

$$\text{FOM} = (\text{MTFA})\log_2(1+\text{SNR}) = \frac{\log_2\left(1+\frac{P}{d}\sqrt{N(E)X_1 T\eta_{QE}}\right)}{\sqrt{2\left[\frac{(m-1)\phi_S}{m}\right]^2 + \left(\frac{1}{mf_{1/2}}\right)^2 + 2(v\tau)^2}} \quad (6.5)$$

式中:P 为客体平面面上的像素尺寸(mm);d 为源到客体的距离(m);X_1 为 1m 处的照射量(R);$N(E)$ 为能量 E 的击靶电子在 1m 处产生的单位平方毫米单位伦琴的光子数($1/(\text{mm}^2 \cdot R)$);T 为客体平均透射率;η_{QE} 为探测量子效率;m 为照相系统的放大比;ϕ_S 为源的有效焦斑尺寸(即 50%MTF 处与均匀圆盘分布等效的直径,也称为 50%MTF 焦斑尺寸);$f_{1/2}$ 为成像探测器 MTF = 0.5 处的空间频率;v 为客体运动速度(mm/μs);τ 为 X 射线脉冲宽度(μs)。

由式(6.5)可以看出,照相系统的品质是关于图像的分辨率(或系统模糊)和信噪比的函数。影响图像分辨率的因素包括光源尺寸、接收系统的频率响应、被照客体运动引起的模糊及照相系统的放大比。影响 SNR 的主要因素包括像素尺寸、照相距离、1m 处的照射量、光子能谱、客体厚度及探测量子效率。在光源和接收系统确定的情况下,如果给定照相距离,则图像的 SNR 保持不变。图像的分辨率成了影响 FOM 的主要因素。对于面密度不大的客体,系统放大比由客体平面上最小的系统模糊有效尺寸确定,只有客体面密度较大时才考虑图像的 SNR。

图像的对比度定义为 X 射线接收系统特性曲线上两点的光学密度之差,即 $\Delta D = D_1 - D_2$。物体的厚度差与对比度的关系由下式给出[5]:

$$\Delta D = -0.434\mu\sigma\gamma\Delta l \quad (6.6)$$

式中:μ 为线衰减系数;γ 为特性曲线上 D_1 与 D_2 切线斜率的平均值;σ 为与 X 射线源尺寸有关的修正因子,$0 < \sigma \leq 1$,源尺寸越大,σ 越小;Δl 为物体在 X 射线方向上的厚度差。

考虑到散射时,式(6.6)改写为

$$\Delta D = -\frac{0.434\mu\sigma\gamma\Delta l}{1+\text{SDR}} \quad (6.7)$$

散射导致对比度下降,应当在照相中尽量减小散射量。例如,当 SDR = 2 时,将导致图像对比度 ΔD 减小为无散射影响的 1/3。

综合式(6.5)和式(6.7),可以将照相系统的 FOM 定义为[6]

$$\text{FOM} = (\text{MTFA})\log_2(1+\text{SNR})|\Delta D|$$

$$= \frac{0.434\mu\sigma\gamma\Delta l \log_2\left(1+\dfrac{P}{d}\sqrt{N(E)X_1 T\eta_{QE}}\right)}{(1+\text{SDR})\sqrt{2\left[\dfrac{(m-1)\phi_S}{m}\right]^2+\left(\dfrac{1}{mf_{1/2}}\right)^2+2(v\tau)^2}} \quad (6.8)$$

式(6.8)虽然比较复杂,仔细分析可知,在光源特性已知的情况下,变量 X_1、$N(E)$ 和 ϕ_S 的值是确定的;在图像接收系统特性和客体基本结构已知的情况下,变量 μ、γ、Δl、P、T、$f_{1/2}$ 和 η_{QE} 的值也是确定的;运动模糊相对于光源模糊和探测器模糊可以忽略。照相距离决定了直穿照射量(信号)的大小,在照相距离给定的情况下,真正影响 FOM 的参量是系统的放大比和散射照射量,而散射照射量的影响因素和降散射方法在第5章已经详细介绍了。因此,在采取降散射措施后,照相系统的优化设计就是已知光源特性和图像接收系统特性的情况下,根据照相客体的基本结构和照相距离确定客体的位置,即照相系统的放大比,目的是使照相系统的 FOM 最大。

6.2 高能 X 射线闪光照相装置的诊断能力

6.2.1 闪光机的技术指标要求

6.2.1.1 闪光机 1m 处的照射量

设成像系统的最小可探测阈值为 $X_{\min}$,由散射照射量和直穿照射量之比(SDR)可以得到直穿照射量的最小值 $X_{D,\min}$:

$$X_{D,\min} = X_{\min} - X_S = X_{\min}\frac{1}{1+\text{SDR}} \quad (6.9)$$

假设光源为单能点光源,则 X 射线穿过被测客体到达接收平面上的直穿照射量可以表示为

$$X_D = \frac{X_1}{d^2}e^{-L} \quad (6.10)$$

式中:X_1 为距光源 1m 处的照射量(R);d 为光源到接收平面的距离(m);L 为光程。

由式(6.10)可知

$$X_{D,\min} = \frac{X_1}{d^2}e^{-L_{\max}} \quad (6.11)$$

于是,1m 处的照射量需要满足:

$$X_1 \geqslant \frac{X_{D,\min}d^2}{e^{-L_{\max}}} = \frac{X_{\min}d^2}{e^{-L_{\max}}}\frac{1}{1+\text{SDR}} \quad (6.12)$$

根据不同的布局和客体及成像系统的可探测阈值,可以判断闪光机 1m 处照射量是否满足要求。假设成像系统的可探测阈值 $X_{\min}=1$mR,在定量诊断中,要求散射应小于直穿信号,即 SDR $\leqslant 1$,由式(6.9)可知 $X_{D,\min} \geqslant 0.5$mR。在 FTO 客体的闪光照相中,系统的最深穿透路程上,穿过钨和铜的长度分别约为 8.775cm 和 4.07cm,对应钨和铜的等效线

衰减系数分别为 0.83cm^{-1} 和 0.30cm^{-1}。假设光源到接收系统的距离为 5m，由式(6.12)可得出 1m 处照射量 X_1 需要约大于 62R。

如果将 FTO 客体中的铜壳换成钨壳，相当于有空芯的球形纯钨客体，同样假设光源到接收系统的距离为 5m，由式(6.12)可得出 1m 处照射量 X_1 需要约大于 534R。考虑到在动态客体照相实验中，在照相光路上还需要加入前后保护器件，那么，对 1m 处照射量的要求更高。

由式(6.12)可得

$$L_{\max} \leq \ln\left[\frac{X_1(1+\text{SDR})}{X_{\min}d^2}\right] \tag{6.13}$$

由式(6.13)看出，提高闪光机 1m 处照射量和降低最小可探测阈值，可产生同样的效果。在加速器指标一定的情况下，即 1m 处的照射量不变时，通过降低接收系统的最小可探测阈值，可提升能够检测的面密度。

6.2.1.2 电子束能量 E_e 的选择

X 射线照相就是利用 X 射线在被照客体中的衰减规律。同一能量的 X 射线在不同材料中的衰减系数是不同的，同样，不同能量的 X 射线在材料中的衰减系数是不同的，因此，X 射线的能量并不是越大越好，而是应该针对被照客体的材料来决定适合的 X 射线能量。

利用蒙特卡罗方法可以得出高能 X 射线的平均能量与电子束能量的关系，如图 6.3 所示。由图可以看出 X 射线的平均能量约为电子能量的 1/6。对于 $Z>50$ 的材料，能量 3~4MeV 的 X 射线的质量衰减系数最小，即穿透能力最强。所以，入射电子的能量应该在 18~24MeV 之间。美国 FXR、DARHT-Ⅰ和 DARHT-Ⅱ，中国的高能 X 射线装置，法国的 AIRIX 等大型闪光机都是采用的 $(20\pm2)\text{MeV}$ 电子能量。

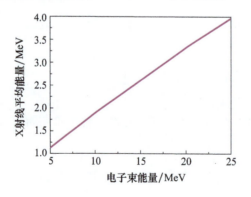

图 6.3 X 射线平均能量与电子束能量的关系

6.2.2 面密度测量的不确定性分析

根据照射量和通量的转换因子可得到光子通量，再根据像素面积就可以得到一个像素中的光子数。具体的计算公式为

$$N = X\varepsilon S/\overline{E} \tag{6.14}$$

式中:X 为照射量;ε 为依赖能量的照射量和通量转换因子;S 为像素面积;E 为光子能量。

光子能量为 3.0MeV、4.0MeV 和 5.0MeV 的转换因子分别为 $2.659\times10^9\mathrm{MeV\cdot cm^{-2}\cdot R^{-1}}$、$2.914\times10^9\mathrm{MeV\cdot cm^{-2}\cdot R^{-1}}$ 和 $3.096\times10^9\mathrm{MeV\cdot cm^{-2}\cdot R^{-1}}$。图像平面上像素大小一般为 0.2mm×0.2mm。

对于单能光源,照射量和光子数相差一个转换系数,因此,式(6.11)可写为

$$N = \frac{N_1}{d^2}\mathrm{e}^{-L} \tag{6.15}$$

由式(6.15)可得光程的测量误差与光子数的关系:

$$\Delta N = \frac{\mathrm{d}N}{\mathrm{d}L}\Delta L = -N\Delta L \tag{6.16}$$

考虑到探测器记数服从泊松统计分布:$\Delta N \sim \sqrt{N}$,光子数的信噪比为

$$\mathrm{SNR} = \frac{N}{\Delta N} = \sqrt{N} \tag{6.17}$$

则式(6.16)可以写为

$$\Delta L = -\frac{1}{\sqrt{N}} = -\frac{1}{\mathrm{SNR}} \tag{6.18}$$

式(6.18)表明,光程的测量误差与光子数的信噪比成反比。需要说明,式(6.18)仅仅是理想照相条件下关于光程或面密度测量误差的一个表达式,并不完全表示光程或面密度的测量精度,但该式可用来确定在现有闪光机条件下能够获得的光程或面密度测量误差,或者说给定光程或面密度提取精度下对闪光机照射量的最低要求。

假定探测平面上一个像素的总光子数为 N_T,如果考虑散射光子数 N_S 及成像探测器的探测量子效率 η,则式(6.15)写为

$$\eta N_\mathrm{T} = \eta\frac{N_1}{d^2}\mathrm{e}^{-L} + \eta N_\mathrm{S} \tag{6.19}$$

由式(6.19)可得光程测量精度与光子数的关系:

$$\Delta(\eta N_\mathrm{T}) = \frac{\mathrm{d}(\eta N_\mathrm{T})}{\mathrm{d}L}\Delta L = -\eta N\Delta L \tag{6.20}$$

考虑到探测器记数服从泊松统计分布,可得

$$\Delta L = -\frac{\Delta(\eta N_\mathrm{T})}{\eta N} = -\frac{\sqrt{\eta N_\mathrm{T}}}{\eta N} = -\frac{\sqrt{\eta(1+\mathrm{SDR})N}}{\eta N} = -\sqrt{\frac{1+\mathrm{SDR}}{\eta N}} \tag{6.21}$$

对于 20MeV 闪光机,光源的平均能量约 3.3MeV,1m 处的照射量 $X_1=400\mathrm{R}$,假设照相距离 $d=4\mathrm{m}$,客体的材料是金属钨,此能量下钨的平均自由程 $\lambda\approx24.5\mathrm{g/cm^2}$。由式(6.18)和式(6.21)可估算出:对于探测器上的一个像素,光程测量的不确定性 $\Delta L/L$ 要达到 1%,接收平面上所需的最小光子数,如表 6.1 所列。

表6.1 诊断不同客体在接收平面上所需的最小光子数

客体面密度 ρl /(g/cm²)	300.0	250.0	200	150.0	100.0
客体光程 L	12.245	10.204	8.163	6.122	4.082
最小光子数(无散射、理想探测器)/个	67	96	150	267	600
最小光子数(散射照射量为1mR、$\eta=0.2$)/个	3111 (SDR=8.33)	998 (SDR=1.08)	855 (SDR=0.14)	1358 (SDR=0.018)	3008 (SDR=0.0024)

6.2.3 大放大比照相布局

显然,在加速器指标不变的情况下,达到所需的光子数势必增加单个像素面积。如果将像素 0.2mm×0.2mm 增加到 0.5mm×0.5mm,那么,一个像素内的光子数就会增加了 5.25 倍,相当于加速器的 1m 处的照射量增加了 5.25 倍。

而单纯增加像素面积,必然导致空间分辨率的下降。在照相距离不变的情况下,放大比增大,像素尺寸就有理由增大,因为这样可以保证像素对应客体平面上的尺寸不发生改变,也就保证了空间分辨率不发生改变。如果将像素 0.2mm×0.2mm 增加到 0.5mm×0.5mm,且保持像素对应客体平面上的尺寸不发生改变,相当于放大比增加了 1.5 倍。

在 6.1 节中介绍过,在加速器指标一定的情况下,最佳放大比完全由接收系统引起的模糊尺寸来决定。较大的放大比,意味着需要使用大尺寸的 CCD 转换屏,这可能是制约高能 X 射线闪光照相发展的关键问题。

较大放大比布局不仅可以增加可诊断的面密度范围,而且意味着接收系统可以放置在距离客体及主要散射源(探测器保护器件)较远的地方,这样,散射较小且更加均匀。

但是,较大放大比布局对光场的均匀性也提出了更高的要求,同时,传统的近似平行束或等距扇形束密度重建算法就不适用了,需要发展锥形束整体重建,也就需要更多的计算机资源和时间。

6.3 以散射分布均匀为目标的照相系统设计

6.3.1 散射分布均匀性的定义

在进行照相布局研究之前,需要引入散射分布相对均匀性这个概念。一般将散射分布均匀性理解为所关心区域内的最小散射照射量与最大散射照射量之间的相对差。然而,散射影响了直穿照射量的正确确定,散射分布均匀性应该相对于最深穿透点的直穿照射量来定义。因此,将散射分布相对均匀性定义为所关心区域内(即客体区域)散射照射量的极差(散射照射量的最大值与最小值之差)与最深穿透点的直穿照射量的比值。显然,散射分布相对均匀性越小,说明散射分布越均匀,将蒙特卡罗模拟(或测量)的散射照射量作为一个本底来扣除散射所带来的误差越小。

设 $X_{S,max}$、$X_{S,min}$ 为客体投影区内的最大和最小散射照射量,$X_{D,min}$ 为最深穿透点处的直

穿照射量,那么,散射分布的相对均匀性 u 定义为

$$u = \frac{X_{S,\max} - X_{S,\min}}{X_{D,\min}} \tag{6.22}$$

令客体投影区内某点处的总照射量、直穿照射量和散射照射量分别为 X_T、X_D、X_S,X_0 为无客体时该点处的照射量,$\overline{X}_S$ 为客体投影区内的平均散射照射量。那么,均匀扣除散射照射量 $\overline{X}_S$ 造成的光程绝对误差应为

$$\Delta L = \left| \ln\left(\frac{X_0}{X_D}\right) - \ln\left(\frac{X_0}{X_T - \overline{X}_S}\right) \right| = \left| \ln\left(\frac{X_T - \overline{X}_S}{X_D}\right) \right| = \ln\left(1 + \frac{X_S - \overline{X}_S}{X_D}\right) \tag{6.23}$$

由于 $|X_S - \overline{X}_S| < X_{S,\max} - X_{S,\min}$,于是有

$$\Delta L < \ln\left(1 + \frac{X_{S,\max} - X_{S,\min}}{X_D}\right) = \ln\left(1 + \frac{X_{D,\min}}{X_D} \frac{X_{S,\max} - X_{S,\min}}{X_{D,\min}}\right) = \ln\left(1 + \frac{X_{D,\min}}{X_D}u\right) \tag{6.24}$$

可以得到

$$\Delta L < \ln\left(1 + \frac{X_{D,\min}}{X_D}u\right) < \frac{X_{D,\min}}{X_D}u \tag{6.25}$$

显然,即使在最深穿透处的光程绝对误差也是小于 u 的,而且客体投影区外的光程绝对误差最小,因为其直穿照射量是最大的。因此,本节的目的是设计一种照相布局,使得散射分布相对均匀性 u 越小越好[6]。

考虑到几何对准误差,在下面的设计中,设定所关心的客体区域半径 $R = 4.5$ cm;光源尺寸 FWHM = 2.75mm,那么准直光源半径 $R_S = 0.33$ cm,并令后防护器件后端面到探测平面的距离为 b;为了减小探测平面上的散射照射量,后防护器件应尽量靠近客体,但为了保证后防护器件的力学防护性能,要求后防护器件不能过分靠近客体。

6.3.2 散射均匀性的影响因素分析

6.3.2.1 系统放大比的影响

在源物距不变的情形下,提高系统放大比,也就增加了后防护器件与探测平面的距离,从而降低探测平面上的散射照射量,提高了直穿散射比。为了摸清系统放大比的影响规律,要求客体位置保持不变,并设源物距 $a = 300.0$ cm。考虑到接收系统幅面(直径为30cm),由于所关心客体区域半径 $R = 4.5$ cm,为了保证所关心客体区域均能在接收系统中成像,要求系统放大比 m 最好不要超过 3($3R < 15$cm)。令 m 分别为 1.298、1.5、2.0 和 2.5,根据散射分布相对均匀性的定义,计算了不同系统放大比下的散射分布相对均匀性,如表 6.2 所列。

表 6.2 系统放大比对散射分布相对均匀性的影响

系统放大比	$X_{S\max} - X_{S\min}$/mR	u/%
1.298	31.64	35.30
1.5	2.27	3.38
2.0	1.65	4.28
2.5	1.05	4.22

由表 6.2 可以看出,当系统放大比较小(如 $m=1.298$)时,散射分布相对均匀性较差(u 较大);当系统放大比略微增大时,散射分布相对均匀性有较大幅度的改善;然而继续增大系统放大比,散射分布相对均匀性并没有得到提高,说明在特定照相距离下存在一个使散射分布均匀性最好的系统放大比。

从表 6.2 来看,当系统放大比为 1.5 左右时,成像平面上所关心区域内的散射分布是比较均匀的,因而使用系统放大比为 1.5 的照相布局。虽然这样的布局使得散射分布的相对均匀性较好,但散射的绝对量仍然很大,而且光源模糊的影响也比较大,需要进行更加细致的研究。

6.3.2.2 照相距离的影响

在保证散射分布比较均匀的前提下,可以固定一个较小的系统放大比(如 1.25)来研究增加照相距离对散射及其分布的影响。

仍以前面的客体作为研究对象,并令客体中心与后防护器件后端面的距离为 80 cm,所关心的客体区域的半径 $R=4.5\text{cm}$,准直光源半径 $R_S=0.33\text{cm}$,照相距离 d 分别为 500 cm、600 cm、700 cm、800 cm、900 cm、1000 cm,模拟结果如图 6.4 所示。

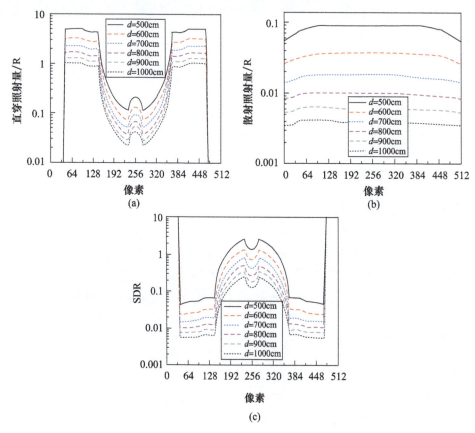

图 6.4 固定系统放大比($m=1.25$)增加照相距离的模拟结果
(a)直穿照射量;(b)散射照射量;(c)散直比。

在系统放大比不变的条件下,照相距离越大,后防护器件与探测平面之间的距离越大,探测平面上的散射照射量越小,相应的 SDR 也越小。因此,如果为了 SDR 小,应该尽可能地增大照相距离。然而,考虑到散射分布均匀性(表6.3),虽然远距离照相(大于500cm)的散射极差普遍较小(小于2mR),但这种差异对确定直穿的精度的影响程度是不一样的。也就是说,散射分布均匀性并不是因照相距离的增加而变好,而是存在一个最佳照相距离。

表6.3 照相距离对散射分布相对均匀性的影响

照相距离/m	$X_{S\max} - X_{S\min}/\mathrm{mR}$	$u/\%$
4	32.73	29.22
5	12.05	16.78
6	3.08	6.17
7	0.87	2.37
8	0.79	2.82
9	0.66	2.98

6.3.2.3 后防护器件端面到探测平面的距离的影响

前面两种情况都是针对客体与探测平面的位置来考虑的,还不能完全说明远距离照相的优势。首先,增加系统放大比,也就是大幅度地增加了后防护器件与探测平面之间的距离,降低了散射,但也加大了光源模糊的影响,而且散射分布的均匀性也没有因为系统放大比的增加而变好(表6.2)。其次,如果不改变系统放大比而增加照相距离,那么,照相距离越大,后防护器件与探测平面之间的距离也越大,探测平面上的散射越来越小,但散射分布的均匀性却不是越来越好,而是存在一个最佳照相距离(表6.3)。根据这些变化规律,很难确定满足要求(光源模糊影响小、散射小而且分布均匀)的照相布局。

第5章的研究结果表明,后防护器件是散射的主要来源。那么,散射分布的均匀性可能与后防护器件到探测平面的距离有关。为了探明这种关系,通过改变后防护器件与探测平面之间的距离,模拟了7m、8m和9m照相,结果如图6.5~图6.7所示,其中 b 为后防护器件后端面与探测平面之间的距离。

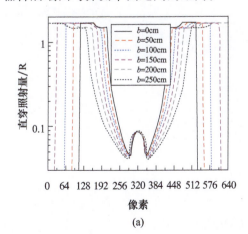

(a)

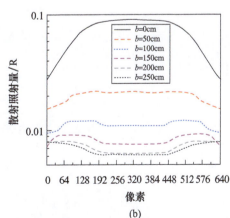

(b)

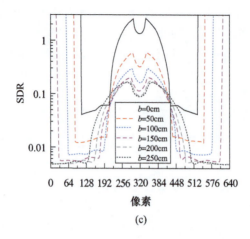

(c)

图 6.5 7m 照相的模拟结果

(a)直穿照射量;(b)散射照射量;(c)散直比。

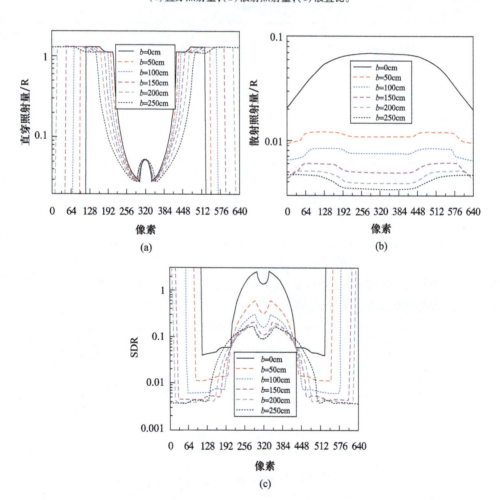

图 6.6 8m 照相的模拟结果

(a)直穿照射量;(b)散射照射量;(c)散直比。

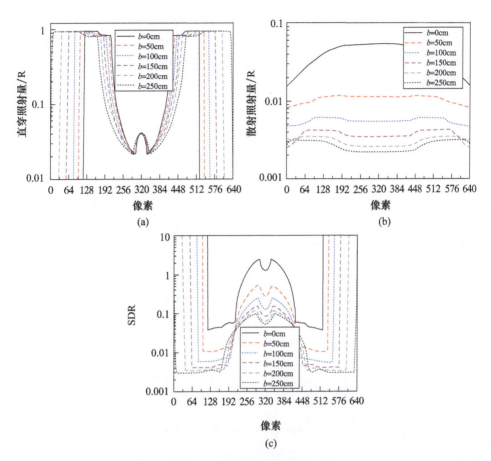

图 6.7　9m 照相的模拟结果
(a)直穿照射量;(b)散射照射量;(c)散直比。

图 6.5～图 6.7 表明,无论多大的照相距离,照相结果同后防护器件与探测平面的距离之间的变化规律是相同的,这说明后防护器件与探测平面之间的距离是影响散射分布形状的主要因素。后防护器件与探测平面的距离对散射分布均匀性的影响如表 6.4 所列。

表 6.4　不同照相距离、不同 b 下的散射分布相对均匀性

d/m	u/%					
	$b=0$cm	$b=50$cm	$b=100$cm	$b=150$cm	$b=200$cm	$b=250$cm
7	27.56	2.62	3.56	4.52	4.67	4.65
8	30.18	2.47	3.34	4.08	4.44	4.71
9	48.68	2.22	3.08	3.69	4.03	4.24

由表 6.4 不难发现,对于不同的照相距离,当 $b\approx 50$cm 时的散射分布均匀性最好,而且随着照相距离的增加,散射分布均匀性越来越好。对 7m 照相进行了更细致的模拟。由表 6.3 知,在系统放大比为 1.25(即后防护器件后端面距探测平面 60cm)时的散射分布

相对均匀性为 2.37%,略好于 $b=50$ cm 的情况。因此,模拟了 $b=55$ cm 和 $b=65$ cm 时的照相布局,得到的散射分布相对均匀性分别为 2.16% 和 2.48%。这说明 b 的最佳值位于 50cm 与 60cm 之间。对于更大的照相距离,通过数值模拟具有相同的结论。当 $b=55$ cm 时,不同照相距离下的散射分布相对均匀性如表 6.5 所列,α 为后防护器件前屏蔽环的内径。

表 6.5 当 $b=55$ cm 时,不同照相距离下的散射分布相对均匀性

d/m	α/cm	$X_{S,min}$/mR	$X_{S,max}$/mR	$X_{S,max} - X_{S,min}$/mR	$X_{D,min}$/mR	u/%
4	5.87	90.64	93.39	2.75	113.33	2.47
5	5.51	47.11	48.84	1.73	72.21	2.40
6	5.31	29.32	30.15	1.19	49.95	2.38
7	5.17	19.72	20.51	0.79	36.57	2.16
8	5.07	14.06	14.65	0.59	27.96	2.11
9	5.00	10.34	10.79	0.45	22.12	2.03
10	4.95	7.98	8.31	0.33	17.84	1.85
11	4.90	6.33	6.59	0.26	14.77	1.76
12	4.86	5.10	5.30	0.20	12.37	1.62
13	4.83	4.24	4.41	0.17	10.55	1.61

由表 6.5 可知,当后防护器件后端面与探测平面之间的距离为 55cm 时,各种照相距离下散射分布的相对均匀性 u 都小于 2.5%,可以认为成像平面上的散射分布是均匀的;照相距离越大,SDR 越小,系统放大比越小,光源模糊的影响也越小。也就是说,当后防护器件后端面与探测平面之间的距离为 55cm 时,增大照相距离,不但能够保证成像平面上的散射分布均匀,而且有助于降低 SDR 和减小光源模糊的影响,达到提高图像质量的目的。因此,照相布局的设计准则是:后防护器件后端面与探测平面之间的距离在 55cm 左右;照相客体与后防护器件后端面之间的距离在 80~100cm 的范围内;在成像探测器的可探测范围内,照相距离越大越好。

6.4 近客体准直器的成像规律

传统的准直器一般放在光源附近,称为近光源准直器。美国 LANL 的 S. A. Watson 在 2009 年提出了基于客体形状的准直器,设计了用于动态试验客体的"婚礼蛋糕(wedding cake)"型准直器和用于静态试验客体的"二元二次(dual-quadratic)"型准直器,如图 6.8 所示[7]。

一般情况下,准直系统都包含两级准直器,一级准直器(主准直器)用于约束照相视场,二级准直器(附加准直器)用以压缩客体的动态量程。在图 6.8(a)中,只有一级准直器,称为粗准直器,因此,散射大且能谱效应严重。在图 6.8(b)中,使用了称为精细准直器(fine collimator)的二级准直器,散射较小,能谱效应减弱,但客体信息不完整。在图 6.8(c) 中使用了"婚礼蛋糕"型的二级准直器,这种情况下散射更小,能谱效应进一步减弱,但对几何对中技术要求高。为了减小准直器几何对准偏差的影响,将二级准直器放置在离客体较近的地方,称为近客体准直器。在图 6.8(d) 中使用了"二元二次"型的二级准直器。该准直系统设计的思想是将二级准直器作为客体光程的补偿,以降低光程动态变化范围。最理想补偿情况是,二级准直器与客体光程完美匹配,即在任意光路上准直器光程与客体光程之和都等于客体最大光程值。类似于高度准直的倒锥准直器,这种情况下,散射也很小,能谱效应进一步减弱,几何对中偏差的影响减弱。

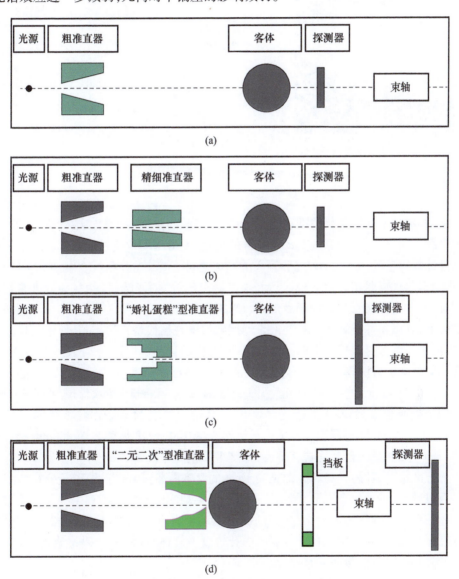

图 6.8 不同的准直器设计

(a) 粗准直器;(b) 精细准直器;(c) "婚礼蛋糕"型准直器;(d) "二元二次"型准直器。

图 6.9 给出了针对 FTO 客体设计的准直器及 3m 照相的蒙特卡罗模拟结果。采用

基于客体形状的准直器,散射不但被大大降低(散射比直穿低约1个量级,可以近似忽略散射的影响),而且非常均匀;芯部信号更加突出,客体界面也很清晰;如果客体结构与准直器接近,客体界面位置十分准确(图6.9(b))。采用客体匹配准直器并将准直器尽量靠近客体,不仅降低了散射,而且可以大幅度压缩图像的动态范围和忽略能谱效应的影响。

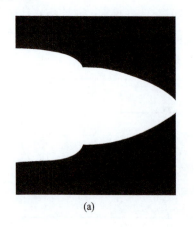
(a)

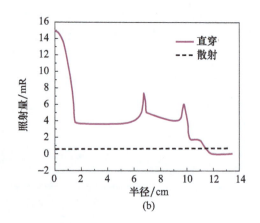
(b)

图6.9 基于客体形状的准直器及照相模拟结果
(a)准直器;(b)照射量分布。

但是,采用基于客体形状的准直器,对于实验光源的稳定性和相关硬件系统的几何准直要求很高。而且,由于光源的晃动和光源的尺寸,使得密度重建过程中准直器的影响很难得到准确扣除。这里存在两个问题:首先待测客体是未知的,不可能做到完美匹配;其次,由于受到非理想照相因素(光源晃动、准直器定位等)的影响,形状复杂的准直器扣除比较困难,给准直器极点附近的密度重建带来很大困难。

实际上,可以将基于客体形状的准直器用陡坡准直器代替,只要对其厚度与倾斜角进行设计,使之与客体光程近似匹配,就可以达到同样的目的。

利用蒙特卡罗方法模拟 FTO 客体 3m 照相,比较近光源准直和近客体准直的照相结果。电子束击靶参量:能量为 20MeV,归一发射度为 300cm·mrad,尺寸(FWHM)为 0.15cm,1m 处照射量为 400R。近光源陡坡准直器的厚度为 20cm,前后孔的半径分别为 3.2cm 和 1.25cm,准直器后表面或底面距离光源 100cm,客体距光源 200cm,探测器保护器件(5cm 厚的铝板)距离光源 270cm,探测平面距离光源 300cm。

近光源准直下,理想光源和光源晃动 1mm 的直穿照射量和散射照射量分布如图 6.10 所示。可以看出,近光源准直下,照相结果受光源晃动的影响较大。其主要原因是准直器的放大比明显大于客体的放大比,光源的微小晃动使得准直器本身信号分布偏离理想情形的程度显著加大,主要体现在准直器的内孔位置及客体界面(除未被准直的界面)位置整体平移且对称点的信号明显有差异。

近客体陡坡准直器的厚度为 20cm,前后孔的半径分别为 6.675cm 和 2.125cm,准直器后表面或底面距离光源 170cm,客体距光源 200cm,探测器保护器件(5cm 厚的铝板)距离光源 270cm,探测平面距离光源 300cm。近客体准直下,理想光源和光源晃动 1mm 的直穿照射量和散射照射量分布如图 6.11 所示。

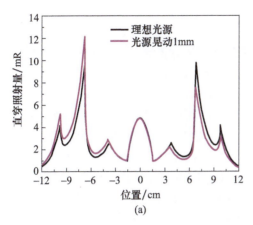
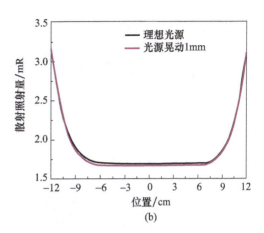

图 6.10 近光源准直下的照射量分布
(a) 直穿照射量；(b) 散射照射量。

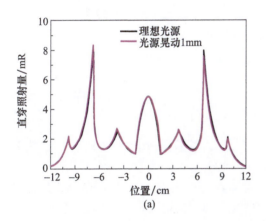
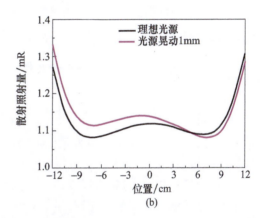

图 6.11 近客体准直下的照射量分布
(a) 直穿照射量；(b) 散射照射量。

由图 6.11 可以看出，近客体准直对于非理想照相条件，仍然能够很好地保持较好的对称性。这是因为近客体准直器离光源较远，受光源晃动影响较小。而且近客体准直器的放大比接近客体的放大比，光源晃动对准直器和客体的影响基本相同。另外，近客体准直器的陡坡坡度较大，有利于设计和加工，可以设计出降散射更好的准直器，进一步降低散射，压缩动态量程，增强芯部图像的对比度。

6.5 基于网栅相机的透射率图像

在 4.3.3 节中已经得出结论，透射率图像不仅可以消除阵列屏晶柱响应的非均匀性和网格状现象，而且还可以消除光源固有的分布不均匀性。不过，需要注意，这里的透射率公式没有考虑散射和能谱的影响，可以说，得到的是"伪"透射率图像。那么，如何才能得到真正的透射率图像？下面，从闪光照相成像的物理过程和图像分析出发，使各种物理因素的影响降低到可以忽略的程度，简化成像公式，建立透射率图像模型，从根本上减少闪光照相诊断技术中的不确定因素。

6.5.1　基于网栅相机的成像公式

根据闪光照相成像的物理过程,在假定图像接收系统对直穿照射量和散射照射量的响应相同的前提下,接收图像的光学密度或灰度 $G(x,y)$ 可以表示为

$$G(x,y) = G_0(x,y) + f[X_D(x,y) * h_S(x,y) + X_S(x,y)] * h_I(x,y) + n(x,y) \quad (6.26)$$

式中:$G_0(x,y)$ 为本底灰度;f 为图像接收系统对成像平面上 X 射线照射量的响应函数,称为灰度 – 照射量曲线,也就是屏 – 片系统的 H – D 曲线或 CCD 系统的特性曲线;$X_D(x,y)$ 为成像平面上不含光源模糊的直穿照射量;$h_S(x,y)$ 为 X 射线源的点扩展函数;$X_S(x,y)$ 为成像平面上的散射照射量;$h_I(x,y)$ 为图像接收系统的点扩展函数;$n(x,y)$ 为噪声。

对于轴对称客体,在垂直于对称轴平面上以对称轴为圆心按等半径方式将客体分成同心圆环。从光源发出的 X 射线通过客体,沿 θ 方向探测平面上的直穿照射量 $X_D(x,y)$ 为

$$X_D(x,y) = \int dE S(E,\theta)\varepsilon(E)\left[\frac{\cos^2\theta}{(L_1+L_2)^2}\right]\exp\left[-\int \mu_m(E)\rho(r)dl\right] \quad (6.27)$$

式中:$\rho(r)$ 为客体密度;$\mu_m(E)$ 为质量衰减系数;$S(E,\theta)$ 为源光子谱;$\varepsilon(E)$ 为依赖于能量的通量与照射量转换因子;θ 为方位角;L_1 和 L_2 分别为源物距和像物距;$\int \mu_m(E)\rho(r)dl$ 为 X 射线到达探测平面上 (x,y) 处的光程。

在等效单能近似下,式(6.27)可以简化为

$$X_D(x,y) = X_0(x,y)\exp\left[-\int \tilde{\mu}_m \rho(r)dl\right] = X_0(x,y)\exp[-L(x,y)] \quad (6.28)$$

式中:$X_0(x,y)$ 为空场情形下成像平面上的照射量;$\tilde{\mu}_m$ 为等效质量衰减系数;$L(x,y)$ 为客体的光程。

使用网栅相机后,散射可以忽略,并假设图像噪声可以去除。同时,网栅相机的点扩展函数与光源的点扩展函数相比,可以忽略。将式(6.28)代入式(6.26),可以得到

$$G(x,y) = G_0(x,y) + f\{X_0(x,y)\exp[-L(x,y)] * h_S(x,y)\} \quad (6.29)$$

假设阵列屏晶柱对直穿光子的响应系数为 $R_D(x,y)$、网栅栅孔的透光率为 $T_G(x,y)$,式(6.29)就演变为

$$G(x,y) = G_0(x,y) + \{X_0(x,y)\exp[-L(x,y)] * h_S(x,y)\}T_G(x,y)R_D(x,y) \quad (6.30)$$

再考虑到光场分布相对均匀这一特点,式(6.30)改写为

$$G(x,y) = G_0(x,y) + X_0(x,y)T_G(x,y)R_D(x,y)\{\exp[-L(x,y)] * h_S(x,y)\} \quad (6.31)$$

由 5.6.4 节知,由于网栅加工工艺的影响,网栅栅孔的透光率 $T_G(x,y)$ 也要随栅孔离轴距离的增大而减小。尽管各个栅孔的透光率不尽相同,但各个栅孔的透光率基本上是固定不变的,不会因为被照客体不同和照相时间不同发生变化。

阵列屏各像素晶柱对直穿光子的响应系数 $R_D(x,y)$ 比较复杂,不仅受到阵列屏研制工艺的影响,而且受到成像平面各处能谱不同的影响。阵列屏研制工艺对各个像素柱的响应系数是固定不变的,那么问题的关键是保证成像平面各处的能谱差别对于响应系数的影响小到可以忽略的程度,这就需要用到陡坡准直器。即使使用网栅相机,仍然需要陡坡准直器以便成像平面上各点的光程差异不大。陡坡准直器下的成像公式为

$$G(x,y) = G_0(x,y) + X_0(x,y)T_G(x,y)R_D(x,y)\{\exp[-L_C(x,y) - L(x,y)] * h_S(x,y)\}$$
$$(6.32)$$

式中：L_C 为陡坡准直器的光程。

在空场情形下，图像比较平坦，模糊函数的影响可以忽略，于是，可得空场图像为
$$G_{空场}(x,y) = G_0(x,y) + X_0(x,y)T_G(x,y)R_D(x,y) \tag{6.33}$$
在实际应用中，没有客体的空场照相，容易导致 CCD 图像的曝光过度，一般在空场照相时需要放置一定厚度的平板。适当选择平板厚度，还可保证平板空场时各个晶柱的响应系数与有客体时近似相同。平板空场图像为
$$G_{平板空场}(x,y) = G_0(x,y) + X_0(x,y)T_G(x,y)R_D(x,y)\exp(-L_{flat}) \tag{6.34}$$
式(6.32)与式(6.34)的净灰度比值就是透射率图像 $T(x,y)$，即
$$T(x,y) = \frac{G(x,y) - G_0(x,y)}{G_{平板空场}(x,y) - G_0(x,y)} = \exp[-L_C(x,y) - L(x,y) + L_{flat}] * h_S(x,y) \tag{6.35}$$

对于流体动力学试验，还需考虑前后防护器件的光程 L_F。由于有客体的图像和空场图像中均包含光程 L_F，所以，式(6.35)的透射率图像形式不变。

可见，基于网栅相机的透射率图像的影响因素只有光源引起的模糊，基本消除了光场不均匀的影响，克服了栅孔透光率和晶柱响应不一致的问题。由于成像平面上各点的平均能量变化不大，可用等效单能近似对透射率图像进行密度重建，进一步减少了密度重建过程中的不确定性因素。

6.5.2 网栅相机的性能分析

6.5.2.1 美国网栅相机的实验结果

2007 年美国在 DARHT-I 上首次采用了 Bucky 网栅相机，能够接收最大面密度 340g/cm² 的铀，获得了"十分完美"的实验数据，但具体结果未见报道。只是到了 2009 年，Watson 等[8]针对 FTO 客体开展了网栅相机性能验证工作，DARHT-I 的参数为：焦斑 1.5mm、脉冲宽度 60ns、1m 处照射量 500R。

实验的透射率图像和用于密度重建的贝叶斯透射率模型[9]如图 6.12 所示，两者符合很好，而且噪声较小。钽材料的密度重建误差如图 6.13 所示，由图 6.13(a)看出，钽材料各个位置密度的相对误差小于 3%，并有向对称轴方向增加的趋势；由图 6.13(b)看出，密度分布的 FWHM 为 0.22g/cm³，是密度真值的 1.3%。钽的密度重建的均方根误差约为 1%。

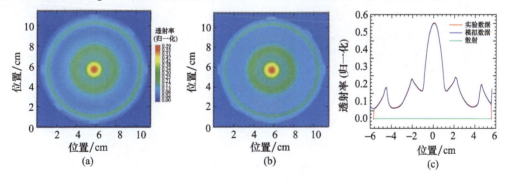

图 6.12　FTO 透射率图像

(a)实验透射率图像；(b)BIE 透射率模型；(c)透射率过中心的横截线比较。

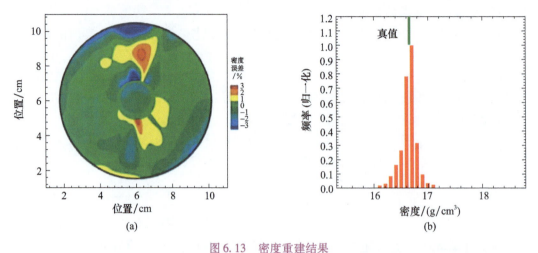

图 6.13 密度重建结果

(a)钽材料各个位置的密度误差;(b)密度分布直方图。

这些结果表明,DARHT 装置可以获得致密客体的高精度的密度分布。在以后的 DARHT-Ⅰ 照相中也采用了 Bucky 网栅相机,说明网栅相机已成为 DARHT-Ⅰ 上的固有设备。

6.5.2.2 网栅相机性能的数值模拟

基于网栅相机的照相客体和布局采用类似于上述 DARHT-Ⅰ 的照相客体和布局,如图 6.14 所示[10],FTO 的结构为:真空(1.0cm,0)/Ta(4.5cm,16.6g/cm³)/Cu(6.5cm,8.9g/cm³)/泡沫(22.5cm,0.5g/cm³),括号内的第一个数据表示半径,第二个数据表示球壳材料的密度。主准直器准直到客体半径 8cm 处;陡坡准直器的材料为 W,小孔准直到客体 Ta 区半径 2.15cm 处,大孔准直到客体 Cu 的外界面,横向最大厚度为 9cm;网栅孔径为 0.9mm,孔间距为 1.1mm,纵向错位排列,材料为 W 铸件,密度为 11.7g/cm³,厚度为 40cm;与网栅匹配的阵列屏像素尺寸为 1.1mm×1.1mm,厚度为 4cm。同时,模拟过程中还考虑了防护器件,材料为 Al,密度为 2.7g/cm³,总厚度约 10cm。

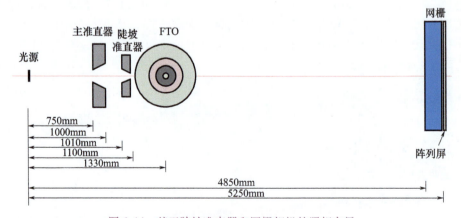

图 6.14 基于陡坡准直器和网栅相机的照相布局

针对图 6.14 的照相布局,依据闪光机参量(电子束能量为 19MeV,束斑尺寸(FWHM)为 1.3mm,1m 处照射量为 430R),采用蒙特卡罗方法计算了三种情况下成像平面上(阵列屏前)各像素中心处的散直比(SDR)、直穿光子通量和 X 射线的平均能量。这三种情况分别是:无陡坡准直器无网栅相机、有陡坡准直器无网栅相机、有陡坡准直器有网栅相机。模拟结果如图 6.15～图 6.17 所示,其中横坐标 r 表示成像平面上像素中心距 FTO 图像中心的距离。

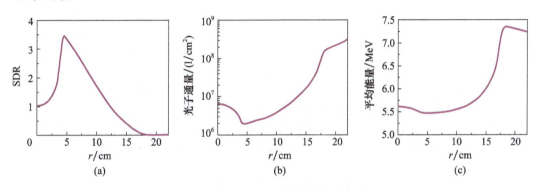

图 6.15 无陡坡准直器无网栅相机的成像结果
(a)散射直穿比;(b)直穿光子通量;(c)平均能量。

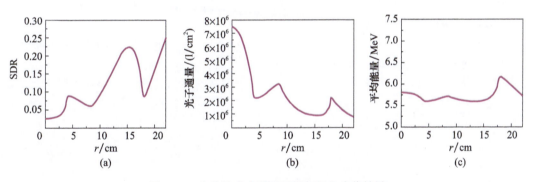

图 6.16 有陡坡准直器无网栅相机的成像结果
(a)散直比;(b)直穿光子通量;(c)平均能量。

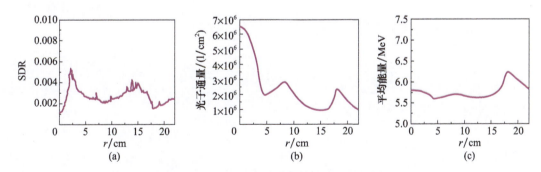

图 6.17 有陡坡准直器有网栅相机的成像结果
(a)散直比;(b)直穿光子通量;(c)平均能量。

由图 6.15～图 6.17 可以看出,采用陡坡准直器后,照射量的动态范围被压缩到 1 个量级内,散射降低到原来的 1/40,而且成像平面上各点的 X 射线平均能量基本在 5～6MeV 范围内变化。采用网栅相机后,散射在陡坡准直器的基础上被降低了近 1 个量级,但像素中心处的光子通量减少了 20% 左右,说明网栅在大幅度降低散射的同时也阻挡了相当部分的直穿光子。

参考文献

[1] PICHOFF N P. The new bounds of flash radiography[R]. Paris:CLEFS CEA,2006.

[2] MENGE P R,JOHNSON D L,MAENCHEN J E,et al. Experimental comparison of 2–3MeV X–ray source for flash radiography:SAND2002–0082[R]. Albuquerque:Sandia National Laboratory,2002.

[3] MARTIN J C. Aids to estimating the quality of flash radiographs:SSWA/JCM/788/266[R]. Aldermaston:Atomic Weapons Research Establishment Report,1978.

[4] BURNS M J,CARLSTEN B E,KWAN T J T,et al. DARHT accelerators update and plans for initial operation[C]// Proceedings of the 1999 Particle Accelerator Conference. Piscataway:IEEE Press,1999:617–621.

[5] 陶纯堪,陶纯匡. 光学信息论[M]. 北京:国防工业出版社,2004.

[6] 刘军. 高能闪光照相中的主要物理问题研究[D]. 绵阳:中国工程物理研究院,2008.

[7] WATSON S A. Militarily critical technologies(MCTL)[R]. Washington D C:Department of Defense,2009.

[8] WATSON S A,BALZER S,GOSSEIN C,et al. Density measurement errors at DARHT quantifying a decade of progress[R]. Los Alamos:Defense Science Quarterly,2009.

[9] HANSON K M,CUNNINGHAM G S. The Bayes Inference Engine:LA–UR–96–1000[R]. Los Alamos:Los Alamos National Laboratory,1996.

[10] 刘军,张绚,刘进,等. 高能闪光照相中网栅相机的性能分析[J]. 强激光与粒子束,2016,28(2):024003.

第7章 图像处理方法及应用

7.1 图像复原概述

图像在形成、传输和存储过程中,图像质量可能会发生下降,这里用"退化"来表示。造成图像退化的原因很多,例如,由于对象的运动、成像系统的缺陷、记录设备固有的噪声和外部干扰等[1]。为了提高图像质量,需要对退化图像进行处理,恢复出原始图像(或称为真实场景)。

7.1.1 图像退化模型

为了从退化图像中复原出原始图像,必须了解图像的退化过程并建立它的数学模型。抽象地说,退化过程可以看作是一个变换 T,若原图像为 $f(x,y)$,退化图像为 $g(x,y)$,则有

$$T[f(x,y)] \rightarrow g(x,y) \tag{7.1}$$

从数学意义上说,由 $g(x,y)$ 求得 $f(x,y)$ 就是寻求逆变换 T^{-1},使得

$$T^{-1}[g(x,y)] \rightarrow f(x,y) \tag{7.2}$$

式中,T^{-1} 存在以下 5 种可能性。

(1) T^{-1} 不存在,也称为有奇异问题。

(2) T^{-1} 存在,但不唯一。

(3) T^{-1} 存在且唯一,但是,$g(x,y)$ 中有很小的扰动就造成 $f(x,y)$ 很大的变化,即

$$T^{-1}[g(x,y)+\varepsilon] = f(x,y)+\delta \tag{7.3}$$

其中,$\delta \gg \varepsilon$,这种问题也称为病态问题。

(4) T^{-1} 存在且唯一,无病态问题,但其数学求解太复杂,不易求得。

(5) T^{-1} 存在且唯一,无病态问题,而且数学解可求。

如果是第(5)种可能性,图像的复原问题就归结为 T^{-1} 的求解,而且图像可以得到完全的复原。如果是(1)到(4)的可能性(而且由于各种原因这些可能性是更普遍存在的),对于这些退化图像,我们只能建立一些约束条件和最优准则,采用估计的方法,由 $g(x,y)$ 求出 $f(x,y)$ 的最优估值[2]。

在实际处理中,图像退化过程被模型化为一个作用在输入图像 $f(x,y)$ 上的系统 H,它和加性噪声 $n(x,y)$ 的联合作用导致产生退化图像 $g(x,y)$。图像复原就是要在给定 $g(x,y)$ 和代表退化的 H 的基础上得到 $f(x,y)$ 的某个近似的过程。

图像退化模型的输入输出关系表示如下:

$$g(x,y) = H[f(x,y)] + n(x,y) \tag{7.4}$$

假设 $n(x,y)=0$，则 $g(x,y)=H[f(x,y)]$，如果有
$$H[k_1f_1(x,y)+k_2f_2(x,y)]=k_1H[f_1(x,y)]+k_2H[f_2(x,y)] \tag{7.5}$$
则定义 H 为线性的，式中 k_1 和 k_2 为常数，$f_1(x,y)$ 和 $f_2(x,y)$ 为两个任意输入图像。

下面讨论线性系统的三个性质。

（1）相加性：如果 $k_1=k_2=1$，则式（7.5）变为
$$H[f_1(x,y)+f_2(x,y)]=H[f_1(x,y)]+H[f_2(x,y)] \tag{7.6}$$
说明线性系统对两个输入图像之和的响应等于它对两个输入图像响应之和。

（2）一致性：如果 $f_2(x,y)=0$，则式（7.5）变为
$$H[k_1f_1(x,y)]=k_1H[f_1(x,y)] \tag{7.7}$$
说明线性系统对常数与任一输入乘积的响应等于常数与该输入的响应的乘积。

（3）位置（空间）不变性：如果对任意 $f(x,y)$ 及 α 和 β，有
$$H[f(x-\alpha,y-\beta)]=g(x-\alpha,y-\beta) \tag{7.8}$$
说明线性系统在图像任意位置的响应只与在该位置的输入值有关而与位置本身无关。

在线性系统中，$g(x,y)$ 可表示为
$$g(x,y)=\int_{-\infty}^{\infty}\int_{-\infty}^{\infty}f(\alpha,\beta)h(x,\alpha,y,\beta)\mathrm{d}\alpha\mathrm{d}\beta+n(x,y) \tag{7.9}$$
式中：$h(x,\alpha,y,\beta)$ 为系统 H 的脉冲响应，也称为系统的点扩展函数（PSF）。

对于线性系统，式（7.9）可写为
$$g(x,y)=\int_{-\infty}^{\infty}\int_{-\infty}^{\infty}f(\alpha,\beta)h(x-\alpha,y-\beta)\mathrm{d}\alpha\mathrm{d}\beta+n(x,y) \tag{7.10}$$
式（7.10）即为 $h(x,y)$ 和 $f(x,y)$ 的卷积，可以表示为
$$g(x,y)=h(x,y)*f(x,y)+n(x,y) \tag{7.11}$$
式中，$*$ 为卷积运算符。

借助矩阵表述，式（7.11）可表示为
$$\boldsymbol{g}=\boldsymbol{Hf}+\boldsymbol{n} \tag{7.12}$$
根据卷积原理，在频率域中，有
$$G(u,v)=H(u,v)F(u,v)+N(u,v) \tag{7.13}$$

在图像处理中，尽管非线性系统更具有普遍性，但它却给处理工作带来巨大的困难，就是前面提到的前四种可能性。因此，在图像处理中，往往用线性系统加以近似。这种近似的优点是使线性系统理论中的许多结论可直接用于解决图像复原问题，因此，许多经典的图像复原方法都是采用线性复原技术。

7.1.2 图像复原方法简介

图像复原的主要工作是建立退化模型、了解图像有关知识及选择适当的恢复算法。它是图像处理中的经典问题之一，其处理方法研究主要集中在四大方向上：一是基于滤波的方法；二是基于正则化的方法；三是基于扩散方程的方法；四是基于马尔可夫随机场的方法。

基于滤波的方法是在统计信号处理的基础上，取反滤波模式，利用通用的先验知识，选择合适的滤波器，然后利用具体问题的试验样本数据集，通过学习训练获得最优的估计结果[3-4]。这类方法可用于图像去噪和去模糊。

基于正则化的方法,是建立图像复原的目标函数,并将合适的先验限制条件融入目标函数中,通过最优化处理获得期望的解[5-6]。这类方法可用来完成图像去噪、去模糊、修复和超分辨率处理。这类方法的基本思想是在变分的基础上,采用合适的正则化技术,形成新的目标函数,对目标函数求极值,则可得到期望的解。

基于扩散方程的方法,是针对求解问题直接建立偏微分方程(PDE),即扩散方程,同时,增加一定的求解条件,利用最优化技术求解该方程,得到问题的解[7-8]。这类方法主要是依据建立的扩散方程,对图像进行扩散作用,达到复原的目的,主要应用于图像去噪。

基于马尔可夫随机场(MRF)的方法有两条处理途径[9-10]:一是在统计信号处理的基础上,利用 MRF 的势函数建立概率分布模型,再通过最大后验概率估计获得求解,主要用于图像去噪;二是在基于正则化的方法中,利用 MRF 模型的势函数形成先验约束条件,通过最优化获得求解,主要用于图像去噪和去模糊等复原处理。

7.1.3 图像复原质量的评价指标

图像质量的评价主要有主观评价和数值指标评价两类[11]。

图像质量的主观评价是由人的视觉观察直接对图像的优劣做出评价,也是复原图像评价的一个重要方面。

用数值指标来衡量复原图像质量的评价方法有很多种,它们的优点是较为客观,易于度量和比较。但不利的是,数值指标反映的结果有时和主观评价不一致,这是因为单个指标不可能顾及到两幅图像差异的所有方面。假设输入的两幅图像,像素值分别为 $\{x(i,j), i\in[1,M], j\in[1,N]\}$、$\{y(i,j), i\in[1,M], j\in[1,N]\}$。一般常用的图像数值评价指标有如下几种:

(1) 均方误差(mean squared error, MSE)。

$$\text{MSE} = \frac{1}{MN}\sum_{i=1}^{M}\sum_{j=1}^{N}[x(i,j)-y(i,j)]^2 \tag{7.14}$$

(2) 峰值信噪比(peak signal to noise ratio, PSNR)。

设像素的动态范围 $L=2^B-1$,B 为一个像素点所用的二进制位数,一般取 $B=8$。峰值信噪比表示为

$$\text{PSNR} = 10\lg\frac{L^2}{\text{MSE}} = 10\lg\left\{\frac{L^2 MN}{\sum_{i=1}^{M}\sum_{j=1}^{N}[x(i,j)-y(i,j)]^2}\right\} \quad (\text{dB}) \tag{7.15}$$

(3) 信噪比(signal to noise ratio, SNR)。

$$\text{SNR} = 10\lg\left\{\frac{\sum_{i=1}^{M}\sum_{j=1}^{N}[x(i,j)]^2}{\sum_{i=1}^{M}\sum_{j=1}^{N}[x(i,j)-y(i,j)]^2}\right\} \quad (\text{dB}) \tag{7.16}$$

(4) 平均绝对误差(mean absolute error, MAE)。

$$\text{MAE} = \frac{1}{MN}\sum_{i=1}^{M}\sum_{j=1}^{N}|x(i,j)-y(i,j)| \tag{7.17}$$

(5) 结构相似性(structural similarity, SSIM)。

结构相似性将图像建模为亮度、对比度和结构三个不同因素的组合,用均值作为亮度的估计,标准差作为对比度的估计,协方差作为结构的估计。SSIM 表示为

$$\text{SSIM}(x,y) = [l(x,y)]^\alpha [c(x,y)]^\beta [s(x,y)]^\gamma \tag{7.18}$$

其中:$\alpha>0, \beta>0, \gamma>0$,$l(x,y)$ 为亮度比较,$c(x,y)$ 为对比度比较,$s(x,y)$ 为结构比较,表达式为

$$l(x,y) = \frac{2\mu_x \mu_y + c_1}{\mu_x^2 + \mu_y^2 + c_1} \tag{7.19}$$

$$c(x,y) = \frac{2\sigma_x \sigma_y + c_2}{\sigma_x^2 + \sigma_y^2 + c_2} \tag{7.20}$$

$$s(x,y) = \frac{\sigma_{xy} + c_3}{\sigma_x \sigma_y + c_3} \tag{7.21}$$

式中:μ_x 和 μ_y 分别为 x、y 的平均值;σ_x 和 σ_y 分别为 x、y 的标准差;σ_{xy} 为 x、y 的协方差;c_1、c_2、c_3 分别为常数,避免分母为零带来的系统错误,其中 $c_1 = (k_1 L)^2$,$c_2 = (k_2 L)^2$,$c_3 = c_2/2$;L 为像素的动态范围。

μ_x、σ_x^2 和 σ_{xy} 可表示为

$$\mu_x = \frac{1}{MN} \sum_{i=1}^M \sum_{j=1}^N x(i,j)$$

$$\sigma_x^2 = \frac{1}{MN-1} \sum_{i=1}^M \sum_{j=1}^N [x(i,j) - \mu_x]^2, \quad \sigma_x = \sqrt{\sigma_x^2}$$

$$\sigma_{xy} = \frac{1}{MN-1} \sum_{i=1}^M \sum_{j=1}^N [x(i,j) - \mu_x][y(i,j) - \mu_y]$$

在实际计算中,一般假定 $\alpha = \beta = \gamma = 1$,可以将 SSIM 简化为

$$\text{SSIM}(x,y) = \frac{(2\mu_x \mu_y + c_1)(2\sigma_{xy} + c_2)}{(\mu_x^2 + \mu_y^2 + c_1)(\sigma_x^2 + \sigma_y^2 + c_2)} \tag{7.22}$$

结构相似性反映的是复原图像与原始图像之间的相似程度,SSIM 值越大说明两幅图像越相似,SSIM 为 1 时两幅图像完全一致。均方误差 MSE 较敏感地反映了少数点误差较大的概况,个别点出现较大的偏差会使 MSE 较大。平均绝对误差 MAE 则较敏感地反映了多数点小误差的概况,与 MSE 刚好相反,它强调了许多小误差的重要性,而不是少量大误差的重要性。

7.2 图像噪声及去噪声方法

7.2.1 噪声模型

噪声是指获得图像过程中发生的随机干扰因素对形成图像的影响。由于噪声的影响,图像的灰度会发生变化。噪声本身可看作随机变量,其分布可用概率密度函数(PDF)来刻画[12]。下面介绍几种重要的噪声。

1)高斯噪声

高斯分布模型在数学上比较好处理,许多接近高斯分布的噪声也常用高斯噪声模型近似来处理。受高斯随机噪声作用的图像中每个像素都有可能受到影响而改变灰度值,改变的灰度值多在均值附近。

高斯噪声也称为正态噪声。在空间域和频率域中,由于高斯噪声在数学上的易处理性,这种噪声模型常用于实践中,高斯随机变量 z 的 PDF 为

$$p(z) = \frac{1}{\sqrt{2\pi}\sigma}\exp\left[-\frac{(z-\bar{z})^2}{2\sigma^2}\right] \tag{7.23}$$

式中:z 为灰度值;$\bar{z}$ 为 z 的平均值或期望值;σ 为 z 的标准差,标准差的平方 σ^2 称为 z 的方差。

2)均匀噪声

均匀噪声的 PDF 可表示为

$$p(z) = \begin{cases} \dfrac{1}{b-a}, & a \leq z \leq b \\ 0, & \text{其他} \end{cases} \tag{7.24}$$

均匀噪声的均值和方差分别为 $\bar{z} = (a+b)/2, \sigma^2 = (b-a)^2/12$。

均匀噪声灰度值的分布在一定范围内是均衡的。受均匀随机噪声作用的图像中每个像素都有可能受到影响而改变灰度值,对整幅图像这个改变值在噪声灰度范围内有相同的概率。

3)脉冲噪声

脉冲噪声的 PDF 可表示为

$$p(z) = \begin{cases} p_a, & z = a \\ p_b, & z = b \\ 0, & \text{其他} \end{cases} \tag{7.25}$$

脉冲噪声主要分为两类:椒盐(salt – and – pepper)噪声和随机值(random – valued)噪声。因为脉冲的影响常比图像中信号的强度要大,脉冲噪声一般量化为图像中所允许的极限灰度(显示为白或黑)。所以,这种脉冲噪声也称为椒盐噪声。如果 p_a 或 p_b 为 0,则椒盐噪声(双极)简化为白斑噪声(单极)。

令 x 表示原始图像,y 表示含噪声的图像,$[y_{\min}, y_{\max}]$ 表示图像取值范围。含椒盐噪声图像点 y_{ij} 仅取 $y_{\min}$ 或 $y_{\max}$,而对含任意值噪声图像点 y_{ij} 取 $[y_{\min}, y_{\max}]$ 中同分布独立随机数。

脉冲噪声也是随机分布的,受随机噪声作用的图像中每个像素都有可能受到影响而改变灰度值,实际中,在受脉冲噪声影响的图像中只有一部分像素会受到影响,所以通常用其所占百分比来表示脉冲噪声的强弱。

7.2.2 屏 – 片接收系统的噪声

高能 X 射线闪光照相屏 – 片图像中含有统计噪声、颗粒噪声和数字化扫描仪的噪声等多种噪声。统计噪声是由单个像元上接收光子数的统计涨落引起的,服从泊松分布规律,具有在一个很宽的频率范围内均匀分布的特性(白噪声)。颗粒噪声包括乳胶银颗粒

噪声和增感屏颗粒噪声。增感屏材料多为微晶颗粒态物质,荧光增感屏的颗粒尺度较大,其噪声大于金属增感屏的颗粒噪声。

数字化扫描仪的像素间距一般有 50μm、75μm、100μm、200μm 等多个选择。扫描步长越小,则扫描后图像的空间分辨率越高。但扫描步长较小时,图像数据的噪声可能较大,如 200μm 扫描步长的噪声比 50μm 的要小近 1 倍(其中 1 行数据的比较)。考虑到在 200μm 扫描时,是在 200μm×200μm 的面积上取了 1 个点,而如采用 50μm 来扫描 200μm×200μm 的面积,则可以取 16 个点,对这相同面积上的 16 个点进行平均后,其噪声比 200μm 时要小。因此得到结论:采用 50μm 的扫描步长,其噪声值最小。

另外,增感屏材料不均匀、感光乳剂层不均匀、显影不均匀等都将引起噪声。在 20MeV LIA 产生的 X 射线照射条件下,分别采用金属增感屏和荧光增感屏与胶片组合,得到的圆台阶样品图像及其某一行灰度曲线,如图 7.1 所示。

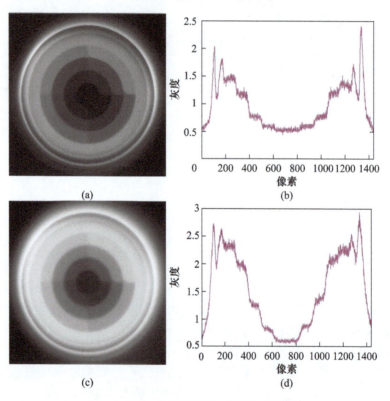

图 7.1 屏-片图像及某一行的灰度曲线
(a)金属屏-胶片图像;(b)金属屏-胶片图像某一行的灰度曲线;
(c)荧光屏-胶片图像;(d)荧光屏-胶片图像某一行的灰度曲线。

在高能 X 射线闪光照相中,探测到的 X 光子数目有限导致统计噪声大。为了减小噪声,可通过增感屏-胶片堆叠的方式提高探测效率。如果胶片间的距离大于或等于电子的平均自由程,那么,不同胶片的信号是统计独立的,就可以通过合成胶片充分提高信噪比。根据统计规律,n 张图像相加之后的平均图像比单张图像的信噪比提高 $\sqrt{n}$ 倍。因此,采用增感屏-胶片层叠技术,选多张图像取其平均是提高图像信噪比的有效方法。

多张图像平均时的坐标配准是一个重要的问题,需在多张图像中找好或事先设计好定位标记,使它们有一个相同的坐标系统,才能对图像进行相加、相减和平均处理。配准精度直接影响到平均图像的模糊程度。

屏－片接收系统经常使用三种以上不同的屏－片组合,合成它们有一些困难。荧光屏－胶片的分辨率比金属屏－胶片的低,即使是相同的增感屏,高感光度的胶片的分辨率也比低感光度的胶片低。因此,如果简单地将两种底片灰度相加,会丢失金属屏－胶片相对好的界面分辨率(当然,即使金属屏－胶片,高能 X 射线闪光照相的分辨率也低于低能 X 射线闪光照相,因为屏中产生的高能电子在曝光胶片之前会侧向飞行)。同样,低 γ 的荧光屏－胶片图像具有低的 SNR,因此,将它与更高 γ 的其他底片灰度相加,会使 SNR 更差。

7.2.3　CCD 接收系统的噪声

高能 X 射线闪光照相 CCD 图像中含有统计噪声、脉冲噪声、CCD 暗电流噪声和读出噪声等多种噪声。由于 CCD 不可避免地受到少量 X 射线的辐射及采集系统因电的不稳定性,使输出图像局部伴有正负脉冲干扰,在图像上表现为一定面积的亮斑或暗斑。白斑噪声是由于高能 X 光子和加速器工作的强电磁辐射直接打在 CCD 芯片上引起的,是随机分布的,其灰度值比周围像素的灰度值大得多,并且噪声呈颗粒状,大小不等,是由好几个像素甚至是十几个像素组成的。尽管系统中采用 45°反射镜及给 CCD 相机加以射线屏蔽保护的措施,但不可避免地会有一些散射线直接照射到 CCD 上,不仅对图像影响严重,甚至会损坏 CCD 相机,这种噪声没有规律且危害大,需要从系统结构和屏蔽上采取措施来减小影响。图 7.2 为 CCD 图像及其某一行的灰度曲线,图中的白斑噪声很明显。

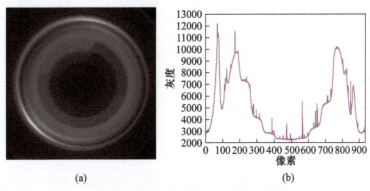

图 7.2　CCD 图像及某一行的灰度曲线
(a)CCD 图像;(b)CCD 图像某一行的灰度曲线。

CCD 暗电流是指在无光照的情况下,积累一定时间后产生的载流子,在实际应用中,暗电流表现为叠加在信号上的噪声。CCD 暗电流引起的噪声可分为两部分:一部分是载流子的热噪声,它是一种泊松分布的随机过程,表现为白噪声信号,该噪声形成了暗电流的背景噪声,降低 CCD 的工作温度可减小这种热噪声;另一部分是由 CCD 像元晶体中缺陷的大量集中引起的脉冲尖峰,也会造成白斑噪声。但是,暗电流的白斑噪声位置是固定的,不能用多幅叠加的方法减小或消除。

在接收过程中,CCD 读出电路、信号处理电路、A/D 转换电路等也会引起图像中的一部分噪声,这种噪声是随机的,可通过多幅叠加的方法减小。

另外，CCD 像元响应的不一致性、转换屏响应的不一致性、图像渐晕性等都将引起噪声。CCD 像元响应不一致性是指在均匀光照的条件下，各 CCD 像元响应的不均匀程度，它与 CCD 芯片材料的均匀性和工艺过程有关。在成像过程中，这种不一致性体现为像元之间响应比例的不变性。转换屏对 X 射线响应的不一致性是指转换屏的生产制作工艺等原因使闪烁晶体在不同的空间位置上对相同 X 射线辐射所产生发光效率的不同，这主要是由闪烁晶体在空间分布的厚度和密度不同造成的。较为严重的不一致性使成像屏内出现纹路和杂质，甚至气泡，而在图像上会出现相应的明显条纹、亮斑、暗斑及气泡等虚假缺陷。由于每次射线成像时这种不一致性的空间位置保持不变。因此，可以通过两次成像灰度相除的办法校正。

7.2.4 噪声滤波器

当在一幅图像中唯一存在的退化是噪声时，则式(7.4)简化为

$$g(x,y) = f(x,y) + n(x,y) \tag{7.26}$$

由 6.2.2 节可知，降低图像的噪声，可提高光程或面密度的测量精度，或者在测量精度要求相同的条件下，降低图像噪声可等效于降低 X 射线源强度的要求。

当仅有加性噪声存在时，可以选择空间滤波的方法去除或降低噪声。主要有均值滤波器、统计排序滤波器和自适应滤波器三种。

7.2.4.1 均值滤波器

1) 算术均值滤波器

给定一个 $m \times n$ 矩形区域 W，它覆盖的图像 $f(x,y)$ 中心在 (x,y) 点，算术均值滤波过程就是计算由 W 定义的区域中被干扰图像 $g(x,y)$ 的平均值，复原图像 $\hat{f}$ 的值为

$$\hat{f}(x,y) = \frac{1}{mn} \sum_{(s,t) \in W} g(s,t) \tag{7.27}$$

需要注意，该滤波器在去除噪声的同时也模糊了图像。

2) 几何均值滤波器

根据几何均值的定义，复原图像表达式为

$$\hat{f}(x,y) = \left[\prod_{(s,t) \in W} g(s,t) \right]^{\frac{1}{mn}} \tag{7.28}$$

几何均值滤波器对图像的平滑作用与算术均值滤波器相当，但在滤波过程中会更少丢失图像细节。

3) 谐波均值滤波器

根据谐波均值的定义，复原图像表达式为

$$\hat{f}(x,y) = \frac{mn}{\sum_{(s,t) \in W} \frac{1}{g(s,t)}} \tag{7.29}$$

谐波均值滤波器对于高斯噪声有较好的去除效果，但对椒盐噪声的两部分作用不对称，对"盐"噪声的去除效果要比"椒"噪声好很多。

4) 逆谐波均值滤波器

逆谐波均值滤波是一种比较通用的均值类滤波方法，复原图像表达式为

$$\hat{f}(x,y) = \frac{\sum_{(s,t)\in W} g(s,t)^{k+1}}{\sum_{(s,t)\in W} g(s,t)^{k}} \qquad (7.30)$$

式中：k 为滤波器的阶数。

逆谐波均值滤波器对椒盐噪声的去除效果比较好。当 k 为正数时，滤波器用于去除"椒"噪声；当 k 为负数时，滤波器用于去除"盐"噪声，但不能同时去除这两种噪声。当 $k=0$ 时，逆谐波均值滤波器退化为算术均值滤波器；当 $k=-1$ 时，逆谐波均值滤波器退化为谐波均值滤波器。

7.2.4.2 统计排序滤波器

统计排序滤波器基于由滤波器包围的图像区域中像素点的排序，滤波器在任何点的响应由排序结果决定。

1) 中值滤波器

最著名的统计排序滤波器是中值滤波器，是由 Tukey 首先提出的[13]。它是用该像素的相邻像素的灰度中值来代替该像素的值，即

$$\hat{f}(x,y) = \underset{(s,t)\in W}{\mathrm{median}}\{g(s,t)\} \qquad (7.31)$$

中值滤波是将窗口所涵盖的像素按灰度值由小到大排列，取序列中间点的值作为中值，并以此值作为滤波器的输出值。在有很强的脉冲干扰的情况下，其干扰值与其邻近像素的灰度值有很大的差异，经排序后取中值的结果是强迫将此干扰点变成与其邻近的某些像素的灰度值一样，从而达到去除干扰的效果。

中值滤波的效果依赖两个要素：邻域的空间范围和中值计算中涉及的像素数（当空间范围较大时，一般只取若干稀疏分布的像素做中值计算）。相对而言，中值滤波容易去除孤立点、线的噪声，同时保持图像的边缘。它能很好地去除二值噪声，但对高斯噪声无能为力。

2) 最大值最小值滤波器

尽管中值滤波器是目前为止图像处理中最常见的一种统计排序滤波器，它相当于利用顺序排列数值中间的那个数，然而从基本的统计学想到排列还有其他多种的可能性。如果取序列的最大值，得到最大值滤波器，即

$$\hat{f}(x,y) = \underset{(s,t)\in W}{\max}\{g(s,t)\} \qquad (7.32)$$

最大值滤波器可用来检测图像中最亮的点，并可减弱低取值的噪声，所以对去除"椒"噪声比较有效。

如果取序列的最小值，得到最小值滤波器，即

$$\hat{f}(x,y) = \underset{(s,t)\in W}{\min}\{g(s,t)\} \qquad (7.33)$$

最小值滤波器可用来检测图像中最暗的点，并可减弱高取值的噪声，所以对去除"盐"噪声比较有效。

3) 中点滤波器

中点滤波器是在滤波器涉及范围内计算最大值和最小值之间的中点，即

$$\hat{f}(x,y) = \frac{1}{2}\left[\underset{(s,t)\in W}{\max}\{g(s,t)\} + \underset{(s,t)\in W}{\min}\{g(s,t)\}\right] \qquad (7.34)$$

这种滤波器结合了统计排序计算和平均计算,对于高斯噪声和均匀随机分布噪声都有比较好的效果。

7.2.4.3 自适应滤波器

上述滤波器对图像中所有像素采用同样的处理方式,并没有考虑图像中的一点与其他点的特征有什么不同。在去除噪声的同时也有可能改变真正像素点的值,引入误差,损坏图像的边缘和细节。自适应滤波器根据区域 W 所覆盖像素集合的统计特性进行调整,所以有可能取得更好的滤波效果。

1) 自适应局部噪声滤波器

随机变量最简单的统计度量是均值和方差,这些适当的参数是自适应滤波器的基础,因为它们是与图像状态紧密相关的数据。均值给出了计算均值区域中灰度平均值的度量,而方差则给出了这个区域的平均对比度的度量。

滤波器作用于局部区域 W,在任何点 (x,y) 上的滤波器响应基于以下四个变量:噪声图像在点 (x,y) 上的值 $g(x,y)$、噪声方差 σ_N^2、在 W 上像素点的局部均值 m_W 及在 W 上像素点的局部方差 σ_W^2。

滤波器的预期性能如下:

(1) 如果 $\sigma_N^2 = 0$,则 $\hat{f}(x,y) = g(x,y)$。

(2) 如果 σ_N^2 相比 σ_W^2 很小,则 $\hat{f}(x,y) \approx g(x,y)$。高局部方差是与边缘相关的,并且这些边缘应该保留。

(3) 如果 $\sigma_N^2 = \sigma_W^2$,则 $\hat{f}(x,y) = m_W$。这种情况发生在局部区域与全部图像有相同特性的条件下,并且局部噪声简单地用平均来降低。

结合以上三种情况,自适应滤波器可以写为

$$\hat{f}(x,y) = g(x,y) - \frac{\sigma_N^2}{\sigma_W^2}[g(x,y) - m_W] \tag{7.35}$$

2) 自适应中值滤波器

对于前面的中值滤波器,只在脉冲噪声密度不大(根据经验,p_a、p_b 小于 0.2)时才能有较好的效果。于是国内外的学者又提出了一些改进的中值滤波方法,如自适应中值滤波器(adaptive median filter, AMF),它对椒盐噪声有较好的效果[14];自适应中心加权中值滤波器(adaptive center-weighted median filter, ACWMF),它对随机值脉冲噪声有较好的效果[15]。这些算法在改善中值滤波器的性能方面做了重要的贡献,但在实际应用中都有各自的局限性。

自适应中值滤波器的自适应体现在滤波器的覆盖区域 W 可根据图像特性进行调节。设 $g_{\min}$、$g_{\max}$、g_{med} 分别为 W 中像素灰度的最小值、最大值、中值,g_{xy} 为噪声图像在 (x,y) 处的灰度值,$W_{\max}$ 为 W 允许的最大尺寸。自适应中值滤波器算法工作在两个层次,分别记为 A 层和 B 层,其工作流程如下。

(1) A 层:$A_1 = g_{\text{med}} - g_{\min}$,$A_2 = g_{\text{med}} - g_{\max}$。如果 $A_1 > 0$ 且 $A_2 < 0$,则转到 B 层,否则增大 W 的尺寸。如果窗口尺寸不大于 $W_{\max}$,则重复 A 层,否则 $\hat{f}(x,y) = g_{xy}$。

(2) B 层:$B_1 = g_{xy} - g_{\min}$,$B_2 = g_{xy} - g_{\max}$。如果 $B_1 > 0$ 且 $B_2 < 0$,则 $\hat{f}(x,y) = g_{xy}$,否则 $\hat{f}(x,y) = g_{\text{med}}$。

如果使用自适应中值滤波器，对脉冲噪声密度的限制可以放宽，在平滑非脉冲噪声时减少边界细化或粗化等失真，这是传统中值滤波器做不到的。从统计的角度讲，即使 g_{min} 和 g_{max} 不是图像中可能的最小和最大灰度值，它们仍被看作是类似脉冲的噪声成分。用自适应中值滤波器对图 7.1 和图 7.2 的圆台阶样品图像进行去噪声处理，结果如图 7.3 所示。

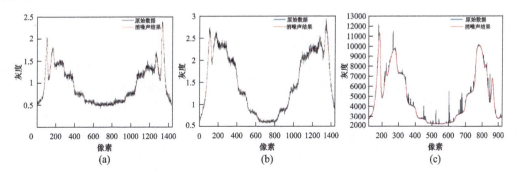

图 7.3　圆台阶样品图像的消噪声结果
(a) 金属屏-胶片图像；(b) 荧光屏-胶片图像；(c) CCD 图像。

7.2.5　基于扩散方程的去噪声方法

7.2.5.1　扩散方程的物理背景与图像分析

图像处理中的去噪声过程和扩散方程是有内在联系的。在物理学中，如果介质（如气体、液体或固体）中存在某种杂质，并且其浓度分布不均匀，这时，杂质将从浓度较高的区域向浓度较低的区域迁移，这种迁移过程称为扩散。类似地，当介质中的温度分布不均匀时，将发生热量从温度较高的区域向温度较低的区域迁移，这种迁移过程称为热扩散（或热传导）[3]。

若以函数 $u(x,y,z,t)$ 表示浓度随空间和时间的变化，那么空间分布的不均匀性用梯度 ∇u 来刻画，扩散的强弱用流量密度 j 表示。于是，由菲克定律有

$$j = -D\nabla u \tag{7.36}$$

该方程表明浓度梯度产生了扩散，从而平衡介质中各处的浓度。一般来讲，流量密度的方向并不与梯度的方向一致，即 j 与 ∇u 是非线性关系。这时，∇u 与 j 之间的关系是由扩散系数 D 来描述的，对应 2×2（二维）或 3×3（三维）矩阵，这种扩散称为各向异性扩散。在特殊情况下，∇u 与 j 呈线性关系，此时 D 可由一正的标量值来表示，这种扩散称为各向同性扩散。

同样，对于介质中的温度不均匀而出现的物质热扩散现象，也遵从式 (7.36) 的定律，只需将 u 看作为物质温度即可。对于物质扩散，满足质量守恒；对于热扩散，则满足热量守恒。故这两种扩散运动应遵守连续性方程，即

$$\frac{\partial u}{\partial t} = -\text{div} j \tag{7.37}$$

将菲克定律代入连续性方程，可得

$$\frac{\partial u}{\partial t} = \text{div}(D \nabla u) \tag{7.38}$$

这就是扩散方程,也常称为热方程。

在图像处理中,将 u 看作为某局域内的灰度值,若 D 在整个图像域内为常数时,称为各向同性扩散,各向同性扩散与图像的线性光滑是一致的。图像的灰度值函数为 $u(x,y)$,则有 $\nabla u = (u_x, u_y)$,$\Delta u = u_{xx} + u_{yy}$。

7.2.5.2 线性扩散的热传导方程

最初人们用低通滤波的方法来分析图像,所谓低通滤波方法就是用高斯核卷积初始信号,使得信号光滑化。1983 年,Witkin[16] 提出把高斯核卷积到信号 u_0 上等价于解以信号 u_0 为初值的热传导方程:

$$\begin{cases} \frac{\partial u}{\partial t}(x,t) = \Delta u(x,t), & x \in R^2, t > 0 \\ u(x,t) = u_0(x), & x \in R^2, t = 0 \end{cases} \tag{7.39}$$

式中:$u(x,t)$ 为演化中的图像;$u_0(x)$ 为初始图像。

式(7.39)可通过傅里叶变换方法得到其精确解为

$$u(x,t) = (G_{\sqrt{2t}} * u_0)(x) = \int_{R^2} G_{\sqrt{2t}}(x-y) u_0(y) \mathrm{d}y \tag{7.40}$$

式中:$G_\sigma = \frac{1}{2\pi\sigma^2} \exp\left(-\frac{|x|^2}{2\sigma^2}\right)$ 为经典的高斯核。

由此可见,式(7.40)表示在 x 和 y 方向上的等效宽度均为 $\sigma = \sqrt{2t}$,于是对图像进行线性扩散,实质上是等价于传统图像处理中对图像采用高斯滤波器进行滤波。

利用线性扩散方程进行图像滤波,主要是该线性方程生成的尺度空间具有如下良好的性质:

(1) 高斯函数是唯一能满足对称性、归一化并且不增大局部极大值的卷积核;
(2) 对于图像对比变换和欧几里得变换而言,线性扩散方程的解具有不变性;
(3) 满足极值原理,即在图像的定义域 Ω 内,有

$$\inf_\Omega \{u_0(x)\} \leqslant u(x,t) \leqslant \sup_\Omega \{u_0(x)\}$$

(4) 线性扩散方程的稳态解为 $\lim_{t \to \infty} u(x,t) = \mu$,而 $\mu = \int_\Omega u_0(x) \mathrm{d}x / \int_\Omega \mathrm{d}x$ 表示 $u_0(x)$ 的平均灰度。

然而线性扩散方程随着尺度参数(扩散时间)的增大,图像变得越来越模糊,最终使图像的灰度值达到平均值,同时在进行高斯滤波平滑噪声的同时,图像的边界也会逐渐被模糊或去除,但图像的边缘模糊化在图像处理中往往是不可以接受的,因为图像边缘被认为是图像最重要的特征,并且人的视觉对边缘也是非常敏感的。

图 7.4 给出图像线性扩散的一个实例。其中左上图为莉娜(Lena)原图像,右上图为加噪图像,下面三幅对应于不同扩散时间的输出图像。从图中可以明显地看出,高斯滤波在平滑噪声的同时,使图像越来越模糊。

图 7.4　图像线性扩散的实例

7.2.5.3　非线性扩散的 Perona – Malik 方程

在常系数热传导方程产生的线性尺度空间中,热传导系数为常数 1,它没有考虑空间位置,其实,传导系数可根据图像的空间位置来确定,于是为了克服在热传导方程中边缘模糊化的缺点,一个重要的改进就是令扩散过程的"传导系数"依赖于图像的局部特征,即在图像比较平坦的区域,传导系数自动增大,可使平坦区域中较小的不规则起伏(如噪声)被平滑,而在图像的边缘附近,传导系数能自动减小,那么边缘则可几乎不受影响,这样既达到了去除噪声又同时保护边缘的目的。Perona 和 Malik[17]于 1990 年首先提出了如下非线性方程(P – M 方程):

$$\begin{cases} \dfrac{\partial u}{\partial t}(x,t) = \mathrm{div}\big[\,g(\,|\,\nabla u\,|\,)\nabla u\,\big], & x \in \Omega(\subset R^2), t > 0 \\ u(x,t) = u_0(x), & x \in \Omega, t = 0 \end{cases} \quad (7.41)$$

其中,函数 $g(x):R^+ \to R^+$ 是一个光滑非增函数,且满足 $g(0)=1, \lim\limits_{x \to \infty} g(x)=0$,函数 $g(x)$ 通常取为 $g_k(x) = \mathrm{e}^{-kx}$ 或 $g_k(x) = (1+kx^2)^{-1}$。

1) 一维情况

此时,由式(7.41)可得

$$u_t = \frac{\partial}{\partial x}\big[g(\,|u_x|\,)u_x\big] = g'\frac{u_x u_{xx}}{\sqrt{u_x^2}}u_x + g(\,|u_x|\,)u_{xx} \quad (7.42)$$

$$= [\,g'|u_x| + g(\,|u_x|\,)\,]u_{xx} = \phi'(\,|u_x|\,)u_{xx}$$

式中:$\phi(r) = rg(r)$ 为影响函数(influence function)。

当函数 g 取为

$$g(r) = \frac{1}{1+(r/K)^p}, \quad p = 1,2 \quad (7.43)$$

则有

$$\phi(r) = \frac{r}{1+(r/K)^p}, \quad \phi'(r) = \frac{1-(p-1)(r/K)^p}{[1+(r/K)^p]^2}, \quad p = 1,2 \quad (7.44)$$

2) 二维情况

令 N 表示平行于图像梯度矢量 ∇u 的单位向量，T 表示垂直于图像梯度 ∇u 的单位向量，于是 N 和 T 构成一个活动的正交坐标系，即有

$$N = \frac{\nabla u}{|\nabla u|} = (\cos\theta, \sin\theta), \quad T = (-\sin\theta, \cos\theta) \tag{7.45}$$

于是，在这一坐标系中有

$$\frac{\partial u}{\partial N} \geq 0, \quad \frac{\partial u}{\partial T} = 0 \tag{7.46}$$

故有

$$|\nabla u| = \sqrt{\left(\frac{\partial u}{\partial N}\right)^2} = \frac{\partial u}{\partial N}, \quad \frac{\partial |\nabla u|}{\partial N} = \frac{\partial^2 u}{\partial N^2} \tag{7.47}$$

因此，式（7.41）可化简为

$$\begin{aligned}
u_t &= \frac{\partial}{\partial T}\left[g(|\nabla u|)\frac{\partial u}{\partial T}\right] + \frac{\partial}{\partial N}\left[g(|\nabla u|)\frac{\partial u}{\partial N}\right] \\
&= g(|\nabla u|)\frac{\partial^2 u}{\partial T^2} + g'(|\nabla u|)\frac{\partial |\nabla u|}{\partial T}\frac{\partial u}{\partial T} + g(|\nabla u|)\frac{\partial^2 u}{\partial N^2} + g'(|\nabla u|)\frac{\partial |\nabla u|}{\partial N}\frac{\partial u}{\partial N} \\
&= g(|\nabla u|)u_{TT} + g(|\nabla u|)u_{NN} + g'(|\nabla u|)u_{NN}|\nabla u| \\
&= g(|\nabla u|)u_{TT} + [g(|\nabla u|) + g'(|\nabla u|)|\nabla u|]u_{NN} \\
&= g(|\nabla u|)u_{TT} + \phi'(|\nabla u|)u_{NN}
\end{aligned} \tag{7.48}$$

由式（7.48）可知：

（1）沿 T 方向，由于 $g > 0$，则扩散总是正向的，只是当 $|\nabla u|$ 足够大（即接近边缘）时，$g(|\nabla u|)$ 下降到几乎等于零，因而扩散几乎被"停止"。

（2）沿 N 方向，当 $\phi'(|\nabla u|) > 0$ 时，扩散是正向的，当 $\phi'(|\nabla u|) < 0$ 时，扩散是反向的，这就是说适当选取边缘函数 g，P-M 方程有可能"自适应"地实现图像平滑和边缘增强的双重效果。

尽管 P-M 方程克服了低通滤波中边界也被模糊化的缺点，但由式（7.41）给出的初值问题可能是病态的，只有当

$$\lim_{r\to\infty}\phi(r) = \lim_{r\to\infty} rg(r) \neq 0 \tag{7.49}$$

时，P-M 方程的初值问题才是适定的。

图 7.5 为采用式（7.41）的显式方案，对图 7.4 中加噪 Lena 图像所做的 P-M 方程的复原结果。大量实验表明，在显式方案和时间步长 $\Delta t < 0.25$ 的情况下，采用式（7.43）的边缘函数，数值解也具有稳定性。对于这一情况的解释可能是，这一方案所采用的空间平均和时间延迟已隐含了正则化效应，从而克服了 P-M 的病态性质。

图 7.5　P-M 方程非线性扩散实例

7.2.5.4 正则化 P-M 方程

在 P-M 方程中,一些常用的边缘函数都不能满足式(7.49),为了克服 P-M 方程的病态性质,Catté 等[18]在 1992 年提出了正则化 P-M 方程,该模型是一个完全适定的问题,也称为 CLMC 模型,即

$$\begin{cases} \dfrac{\partial u}{\partial t} = \text{div}[g(|\nabla G_\sigma * u|)\nabla u], & x \in \Omega, t > 0 \\ u(x,0) = u_0(x), & x \in \Omega \end{cases} \tag{7.50}$$

正则化 P-M 方程(7.50)是一个完全适定的问题,并具有如下良好性质。

(1)存在唯一的连续依赖于初值 $u_0(x)$ 的解,这一性质保证了图像按照式(7.50)非线性扩散是稳定的。

(2)服从极值原理,即

$$\inf_\Omega \{u_0(x)\} \leq u(x,t) \leq \sup_\Omega \{u_0(x)\}$$

这就意味着在较大的尺度上(较长的演化时间 t)所得到的解 $u(x,t)$ 中,将不会产生在较小尺度空间上不存在的水平集,因此 $u(x,t)$ 将会变得越来越"简单",因此正则化 P-M 方程将生成一个尺度空间。

(3)平均灰度不变,即

$$\frac{1}{|\Omega|}\int_\Omega u(x,t)\mathrm{d}x = \mu = \frac{1}{|\Omega|}\int_\Omega u_0(x)\mathrm{d}x$$

(4)收敛于常数稳态解,即

$$\lim_{t\to\infty} u(x,t) = \mu$$

(5)Lyapunov 泛函递减性,即对任何凸函数 $r(\cdot)$,如下定义 Lyapunov 泛函:

$$L(t) := \int_\Omega r(u(x,t))\mathrm{d}x$$

则 $L(t)$ 为时间 t 的单调递减函数,并且其下界为 $\int_\Omega r(\mu)\mathrm{d}x$。

7.2.5.5 方向扩散和 Alvarez-Lions-Morel 模型

从保护图像边缘的观点出发,希望扩散只沿平行于边缘的切线方向(即垂直于图像梯度矢量∇u)的方向进行,于是提出如下扩散方程:

$$\begin{cases} \dfrac{\partial u}{\partial t} = \dfrac{\partial^2 u}{\partial T^2}, & x \in \Omega, t > 0 \\ u(x,0) = u_0(x), & x \in \Omega \end{cases} \tag{7.51}$$

根据定义,$\dfrac{\partial |\nabla u|}{\partial N}$ 是梯度 $\nabla(|\nabla u|)$ 的 N 分量,则有

$$\begin{aligned}
\frac{\partial |\nabla u|}{\partial N} &= \nabla(|\nabla u|) \cdot N = \nabla(|\nabla u|) \cdot \frac{\nabla u}{|\nabla u|} = \nabla\left(\sqrt{u_x^2 + u_y^2}\right) \cdot \frac{\nabla u}{|\nabla u|} \\
&= \left(\frac{u_x u_{xx} + u_y u_{xy}}{\sqrt{u_x^2 + u_y^2}}, \frac{u_x u_{xy} + u_y u_{yy}}{\sqrt{u_x^2 + u_y^2}}\right) \cdot \left(\frac{u_x}{|\nabla u|}, \frac{u_y}{|\nabla u|}\right) \\
&= \frac{u_x(u_x u_{xx} + u_y u_{xy}) + u_y(u_x u_{xy} + u_y u_{yy})}{|\nabla u|^2}
\end{aligned} \tag{7.52}$$

又由于 $\dfrac{\partial^2 u}{\partial N^2} = \dfrac{\partial |\nabla u|}{\partial N}$，则有

$$u_{NN} = \frac{u_x(u_x u_{xx} + u_y u_{xy}) + u_y(u_x u_{xy} + u_y u_{yy})}{|\nabla u|^2} = \frac{u_x^2 u_{xx} + 2 u_x u_y u_{xy} + u_y^2 u_{yy}}{|\nabla u|^2} \qquad (7.53)$$

另一方面，由于 $\Delta u = u_{xx} + u_{yy} = u_{NN} + u_{TT}$，则有

$$\begin{aligned}
u_{TT} &= \Delta u - u_{NN} = u_{xx} + u_{yy} - u_{NN} = u_{xx} + u_{yy} - \frac{u_x^2 u_{xx} + 2 u_x u_y u_{xy} + u_y^2 u_{yy}}{|\nabla u|^2} \\
&= \frac{u_x^2 u_{yy} - 2 u_x u_y u_{xy} + u_y^2 u_{xx}}{|\nabla u|^2} = |\nabla u| \operatorname{div}\left(\frac{\nabla u}{|\nabla u|}\right)
\end{aligned} \qquad (7.54)$$

于是，方向扩散方程(7.51)便可改写为

$$\frac{\partial u}{\partial t} = |\nabla u| \operatorname{div}\left(\frac{\nabla u}{|\nabla u|}\right) \qquad (7.55)$$

如果希望削弱在边缘附近的扩散速率，还可以在式(7.55)中引入边缘停止函数，即有

$$\frac{\partial u}{\partial t} = g(|\nabla u|) |\nabla u| \operatorname{div}\left(\frac{\nabla u}{|\nabla u|}\right) \qquad (7.56)$$

式(7.56)也为 $\dfrac{\partial u}{\partial t} = g(|\nabla u|) u_{TT}$，与式(7.48)比较，发现它只是 P–M 方程展开为两项中的前一项(沿 **T** 的扩散)，带有边缘停止函数的方向扩散能更好地保持边缘的锐度。

类似于正则化 P–M 方程对 P–M 方程的改进方法一样，对式(7.56)引入高斯核卷积作用，便可得到 Alvarez–Lions–Morel 模型[19]：

$$\begin{cases} \dfrac{\partial u}{\partial t} = g(|G_\sigma * \nabla u|) |\nabla u| \operatorname{div}\left(\dfrac{\nabla u}{|\nabla u|}\right), & x \in \Omega, t > 0 \\ u(x,0) = u_0(x), & x \in \Omega \end{cases} \qquad (7.57)$$

7.3 图像模糊及去模糊方法

7.3.1 图像模糊

高能 X 射线闪光照相的图像模糊除了照相系统引起的模糊(光源焦斑、样品运动、接收系统)，还有散射模糊和图像去噪声过程中所带来的模糊，多种模糊所造成的负面效果是严重的。现实的照相环境表明，图像的模糊已成为影响界面处理精度的主要原因，也是影响密度分布重建精度的重要原因。

第 6 章已经介绍了照相系统引起的模糊，这里主要介绍 X 射线散射模糊和图像去噪声过程中所带来的模糊。所有的散射效应在接收系统上感光作用时可近似为一均匀的辐射本底，同时对信号也产生一定程度的模糊，该模糊效应通过蒙特卡罗模拟计算可等效为毫米级的点扩展函数。高能 X 射线闪光照相的实际图像一般存在较大的噪声(噪声振幅为信号振幅的 5%~15%)。在进行界面提取和密度重建之前，需采用非线性扩散方程滤波方法去噪声。非线性扩散方程滤波虽然能在去噪声的同时，尽可能的保存边界，但还是不可避免地带来一定程度的模糊。经计算该模糊可等效为亚毫米级的点扩展函数。

7.3.2 经典的图像去模糊方法

7.3.2.1 高斯卷积核情形下的图像模糊

点扩展函数 $h(x,y)$ 取为高斯函数,表达式为

$$h(x,y) = \frac{1}{2\pi\sigma^2}\exp\left(-\frac{x^2+y^2}{2\sigma^2}\right) \tag{7.58}$$

式中:σ 为高斯分布的标准差,显然 σ 值越大,则卷积后的图像越模糊。

图 7.6 分别为原始图像与 $\sigma=1$、$\sigma=3$ 和 $\sigma=5$ 的高斯函数做卷积后的模糊图像。

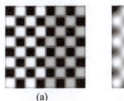

(a)　　　　　　　(b)　　　　　　　(c)

图 7.6　与高斯函数做卷积后的模糊图像
(a)$\sigma=1$;(b)$\sigma=3$;(c)$\sigma=5$。

图 7.7 为图 7.6 的模糊图像分别加 10% 的白噪声后的退化图像。对图 7.6 和图 7.7 的分析可知,图像的退化过程是一个既有模糊过程又有噪声存在的过程,且式(7.58)中 σ 越大(即由点扩展函数表示的焦斑越大)则图像越模糊。图像的这种退化过程使得其复原工作变得很复杂。

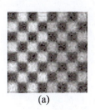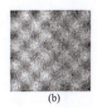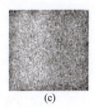

(a)　　　　　　　(b)　　　　　　　(c)

图 7.7　白噪声情形下与高斯函数做卷积后的退化图像
(a)$\sigma=1$;(b)$\sigma=3$;(c)$\sigma=5$。

7.3.2.2 逆滤波方法

当退化模型可逆且可求,原图像可精确得到;当退化模型不可逆或可逆不可求,原图像只能通过退化图像 g 及对 H 和 n 的某种了解或假设,估计得到。

逆滤波是一种简单直接的无约束图像复原方法。无约束图像复原方法仅将图像看作一个数字矩阵,从数学角度进行处理而不考虑恢复后图像应受到的物理约束。从式(7.12)可得

$$\boldsymbol{n} = \boldsymbol{g} - \boldsymbol{H}\boldsymbol{f} \tag{7.59}$$

在对 $\boldsymbol{n}$ 没有先验知识的情况下,需要寻找原始图像 $\boldsymbol{f}$ 的估计 $\hat{\boldsymbol{f}}$,使得 $\boldsymbol{H}\hat{\boldsymbol{f}}$ 在最小均方误差的意义下最接近退化图像 $\boldsymbol{g}$,即使 $\boldsymbol{n}$ 的模或范数最小:

$$\|\boldsymbol{n}\|^2 = \|\boldsymbol{g}-\boldsymbol{H}\hat{\boldsymbol{f}}\|^2 = (\boldsymbol{g}-\boldsymbol{H}\hat{\boldsymbol{f}})^{\mathrm{T}}(\boldsymbol{g}-\boldsymbol{H}\hat{\boldsymbol{f}}) \tag{7.60}$$

原始图像 f 的估计：

$$\hat{f} = (H^T H)^{-1} H^T g = H^{-1} (H^T)^{-1} H^T g = H^{-1} g \tag{7.61}$$

在频率域中，可以通过傅里叶变换来估计原始图像：

$$\hat{F}(u,v) = \frac{G(u,v) - N(u,v)}{H(u,v)} \tag{7.62}$$

7.3.2.3 维纳(Wiener)滤波方法

与逆滤波这样的无约束图像复原方法不同，有约束图像复原方法还考虑到恢复后的图像应该受到一定的物理约束，如空间平滑、灰度为正等。

维纳滤波方法是一种最小均方误差滤波方法。考虑选择 $\hat{f}$ 的一个线性操作符 Q（变换矩阵），使得 $\|Q\hat{f}\|^2$ 最小。这个问题可以用拉格朗日乘子法解决。基于带约束的最小二乘法原理，复原问题可变为寻找一个函数 $\hat{f}$ 使满足下面准则的函数最小化：

$$L(\hat{f}) = \|Q\hat{f}\|^2 + \alpha(\|g - H\hat{f}\|^2 - \|n\|^2) \tag{7.63}$$

可以得到约束公式（$s = 1/\alpha$）

$$\hat{f} = [H^T H + s Q^T Q]^{-1} H^T g \tag{7.64}$$

在频率域中，可以通过傅里叶变换来估计原始图像：

$$\hat{F}(u,v) = G(u,v) \left\{ \frac{1}{H(u,v)} \times \frac{\|H(u,v)\|^2}{\|H(u,v)\|^2 + s[S_n(u,v)/S_f(u,v)]} \right\} \tag{7.65}$$

式中：S_f 和 S_n 分别为原始图像和噪声的相关矩阵傅里叶变换。

式(7.65)有如下几种情况：

(1) 当 $s = 1$ 时，为维纳滤波器；
(2) 当 s 为一个变量时，为参数维纳滤波器；
(3) 当没有噪声（$S_n = 0$）时，维纳滤波器等同为理想的逆滤波器。

当 S_f 和 S_n 未知时，式(7.65)可以用下面的形式近似（K 是预定的常数）：

$$\hat{F}(u,v) \approx G(u,v) \left[\frac{1}{H(u,v)} \times \frac{\|H(u,v)\|^2}{\|H(u,v)\|^2 + K} \right] \tag{7.66}$$

图 7.8 给出了逆滤波与维纳滤波方法的比较，可以看出，维纳滤波在图像受噪声影响时效果比逆滤波要好。

(a)　　　　　　　　　(b)　　　　　　　　　(c)

图 7.8　逆滤波与维纳滤波的比较

(a)退化图像；(b)逆滤波复原图像；(c)维纳滤波复原图像。

7.3.3 迭代盲反卷积方法

经典的去模糊方法需要预先已知点扩展函数,如逆滤波、维纳滤波。近年来,随着测量技术的进步,出现了通过测量获取 PSF 的图像复原及 PSF 近似已知的半盲反卷积图像复原。然而,在实际应用中,由于退化图像 PSF 本身的复杂性难以解析表示或其测量困难等原因,通常难以获得系统的退化函数,而需在很少(或基本没有)相关 PSF 和原始图像的先验知识的条件下,直接从退化图像估计出原始图像,即进行盲图像复原。

7.3.3.1 迭代盲反卷积方法简介

盲去模糊方法很多,但一般为利用某些已知的信息来求优化问题。这里只介绍由 Ayers 和 Dainty 提出的迭代盲反卷积方法(iterative blind deconvolution,IBD)[20-22]。

迭代盲反卷积方法是一种交替地估计 PSF 与原始图像的方法,通过快速傅里叶变换来执行。基本的方法结构如图 7.9 所示。这里图像的估计值定义为 $\hat{f}(x,y)$,点扩展函数估计值定义为 $\hat{h}(x,y)$,退化图像为 $g(x,y)$,在输入图像的初始值后,算法将交替在图像域和频率域以相应的约束(如非负约束)进行。在第 k 次迭代,有

$$\hat{H}_k(u,v) = \frac{G(u,v)\hat{F}_{k-1}^*(u,v)}{|\hat{F}_{k-1}(u,v)|^2 + \alpha / |\hat{H}_{k-1}(u,v)|^2} \tag{7.67}$$

$$\hat{F}_k(u,v) = \frac{G(u,v)\hat{H}_{k-1}^*(u,v)}{|\hat{H}_{k-1}(u,v)|^2 + \alpha / |\hat{F}_{k-1}(u,v)|^2} \tag{7.68}$$

式中:α 为噪声幅度,需要通过有效的方法事先给出 α 值。

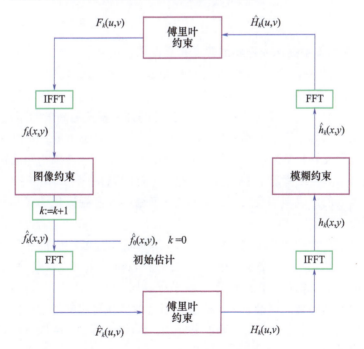

图 7.9 迭代盲反卷积方法示意图

该算法可以计算有限次迭代，或一直计算到收敛为止。该算法之所以流行是因为其具有很高的计算效率。图 7.10 为迭代盲反卷积方法的应用实例。由图可见，迭代盲反卷积方法有较好的复原效果，并且计算出的点扩展函数与真实的点扩展函数接近。

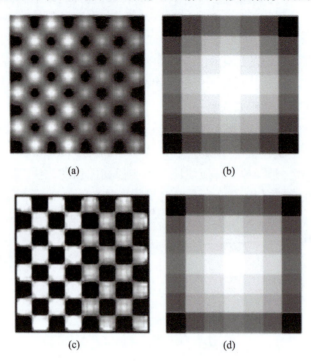

图 7.10　迭代盲反卷积方法图像复原例子
(a)退化图像；(b)真实 PSF；(c)去模糊后图像；(d)恢复的 PSF。

7.3.3.2　高能 X 射线闪光照相图像点扩展函数的估计

目前的研究表明，在高能 X 射线闪光照相图像的去模糊处理中，即便已知点扩展函数，用各种算法去复原图像，也是很难有成效的，产生这种情况的原因是退化后的图像函数在去噪声后是一个相当光滑的函数，这使得其反问题的解变为高度的不适定，或者使其解总是趋于原输入函数而很少变动，更何况点扩展函数是个未知量。所以高能 X 射线闪光照相的图像复原问题总的来说是个相当复杂的问题。从 7.3.2 节也可知高能 X 射线闪光照相的模糊是由多种因素形成的，但对于模糊分析问题，一个实用的方法是：不必逐一分析各种模糊因素的形成细节及尺度，而只需对于每一幅模糊退化图像估计出一个总的点扩展函数即可。

静态样品由于已知物质的尺寸和密度分布，其高能 X 射线闪光照相图像可以有效地用来估计模糊的点扩展函数。各种去模糊算法对静态样品图像也没有好的复原效果，故这里采用正算的方法来估计点扩展函数。若采取高斯函数来估计点扩展函数，则所需要确定的关键量为高斯函数的标准差 σ。标准差逼近的迭代算法的核心思想如下。

(1) 根据静态样品的几何尺寸和密度分布，在点源(无模糊)条件下正算模拟得到接收平面上的灰度分布 $g_{num}(x,y)$。

(2) 假设照相系统的点扩展函数 $h(x,y)$ 服从高斯分布，并给出初始猜想的标准差 σ，并将此 PSF 与点源条件得到的灰度分布进行卷积运算,得到 PSF 条件下的灰度分布 $g_{num}(x,y) * h(x,y)$。

(3)将模拟得到的灰度分布 $g_{num}(x,y) * h(x,y)$ 与实验得到的灰度分布进行比较,这里主要是灰度分布曲线的形状比较,并不特别关心绝对值的比较。

(4)如果匹配,直接输出标准差 σ;如果不匹配,修正标准差 σ,重复步骤(2)和(3),最终得到匹配的标准差 σ。

7.3.4 混合噪声下的图像去模糊方法

上述模型多为在高斯噪声假设下构造的,在实际应用中,图像噪声多为混合型的,即高斯噪声与脉冲噪声(椒盐噪声、白斑噪声、随机值噪声等)的叠加。

对于含椒盐噪声的图像,像素 (i,j) 的灰度值为

$$g_{ij} = \begin{cases} g_{\min}, & \text{概率 } s/2 \\ g_{\max}, & \text{概率 } s/2 \\ \tilde{g}_{ij}, & \text{概率 } 1-s \end{cases} \tag{7.69}$$

对于含随机值噪声的图像,像素 (i,j) 的灰度值为

$$g_{ij} = \begin{cases} g_{ij}^r, & \text{概率 } r \\ \tilde{g}_{ij}, & \text{概率 } 1-r \end{cases} \tag{7.70}$$

式中:g_{ij}^r 为均匀分布的随机数,$g_{ij}^r \in [g_{\min}, g_{\max}]$。

含有混合噪声(高斯噪声和脉冲噪声)的图像复原方法主要有三种:①两步法(two-stage method),先通过中值滤波去除脉冲噪声,然后使用全变分正则化方法去除模糊;②同时去噪声和去模糊的变分方法[23-24];③改进的两步法,文献中称为两相法(two-phase method)[25-27],第一步利用中值滤波对异常数据(椒盐和随机噪点)进行精确定位,第二步对非异常数据进行保边缘恢复。

7.3.4.1 两步法

这是最直接的方法。首先,对椒盐噪声用自适应中值滤波器(AMF)去除噪声,对随机值噪声用自适应中心加权中值滤波器(ACWMF)去除噪声。然后,用全变分正则化模型去除模糊:

$$F(f) = \|Hf - g\|_2^2 + \beta\Phi(f) = \|Hf - g\|_2^2 + \beta \sum_{(i,j) \in A} \sum_{(k,l) \in V_{ij}} \varphi(|f_{ij} - f_{kl}|) \tag{7.71}$$

对于分辨率为 $M \times N$ 的图像,$A = \{1,2,3,\cdots,M\} \times \{1,2,3,\cdots,N\}$ 表示像素样本集,V_{ij} 表示 $(i,j) \in A$ 的四个临近像素点集。

可取 $\varphi(t) = \sqrt{t^2 + \alpha}$,$\alpha = 10^{-4}$,$\beta = 0.01$。图 7.11 给出了含椒盐噪声($s=30\%$)的模糊图像的复原结果。图 7.12 给出了含随机值噪声($r=25\%$)的模糊图像的复原结果。可以看出,复原图像出现了伪的环状信号,尤其是边缘附近。中值滤波引起的失真依赖于邻域的尺寸,尺寸小达不到去噪效果,尺寸大又引起模糊,而且失真在去模糊过程中被放大了。

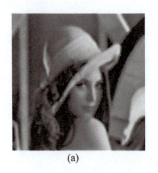 

图 7.11　含椒盐噪声模糊图像的复原

(a)AMF 消噪声;(b)AMF 消噪声结合全变分消模糊。

图 7.12　含随机值噪声模糊图像的复原

(a)ACWMF 消噪声;(b)ACWMF 消噪声结合全变分消模糊。

7.3.4.2　同时去噪声和去模糊的变分方法

Bar 等提出了同时去噪声和去模糊的变分模型：

$$F(f,K) = \int_\Omega \sqrt{(g-h*f)^2 + \eta^2}\,\mathrm{d}x + \beta\int_{\Omega\setminus K}|\nabla f|^2\mathrm{d}x + \alpha\int_K \mathrm{d}\sigma \quad (7.72)$$

正则化项利用了 Mumford – Shah(M – S)模型。其中,$f(x,y)$ 为定义于区域 Ω 上图像函数,K 为当前的图像边界,将图像分割成若干同质区域,得到分割图像 $g(x,y)$,M – S 模型的目的就是寻找正确的光滑图像边界 K,使得到的分割图像 $g(x,y)$ 与图像 $f(x,y)$ 之间的误差比所有其他边界分割出来的图像误差都小。

上述模型保真项采用了改进的 L_1 范数,有效地减弱了椒盐噪声的影响。考虑到图像的分片光滑性,正则化引进 M – S 分割项,增强了算法的鲁棒性。实验证明该算法优于经典 L_1 正则化模型。

引入辅助函数 v 来近似求解边界集合 K,其中 v 满足：如果 $x\in K$,则 $v\approx 0$,否则就有 $v\approx 1$,于是改进的变分模型为

$$F(f,v) = \int_\Omega \sqrt{(g-h*f)^2+\eta^2}\,\mathrm{d}x + \beta\int_\Omega v^2|\nabla f|^2\mathrm{d}x + \\ \alpha\int_\Omega\left[\varepsilon|\nabla v|^2 + \frac{(v-1)^2}{4\varepsilon}\right]\mathrm{d}\sigma \quad (7.73)$$

其中,ε 为一个非常小的正常数,α 和 β 都是正的权重数。

从式(7.73)可知,目标函数 $F(f,\nu)$ 依赖于函数 f(复原图像)和 ν(边界的近似函数),于是可求得其欧拉-拉格朗日方程为

$$2\beta\nu|\nabla f|^2 + \alpha\frac{\nu-1}{2\varepsilon} - 2\varepsilon\alpha\nabla^2\nu = 0 \qquad (7.74)$$

$$\frac{h*f-g}{\sqrt{(h*f-g)^2+\eta^2}}*h(-x,-y) - 2\beta\mathrm{div}(\nu^2|\nabla f|^2) = 0 \qquad (7.75)$$

显然,式(7.74)关于 ν 是一个线性偏微分方程,而式(7.75)不是一个线性的方程,于是可利用不动点迭代方案对其线性化,在分母中令 $f=f^l$,而在分子部分或其他地方令 $f=f^{l+1}$,其中 l 为当前迭代步数,于是式(7.75)可写为

$$H(\nu,f^l)f^{l+1} = G(f^l) \qquad (7.76)$$

式中:H 为线性的积分微分算子,满足

$$H(\nu,f^l)f^{l+1} = \frac{h*f^{l+1}}{\sqrt{(h*f^l-g)^2+\eta^2}}*h(-x,-y) - 2\beta\mathrm{div}(\nu^2|\nabla f^{l+1}|^2) \qquad (7.77)$$

$$G(f^l) = H(\nu,f^l) = \frac{g}{\sqrt{(h*f^l-g)^2+\eta^2}}*h(-x,-y) \qquad (7.78)$$

于是式(7.76)化为关于 f^{l+1} 的线性方程了。

利用改进的变分模型对含椒盐噪声的 Lena 图像处理的结果如图 7.13 所示。其中参数分别为 $\beta=0.5, \alpha=0.5, \varepsilon=0.1$。从结果可以看出,对于高密度的椒盐噪声,也可以达到较好的去模糊和去噪声效果。虽然上述的变分模型取得了较好的复原效果,但是变分方法对脉冲噪声有其固有的缺点,也就是它不能完全去除奇异数据,只能尽可能减小奇异数据值。

图 7.13 利用改进的变分模型对含椒盐噪声的图像的复原结果
(a)模糊化后所加椒盐噪声的像素比例分别为 0.01、0.1 和 0.3;(b)相对应的复原结果。

7.3.4.3 改进的两步法

Cai、Chan 和 Nikolova 等将上述两类方法相结合,提出一种去除图像脉冲噪声模糊图像复原的两相法。首先利用中值滤波方法识别受脉冲噪声污染的像素,然后通过求解能

量泛函极小化,从而达到在去噪时保持和增强图像细节和边缘信息而且不改变非噪点的灰度值的目的。

1) 异常数据(椒盐和随机值噪声)的检测

假设 z 为使用中值滤波得到的图像,z 只用来确定奇异点的候选集合 N,即可能被脉冲噪声污染的数据样本。

对于椒盐噪声,有

$$N = \{(i,j) \in A : z_{ij} \neq y_{ij}, y_{ij} \in \{d_{\min}, d_{\max}\}\} \quad (7.79)$$

对于随机值脉冲噪声,有

$$N = \{(i,j) \in A : z_{ij} \neq y_{ij}\} \quad (7.80)$$

则没有被脉冲噪声影响的数据样本集为 $U = A \backslash N$。

2) 非异常数据的保边缘恢复

对于分辨率为 $M \times N$ 的图像,$A = \{1,2,3,\cdots,M\} \times \{1,2,3,\cdots,N\}$ 表示像素样本集,$N \subset A$ 为第一阶段检测到的噪声像素样本集,V_{ij} 表示 $(i,j) \in A$ 的四个临近像素集。事实上,对于 $(i,j) \in N$,数据 g_{ij} 不含有任何真实图像的信息,由中值滤波得到的估计值 z_{ij} 不可避免地结合了异常数据和临近数据。最好的办法就是忽略这些数据。

定义如下变分问题:

$$\sum_{(i,j) \in U} |[Hf - g]_{ij}|^p + \beta \int_{\Omega \backslash K} |\nabla f|^2 \mathrm{d}x + \alpha \int_K \mathrm{d}\sigma, \quad p = 1, 2 \quad (7.81)$$

式(7.81)与式(7.72)的主要区别就是保真项只涉及没有被脉冲噪声影响的数据样本集。对于椒盐噪声,一般选取 $p = 2$。对于随机值噪声,当概率 r 大、标准差 σ 小时,选取 $p = 1$;当概率 r 小、标准差 σ 大时,选取 $p = 2$。

图 7.14 为含高斯噪声和椒盐噪声的 Lena 模糊图像。模糊核半径为 3,高斯噪声标准差为 σ,含椒盐噪声概率记为 s,含随机值噪声概率为 r。

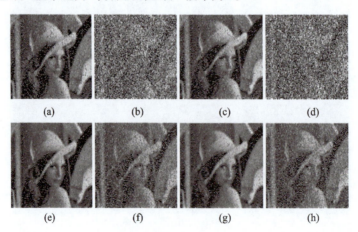

图 7.14　含高斯噪声和椒盐噪声的 Lena 模糊图像

(a) $\sigma = 0, s = 10\%$; (b) $\sigma = 0, s = 70\%$; (c) $\sigma = 10, s = 10\%$; (d) $\sigma = 10, s = 70\%$;
(e) $\sigma = 0, r = 10\%$; (f) $\sigma = 0, r = 40\%$; (g) $\sigma = 10, r = 10\%$; (h) $\sigma = 10, r = 40\%$。

图 7.15 为含椒盐噪声的 Lena 模糊图像的复原对比实验结果。模糊核半径为 3,椒盐噪声概率分别为 30%、50%、70%、90%。

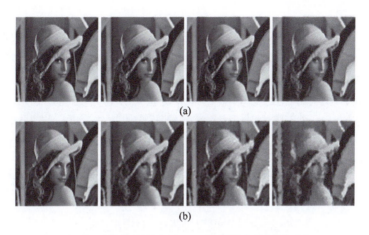

图 7.15 含椒盐噪声的 Lena 模糊图像的复原对比
(a)改进的两步法复原结果;(b)同时去噪声和去模糊的变分方法复原结果。

7.4 边缘检测

7.4.1 图像边缘及检测的基本概念

图像的大部分信息都存在于图像的边缘中,主要表现为图像局部特征的不连续性,即图像中灰度变化比较剧烈的地方。因此,把边缘定义为图像中灰度发生急剧变化的像素的集合。

图像边缘蕴含了丰富的内在信息(如方向、阶跃性质、形状等),是图像识别中重要的图像特征之一。从本质上说,图像边缘是图像局部特性不连续性(灰度突变、颜色突变、纹理结构突变等)的反映,它标志着一个区域的终结和另一个区域的开始。图像边缘主要存在于目标与目标、目标与背景、区域与区域(包括不同色彩)之间,是图像分割、纹理特征提取和形状特征提取等图像分析的重要基础。

边缘检测的定义有很多种,其中最常用的一种定义为:边缘检测是根据引起图像灰度变化的物理过程来描述图像中灰度变化的过程。在实际应用中,图像数据往往被噪声污染。因此,边缘检测方法要求既能检测到边缘的精确位置,又可以抑制无关细节和噪声。

7.4.1.1 边缘检测的内容和要求

边缘检测主要包括以下四个内容[28]。

1)图像滤波

边缘检测算法主要是基于图像灰度的一阶和二阶导数,但是导数的计算对噪声很敏感,必须使用滤波器来改善与噪声有关的边缘检测器的性能。而大多数滤波器在降低噪声的同时也导致了边缘信息的损失,因此增强边缘和降低噪声是边缘检测中的一个矛盾问题。去噪滤波在去噪的同时尽量保持边缘或者在保持边缘的同时尽可能地去除噪声,实际应用中往往需要根据问题对这两者进行折中。这也是边缘检测过程中的一个难点。

2) 图像增强

增强边缘的基础是确定图像各点邻域灰度的变化值。增强算法可以将邻域(或局部)灰度值有显著变化的点突出显示。边缘增强一般是通过计算梯度幅值来完成的。

3) 图像检测

在图像中有许多点的梯度幅值比较大,而这些点在特定的应用领域中并不都是边缘,应该用某些方法来确定哪些是边缘点。最简单的边缘检测判据是梯度幅值阈值判据。

4) 图像定位

如果某一应用场合要求确定边缘位置,则边缘的位置可以在亚像素分辨率上来估计,边缘的方位也可以被估计出来。

对于图像的边缘检测来说,一般在识别过程中有如下要求:

(1) 首先能够正确地检测出有效的边缘;
(2) 边缘定位的精度要高;
(3) 检测的响应最好是单像素的;
(4) 对于不同尺度的边缘都能有较好的响应并尽量减少漏检;
(5) 对噪声应该不敏感;
(6) 检测的灵敏度受边缘方向影响应该小。

这些要求往往都很矛盾,很难在一个边缘检测器中得到完全的统一。判断边缘检测器性能的方法是先看边缘图像,再评价其性能。边缘检测器的响应中主要有三种误差:丢失的有效边缘、边缘定位误差和将噪声误判断为边缘。为了定量的评价边缘检测器的性能,1991 年,Pratt[29]提出了一种综合考虑上述三种因素的品质因数(figure of merit)公式,即 Pratt 品质因数:

$$FM = \frac{1}{\max(N_{real}, N_{ideal})} \sum_{i=1}^{N_{real}} \frac{1}{1 + cd_i^2} \tag{7.82}$$

式中:N_{real} 为检测到的边缘像素数目;N_{ideal} 为理想的边缘像素数目;d_i 为第 i 个检测到的边缘像素点到离它最近的理想边缘像素点的距离;c 为用于惩罚错误边缘的设计常数,一般设为 1。

FM 的值域为 [0,1],FM 值越大代表算法性能越好,FM 的最优值为 1。

由于实测图像中边缘的实际位置(ground truth)是未知的,对边缘检测算子进行评估一般只能在仿真图像上进行,有时也可以在实测图像上以手工提取边缘作为图像上真实边缘,这也限制了它的应用。

由于目前的边缘检测评价方法都存在很大的局限性,因此对图像边缘检测评价系统的研究得到越来越多的关注。目前,用得较多的还是通过人眼进行主观判断来评价边缘检测方法的优劣。

7.4.1.2 图像边缘的分类

根据灰度变化的特点,可将边缘分为阶梯状、脉冲状和屋顶状三种类型,如图 7.16 所示[30]。阶梯状边缘处于图像中两个具有不同灰度值的相邻区域之间,脉冲状边缘主要对应细条状的灰度值突变区域,而屋顶状边缘上升下降沿都比较缓慢。由于采样的缘故,数值图像中的边缘总有一些模糊,因此这里垂直上下的边缘剖面都表示成有一定坡度。

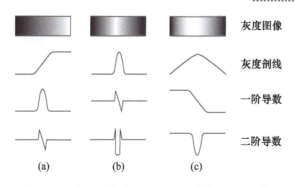

图 7.16　常见边缘及它们的一阶导数和二阶导数
(a)阶梯状边缘；(b)脉冲状边缘；(c)屋顶状边缘。

对于阶梯状边缘，灰度变化曲线的一阶导数在图像由暗变明的位置处有一个向上的阶跃，而在其他位置都为零。这表明可用一阶导数的幅度值来检测边缘的存在。幅度峰值一般对应边缘位置。对灰度变化曲线的二阶导数在一阶导数的阶跃上升区有一个向上的脉冲，而在一阶导数的阶跃下降区有一个向下的脉冲。在这两个阶跃之间有一个过零点，它的位置正对应原图像中边缘的位置。所以用二阶导数的过零点检测边缘位置，用二阶导数在过零点附近的符号确定边缘像素在图像边缘的暗区或明区。

对于脉冲状边缘，灰度变化曲线与阶梯状边缘灰度变化曲线的一阶导数形状相同，所以其灰度变化曲线的一阶导数与阶梯状边缘的二阶导数形状相同，而它的两个二阶导数过零点正好分别对应脉冲的上升沿和下降沿。通过检测脉冲状边缘剖面的两个二阶导数过零点就可确定脉冲的范围。

对于屋顶状边缘，灰度变化曲线可看作是将脉冲边缘底部展开得到的，所以它的一阶导数是将脉冲状边缘一阶导数的上升沿和下降沿展开得到的，而它的二阶导数是将脉冲状边缘二阶导数的上升沿和下降沿拉开得到的。通过检测屋顶状边缘剖面的一阶导数过零点可以确定屋顶位置。

7.4.2　经典的边缘检测方法

微分算子是最原始、最基本的边缘检测算法，主要是根据灰度边缘处的一阶导数有极值，二阶导数过零点的原理来检测边缘。在求边缘的导数时，需要对每个像素位置计算，在实际中常用模板卷积来近似计算[28-31]。

7.4.2.1　一阶微分算子

梯度对应一阶导数，梯度算子是一阶微分算子。对一个连续函数 $f(x,y)$，它在位置 (x,y) 的梯度可表示为

$$\nabla f(x,y) = \begin{bmatrix} G_x & G_y \end{bmatrix}^T = \begin{bmatrix} \frac{\partial f}{\partial x} & \frac{\partial f}{\partial y} \end{bmatrix}^T \tag{7.83}$$

梯度的幅度(又称幅值)和方向角分别为

$$G[f(x,y)] = (G_x^2 + G_y^2)^{1/2} = \left[\left(\frac{\partial f}{\partial x}\right)^2 + \left(\frac{\partial f}{\partial y}\right)^2\right]^{1/2} \tag{7.84}$$

$$\varphi(x,y) = \arctan(G_y/G_x) = \arctan\left(\frac{\partial f}{\partial y} \middle/ \frac{\partial f}{\partial x}\right) \tag{7.85}$$

对于数字图像，应用差分代替导数，梯度的幅度 $G[f(i,j)]$ 相应的表达式为

$$G_x f(i,j) = f(i,j) - f(i+1,j), \quad G_y f(i,j) = f(i,j) - f(i,j+1) \tag{7.86}$$

由于涉及平方和开方运算,计算量比较大。在实用中有时为了计算方便,可将幅度用两个分量的绝对值之和或最大绝对值来表示,即

$$G[f(i,j)] = |G_x f(i,j)| + |G_y f(i,j)|, \quad G[f(i,j)] = \max(|G_x f(i,j)|, |G_y f(i,j)|) \tag{7.87}$$

取适当的阈值 G_T,如果 $G[f(i,j)] \geq G_T$,则 (i,j) 为阶跃状边缘点。

1) 罗伯特(Roberts)算子

在前面的梯度算子中,计算 (i,j) 点的梯度只用到 $f(i,j)$、$f(i+1,j)$ 和 $f(i,j+1)$ 的值,但实际上,任意一对相互垂直方向的差分都可以用来估计梯度。Robert 梯度采用对角方向相邻两像素之差,即

$$G_x f(i,j) = f(i,j) - f(i+1,j+1), \quad G_y f(i,j) = f(i+1,j) - f(i,j+1) \tag{7.88}$$

有了 $G_x f(i,j)$ 和 $G_y f(i,j)$,就很容易地计算出 Roberts 梯度的幅值。Roberts 梯度实际上是以 $(i+1/2, j+1/2)$ 为中心的,应当把它们看成在这个中心点上连续梯度的近似。Roberts 算子采用对角线方向相邻像素之差近似检测边缘,定位精度高,在水平和垂直方向效果较好,但对噪声敏感。从图像处理的实际效果看,用式(7.88)的 Roberts 梯度比用式(7.86)的梯度计算式来检测边缘要好。

2) 蒲瑞维特(Prewitt)算子

Prewitt 算子是一种一阶微分算子的边缘检测,利用像素点上下、左右邻域的灰度差,在边缘处达到极值检测边缘,去掉部分伪边缘,对噪声具有平滑作用。其原理是在图像空间利用两个方向模板与图像进行邻域卷积来完成的,这两个方向模板一个检测水平边缘,一个检测垂直边缘。

Prewitt 算子的定义如下:

$$G_x f(i,j) = [f(i+1,j-1) + f(i+1,j) + f(i+1,j+1)] - [f(i-1,j-1) + f(i-1,j) + f(i-1,j+1)] \tag{7.89}$$

$$G_y f(i,j) = [f(i-1,j+1) + f(i,j+1) + f(i+1,j+1)] - [f(i-1,j-1) + f(i,j-1) + f(i+1,j-1)] \tag{7.90}$$

经典 Prewitt 算子认为:凡梯度的幅值大于或等于阈值的像素点都是边缘点。即选择适当的阈值 G_T,若 $G[f(i,j)] \geq G_T$,则 (i,j) 为边缘点,$f(i,j)$ 为边缘图像。这种判定是欠合理的,会造成边缘点的误判,因为许多噪声点的梯度的幅值也很大,而且对于幅值较小的边缘点,其边缘反而丢失了。

3) 索贝尔(Sobel)算子

将图像中每个像素的上下、左右四邻域的灰度值加权,与之接近的邻域的权最大。Sobel 算子的定义如下:

$$G_x f(i,j) = [f(i+1,j-1) + 2f(i+1,j) + f(i+1,j+1)] - [f(i-1,j-1) + 2f(i-1,j) + f(i-1,j+1)] \tag{7.91}$$

$$G_y f(i,j) = [f(i-1,j+1) + 2f(i,j+1) + f(i+1,j+1)] - [f(i-1,j-1) + 2f(i,j-1) + f(i+1,j-1)] \tag{7.92}$$

Sobel 算子和 Prewitt 算子一样,凡梯度的幅值大于或等于阈值的像素点都是边缘点。

即选择适当的阈值 G_T，若 $G[f(i,j)] \geqslant G_T$，则 (i,j) 为边缘点，$f(i,j)$ 为边缘图像。Sobel 算子利用像素的上、下、左、右邻域的灰度加权算法，根据在边缘点处达到极值这一原理进行边缘检测。该方法不但产生较好的检测效果，而且对噪声具有平滑作用，可以提供较为精确的边缘方向信息。但是，在抗噪声好的同时增加了计算量，而且也会检测伪边缘，定位精度不高。如果检测中对精度的要求不高，该方法较为常用。

以上各式中的微分需对每个像素位置计算，在实际应用中常用小区域模板卷积来近似计算。对 G_x 和 G_y 各用一个模板，两个模板组合起来构成一个梯度算子。图 7.17 给出了以上三种算子的模板。

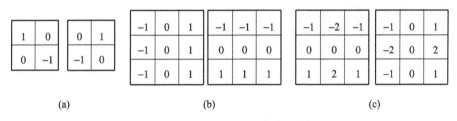

图 7.17　三种常用算子的模板

(a) Roberts 算子；(b) Prewitt 算子；(c) Sobel 算子。

7.4.2.2　二阶微分算子

1) 拉普拉斯(Laplacian)算子

用二阶微分算子来提取图像的边缘的算子称为拉普拉斯算子，定义为

$$\nabla^2 f(x,y) = \frac{\partial^2 f}{\partial x^2} + \frac{\partial^2 f}{\partial y^2} \tag{7.93}$$

对于数字图像，其一般形式为

$$\nabla^2 f(i,j) = \sum_{k,l \in S} [f(k,l) - f(i,j)] \tag{7.94}$$

其中，S 为以 (i,j) 点为中心的邻点集合，可以是上、下、左、右四邻域点或八邻域点集合，也可以是对角线四邻域点的集合，与其相对应的表达式分别为

$$\nabla^2 f(i,j) = f(i+1,j) + f(i-1,j) + f(i,j+1) + f(i,j-1) - 4f(i,j) \tag{7.95}$$

$$\begin{aligned}\nabla^2 f(i,j) = &f(i-1,j-1) + f(i-1,j) + f(i-1,j+1) + \\ &f(i,j-1) + f(i,j+1) + f(i+1,j-1) + \\ &f(i+1,j) + f(i+1,j+1) - 8f(i,j)\end{aligned} \tag{7.96}$$

$$\begin{aligned}\nabla^2 f(i,j) = &f(i-1,j-1) + f(i-1,j+1) + f(i+1,j-1) + \\ &f(i+1,j+1) - 4f(i,j)\end{aligned} \tag{7.97}$$

图 7.18 给出了相应的模板。需要注意的是，不同的定义方法其边缘检测所获得的目标图像不同，在使用中可通过试验选择与实际图像相匹配的算法。拉普拉斯边缘算子的缺点是：由于为二阶差分，双倍加强了噪声的影响；另外，它产生双像素宽的边缘，且不能提供边缘方向的信息。因此，拉普拉斯算子很少直接用于边缘检测，而主要用于已知边缘像素，确定该像素是在图像的暗区还是在明区。其优点是各向同性，不但可以检测出绝大

部分边缘,同时基本没有出现伪边缘,可以精确定位边缘。

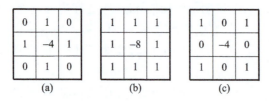

图 7.18　Laplacian 算子的模板

(a)上、下、左、右四邻域点;(b)八邻域点;(c)对角线四邻域点。

2) 拉普拉斯 - 高斯算子

梯度算子和拉普拉斯算子对噪声比较敏感,为了减少噪声的影响,可先对图像进行高斯滤波,即

$$g(x,y) = h(x,y) * f(x,y) \tag{7.98}$$

式中,$h(x,y)$ 由式(7.58)给出。

对这样平滑后的图像再运用拉普拉斯算子,称为拉普拉斯 - 高斯(Laplacian of Gaussian,LOG)算子。这是马尔和希尔德勒斯根据人类视觉特性提出的一种边缘检测算子,所以也称为马尔 - 希尔德勒斯(Marr - Hildreth)算子。

与其相对应的表达式为

$$\nabla^2 g(x,y) = \nabla^2 [h(x,y) * f(x,y)] = \nabla^2 h(x,y) * f(x,y)$$
$$= \frac{1}{2\pi\sigma^4}\left(\frac{x^2+y^2}{\sigma^2} - 2\right)\exp\left(-\frac{x^2+y^2}{2\sigma^2}\right) * f(x,y) \tag{7.99}$$

因为 LOG 算子的脉冲响应曲线形如"墨西哥草帽"的剖面,所以 LOG 算子也叫 Mexican hat 算子。它是各向同性的(根据旋转对称性),可以证明这个算子的平均值为零。所以,如果将它与图像卷积并不会改变图像的整体动态范围。

当高斯分布的标准差 σ 值越小,平滑的程度就越小,于是会出现零星的假边缘;而 σ 值越大,平滑的程度也越大,部分真实的边缘会丢失,出现边缘间断现象。

对于数字图像,式(7.99)可表示为

$$\nabla^2 g(i,j) = [h(i+1,j) + h(i-1,j) + h(i,j+1) + h(i,j-1) - 4h(i,j)] * f(i,j) \tag{7.100}$$

3) 坎尼(Canny)算子

Canny 算子把边缘检测问题转换为检测单位函数极大值的问题来考虑[32]。他利用高斯模型,借助图像滤波的概念提出一个好的边缘检测算子应具有的三个指标:①低失误概率,即要少将真正的边缘丢失,也要少将非边缘判为边缘;②高位置精度,即要求探测到的边缘点,应尽可能地在真实边缘的中心位置;③单像素边缘,即对每个边缘有唯一的探测响应,得到的边界为单像素宽。

考虑到上述三个指标,Canny 提出了评价边缘检测性能的三个准则。

(1) 信噪比准则。信噪比的定义为

$$\text{SNR} = \frac{\left|\int_{-W}^{W} G(-x)h(x)\mathrm{d}x\right|}{\sigma\sqrt{\int_{-W}^{W} h^2(x)\mathrm{d}x}} \tag{7.101}$$

式中:$G(x)$为边缘函数;$h(x)$为带宽为W的滤波器的脉冲响应;σ为高斯噪声的标准差。

信噪比越大,提取边缘时的失误概率越低。

(2)定位精度准则。边缘定位精度L的定义为

$$L = \frac{\left|\int_{-W}^{W} G'(-x)h'(x)\mathrm{d}x\right|}{\sigma\sqrt{\int_{-W}^{W} h'^2(x)\mathrm{d}x}} \tag{7.102}$$

式中:$G'(x)$和$h'(x)$分别为$G(x)$和$h(x)$的导数。

L越大表明定位精度越高(检测出的边缘在其真正的位置上)。

(3)单边缘响应准则。单边缘响应与算子脉冲响应的导数的零交叉点平均距离$D_{zca}(f')$有关,即

$$D_{zca}(f') = \pi\left[\frac{\int_{-W}^{W} h'^2(x)\mathrm{d}x}{\int_{-W}^{W} h''^2(x)\mathrm{d}x}\right]^{1/2} \tag{7.103}$$

式中:$h''(x)$为$h(x)$的二阶导数。

如果式(7.103)成立,则对每个边缘可以有唯一的响应,得到的边界为单像素宽。

Canny算子正是基于这三个准则提出来的。类似LOG算子,Canny算子也属于先进行高斯平滑,然后求微分。传统Canny算子利用一阶微分算子来计算平滑后图像$g(x,y)$各点处的梯度幅值和方向,其检测步骤如下。

(1)使用高斯滤波器对原图像进行滤波处理,即$g(x,y) = h(x,y) * f(x,y)$。

(2)计算梯度的幅度和方向。

二维高斯函数$h(x,y)$的梯度为

$$\nabla h = \begin{bmatrix} \frac{\partial h}{\partial x} \\ \frac{\partial h}{\partial y} \end{bmatrix} = \begin{bmatrix} kx\exp\left(-\frac{x^2+y^2}{2\sigma^2}\right) \\ ky\exp\left(-\frac{x^2+y^2}{2\sigma^2}\right) \end{bmatrix} \tag{7.104}$$

将这两个梯度分量分别与原图像$f(x,y)$卷积,可得

$$\begin{cases} G_x[g(x,y)] = \frac{\partial h}{\partial x} * f(x,y) \\ G_y[g(x,y)] = \frac{\partial h}{\partial y} * f(x,y) \end{cases} \tag{7.105}$$

对于数字图像,式(7.105)可表示为

$$\begin{cases} G_x[g(i,j)] = \frac{1}{2}[h(i,j+1) - h(i,j) + h(i+1,j+1) - h(i+1,j)] * f(i,j) \\ G_y[g(i,j)] = \frac{1}{2}[h(i,j) - h(i+1,j) + h(i,j+1) - h(i+1,j+1)] * f(i,j) \end{cases} \tag{7.106}$$

那么,(i,j)处的梯度幅度和方向分别为

$$G[g(i,j)] = \{G_x^2[g(i,j)] + G_y^2[g(i,j)]\}^{1/2} \tag{7.107}$$

$$\varphi(i,j) = \arctan\{G_y[g(i,j)]/G_x[g(i,j)]\} \tag{7.108}$$

(3) 对梯度幅值进行非极大值抑制。

在求梯度幅值之后,需要寻找局部梯度值最大的像素点,将非局部梯度最大值的像素点置零。Canny 算子使用 3×3 邻域组合,遍历梯度幅值图像上的每一点,插值计算邻域中心像素点在梯度方向上两个相邻点的梯度幅值,比较中心像素点与相邻两点的幅值大小,只有当邻域中心像素点同时大于沿梯度方向上相邻两点的梯度幅值,保留该邻域中心像素点的梯度幅值,否则该邻域中心像素点的梯度幅值置零。非极大值抑制可以实现边缘细化和边缘的精准定位。

(4) 采用双阈值检测和连接边缘。

首先选取高阈值 T_h 和低阈值 T_l,通常情况下 T_h 近似等于 T_l 的 2 倍。根据这两个阈值进行分割得到两幅边缘图像 $p_1(i,j)$ 和 $p_2(i,j)$。图像 $p_1(i,j)$ 由高阈值得到,因此含有很少的假边界,但可能在边缘位置上存在间断(不闭合)。双阈值法就是在图像 $p_1(i,j)$ 中把边缘连接成轮廓,当到达边缘间断处时,就在由低阈值得到的边缘图像 $p_2(i,j)$ 的相应 8 邻域位置寻找可以连接到轮廓上的边缘,算法不断在 $p_2(i,j)$ 收集边缘直到将 $p_1(i,j)$ 连接起来得到相对较为全面的边缘为止。

Canny 算法是基于梯度的算法,这种算法对于检测屋顶状边缘存在缺陷。灰度极值偏移是在保留极值点上,沿着该点的梯度正负方向取若干个像素点(彼此相邻),进行灰度值的判断,并把新得的灰度极值点保存下来。

基于 Canny 准则的灰度极值偏移算法在梯度判断的基础上,又增加了灰度极值的判断。由于保留了 Canny 算法的核心思想,即梯度非极值抑制和阈值判断,使得改进算法也具有抑制噪声和伪边缘、输出真实的细微边缘的特点。而且在改进算法中先进行梯度非极值的抑制,而后在梯度的方向上进行灰度值取极值,较之直接对图像灰度值的非极值抑制来说,更为简便和准确。对于高能 X 射线闪光照相,不同物质的界面多属于这种屋顶状边缘,基于 Canny 准则的灰度极值偏移算法应该是一种很有针对性的算法,实际处理中也得到了良好的结果。

7.4.2.3 边界闭合

在有噪声时,用各种算子得到的边缘常常是孤立的或分小段连续的。为组成区域的封闭边界将不同区域分开,需要将边缘像素连接起来。

边缘像素连接的基础是它们之间有一定的相似性。用梯度算子对图像处理可得到像素两方面的信息:①梯度的幅度;②梯度的方向。根据边缘像素梯度在这两方面的相似性可将它们连接起来。具体来说,如果像素 (k,l) 在像素 (i,j) 的邻域且它们的梯度幅度和梯度方向分别满足以下两个条件:

$$|G[f(i,j)] - G[f(k,l)]| \leq \varepsilon_G \quad (7.109)$$

$$|\varphi(i,j) - \varphi(k,l)| \leq \varepsilon_\varphi \quad (7.110)$$

式中:ε_G、ε_φ 分别为梯度幅度和方向角的小量。

那么,就可以将像素 (k,l) 与像素 (i,j) 连接起来。如对边缘像素都进行这样的判断与连接就有希望得到封闭的边缘。对方向检测算子,边缘的方向是其输出之一,检测出边缘方向的模板的输出值也给出了边缘沿该方向的边缘值。它们对应梯度算子所给出的方向和幅度,所以也可参照上述方法获得区域的封闭边界。

7.4.2.4 图像边缘检测实验结果的比较

图 7.19 为针对同一幅图像(tire.png),应用不同边缘检测器得到的检测结果。从图中可以看出,利用边缘检测算子都能够很好地反映出图像局部特征不连续性,但是不同的算子得到的边缘检测效果还是有所不同的。

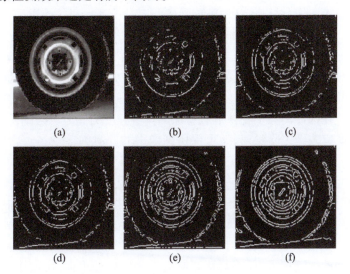

图 7.19 边缘检测方法比较

(a)原始图像;(b)Roberts 边缘检测;(c)Prewitt 边缘检测;
(d)Sobel 边缘检测;(e)LOG 边缘检测;(f)Canny 边缘检测。

从检测效果图可以看出,Roberts 算子检测出的图像轮廓边缘很细,连续性较差,边缘信息有一定丢失,出现的噪点比较多。Sobel 和 Prewitt 两个算子检测出的边缘效果几乎一致,比 Roberts 算子的检测结果要好,边缘较为连续,对噪声不敏感,但是线条稍粗,出现了一些伪边缘。二阶 LOG 算子检测出来的图像边缘更加连续,边缘也比较细小。但是由于二阶算子的特性,对噪声比较敏感。Canny 算子由于采用了最优边缘检测原则,使提取的边缘十分完整,细节表现明晰,边缘的连续性也很好,效果明显优于其他算子。

7.4.3 结合新的数学工具的边缘检测方法

随着科学技术的发展,各种新技术的不断提出,很多人把这些新方法和新概念不断地引入边缘检测领域,也是目前边缘检测研究的一个热点[33]。

1) 基于小波变换的边缘检测

1987 年,首次证明小波变换是一种全新且有效的信号处理和分析方法[34]。小波变换是传统的傅里叶变换的继承和发展,具有一定的分析非平稳信号的能力,主要表现在高频处的时间分辨率高,低频处的频率分辨率高,即具有变焦特性,因此特别适合于图像这一类非平稳信号的处理。经典的边缘检测算子都没有自动变焦的思想。

通过小波多尺度提取图像边缘是一种非常有效的方法。由于小波变换具有的多尺度特性,图像的每个尺度的小波变换都提供了一定的边缘信息。当尺度小时,图像的边缘细节信息较为丰富,边缘定位精度较高,但易受到噪声的干扰;大尺度时,图像的边缘稳定,抗噪性好,但定位精度差。将各尺度的边缘图像的结果综合起来,就能得到精确的图像。

多尺度边缘检测的基本思想就是沿梯度方向,分别用几个不同尺度的边缘检测算子在相应点上检测梯度幅度极大值的变换情况,并通过对阈值的选取,再在不同尺度上进行综合,得到最终边缘图像,可以较好地解决噪声和定位精度之间的矛盾。

2) 基于数学形态学的边缘检测

数学形态学是一种非线性滤波方法,在图像处理中已获得了广泛的应用[35]。形态学运算是物体形状集合与结构元素之间的相互作用,对边缘方向不敏感,并能在很大程度上抑制噪声和探测真正的边缘。同时数学形态学在图像处理方面还具有直观上的简单性和数学上的严谨性,在描述图像中物体形状特征上具有独特的优势。因此,将数学形态学用于边缘检测,既能有效地去除噪声,又可保留图像中的原有细节信息,具有较好的边缘检测效果。

数学形态学的主要内容是设计一整套变换,来描述图像的基本特征或基本结构。最常用的有 7 种基本变换,分别是膨胀、腐蚀、开、闭、击中、薄化、厚化。其中膨胀和腐蚀是两种最基本最重要的变换,其他变换由这两种变换的组合来定义。例如,先腐蚀后膨胀的过程称为"开"运算,它具有消除细小物体,在纤细处分离物体和平滑较大物体边界的作用;先膨胀后腐蚀的过程称为"闭"运算,具有填充物体内细小空洞,连接邻近物体和平滑边界的作用。该算法简单,适于并行处理,且易于硬件实现,适于对二值图像进行边缘提取。

数学形态算子已经广泛的运用在图像处理的各个方面。在模式识别与边界检测中,数学形态算子操作具有能消除伪信息、细化边界、连接断点、输出感兴趣的信息等作用。高能 X 射线闪光照相的图像由于具有高噪声、高模糊、光源分布不太规则的特点,从而使得界面的输出变得复杂,难以判断出准确边界,用数学形态算子进行处理则往往能得到理想的效果。

用数学形态学运算进行边缘检测也存在着一定的不足,比如结构元素单一的问题。它对与结构元素同方向的边缘敏感,而与其不同方向的边缘或噪声会被平滑掉,即边缘的方向可以由结构元素的形状确定。但如果采用对称的结构元素,又会减弱对图像边缘的方向敏感性。所以在边缘检测中,可以考虑用多方位的形态结构元素,运用不同的结构元素的逻辑组合检测出不同方向的边缘。

3) 基于分形理论的边缘检测

任意一幅图像都是有灰度的、非严格自相似的,不具有整体与局部的自相似,但却存在局部之间的自相似,即从局部上存在一定程度近似的分形结构。正是由于存在局部之间的相似性,就可以构造图像的迭代函数。分形几何中的压缩映射定理,可以保证局部迭代函数的收敛,而分形几何中的拼贴定理,就允许一个完整图像分成若干个分形结构,即构成一个迭代函数系统。有了这个迭代函数系统,就必然决定了唯一的分形图形。这个图形被称为迭代函数系统的吸引子。因此,压缩映射定理和拼贴定理,构成了分形在图像处理中的核心部分。

对于给定的一幅图像,寻找一个迭代函数系统,使它的吸引子与原图像尽量地吻合,因为迭代函数系统的吸引子与原图像间必然存在着差异,图像中的每个子图分形结构也不同程度上存在差异,因此,子图的分形失真度大小不一,处在边缘区的子图的分形失真度比较大,而处在平坦区或纹理区子图的分形失真度相对比较小。因此,就可以利用图像边缘在分形中的这一性质来提取图像的边缘。在检测图像边缘时,采用某种度量方法(如最小二乘法)测量子块与最佳匹配父块的失真度。当计算的失真度值越大时,对应的边缘块越强;否则,对应的边缘块越弱。设定某一阈值,作为区分边缘块的界限,与最佳匹配父块的失真度大于阈值的子块,就被划为边缘块。

4) 基于模糊集合理论的边缘检测

图像所具有的不确定性往往是由模糊性引起的。模糊集合理论能较好地描述人类视觉中的模糊性和随机性。在模式识别的各个层次都可以使用模糊集合理论,如在特征层,可将输入模式表达成隶属度值的矩阵;在分类层,可表达模糊模式的多类隶属度值,并提供损失信息的估计。模糊集合理论主要可解决在模式识别的不同层次中,由于信息不全面、不准确、含糊、矛盾等造成的不确定性问题。20 世纪 80 年代中期,Pal 和 King 等[36]提出了一种图像边缘检测模糊算法,首次将模糊集合理论引入到图像的边缘检测算法中,能有效地将物体从背景中分离出来,并在模式识别和医疗图像处理中获得了良好的应用。该算法的思想是首先用隶属度函数 G 将图像映射成一个模糊隶属度矩阵;然后对该矩阵进行多次非线性变换,以增强边缘信息,削弱非边缘信息,再对模糊隶属度矩阵进行 G^{-1} 变换,易得到经过增强的图像;最后用"min"和"max"算子提取边缘。该算法也存在一些缺陷,如损失了一些低灰度值边缘信息,并且运算复杂。

5) 基于遗传算法的边缘检测

遗传算法是一种新发展起来的优化算法,是基于自然选择和基因遗传学原理的搜索算法,具有计算简单、功能强等特点,已应用于边缘检测算法中。

对于图像的边缘提取,采用二阶的边缘检测算子处理后要进行过零点检测,其计算量很大、硬件实时资源占用大且速度慢。通过遗传算法进行边缘提取阈值的自动选取,能够显著地提高阈值选取的速度。

另外,利用遗传算法来优化现有的边缘检测模板,根据具体问题设计优化参数,达到最佳的边缘检测效果,避免了传统算法中的模板尺度与定位精度的选择难题。

7.4.4 基于人工智能的边缘检测方法

人工神经网络(artificial neural network,ANN)是用大量的、非常简单的计算处理单元(神经元)构成的非线性系统。它在不同程度和层次上模仿人脑神经系统的信息处理、存储和检索功能,具有学习、记忆、计算等各种能力。

人工神经网络是进行模式识别的一种重要工具和方法。它需要的输入知识较少,也比较适合于并行实现。近年来,人工神经网络正广泛地被用于模式识别、信号与图像处理、人工智能及自动控制等领域。神经网络的主要问题是输入与输出层的设计问题、网络数据的准备问题、网络权值的准备及确定问题、隐层数及结点的问题、网络的训练问题。

在各种神经网络模型中,应用最广泛的是前馈神经网络,用于训练前馈网络的最常用的学习方法是反向传播(back propagation,BP)算法。目前已有了很多基于 BP 网络的边缘检测算法,但是 BP 网络收敛速度很慢,容易收敛于局部极小点,且数值稳定性差,参数难以调整,很难满足实际应用的要求。

随着深度学习技术的发展,尤其是卷积神经网络(convolutional neural network,CNN)的出现,CNN 在自动学习自然图像的高级表示方面具有强大的能力等优势,利用 CNN 进行边缘检测已成为一种新的趋势[37]。深度学习与传统边缘检测方法的最大不同在于它所采用的特征是从大数据中自动学习得到,而非采用手工设计。深度模型具有强大的学习能力和高效的特征表达能力,更重要的优点是从像素级原始数据到抽象的语义概念逐层提取信息,这使得它在提取图像的全局特征和上下文信息方面具有突出的优势,为解决传统的计算机视觉问题(如图像识别和图像边缘检测)带来了新的思路。

7.5 界面位置确定方法

7.5.1 图像的界面偏移量

在理想照相条件下,图像的边界或两种材料的界面一般对应着图像的灰度极值或梯度极值。由于图像模糊的影响,实际照相图像的灰度极值或梯度极值的位置并不是被检测客体的真实边界或两种材料的界面位置。

图 7.20 给出了多层球客体的 X 射线闪光照相的数值模拟图像过中心的剖面线,图像不含噪声。图中黑线为点光源(理想)成像图像的过中心剖面线,红线为面光源(实际)成像图像的过中心剖面线。从图中可以很明显地看出,由于实际图像的模糊,拐点的位置(图像剖面线斜率的极大值位置或者梯度剖面线的峰值位置)并不与界面点的位置重合,而是有一个偏移量,称为"界面偏移量",可以表示为

$$R^{\text{real}} = R + \Delta R \tag{7.111}$$

式中:R^{real} 为物体的理想成像图像的界面值(真实界面值);R 为从物体的图像的灰度值或梯度值测得的界面值(称为图像的特征界面);ΔR 为相应的界面偏移量,可以从图像上测量出图像的特征界面,但是无法从图像上直接测量出界面偏移量[38-39]。

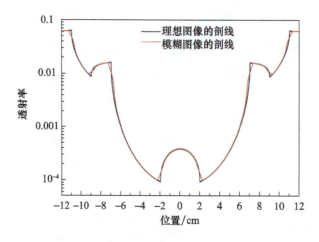

图 7.20 图像模糊引起的界面偏移

图像复原通过对图像退化过程的认识,希望消除图像形成过程中诸多因素造成的质

量下降。由于图像得到复原,因此界面偏移量也随之消除,从而可以测量出理想成像图像的界面位置。但是对于高能 X 射线闪光照相图像来说,引起图像退化的诸多因素,如焦斑大小、源强分布、散射、噪声等带有一定的随机性,不仅物理上很难对这些因素有充分的认识,而且数学上对图像进行彻底复原是极其困难的。因此,如何确定界面偏移量,是高能 X 射线闪光照相界面位置确定的一个关键技术。

如果界面偏移量 ΔR 相对于 R 不是十分敏感的函数,就可以通过测量相似客体(称为对比样品)的界面偏移量,给出待测客体的界面偏移量。

7.5.2 界面检测及界面偏移量的确定

在对图像进行提取界面时,不同的提取方法以不同的图像特征作为图像的界面。目前普遍采用的方法有三种:①以灰度极值作为图像的界面;②以灰度梯度的极值作为图像的界面;③以重建后的密度梯度极值作为图像的界面。因此,不同的界面提取方法将有可能得到不同的结果。

首先,利用蒙特卡罗方法模拟高能 X 射线照射 FTO 及其相似客体,得到接收平面上的照射量分布图像。然后利用三种界面检测方法得到各层物质界面的特征测量值及界面偏移量。在模拟中,电子束的能量为 20MeV,归一发射度为 400cm·mrad,电子束(高斯分布)的 FWHM 分别为 2.5mm 和 4.0mm。

表 7.1 和表 7.2 分别给出了电子束的 FWHM 分别为 2.5mm 和 4.0mm 时,类 FTO 及其相似客体的各层物质界面的真值和界面偏移量。由于类 FTO 最深穿透点的面密度不是很大,一般情况下只使用主准直器即可。

表 7.1 三种方法检测的各层物质界面的偏移量(FWHM = 2.5mm) 单位:mm

客体	FTO1			FTO2			FTO3		
	空气	W	Cu	空气	W	Cu	空气	W	Cu
真值	30.0	45.0	65.0	32.0	47.0	67.0	27.0	42.0	62.0
M1	0.72	1.59	1.37	0.73	1.59	1.14	0.72	1.59	1.72
M2	−0.20	−0.08	−0.07	−0.21	−0.08	−0.07	−0.18	−0.08	−0.08
M3	0.01	0.03	0.01	0.01	0.03	0.02	0.01	0.03	0.02

注:M1 表示灰度极值方法,M2 表示灰度梯度极值方法,M3 表示密度梯度极值方法。

表 7.2 三种方法检测的各层物质界面的偏移量(FWHM = 4.0mm) 单位:mm

客体	FTO1			FTO2			FTO3		
	空气	W	Cu	空气	W	Cu	空气	W	Cu
真值	30.0	45.0	65.0	32.0	47.0	67.0	27.0	42.0	62.0
M1	0.94	2.08	1.45	0.94	2.08	1.27	0.93	2.09	1.77
M2	−0.31	−0.09	−0.08	−0.34	−0.09	−0.08	−0.28	−0.09	−0.08
M3	0.01	0.03	0.01	0.01	0.03	0.02	0.01	0.03	0.03

由表可以看出:①对于相似客体,三种方法检测的界面偏移量差别较小(除灰度极值方法检测最外层 Cu 和空气的交界面),有些界面基本相同。这就为利用静态样品标定动

态样品的偏移量提供了理论支持。②利用灰度极值方法检测的界面偏移量较大,灰度梯度极值方法检测的界面偏移量次之,密度梯度极值方法检测的界面偏移量最小。③光源的模糊效应对于灰度极值方法影响较大,灰度梯度极值方法次之,密度梯度极值方法最小。所以,在图像满足轴对称的前提下,建议使用密度梯度极值方法。对于相似客体,如果偏移量差别较大,就说明这种方法不适合此类结构图像的界面检测。

对于FTO客体,面密度较大,在空气和钨的交界面附近,散射量远大于直穿量。为了减小散射带来的影响,通常在主准直器后再附加陡坡准直器。表7.3和表7.4分别给出了电子束的FWHM分别为2.5mm和4.0mm时,并使用陡坡准直器的情况下,FTO及其相似客体的各层物质界面的真值和界面偏移量。可以看出,与类FTO和只使用主准直器情况下的结论一致。

表7.3 陡坡准直器下三种方法检测的各层物质界面的偏移量(FWHM=2.5mm)

单位:mm

客体	FTO4			FTO5			FTO6		
	空气	W	Cu	空气	W	Cu	空气	W	Cu
真值	10.0	45.0	65.0	12.0	47.0	67.0	8.0	42.0	62.0
M1	0.86	0.68	0.50	0.85	0.70	0.51	0.86	0.66	0.48
M2	-0.14	-0.03	-0.03	-0.16	-0.03	-0.03	-0.13	-0.03	-0.03
M3	0.03	0.03	0.04	0.03	0.03	0.05	0.03	0.03	0.04

表7.4 陡坡准直器下三种方法检测的各层物质界面的偏移量(FWHM=4.0mm)

单位:mm

客体	FTO4			FTO5			FTO6		
	空气	W	Cu	空气	W	Cu	空气	W	Cu
真值	10.0	45.0	65.0	12.0	47.0	67.0	8.0	42.0	62.0
M1	1.12	0.93	0.65	1.11	0.95	0.67	1.12	0.90	0.63
M2	-0.20	-0.03	-0.03	-0.24	-0.03	-0.03	-0.17	-0.03	-0.03
M3	0.03	0.04	0.05	0.03	0.04	0.05	0.03	0.04	0.04

7.5.3 动态样品的界面位置确定

高能X射线闪光照相图像界面检测模型可以表述为:根据屏-片系统或CCD系统的灰度图像,利用边缘检测算法获得待测样品的界面特征位置,并对界面进行偏移量修正,最终获得待测样品的界面位置。

FTO及其相似客体的界面偏移量的检测结果及其规律,指明了动态样品各层物质界面的确定方法。对于动态样品的界面偏移量,可设计一个几何尺度和密度分布相近的静态样品,可以称之为静态比较样品,在照相布局和接收系统相同的条件下,获得静态比较样品的图像,利用相同的界面检测方法测出静态比较样品的界面偏移量,以此作为动态样品的界面偏移量。

用静态比较样品测量界面偏移量的优点是,不用精确测出图像的点扩展函数就可给出动态样品的界面偏移量。但前提条件是,静态样品的界面和密度分布尽可能接近动态样品,否则将增加动态样品界面检测的系统误差。

为了确定物体 A 界面偏移量,也可以通过模拟照相产生一幅图像 B。对于物体 A,有

$$R_A^{real} = R_A + \Delta R_A \tag{7.112}$$

同理,图像 B 的界面值,有

$$R_B^{real} = R_B + \Delta R_B \tag{7.113}$$

图像 B 界面偏移量是已知的,如果

$$\begin{cases} f_A(x,y) = f_B(x,y) \\ h_A(x,y) = h_B(x,y) \\ n_A(x,y) = n_B(x,y) \end{cases} \tag{7.114}$$

则

$$\Delta R_A = \Delta R_B \tag{7.115}$$

从而

$$R_A^{real} = R_A + \Delta R_B \tag{7.116}$$

为了保证模拟图像与被测试物体图像的可比拟性,确保模拟对比法的正确性,需要满足以下条件:①在对被测试物体进行照相的同时,测量出照相过程的点扩展函数,用该点扩展函数作为模拟照相的点扩展函数,这样就保证了实际成像与模拟成像的一致性;②模拟照相中使用的噪声分布模型与实际照相的噪声分布一致;③模拟图像的界面尺寸必须用被测试物体的实际图像的界面特征经过不断的迭代修正得到,灰度分布大体一致。

在模拟对比法中要求实际照相图像的界面提取方法必须与模拟图像的界面提取方法相同,这样就最大限度地减小了这方面造成的影响。

7.5.4 界面位置的不确定度估计

测量不确定度定义为:根据所用到的信息,表征赋予被测量的量值分散性的非负参数。根据测量不确定度表示指南(guide to the uncertainty in measurement,GUM)的要求,对于高能 X 射线闪光照相图像,评定界面位置的测量不确定度的步骤如下[40]。

(1)建立界面检测的测量模型,分析不确定度的来源。根据上述分析,高能 X 射线闪光照相图像界面检测不确定度的来源主要有两项:检测的界面位置不准确引入的标准不确定度 u_1;修正量不准确引入的标准不确定度 u_2。其中标准不确定度是用标准偏差表示的不确定度。

(2)评定 u_1 和 u_2。主要依靠静态样品实验来确定。

(3)计算合成标准不确定度 u_c。根据测量模型中各输入量的标准不确定度获得输出量的标准不确定度,$u_c = \sqrt{u_1^2 + u_2^2}$。

(4)确定扩展不确定度 U。扩展不确定度是用标准偏差的倍数得到的被测量估计值的测量不确定度。如果输出量近似正态分布,γ 为被测量的最佳估计值,则 $U = u_c$ 时,表征被测量值在$(\gamma - u_c, \gamma + u_c)$区间内包含的概率约为 68.3%;$U = 2u_c$ 时,表征被测量值在

$(\gamma-2u_c, \gamma+2u_c)$ 区间内包含的概率约为 95.4%；$U=3u_c$ 时，表征被测量值在 $(\gamma-3u_c, \gamma+3u_c)$ 区间内包含的概率约为 99.7%。

（5）输出测量结果。

参考文献

[1] 阮秋琦. 数字图像处理学[M]. 北京：电子工业出版社，2001.

[2] 刘文耀. 光电图像处理[M]. 北京：电子工业出版社，2002.

[3] 王大凯，侯榆青，彭进业. 图像处理的偏微分方程方法[M]. 北京：科学出版社，2008.

[4] KIVANC M M, KOZINTSEV I, RAMCHANDRAN K, et al. Low–complexity image denosing based on statistical modeling of wavelet coefficients[J]. IEEE Signal Processing Letters, 1999, 6(12): 300-303.

[5] TIKHONOV A N, ARSENIN V Y. Solutions of ill–posed problems[M]. New York: John Wiley & Sons, 1977.

[6] CHAN T F, WONG C K. Total variation blind deconvolution[J]. IEEE Transactions on Image Processing, 1998, 7(3): 370–395.

[7] RUDIN L, OSHER S, FATIME E. Nonlinear total variation based noise removal algorithm[J]. Physica D, 1992, 60: 259–268.

[8] YI D, LEE S. Fourth–order partial differential equations for image enhancement[J]. Applied Mathematics and Computation, 2006, 175: 430–440.

[9] 李旭超，朱善安. 图像分割中的马尔可夫随机场方法综述[J]. 中国图像图形学报，2007，12(5)：789–798.

[10] CHELLAPA R, JAIN A. Markov Random Fields: Theory and Application[M]. Boston: Academic Press, 1993.

[11] 周景超，戴汝为，肖博华. 图像质量评价研究综述[J]. 计算机科学，2008，35(7)：1–4.

[12] ANIL K J. 数字图像处理基础[M]. 韩博，徐枫，译. 北京：清华大学出版社，2006.

[13] TUKEY J W. Nonlinear methods for smoothing Data[C]// Proceedings of Congress Record EASCON. Piscataway: IEEE Press, 1974: 673–681.

[14] HWANG H, HADDAD R A. Adaptive median filters: New algorithms and results[J]. IEEE Transactions on Image Processing, 1995, 4(4), 499–502.

[15] KO S J, LEE Y H. Center weighted median filters and their applications to image enhancement[J]. IEEE Transactions on Circuits and Systems, 1991, 38(9): 984–993.

[16] WITKIN A P. Scale–space filtering[C]// Proceedings of 8th International Joint Conference on Artificial Intelligence. New York: Elsevier, 1983: 1019–1022.

[17] PERONA P, MALIK J. Scale space and edge detection using anisotropic diffusion[J]. IEEE Transactions on Pattern Analysis and Machine Intelligence, 1990, 12(7): 629–639.

[18] CATTÉ F, LIONS P L, MOREL J M, et al. Image selective smoothing and edge detection by nonlinear diffusion[J]. SIAM Journal on Numerical Analysis, 1992, 29(1), 182–193.

[19] ALVAREZ L, LIONS P L, MOREL J M. Image selective smoothing and edge detection by nonlinear diffusion II[J]. SIAM Journal on Numerical Analysis, 1992, 29(3): 845–866.

[20] AYERS G R, DAINTY J C. Iterative blind deconvolution method and its applications[J]. Optics Letters, 1988, 13(7): 547–549.

[21] YOU Y L, KAVEH M. A regularization approach to joint blur identification and image restoration[J].

IEEE Transactions on Image Processing, 1996, 5(3): 416-428.

[22] CARON J N, NAMAZI N M, LUCKE R L, et al. Blind data restoration with an extracted filter function[J]. Optics Letters, 2001, 26(15): 1164-1166.

[23] BAR L, KIRYATI N, SOEHEN N. Image deblurring in the presence of impulsive noise[J]. International Journal of Computer Vision. 2006, 70(3): 279-298.

[24] BAR L, SOCHEN N, KIRYATI N. Image deblurring in the presence of salt-and-pepper noise[C]// Kimmel R, Sochen N, Weickert J. Proceedings of 5th International Conference on Scale Space and PDE Methods in Computer Vision, LNCS 3459. Berlin Heidelberg: Springer Verlag, 2005: 107-118.

[25] CAI J F, CHAN R H, NIKOLOVA M. Two-phase approach for deblurring images corrupted by impulse plus Gaussian noise[J]. Inverse Problems and Imaging, 2008, 2(2): 187-204.

[26] CAI J F, CHAN R H, NIKOLOVA M. Fast two-phase image deblurring under impulse noise[J]. Journal of Mathematical Imaging and Vision, 2010, 36: 46-53.

[27] CHAN R H, HO C W, NIKOLOVA M. Salt-and-pepper noise removal by median-type noise detector and detail-preserving regularization[J]. IEEE Transactions on Image Processing, 2005, 14(10), 1479-1485.

[28] 段瑞玲, 李庆祥, 李玉和. 图像边缘检测方法研究综述[J]. 光学技术, 2005, 31(3): 415-419.

[29] PRATT W K. Digital Image Processing [M]. New York: Wiley, 1991.

[30] 章毓晋. 图像处理和分析教程[M]. 北京:人民邮电出版社, 2009: 140-156.

[31] 董鸿燕. 边缘检测的若干技术研究[D]. 长沙:国防科学技术大学, 2008.

[32] CANNY J. A computational approach to edge detection[J]. IEEE Transactions on Pattern Analysis and Machine Intelligence, 1986, 8(6): 679-698.

[33] 魏伟波, 芮筱亭. 图像边缘检测方法研究[J]. 计算机工程与应用, 2006, 42(30): 88-91.

[34] MALLAT S. A compact multiresolution representation: The wave let model[C]// Proceedings of IEEE Computer Society Workshop on Computer Vision. Washington D C:IEEE Computer Society Press,1987:2-7.

[35] MARAGOS P. Tutorial on advances in morphological image processing and analysis[J]. Optical Engineering,1987,26(7):623-632.

[36] PAL S K, KING R A. On edge detection of X-ray images using fuzzy sets[J]. IEEE Transactions on Pattern Analysis and Machine Intelligence,1986,5(1):69-77.

[37] 李翠锦, 瞿中. 基于深度学习的图像边缘检测算法综述[J]. 计算机应用, 2020, 40(11): 3280-3288.

[38] 管永红, 刘瑞根, 周俸才. 一种新的闪光照相图象边界检测方法[J]. 光子学报, 1999, 28(2): 161-164.

[39] 吴世法. 近代成象技术与图象处理[M]. 北京:国防工业出版社, 1997.

[40] 叶德培. 测量不确定度理解评定与应用[M]. 北京:中国质检出版社, 2013.

第8章 密度重建方法及应用

8.1 图像投影重建

8.1.1 投影重建原理

在医学诊断中,为了了解任意形状三维物体的内部信息,通常采用分层扫描技术,将三维物体划分成很多个互相平行的切片,分别对每一个切片进行X射线投影,由投影信息重建内部结构。这个问题导致了一种称为断层成像术(Tomography)的出现。"Tomo"在希腊文中有切片的意思,顾名思义,这是一种在三维物体上选取一个切片来使之成像的方法。1917年,奥地利数学家Radon提出了图像重建理论的数学方法,证明了通过投影图像可以确定物体的内部结构。1963年,美国教授Cormack进一步发展了从X射线投影重建图像的准确数学方法,他是正确应用图像重建获得吸收系数的第一个研究者,1967—1970年,英国EMI公司实验中心的Hounsfield博士提出了断层的方法,这种方法仅需从单一平面获取投射的读数。后来,人们将物理学和计算机图像处理技术巧妙结合,发明了计算机断层成像术(CT)。因常使用X射线,所以也称XCT[1]。

图8.1为一个简单的投影重建模型的示意图[2]。这里用函数$f(x,y)$表示某种物理量在二维平面上的分布,为讨论方便,设$f(x,y)$在一个以原点为圆心的单位圆Q外为零。现考虑有一条由发射源到接收器的直线在平面上与$f(x,y)$在Q内相交。这条直线可用两个参数来确定:①它与原点的距离s;②它与y轴的夹角θ。如果用$p(s,\theta)$表示沿直线(s,θ)对$f(x,y)$的积分,借助坐标变换可得

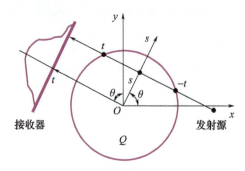

图8.1 投影重建示意图

$$p(s,\theta) = \int_{(s,\theta)} f(x,y) \mathrm{d}t = \int_{(s,\theta)} f(s\cos\theta - t\sin\theta, s\sin\theta + t\cos\theta) \mathrm{d}t \qquad (8.1)$$

这个积分就是$f(x,y)$沿t方向的投影,其中积分限取决于s、θ和Q。当Q是单位圆

时，设积分上下限分别为 t 和 $-t$，则

$$t(s) = \sqrt{1-s^2}, \quad |s| \leq 1 \tag{8.2}$$

如果直线 (s,θ) 落在 Q 外（与 Q 不相交），则

$$p(s,\theta) = 0, \quad |s| > 1 \tag{8.3}$$

因此，式(8.1)表示的积分方程是有定义并可计算的。

在实际的投影重建中，用 $f(x,y)$ 表示需要被重建的目标，由 (s,θ) 确定的积分路线对应一条从发射源到接收器的射线。接收器所获得的积分测量值是 $p(s,\theta)$。在这些定义下，投影重建可描述为：对给定的 $p(s,\theta)$，要确定 $f(x,y)$。从数学上讲就是要解积分方程(8.1)。高能 X 射线辐射照相密度重建的基本原理是根据 X 射线穿过物体后的衰减信息推断物体的密度分布，在数学上就是已知被积函数沿每一条射线的积分量反求被积函数的问题。

Radon 变换揭示了函数与投影之间的关系，解积分方程(8.1)的问题可借助 Radon 变换来解决。

设 $f(x,y)$ 为平面上的给定函数，有一条直线 $l_{s,\theta}$，其方程为

$$s = x\cos\theta + y\sin\theta \tag{8.4}$$

或

$$\begin{cases} x = s\cos\theta - t\sin\theta \\ y = s\sin\theta + t\cos\theta \end{cases} \tag{8.5}$$

称函数 $f(x,y)$ 沿直线 $l_{s,\theta}$ 的线积分为其 Radon 变换，记为 $R_f(s,\theta)$：

$$R_f(s,\theta) = \int_{-\infty}^{\infty} f(x,y)\mathrm{d}t = \int_{-\infty}^{\infty} f(s\cos\theta - t\sin\theta, s\sin\theta + t\cos\theta)\mathrm{d}t \tag{8.6}$$

如果借助狄拉克函数，式(8.6)可写为

$$R_f(s,\theta) = \int_{-\infty}^{\infty}\int_{-\infty}^{\infty} f(x,y)\delta(s - x\cos\theta - y\sin\theta)\mathrm{d}x\mathrm{d}y \tag{8.7}$$

如果 $f(x,y)$ 为圆对称函数，即 $f(x,y) = f(r)$，$r = \sqrt{x^2+y^2}$。不失一般性，取 $\theta = 0$，有 $s = x, t = y$。由于 $\mathrm{d}y = r\mathrm{d}r/\sqrt{r^2-x^2}$，则式(8.6)变为

$$R_f(x) = \int_{-\infty}^{\infty} f(x,y)\mathrm{d}y = 2\int_{x}^{\infty} \frac{f(r)r\mathrm{d}r}{\sqrt{r^2-x^2}} \tag{8.8}$$

式(8.8)就是数学上著名的 Abel 积分方程，由投影重建圆对称图像 $f(r)$ 的问题化为解 Abel 积分方程的问题。

8.1.2 密度重建算法简介

图像重建算法主要分为两大类：解析重建算法和迭代重建算法[3]。

解析重建算法，如滤波反投影(FBP)算法和傅里叶逆变换算法，通过使用 Radon 变换和逆变换进行图像重建，这类算法数学上较为简单，易于离散化，执行效率高，重建速度往往比迭代重建算法要快得多，因此，是 CT 制造商通常选择的方法。但是，解析法对于投影数据的要求较高，当投影数据有缺失时或者投影数据受噪声影响较大时，其重建结果往往较差且会出现较多十分明显的伪影。

与解析重建算法相比，迭代重建算法的优势在于能够利用较少的投影数据重建出物

体图像,其将重建问题建模成线性系统,然后使用线性代数方法对其进行求解,如代数重建算法(ART)、同时迭代重建算法(simultaneous iterative reconstruction technique,SIRT)、同时代数重建算法(simultaneous algebraic reconstruction technique,SART)等,以及期望最大化(expectation maximization,EM)算法等。迭代重建算法因为能够融合噪声模型和各种先验信息,在反问题求解领域的应用非常广泛。多年的研究和实践验证了迭代重建算法在投影数据不足或扫描角度缺失等情况下能够有效地减少重建带来的伪影且能很好地抑制噪声,具有比解析法更好的重建效果。但因为迭代重建算法往往需要较多次的迭代运算而导致重建速度依赖于算法的设计和设备的运算能力。随着计算机技术尤其是图形处理器(graphical processing unit,GPU)加速技术的飞速发展,以及对不完全投影数据进行 CT 重建的技术需求,迭代重建算法得到了越来越广泛的关注。

近些年,随着深度学习在图像处理领域的应用,发展出了深度学习类重建算法。当数据量足够且训练得当时,深度学习方法可以得到很好的重建结果且重建速度很快。但是,在实际中由于各种限制,很难获得覆盖所有情况的大数据,且深度学习类方法的训练过程对设备的运算能力要求较高。另外,深度学习类算法往往泛化性较差,在实际应用中较容易产生过拟合或欠拟合的问题,重建图像中出现无中生有的结构或者原本存在的结构被完全抹去的问题。于是,近年来有一些研究人员开始尝试将迭代重建算法和深度学习算法相结合来进行重建研究,并取得了一些成果。

8.1.3 高能 X 射线密度重建的物理方案

实际高能 X 射线闪光照相过程较为复杂。首先,闪光照相的光源是高能电子束撞击高 Z 靶产生的轫致辐射光子,具有较宽的能谱,并非单能光子;其次,击靶电子束是有一定大小的束斑,使得轫致辐射源不是点光源。另外,X 射线在输运过程中要与物质发生相互作用会产生大量的次级光子(即散射 X 射线),使得成像平面上的照射量分布并不是客体信息的真实反映。再者,由于图像接收系统响应特性及噪声影响,根据底片光学密度或 CCD 灰度值确定的照射量与实际照射量可能存在一定的差异。

8.1.3.1 基于灰度-照射量曲线的密度重建方案

根据屏-片系统的 H-D 曲线或 CCD 系统的特性曲线,由闪光照相成像公式(6.26)可得到图像接收平面处的照射量,即

$$X(x,y) = [X_D(x,y) * h_S(x,y) + X_S(x,y)] * h_I(x,y) + n(x,y) \tag{8.9}$$

要得到正确的直穿照射量 $X_D(x,y)$,就需要精确确定 $h_S(x,y)$、$X_S(x,y)$、$h_I(x,y)$ 和 $n(x,y)$。这些量与光源特性、照相布局、接收系统密切相关[4-5]。

得到了正确的直穿照射量 $X_D(x,y)$,还需要建立直穿照射量和客体密度的关系式。对于轴对称客体,参照式(6.27),从光源发出的 X 射线通过客体,沿 θ 方向探测平面上的直穿照射量 $X_D(x,y)$ 可表示为

$$X_D(x,y) = \int dE S(E,\theta) \varepsilon(E) \left[\frac{\cos^2\theta}{(L_1+L_2)^2} \right] \exp\left[-\int \mu_m(E)\rho(r)dl \right] \tag{8.10}$$

可以看出,对于多能源及由多种材料组成的客体,式(8.10)是个非线性超越方程。需要做单能假设或单材料假设,通过数值求解可以得到客体的密度分布 $\rho(r)$。因此,式(8.9)和式(8.10)联立就是高能 X 射线照相的基本方程。

将式(8.9)和式(8.10)离散化为

$$X_i = \sum_j B'_{ij}\left[B_{ij}S_{ij}\varepsilon_j \frac{\cos^2\theta_i}{(L_1+L_2)^2}\exp\left(-\sum_k \mu_{jk}a_{ik}\rho_k\right) + X_{\mathrm{S},j}\right] \quad (8.11)$$

式中:X_i 为探测平面上第 i 个像素的照射量;B_{ij} 和 B'_{ij} 分别为由光源焦斑模糊和探测器模糊在探测平面上卷积的模糊矩阵,它依赖于能量;ε_j 为照射量转换因子;S_{ij} 为第 i 条射线第 j 个能量箱内的光子通量或能通量;μ_{jk} 为体元 k 中的材料在能量箱 j 时的质量衰减系数;a_{ik} 为几何矩阵 A 的第 ik 个元素,它与第 i 条射线通过体元 k 的路程相关;ρ_k 为体元 k 中的材料密度;$X_{\mathrm{S},j}$ 为到达第 i 个像素第 j 个能量箱内的散射照射量。

j 求和对应于 X 射线的能量积分,k 求和对应第 i 条射线所经过的所有体元。式(8.11)隐含了模糊函数 B 对近邻像素(也就是说第 i 条射线的邻近值)的依赖关系。

在单能、无散射、无模糊情况下,式(8.11)可简化为

$$X_i = S_i\varepsilon \frac{\cos^2\theta_i}{(L_1+L_2)^2}\exp\left(-\sum_k \mu_k a_{ik}\rho_k\right) \quad (8.12)$$

式(8.12)可改写为

$$\hat{X}_i = \sum_k \mu_k a_{ik}\rho_k \quad (8.13)$$

其中,$\hat{X}_i = -\ln\left[\dfrac{(L_1+L_2)^2}{S_i\varepsilon\cos^2\theta_i}X_i\right]$。

通过式(8.13)就可以建立客体材料线衰减系数($\mu = \mu_k\rho_k$)的线性方程组,通过数值求解可以得到客体的密度分布 ρ_k。

8.1.3.2 基于灰度–光程曲线的密度重建方案

基于灰度–光程曲线的密度重建方案利用了光程对比思想,直接建立图像灰度与客体光程之间的函数关系,即灰度–光程曲线,常称为 D–L 曲线。具体方法是:对待测密度的客体进行预估,设计加工一个相似的已知客体,然后对已知客体进行与待测客体相同条件下的照相实验,分析已知客体的图像及相应的光程得到 D–L 曲线,最后根据待测客体的图像灰度和 D–L 曲线得到待测客体的光程。

与式(8.13)类似,基于 D–L 曲线的密度重建方程可表示为

$$\sum_k \mu_k a_{ik}\rho_k = L_{\text{已知客体}} \quad (8.14)$$

式中:$\sum_k \mu_k a_{ik}\rho_k$ 为第 i 条射线通过待测客体的光程;$L_{\text{已知客体}}$ 为相同灰度下已知客体的光程。

该方法的基本假定就是:如果已知客体与待测客体的结构相似,而且各种材料的面密度相差不大,那么成像公式中各种参量的大小也相近,由此确立的光程分布基本上代表了待测客体的真实分布。尽管实际上不可能确保相似客体照相与待测客体照相之间的各种物理量完全一致,但这种假设有其一定的合理性。因为相邻两次照相至少可以保证各种物理量的变化不大,特别是模糊、光场均匀性、能谱效应及成像探测器的响应函数等参量。

在实际处理中,基于 D–L 曲线的密度重建方案比较简单直观。但需要了解其适用条件:①已知客体照相与待测客体照相在成像平面上的散射及其分布近似相同,如果不

同,需要分别扣除散射量,难度较大;②在单能近似下,依赖于能谱的衰减系数才可以用有效衰减系数代替;③相邻两次照相过程中实验系统具有较高的稳定性或重复性。

8.2 傅里叶逆变换重建算法

作为线性变换的一种形式,Radon 变换与傅里叶变换之间有一定联系。如果找到这种联系,便可以利用快速傅里叶变换的算法。在图 8.1 所示的坐标系中,函数 $f(x,y)$ 在 t 方向上的投影为 $p(s,\theta)$,则

$$p(s,\theta) = \int_{-\infty}^{\infty} f_\theta(s,t) \mathrm{d}t \tag{8.15}$$

其傅里叶变换 $P(\omega,\theta)$ 可表示为

$$\begin{aligned} P(\omega,\theta) &= \int_{-\infty}^{\infty} p(s,\theta)\exp(-2\pi\mathrm{j}\omega s)\mathrm{d}s \\ &= \int_{-\infty}^{\infty}\int_{-\infty}^{\infty} f_\theta(s,t)\exp(-2\pi\mathrm{j}\omega s)\mathrm{d}t\mathrm{d}s \\ &= \int_{-\infty}^{\infty}\int_{-\infty}^{\infty} f(x,y)\exp[-2\pi\mathrm{j}\omega(x\cos\theta+y\sin\theta)]\mathrm{d}x\mathrm{d}y \end{aligned} \tag{8.16}$$

式中:$\mathrm{d}t\mathrm{d}s = |J|\mathrm{d}x\mathrm{d}y = \mathrm{d}x\mathrm{d}y, J = \begin{vmatrix} \frac{\partial t}{\partial x} & \frac{\partial t}{\partial y} \\ \frac{\partial s}{\partial x} & \frac{\partial s}{\partial y} \end{vmatrix}$ 为 Jacobian 行列式。

将直角坐标系 (u,v) 转换到极坐标系 (ω,θ),即

$$\begin{cases} u = \omega\cos\theta \\ v = \omega\sin\theta \end{cases} \tag{8.17}$$

也就是说,θ 投影的傅里叶变换中 ω 值均取在与 u 相交为 θ 的直线上。在此条件下,式(8.16)可写成傅里叶变换截面定理表达式:

$$P(\omega,\theta) = \int_{-\infty}^{\infty}\int_{-\infty}^{\infty} f(x,y)\exp[-2\pi\mathrm{j}(xu+yv)]\mathrm{d}x\mathrm{d}y \tag{8.18}$$

式(8.18)右边具有函数 $f(x,y)$ 的二维傅里叶变换 $F(u,v)$ 形式,即

$$F(u,v) = \int_{-\infty}^{\infty}\int_{-\infty}^{\infty} f(x,y)\exp[-2\pi\mathrm{j}(xu+yv)]\mathrm{d}x\mathrm{d}y \tag{8.19}$$

但式(8.18)中右边的数值仅限定在 θ 直线上,由式(8.18)和式(8.19)可得

$$P(\omega,\theta) = F(u,v) \tag{8.20}$$

式(8.19)为投影切片定理的表达式,也就是说,对 $f(x,y)$ 沿一个固定角度 θ 投影的一维傅里叶变换对应 $f(x,y)$ 的二维傅里叶变换中沿相同角度的一个剖面(层)。通过对连续相邻的二维层的重建就可实现真正的三维成像,如图 8.2 所示[2]。

二维傅里叶变换图像重建可通过下述步骤完成。

(1) 平行射线束沿二维断层面透视投影,在 $\theta = 0 \sim \pi$ 范围内以等角间距采集足够多的投影数据 $p(s,\theta)$。

(2) 对 $p(s,\theta)$ 进行傅里叶变换得到 $P(\omega,\theta)$。

(3) 用 $P(\omega,\theta)$ 给 $F(u,v)$(在 θ 直线上)赋值 $F(u,v) = P(\omega,\theta)$,在直角坐标 (u,v) 中

填满由极坐标(ω,θ)中取值的$P(\omega,\theta)$,以就近和必要的插值为原则。

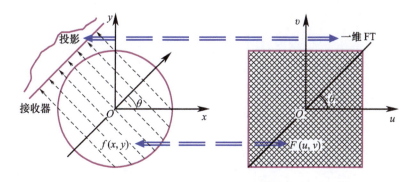

图8.2 投影切片定理示意图

(4)根据完整的$F(u,v)$做傅里叶逆变换,求出断层二维的物函数$f(x,y)$,即

$$f(x,y) = \int_{-\infty}^{\infty}\int_{-\infty}^{\infty} F(u,v)\exp[2\pi j(ux+vy)]dudv \tag{8.21}$$

在实际重建中,需要在许多方向上获得足够的投影以恢复空间图像,重建图像的质量随投影次数增加而改善。

8.3 滤波反投影重建算法

滤波反投影算法是目前医学上最常用的重建算法,但是,对于较大噪声和数据采集不完整的重建问题,滤波反投影技术有很大的局限性。

该算法从光源入射形式上看包括平行光入射形式和扇形光入射形式。事实上,绝大多数的快速CT设备,都是用扇形束进行层析扫描。在这类设备中,射线是来自一点源,经过屏蔽缝的准直,变为很薄的一层扇形束。这样的扇形束用来进行样品某个截面的透射扫描,所得到的投影就是扇形束投影。通常,扇形束投影有两种情况:一种投影数据是以等角度间隔采集的,也就是说探测器是安排在一段弧上,采样点之间的间隔是相同角度,这种情况称为等角扇形束投影;另一种投影数据是在一条直线上等距离采集的,这种情况称为等距扇形束投影[3,6-7]。

8.3.1 平行束滤波反投影算法

根据式(8.20)和式(8.21),断层的重建图像可表示为

$$f(x,y) = \int_0^{2\pi}\left\{\int_0^{\infty} P(\omega,\theta)\exp[2\pi j\omega(x\cos\theta + y\sin\theta)]\omega d\omega\right\}d\theta \tag{8.22}$$

其中,$dudv = |J|d\omega d\theta = \omega d\omega d\theta$。

对于平行投影几何,投影样本呈中心对称,有$p(s,\theta+\pi) = p(-s,\theta)$。类似地,根据傅里叶变换的特性,单位投影的傅里叶变换也是中心对称的,即$P(\omega,\theta+\pi) = P(-\omega,\theta)$。则式(8.22)改写为

$$f(x,y) = \int_0^{\pi}\left\{\int_{-\infty}^{\infty} P(\omega,\theta)|\omega|\exp[2\pi j\omega(x\cos\theta + y\sin\theta)]d\omega\right\}d\theta \tag{8.23}$$

式中,$P(\omega,\theta)$表示对应于θ角度的单位投影的傅里叶变换,内层的积分是$P(\omega,\theta)|\omega|$

的逆傅里叶变换，记为 $g(s,\theta)$，在空间域，它表示单位投影被一频域响应为 $|\omega|$ 的函数做滤波运算，故称为滤波反投影，则有

$$g(s,\theta) = g(x\cos\theta + y\sin\theta,\theta) = \int_{-\infty}^{\infty} P(\omega,\theta)|\omega|\exp[2\pi j\omega(x\cos\theta + y\sin\theta)]d\omega \tag{8.24}$$

因此，式(8.23)可写为

$$f(x,y) = \int_{0}^{\pi} g(x\cos\theta + y\sin\theta,\theta)d\theta \tag{8.25}$$

式中：$x\cos\theta + y\sin\theta$ 为点 (x,y) 沿 θ 角度（s 方向）到坐标原点的距离。

式(8.25)表明，图像重建中某个像素 (x,y) 的值等于所有经过该位置的滤波反投影的总和。也就是说，可以分别研究每一滤波反投影对于图像重建的贡献。$x\cos\theta + y\sin\theta$ 表示投影样本所在 X 射线的路径，$g(x\cos\theta + y\sin\theta)$ 的强度沿该路径均匀地加到重建图像中。这样，滤波反投影样本的值被加到整个直线路径上，此即反投影过程。

原则上式(8.24)要求在整个空间频率上积分，但实际问题中带宽都是有限的。设 $P(\omega,\theta)$ 的带宽为 ω_C，于是式(8.24)可表示为

$$g(s,\theta) = \int_{-\infty}^{\infty} P(\omega,\theta)H(\omega)\exp[2\pi j\omega(x\cos\theta + y\sin\theta)]d\omega \tag{8.26}$$

其中，$H(\omega) = |\omega|R(\omega)$，$R(\omega) = \begin{cases} 1, & |\omega| \leq \omega_C \\ 0, & \text{其他} \end{cases}$。

根据卷积定义，式(8.26)还可用卷积公式表示为

$$g(s,\theta) = \int_{-\infty}^{\infty} p(s',\theta)h(s-s')ds' = p(s,\theta)*h(s) \tag{8.27}$$

用式(8.27)和式(8.25)做图像重建的方法称为卷积反投影(convolution back projection, CBP)算法。

点扩展函数 $h(s)$ 由 $H(\omega)$ 的傅里叶逆变换给出，即

$$\begin{aligned}h(s) &= \int_{-\omega_C}^{\omega_C} H(\omega)\exp(2\pi j\omega s)d\omega \\ &= 2\omega_C^2[\sin(2\pi\omega_C s)/(2\pi\omega_C s)] - \omega_C^2[\sin(\pi\omega_C s)/(\pi\omega_C s)]^2\end{aligned} \tag{8.28}$$

假定投影采样间隔为 Δs，根据取样定理最大 Δs 与 ω_C 之间存在 $\omega_C = \dfrac{1}{2\Delta s}$ 的关系，那么 ω_C 的变化范围为 $-\dfrac{1}{2\Delta s} \sim \dfrac{1}{2\Delta s}$。则式(8.28)可写为

$$h(s) = \frac{1}{2(\Delta s)^2}\left[\frac{\sin(\pi s/\Delta s)}{\pi s/\Delta s}\right] - \frac{1}{4(\Delta s)^2}\left[\frac{\sin(\pi s/(2\Delta s))}{\pi s/(2\Delta s)}\right]^2 \tag{8.29}$$

则 $h(s)$ 在 $p(s,\theta)$ 取样点上的值 $h(n\Delta s)$ 为

$$h(n\Delta s) = \begin{cases} \dfrac{1}{4(\Delta s)^2}, & n = 0 \\ 0, & n \text{ 为偶数} \\ -\dfrac{1}{n^2\pi^2(\Delta s)^2}, & n \text{ 为奇数} \end{cases} \tag{8.30}$$

图像形成过程和投影数据采集过程会引入噪声，为了抑制噪声，取得更好的重建图

像,成功的算法中都有一些自己的诀窍和经验。有的适当修改一下 $h(n\Delta s)$ 的形状,有的另外加一个抑制噪声的滤波器等。

式(8.27)的离散形式可写为

$$g(n\Delta s,\theta) = \Delta s \sum_{m=0}^{N-1} p(m\Delta s,\theta) h[(n-m)\Delta s] \tag{8.31}$$

式(8.31)假定了 $p(m\Delta s,\theta)$ 在 $m=0,1,\cdots,N-1$ 之外的值为零, $n=0,1,\cdots,N-1$。

为了计算 $p(s,\theta)$ 的 N 个采样点的 $g(n\Delta s,\theta)$ 的值,需要 $h(n\Delta s)$ 的 $2N-1$ 个点上的值,从 $n=-(N-1)$ 到 $n=N-1$。

计算 $\theta=0\sim\pi$ 内(等角间隔)的 M 个投影方向的 $g(n\Delta s,\theta)$ 值,通过离散近似和线性插值,求下式数值积分,即可获得断层的二维重建图像:

$$f(x,y) = \frac{\pi}{M} \sum_{i=1}^{M} g(x\cos\theta_i + y\sin\theta_i,\theta_i) \tag{8.32}$$

式中: M 为投影数量。

综上所述,平行光入射的滤波反投影法分为两步:①用点扩展函数 $h(s)$ 对投影值 $p(s,\theta)$ 进行滤波(式(8.31));②对 $g(n\Delta s,\theta)$ 进行反投影(式(8.32))。

8.3.2 扇形束滤波反投影算法

8.3.1 节讨论的是由平行投影重建图像的理论,其对应的扫描装置为平行束扫描方式,如图 8.3(a)所示。而一种更快的扫描方式为扇形束扫描,如图 8.3(b)所示。在这种扫描方式下,收集全部数据仅需数秒,是目前流行的方式。扇形束扫描有两种类型,取决于探测器安放的方式,分别以等角间隔方式安放在一条弧线上和等间距方式安放在一条直线上[7]。

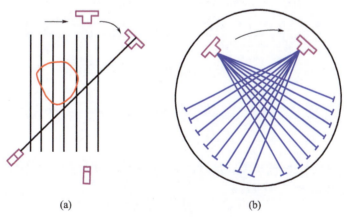

图 8.3 数据采集的方式
(a)平行束扫描;(b)扇形束扫描。

8.3.2.1 等角扇形束入射的滤波反投影算法

扇形束滤波反投影算法是建立在平行束滤波反投影算法基础之上的。等角扇形束入射的滤波反投影算法与平行束等间距的滤波反投影算法原理相同,并借助卷积公式,将其应用于扇形束等角间隔投影,对一维投影做傅里叶变换用的是一维弧线上的投影数据,最后还需要按原扇形束做反投影。

对于等角扇形束投影的情况,射线是等角间隔的,采样用的探测器等间隔地安放在弧 EF 上,如图 8.4 所示。$p(\gamma,\beta)$ 为某一投影数据,其中心射线 SF 与 y 轴的夹角为 β,γ 表示扇形束内任一射线与中心射线的夹角,γ_m 为扇形束投影中射线与中心射线的最大夹角。从图 8.4(a) 中,根据平行投影 $p(s,\theta)$ 的算法,可知 $PQ \perp SA$,且 $s = \overline{OB}$,$D = \overline{SO}$,所以,有 $\theta = \beta + \gamma$,$s = D\sin\gamma$。

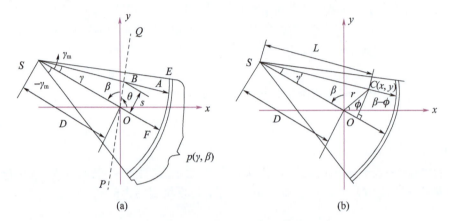

图 8.4 等角间隔射线扇形束投影重建算法的各种参数

根据式(8.25)和式(8.27),平行束的图像重建表达式可写为

$$f(x,y) = \frac{1}{2}\int_0^{2\pi}\int_{-s_m}^{s_m} p(s,\theta)h_1(x\cos\theta + y\sin\theta - s)\mathrm{d}s\mathrm{d}\theta \tag{8.33}$$

式中:s_m 为平行束投影中 s 所能取的最大值,也就是说,当 $|s| > s_m$ 时,$p(s,\theta) = 0$。

平行束极坐标系下的图像重建表达式可写为

$$f(r,\phi) = \frac{1}{2}\int_0^{2\pi}\int_{-s_m}^{s_m} p(s,\theta)h_1[r\cos(\theta - \phi) - s]\mathrm{d}s\mathrm{d}\theta \tag{8.34}$$

将 $\theta = \beta + \gamma$,$s = D\sin\gamma$ 代入式(8.34),应用到扇形束等角间距条件,则

$$f(r,\phi) = \frac{1}{2}\int_{-\gamma}^{2\pi-\gamma}\int_{-\arcsin(s_m/D)}^{\arcsin(s_m/D)} p(D\sin\gamma,\beta+\gamma) \times$$

$$h_1[r\cos(\beta+\gamma-\phi) - D\sin\gamma]D\cos\gamma\mathrm{d}\gamma\mathrm{d}\beta \tag{8.35}$$

令 γ' 表示 S 与点 $C(r,\phi)$ 或 $C(x,y)$ 连线与中心射线的夹角,则 S 与点 $C(r,\phi)$ 连线的长度 L 存在下述关系(图 8.4(b)):

$$\begin{cases} L\cos\gamma' = D + r\sin(\beta - \phi) \\ L\sin\gamma' = r\cos(\beta - \phi) \end{cases} \tag{8.36}$$

解式(8.36)可得

$$\begin{cases} L(r,\phi,\beta) = \sqrt{[D + r\sin(\beta-\phi)]^2 + [r\cos(\beta-\phi)]^2} \\ \gamma' = \arctan\{r\cos(\beta-\phi)/[D + r\sin(\beta-\phi)]\} \end{cases} \tag{8.37}$$

利用上述关系式可将式(8.35)中的 h 做如下变换:

$$r\cos(\beta+\gamma-\phi) - D\sin\gamma = r\cos(\beta-\phi)\cos\gamma - [r\sin(\beta-\phi) + D]\sin\gamma = L\sin(\gamma'-\gamma) \tag{8.38}$$

将式(8.38)代入式(8.35),可得

$$f(r,\phi) = \frac{1}{2}\int_0^{2\pi}\int_{-\gamma_m}^{\gamma_m} p(\gamma,\beta)h_1[L\sin(\gamma'-\gamma)]D\cos\gamma d\gamma d\beta \qquad (8.39)$$

再根据点扩展函数 $h_1(s)$ 的傅里叶逆变换,可得

$$h_1[L\sin(\gamma'-\gamma)] = \{(\gamma'-\gamma)/[L\sin(\gamma'-\gamma)]\}^2 h(\gamma'-\gamma) \qquad (8.40)$$

于是,式(8.39)可写为

$$f(r,\phi) = \int_0^{2\pi}\frac{1}{L^2}\int_{-\gamma_m}^{\gamma_m} p(\gamma,\beta)h_2(\gamma'-\gamma)D\cos\gamma d\gamma d\beta \qquad (8.41)$$

其中,$h_2(\gamma) = \frac{1}{2}(\gamma/\sin\gamma)^2 h_1(\gamma)$,可以看出 $h_2(\gamma)$ 构成了该算法中的滤波响应函数。

式(8.41)还可表示为

$$f(r,\phi) = \int_0^{2\pi}\frac{1}{L^2}g(\gamma',\beta)d\beta \qquad (8.42)$$

其中,$g(\gamma,\beta) = p'(\gamma,\beta)*h_2(\gamma)$,$p'(\gamma,\beta) = p(\gamma,\beta)D\cos\gamma$。

从式(8.41)和式(8.42)中可看到等角扇形束入射的滤波反投影算法分为三步。

(1)修改每个投影。假定在每个投影 $p(\gamma,\beta)$ 中的采样间隔为 α,按如下公式修改每个投影,即

$$p'(n\alpha,\beta) = p(n\alpha,\beta)D\cos n\alpha \qquad (8.43)$$

(2)滤波。用滤波函数 $h_2(\gamma)$ 来对每个修改过的投影进行滤波,当取截止频率为 $1/(2\alpha)$ 时,$h_2(\gamma)$ 可表示为

$$h_2(n\alpha) = \begin{cases} \dfrac{1}{8\alpha^2}, & n=0 \\ 0, & n\text{ 为偶数} \\ -\dfrac{1}{2\pi^2(\sin n\alpha)^2}, & n\text{ 为奇数} \end{cases} \qquad (8.44)$$

则

$$g(n\alpha,\beta) = \alpha\sum_{m=0}^{M-1} p'(m\alpha,\beta)h_2[(n-m)\alpha] \qquad (8.45)$$

(3)反投影。实现式(8.41)对 β 的积分,可表示为

$$f(r,\phi) = \frac{2\pi}{M}\sum_{i=1}^{M}\frac{1}{L^2(\beta_i,r,\phi)}g(\gamma',\beta_i) \qquad (8.46)$$

或

$$f(x,y) = \frac{2\pi}{M}\sum_{i=1}^{M}\frac{1}{L^2(\beta_i,x,y)}g(\gamma',\beta_i) \qquad (8.47)$$

式(8.47)是为了进行数值计算而写的形式,只有当在投影数 M 充分大且在 2π 范围内均匀分布时才成立。应该注意到,在扇形束情况下,反投影是沿着扇形束中射线进行

的。为了求得 $g(\gamma',\beta_i)$ 对图 8.4(b) 上点 $C(r,\phi)$ 的贡献,先要找出通过该点的射线 SA 所对应的 γ' 角。如果 γ' 值与已知的 $g(n\alpha,\beta_i)$ 的各 $n\alpha$ 值并不重合,就需要用插值的方法求出 $g(\gamma',\beta_i)$。最后把 $g(\gamma',\beta_i)$ 值除以 L^2,即为 $g(\gamma',\beta_i)$ 对此点的贡献值。

8.3.2.2 等距扇形束入射的滤波反投影算法

对于等距扇形束投影的情况,射线是源 S 扇形入射的,探测器等间距 τ 排列在线段 D_1D_2 上,如图 8.5 所示。但为了分析方便,可认为通过原点存在一条假想的探测器线 $D_1'D_2'$。沿着射线 SA 在 B 点的投影值对应着 $D_1'D_2'$ 线上的 A 点。

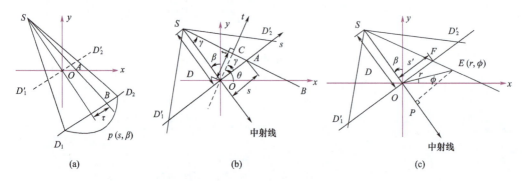

图 8.5　等间距射线扇形束投影重建算法的各种参数

令 $p(s,\beta)$ 表示每个投影,其中 s 表示沿着假想探测器 $D_1'D_2'$ 上的距离,它确定了射线的位置(图 8.5(b)), $D=\overline{SO}$。为了表示方便,引入两个参量 U 和 s'(图 8.5(c))。对于点 $E(r,\phi)$ 或 $E(x,y)$,参量 U 是 $\overline{SP}$ 和 D 之比,即

$$U(r,\phi,\beta) = (\overline{SO}+\overline{OP})/D = [D+r\sin(\beta-\phi)]/D \tag{8.48}$$

式中:$\overline{SP}$ 为源到点 $E(r,\phi)$ 的距离在中心射线上的投影。

另外一个参量 s' 是对应于通过点 $E(r,\phi)$ 的射线所具有的 s 值。从图 8.5(c) 中可知,$s'=\overline{OF}$。因为 $s'/\overline{SO}=\overline{EP}/\overline{SP}$,所以

$$s'(r,\phi,\beta) = \overline{OF} = Dr\cos(\beta-\phi)/[D+r\sin(\beta-\phi)] \tag{8.49}$$

考虑到式(8.48)和式(8.49),函数 $f(r,\phi)$ 和它的投影 $p(s,\beta)$ 的关系可表示为

$$f(r,\phi) = \int_0^{2\pi} \frac{1}{U^2} \int_{-s_m}^{s_m} p(s,\beta) h_1(s'-s) \frac{D}{2\sqrt{D^2+s^2}} ds d\beta \tag{8.50}$$

式(8.50)还可表示为

$$f(r,\phi) = \int_0^{2\pi} \frac{1}{U^2} g(s',\beta) d\beta \tag{8.51}$$

其中,$g(s,\beta)=p'(s,\beta)*h_3(s)$,$p'(s,\beta)=p(s,\beta)D/\sqrt{D^2+s^2}$,$h_3(s)=h_1(s)/2$,可以看出 $h_3(s)$ 构成了该算法中的滤波响应函数。

从式(8.50)和式(8.51)中可看到等间距扇形束入射的滤波反投影算法分为三步。

(1) 修改每个投影。假定在每个投影 $p(s,\beta)$ 中的采样间隔为 α,$p(n\alpha,\beta)$ 是已知数据,当 $n=0$ 时,对应于通过原点的中心射线。按如下公式修改每个投影,即

$$p'(n\alpha,\beta) = p(n\alpha,\beta)D/\sqrt{D^2+n^2\alpha^2} \tag{8.52}$$

(2) 滤波。用滤波函数 $h_3(n\alpha)$ 对每个修改过的投影进行滤波,产生对应的滤波投影为

$$g(n\alpha,\beta) = p'(n\alpha,\beta)*h_3(n\alpha) \tag{8.53}$$

(3) 反投影。完成每一个滤波投影的反投影,所有投影的和即为重建图像。

$$f(r,\phi) = \frac{2\pi}{M}\sum_{i=1}^{M}\frac{1}{U^2(\beta_i,r,\phi)}g(s',\beta_i) \quad (8.54)$$

或

$$f(x,y) = \frac{2\pi}{M}\sum_{i=1}^{M}\frac{1}{U^2(\beta_i,x,y)}g(s',\beta_i) \quad (8.55)$$

式中,s' 为当射线源取 β_i 角时,扇形束中通过点 (x,y) 的射线所取的 s 值。

若 s' 与已知的 $g(n\alpha,\beta_i)$ 的各 $n\alpha$ 值不等时,就需要用插值的方法求出 $g(s',\beta_i)$,然后将 $g(s',\beta_i)$ 值除以 U^2,即为 $g(s',\beta_i)$ 对此点的贡献值。

最后对傅里叶逆变换重建法和滤波反投影重建法进行一个简单的比较。傅里叶逆变换重建法和滤波反投影重建法都是基于傅里叶变换投影定理。不同的是,在推导傅里叶逆变换重建公式时,二维傅里叶逆变换是用直角坐标表示的;而在推导滤波反投影重建公式时,二维傅里叶逆变换是用极坐标表示的。尽管看起来源出一辙,但傅里叶逆变换重建法实际中较少应用,而滤波反投影重建法则大量应用。主要有两个原因。

(1) 滤波反投影的基本算法很容易用软件和硬件实现,而且在数据质量高的情况下可重建出准确清晰的图像。而傅里叶逆变换由于需要二维插值,所以实现不易,且重建质量较差。但是傅里叶逆变换重建法计算量较小,所以当数据量和图像尺寸大时比较有吸引力。在射电天文学研究中,傅里叶逆变换重建法得到了广泛的应用,这是因为测量到的数据对应于目标空间分布的傅里叶变换采样点。

(2) 在平行投影时导出的滤波反投影公式可以用不同的方法修改以适用于扇形扫描投影的情况。但在平行投影时导出的傅里叶逆变换重建公式还不能在保持原有效率的条件下进行修改以适用于扇形扫描投影的情况。这时需要在投影空间利用二维插值重新组织扇形投影数据以利用平行投影算法重建图像。

8.4 代数重建算法

8.4.1 代数重建模型

代数重建算法首先由 Gordon 提出,其思想是通过离散积分方程和构造迭代技术求解线性代数方程组,迭代的过程是使得重建的投影和测量的投影不断接近[8-9]。

在图 8.6 中,要重建的目标放在一个直角坐标网格中,发射源和接收器都是点状的,它们之间的连线对应一条射线(设共有 M 条射线)。将每个像素按扫描次序从 1 排到 N(N 为网格总数)。在第 j 个像素中,射线衰减系数可认为是常数 x_j,第 i 条射线与第 j 个像素相交的长度 a_{ij},代表第 j 个像素沿第 i 条射线所作贡献的权值。如果用 b_i 表示沿射线方向的总衰减的测量值,则

$$b_i \approx \sum_{j=1}^{N} x_j a_{ij}, \quad i = 1,2,\cdots,M \quad (8.56)$$

写成矩阵形式为

$$\boldsymbol{b} = \boldsymbol{A}\boldsymbol{x} \quad (8.57)$$

式中:$\boldsymbol{b}$ 为测量矢量;$\boldsymbol{x}$ 为重建图像矢量;$\boldsymbol{A}$ 为 $M \times N$ 阶投影矩阵。

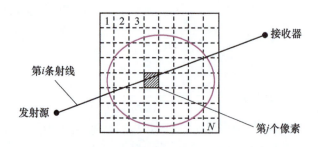

图 8.6　代数重建法示意图

每条射线的积分都能提供一个方程,合起来构成一组齐次方程。方程组中未知数的数量就是重建图像中像素的数量,方程的数量就是线积分的数量。

上述问题可以看作是解一组齐次方程问题。一般情况下,这组方程的数量很大,但由于有许多值为零(由于许多像素并不包含在特定的线积分中),这个矩阵通常是严重病态和高阶稀疏的,应用经典直接求解法将会导致得不到预想要求的解;而常用的迭代方法(如超松弛迭代法),求解过程可能是发散的。为了解决这一问题,产生了级数展开技术。这个技术一般称为代数重建技术,也称迭代算法、优化技术等。

解析法比代数法计算量要小得多,因而大多数实用系统(如医学、工业无损探测等)都采用解析法。但与解析法相比,代数法有一些独特的优点。

(1) 因为在空域中进行重建比较容易调整以适应新的应用环境,所以代数法比较灵活,常在利用新物理模型和新数据采集方法的重建中使用。

(2) 代数法能重建出相对较高对比度的图像(特别是对密度突变的材料)。

(3) 借助多次迭代可用于从较少投影(小于10)重建图像的工作。

(4) 比解析法更适合于三维重建问题。

(5) 比解析法更适合于不完整投影情况,这是因为解析法要求对每个投影均匀采样并对每个采样点赋值,所以数据采集必须完整,而代数法将重建问题转化为解线性方程组的问题,把丢失投影值看作缺少方程,因而可以忽略这个问题。

(6) 对于较大噪声的重建问题,解析法有很大的局限性。代数法通过加入一些光滑约束条件,可以有效地抑制噪声。

因此,对于高能 X 射线闪光照相的密度重建问题,代数法重建的质量要大大优于滤波反投影法重建的质量。

8.4.2　平行束采样的投影矩阵

投影矩阵的精确计算是代数重建法的基础。X 射线的径迹是一直线,描述 X 射线 AB 的径迹函数为

$$f_{AB}(x,y) = \frac{x - x_A}{x - x_B} - \frac{y - y_A}{y - y_B} = 0 \tag{8.58}$$

式中:(x_A, y_A)、(x_B, y_B)分别为 A 点和 B 点坐标。

当建立起客体的离散化(网格化)坐标,形成客体的表面方程以后,X 射线径迹(方程)与客体网格的交点就是客体表面方程约束下 X 射线径迹上的特殊点,相邻交点的几

何长度就是投影矩阵的非零元素,即客体中 X 射线径迹的长度就是闪光照相的正向投影矩阵元素。

计算投影矩阵主要分成以下三个步骤:①计算射线与网格线交点坐标;②计算与射线相交网格的编号;③求解射线与网格的交线长度作为投影矩阵的元素。

考虑到被照客体是轴对称的,每个横向断层就是一个圆对称函数,所以,重建图像可以离散为同心圆环网格,这样就大大降低重建方程组的维数,从而降低了重建迭代的计算量。如果图像的采样间距为 $2\Delta k$,在客体的每一个重建断层上,采用间距相等的同心圆网格,每层的间距为 $2\Delta r$,可以假设 $M=N$,也就是射线条数和网格数相等,即 $\Delta k = \Delta r$,如图 8.7 所示。$d_i = (2i-1)\Delta k = (2i-1)\Delta r, r_j = 2j\Delta r, r_{j+1} = 2(j+1)\Delta r$。

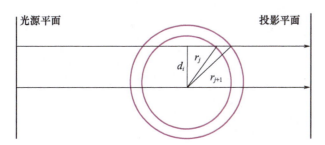

图 8.7　平行束采样下的射线与客体网格示意图

在平行光束投影下,投影矩阵 A 为上三角阵(由于对称性,仅对断层的上半部分进行重建)[10]。A 的元素 a_{ij} 表示第 i 条光线穿过第 j 个圆环网格的长度,其大小为

$$a_{ij} = \begin{cases} 0, & i>j \\ 2\Delta r\left[\sqrt{(2j+2i+1)(2j-2i+3)} - \sqrt{(2j+2i-1)(2j-2i+1)}\right], & i<j \\ 2\Delta r\sqrt{4j-1}, & i=j \end{cases}$$

(8.59)

其中,$i,j \in \{1,2,\cdots,N\}$(N 为采样点数)。

也可以把所有客体断层数据在一个方程组中重建出来。采用三维重建方程可以表示为

$$\tilde{A}x = b \tag{8.60}$$

式中:x 为 $N^2 \times 1$ 阶重建图像矢量;b 为对应的 $N^2 \times 1$ 阶测量的投影图像矢量;$\tilde{A}$ 为 $N^2 \times N^2$ 阶投影矩阵。

对于轴对称客体,在平行束采样下,投影矩阵 $\tilde{A}$ 为块循环的上三角阵:

$$\tilde{A} = \begin{pmatrix} A & 0 & \cdots & 0 \\ 0 & A & \cdots & 0 \\ \vdots & \vdots & \vdots & \vdots \\ 0 & 0 & \cdots & A \end{pmatrix} \tag{8.61}$$

8.4.3　扇形束采样的投影矩阵

不同断层上采用平行束,而在每个断层上采用扇形束,如图 8.8 所示[11]。如果图像

的采样间距为 $2\Delta k$，在客体的每一个重建断层上，仍然采用间距相等的同心圆网格，每层的间距为 $2\Delta r$，可以假设 $M=N$，也就是射线条数和网格数相等，在这种情况下，有

$$\Delta r = \Delta k \frac{L_1}{L_1+L_2} \tag{8.62}$$

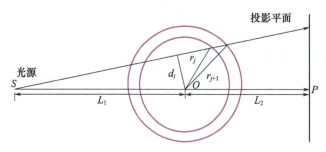

图 8.8　扇形束采样下的射线与客体网格示意图

则

$$d_i = \frac{(2i-1)\Delta k L_1}{\sqrt{[(2i-1)\Delta k]^2+(L_1+L_2)^2}} = \frac{(2i-1)\Delta r L_1}{\sqrt{[(2i-1)\Delta r]^2+L_1^2}} \tag{8.63}$$

扇形束采样下，A 的元素为

$$a_{ij} = \begin{cases} 0, & i>j \\ 2\{\sqrt{[2(j+1)\Delta r]^2-d_i^2}-\sqrt{(2j\Delta r)^2-d_i^2}\}, & i<j \\ 2\sqrt{(2j\Delta r)^2-d_j^2}, & i=j \end{cases} \tag{8.64}$$

其中，$i,j \in \{1,2,\cdots,N\}$（N 为采样点数）。

8.4.4　锥形束采样的投影矩阵

将三维客体划分为具有两个数据维度的空间网格，称之为三维同心圆环网格。具体做法为：在沿对称轴方向将客体分成等厚度 Δh 的切片（图 8.9(a)），在垂直于对称轴方向以对称轴为圆心按等半径 Δr 方式将客体分成同心圆环（图 8.9(b)）[12-13]。

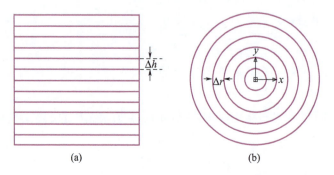

图 8.9　锥形束采样下的客体网格示意图
(a)垂直投影平面；(b)水平投影平面。

在这一网格系统基础上，可以得到点光源锥形束投影方式下的投影矩阵 A 的每一个元素。其详细计算过程如下。

在图 8.10 所示的 X 射线投影平面中,源 O 点坐标为 (x_O, y_O, z_O),探测点 R 的坐标为 (x_R, y_R, z_R),R 的水平投影点 R' 坐标为 (x_R, y_R, z_O)。

首先,将 X 射线径迹 $\overline{OR}$ 投影到源 O 所在的水平平面($z = z_O$ 的平面,z_O 为源点坐标的 z 轴分量),得到 $\overline{OR}$ 的投影 $\overline{OR'}$。径迹 $\overline{OR}$ 与其投影 $\overline{OR'}$ 之间的夹角为 ϕ(图 8.10(b)),其与 $\overline{OR}$、$\overline{OR'}$ 方向矢量之间的关系为 $\phi = \arccos(\boldsymbol{M}, \boldsymbol{K})$,其中 $\boldsymbol{M}$ 为 $\overline{OR}$ 的方向矢量,其分量 (u_M, v_M, w_M) 可表示为

$$u_M = \frac{x_R - x_O}{\overline{OR}}, \quad v_M = \frac{y_R - y_O}{\overline{OR}}, \quad w_M = \frac{z_R - z_O}{\overline{OR}} \tag{8.65}$$

式中:$\overline{OR} = \sqrt{(x_R - x_O)^2 + (y_R - y_O)^2 + (z_R - z_O)^2}$,为 $\overline{OR}$ 的长度。

$\boldsymbol{K}$ 为 $\overline{OR'}$ 的方向矢量,其分量 (u_K, v_K, w_K) 可表示为

$$u_K = \frac{x_R - x_O}{\sqrt{(x_R - x_O)^2 + (y_R - y_O)^2}}, \quad v_K = \frac{y_R - y_O}{\sqrt{(x_R - x_O)^2 + (y_R - y_O)^2}}, \quad w_K = 0 \tag{8.66}$$

接着,求解水平投影平面内,$\overline{OR'}$ 与客体网格交点到源点的距离。在水平投影平面内,沿 $\overline{OR'}$ 出发的 X 射线依次与客体不同半径的同心圆环网格相交,共有 $n+1$ 个交点。这些交点离光源点 O 的距离依次为 l_{r0}、l_{r1}、$\cdots$、l_{rn},如图 8.10(a) 所示。

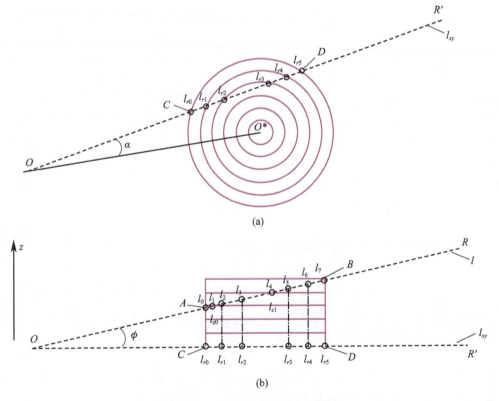

图 8.10 X 射线与客体交点示意图

(a) X 射线水平投影与客体径向同心圆环交点;(b) X 射线垂直投影与客体 z 轴向网格交点。

在照相轴平行 y 轴的照相系统中,$\overline{OR'}$ 所在水平投影平面内客体中心 O^* 坐标为 $(0, y_O, z_O)$,射线 $\overline{OO^*}$ 方向矢量为 $\boldsymbol{L}$,分量 (u_L, v_L, w_L) 可表示为

$$u_L = \frac{0 - x_O}{\sqrt{x_O^2 + (y_0 - y_O)^2}}, \quad v_L = \frac{y_0 - y_O}{\sqrt{x_O^2 + (y_0 - y_O)^2}}, \quad w_L = 0 \tag{8.67}$$

由矢量间夹角关系得到射线 OR' 与 OO^* 之间夹角 $\alpha = \arccos(\boldsymbol{K}, \boldsymbol{L})$。利用几何关系得到 OR' 与半径 r 圆环两交点到源点 O 的距离为

$$l_{rp} = \overline{OO^*}\cos\alpha \pm \sqrt{r^2 - (\overline{OO^*}\sin\alpha)^2}, \quad r > \overline{OO^*}\sin\alpha \tag{8.68}$$

式中:$\overline{OO^*} = \sqrt{x_O^2 + (y_0 - y_O)^2}$,为 OO^* 的长度。

利用式(8.68)依次计算水平投影平面内射线 OR' 与客体同心圆环的交点,就能获得 l_{r0}、l_{r1}、$\cdots$、l_{rn}。

然后,求解 X 射线与沿对称轴切片交点到源点的距离。在 X 射线所在的垂直平面内,X 射线与客体 z 轴向网格共有 $m+1$ 个交点,且交点离光源点 O 的距离依次为 l_{z0}、l_{z1}、$\cdots$、l_{zm},如图 8.10(b) 所示。如果 $l_{r0}/\cos\phi \leq l_{zq} \leq l_{rn}/\cos\phi$,$z$ 轴向交点与源点间距离 l_{zq} 的计算表达式为

$$l_{zq} = \frac{z_q - z_O}{w_M} \tag{8.69}$$

式中:z_q 为第 q 层切片网格的 z 轴向坐标;w_M 为 OR 的 z 轴向方向余弦。

再将水平投影交点长度转换成真实径迹与客体网格的交点长度。为利用 X 射线 OR 与投影 OR' 之间的夹角关系,从图 8.10(a) 中投影交点长度 l_{r0}、l_{r1}、$\cdots$、l_{rn} 推出 X 射线与客体同心圆环网格交点与光源点之间的距离为 $l_{r0}/\cos\phi$、$l_{r1}/\cos\phi$、$\cdots$、$l_{rn}/\cos\phi$。

最后,利用这些长度数据确定出投影矩阵元素 a_{kl}。经过上述处理得到从光源点 O 出发的 X 射线与轴对称客体的二维网格所有交点距离的集合 C 为 $\{l_{r0}/\cos\phi, l_{r1}/\cos\phi, \cdots, l_{rn}/\cos\phi, l_{z0}, l_{z1}, \cdots, l_{zm}\}$。按从小到大的顺序对集合 C 进行排序,排序后的距离依次定义为 $\{l_0, l_1, \cdots, l_{n'}\}$,其中 $n' = n + m + 1$(图 8.10(b))。各交点的坐标为 (x_n, y_n, z_n),其满足条件:

$$x_n = x_O + u_M l_n, \quad y_n = y_O + v_M l_n, \quad z_n = z_O + w_M l_n \tag{8.70}$$

相邻交点间的距离 d 为投影矩阵非零元素 a_{kl},即

$$a_{kl} = l_{n+1} - l_n \tag{8.71}$$

式中:k 为探测点 R 的序号;l 为客体体素序号。

在 $N * N/2$ 的图像中(客体轴对称,故沿对称轴取一半图像),垂直对称轴方向客体分成 $N/2$ 同心环,平行对称轴方向客体,被切成 N 片。体素序号 l 可表示为

$$l = \min\left\{\left[\frac{z_n}{\Delta h} + \frac{N}{2}\right], \left[\frac{z_{n+1}}{\Delta h} + \frac{N}{2}\right]\right\} * \frac{N}{2} + \max\left\{\left[\frac{\sqrt{x_n^2 + y_n^2}}{\Delta r}\right] + 1, \left[\frac{\sqrt{x_{n+1}^2 + y_{n+1}^2}}{\Delta r}\right] + 1\right\} \tag{8.72}$$

式中:(x_n, y_n, z_n)、$(x_{n+1}, y_{n+1}, z_{n+1})$ 为两相邻交点坐标;Δh、Δr 分别为单元格的轴向和径向步长;算符 [ ] 表示对中括号内实数进行取整。

8.5 轴对称物体的密度重建

由于高能 X 射线闪光照相系统成像数目受限制,目前,国内外的高能 X 射线闪光照

相装置一般采用单轴或双轴照相。单幅图像的密度重建需要建立与客体相关的假设。如果被重建的三维物体是轴(旋转)对称的,那么在与对称轴垂直的平面上从不同角度得到的射线照相图像是等效的,从而只需一幅图像即可进行密度重建工作。对于轴对称物体,当使用平行光照射时,物体各层的成像在投影平面上就是一条直线,对于每层的图像重建可以通过阿贝尔(Abel)逆变换实现。当光源为点光源时,照射物体的光束为锥形,且光源距物体很远(相对于物体的尺寸),对于物体的分层重建也相当于 Abel 变换求逆问题。

8.5.1 阿贝尔逆变换

1826 年,Abel 提出的 Abel 逆变换可从二维圆形对称物体的投影中重建其密度分布图。可将该方法推广到从轴对称物体的单幅 X 射线图像中重建物体的横截面,如图 8.11 所示。这种方法已经成功应用于解决不同领域的各种问题,包括医学、工业及 LANL 关于静态和动态实验的应用问题[14]。

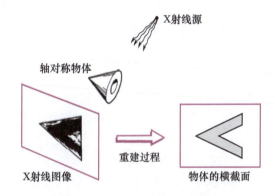

图 8.11 层析重建法流程图

由图 8.11 知,具有圆形对称性的函数 $x(r)$ 沿着距离中心为 R 的直线的线积分为

$$b(R) = 2\int_R^\infty \frac{x(r)r\mathrm{d}r}{\sqrt{r^2-R^2}} \tag{8.73}$$

式(8.73)等价于 Abel 变换。如果 $x(r)$ 是密度,那么 $b(R)$ 就是面密度。在 X 射线辐射照相中,$x(r)$ 可认为是物体的线衰减系数,那么 $b(R)$ 就是光程。

式(8.73)的逆变换形式为

$$x(r) = -\frac{1}{\pi r}\frac{\mathrm{d}}{\mathrm{d}r}\int_r^\infty \frac{b(R)R\mathrm{d}R}{\sqrt{R^2-r^2}} \tag{8.74}$$

Abel 逆变换的直接计算在数学上比较困难,可以用一种离散形式的迭代方法求解。有两个困难需要说明:①式(8.73)只是许多非线性实验的简单描述而已,该逆问题可能是病态的,需要对 X 射线与物体材料相互作用的物理理解。对于重建由单一材料组成的物体这种最简单的情况,通常可以比较精确地求解出来。然而,对于多材料组成的客体,重建结果不唯一,所以在应用 Abel 逆变换之前对物体重要的先验信息的掌握是非常必要的。②离散 Abel 逆变换的病态条件问题。当给定一个唯一的逆变换时,$b(R)$ 的微小扰动

可能导致 $x(r)$ 发生很大的变化，这是由于式(8.74)所定义的算子是无界的，为了从噪声数据中得到有意义的结果，需要对该逆变换进行正则化。

以 Abel 变换为基础，将函数 $x(r)$ 沿每一条射线的积分离散化，得到线性代数方程组，方程组的系数矩阵由物体的划分与射线穿过物体的位置决定。在这种方法中，轴对称物体的每个横截面的函数 $x(r)$ 用一系列嵌套的同心球壳(环)来模拟，每个环的线衰减系数是一个常数。一般来讲，圆环的边界不对应材料的界面。重建过程从最外层环到中心圆依次进行，对于最外边的像素，对光程的贡献仅由最外层环来决定。对光程的贡献是线衰减系数与光源和像素连线在客体中的弦长的乘积，该弦长由几何关系确定，它是环半径的函数。于是，第一个环的线衰减系数直接由该光程除以该弦长求出。对于向内的下一个环，其光程由第一个环(最外环)和第二个环所贡献，由几何关系可以求出这两段弦长，由于第一个环的线衰减系数已经得到，于是，只有第二个环的线衰减系数未知。重复这些过程，直到重建出所有环的线衰减系数。问题中的几何部分可以用矩阵描述，这样可以用重建法得到客体各部分的线衰减系数。这种方法可认为是从最外环到中心内环的"剥洋葱(peeling the onion)方法"[15]。

在离散模型中，投影值用向量 b 表示，相应环的密度用 x 表示，两者的关系可表示为

$$\boldsymbol{b} = \boldsymbol{A}\boldsymbol{x} \tag{8.75}$$

式中：A 为投影矩阵。

假设 X 射线源是单能的，并采用屏-片接收系统探测。屏-片系统得到的光学密度与接收到的 X 射线强度成正比。X 射线从光源穿透物体到达接收平面处，光学密度可表示为

$$D(b) = D_0 + D_1 \exp(-b) \tag{8.76}$$

式中：光程 b 为沿着直线 L 物体线衰减系数 $\mu(r)$ 的线积分；D_0 为胶片的本底密度，它包含胶片的灰雾度和散射；D_1(大于 D_0)为没有物体衰减的净密度。

图 8.12 给出了这种关系，式(8.76)中在 D_0 附近的光学密度是高度非线性的。

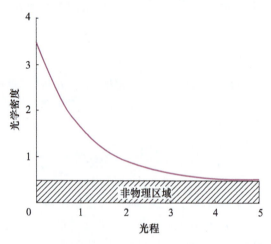

图 8.12　光学密度和光程的关系

需要注意两点：①式(8.76)在 $D = D_0$ 附近的非线性行为使重建对于 D_0 的选择非常敏感，因此为了避免重建过程中严重的系统误差，就需要知道 D_0 的精确值，而由散射场产

生的 D_0 微小变化是很难考虑的;②X 光源的单能假设,而通常使用的是多能谱光源,其衰减定律就没有式(8.76)那么简单了,而且工业 X 射线图像中的物体多由不同材料组成,由此产生的问题就更加严重。

结合式(8.75)和式(8.76),可得到关于光学密度向量 g 的整体测量表达式为

$$g = s\{Ax\} \tag{8.77}$$

这个衰减定律由函数 $s\{b\}$ 代替,其中光程向量 b 通过式(8.75)来得到,于是在此假设条件下,式(8.77)的直接逆运算为

$$\hat{x} = A^{-1}s^{-1}\{g\} \tag{8.78}$$

如果 A 是非奇异矩阵,则逆运算是存在的,这就是 Abel 变换离散模型的情形。然而,当有噪声干扰时得到的测量密度 D 大于 $D_0 + D_1$ 或者小于 D_0,则式(8.76)的逆运算就没有实质意义,此时就可以用最大后验(maximum a posteriori, MAP)概率方法来解决此问题。

图 8.13 给出了一个轴对称测试物体的 X 射线图像,该物体是 70mm 长的钢圆柱体,直径为 120mm,并在一端挖去了底角为 45°、高为 40mm 的圆锥体,在物体的平滑端面和锥体表面的半径为 10mm、20mm、30mm 和 40mm 处各有一个 $2mm^2$ 的槽,并在端面的中心有一个直径为 2mm、深为 2mm 的洞。该 X 射线图像是使用 Co – 60 的光源照射得到的,其成像胶片采用 Kodak AA,前后各放置厚度为 0.25mm 的铅屏。该物体的对称轴垂直于照相光轴,光源的直径大约为 1.5mm,为了更好地达到平行光束的要求,X 光源距离物体 4.5m,而其胶片位置距离物体 0.5m。图 8.13 的数字 X 射线图像大小是 220×150 像素,像素与像素之间的距离是 0.6mm。该 X 射线图像的光学密度为 0.5~3.5,具有最小直径的槽的对比度很低,几乎看不见。

对图 8.13 的 X 射线图像,利用式(8.78)重建的剖面图像如图 8.14 所示,该重建图像的横截面与原始物体是非常相似的,重建得到的线衰减系数与 1.25MeV 时钢的线衰减系数测量值近似相等,即 $0.042mm^{-1}$,并且在原始图像中很难观察到的槽通过重建后也清晰可见。重建图像中的固有噪声限制了从图像中获得信息的能力,因此,由噪声引起的图像解读的局限性是图像处理的一个重要问题。

图 8.13 轴对称测试物体的 X 射线图像

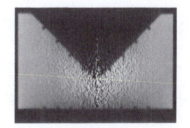
图 8.14 层析重建图像

8.5.2 贝叶斯方法

X 射线透过物体后的光子数分布服从泊松分布,对具有统计特性的图像进行复原和重建,统计学方法无疑是最优选择之一。其中,贝叶斯的最大后验(MAP)概率方法尤为引人关注[15]。这是因为:①MAP 方法引入了目标的先验概率模型,其中先验概率不仅可

包括从以前的实验中获得的有关目标的信息,而且可包含非负性条件和重建图像平滑度约束条件等;②该方法和变分正则化方法联系密切,这为变分学和非线性偏微分方程理论在图像复原和重建中的应用提供了一个重要的切入点。该方法适用于解决非线性测量问题及层析重建问题。MAP方法在其信噪比较低的区域得到光滑解,而在信噪比较高的区域保持了很好的空间分辨率。

贝叶斯方法的本质是假设重建图像是从可识别相似图像系统中随机选择。通过利用期望图像的先验信息,人们预期重建图像的零空间元素被有意义的估计,以减小人为因素。所以贝叶斯方法提供了将关于重建物体结构的先验信息加到求解问题中的一种方法,当然其他类型的先验信息也可以加到利用贝叶斯方法重建的过程中。

在实际应用中,所有变量的测量都含有随机噪声,于是测量值可写为

$$g = s\{Ax\} + n \tag{8.79}$$

式中:n 为噪声向量。

一般而言,噪声扰动具有任意概率密度分布,通常假设噪声是具有零均值的多变量高斯分布:

$$P(n) \propto \exp\left\{-\frac{1}{2}n^T R_n^{-1} n\right\} \tag{8.80}$$

式中:R_n 为噪声的协方差矩阵,它是一个正定矩阵,其第 ij 元素为

$$[R_n]_{ij} = \langle n_i n_j \rangle \tag{8.81}$$

括号⟨ ⟩表示噪声向量中全体元素所求的平均值,上面的表达式足以完全刻画噪声扰动依赖于测量信号的强度或测量位置的特征。

对重建图像最好的估计就是在已知测量值 g 的条件下 x 的后验条件概率密度最大化,该概率分布由贝叶斯公式给出,即

$$P(x|g) = \frac{P(g|x)P(x)}{P(g)} \tag{8.82}$$

它由已知 x 的关于 g 的条件概率分布 $P(g|x)$,以及 x 和 g 的先验概率分布 $P(x)$ 和 $P(g)$ 三项组成。

Hunt 提出利用贝叶斯方法来提高图像复原质量,它假设 $P(g|x)$ 是由式(8.80)中的 $P(n)$ 给出的,其中 g 是均值为 $s\{Ax\}$ 的高斯分布,即

$$P(g|x) \propto \exp\left\{-\frac{1}{2}(g-s\{Ax\})^T R_n^{-1}(g-s\{Ax\})\right\} \tag{8.83}$$

同时,假设图像的先验概率密度分布 $P(x)$ 是具有均值 $\bar{x}$、协方差矩阵 R_x 的高斯分布,即

$$P(x) \propto \exp\left\{-\frac{1}{2}(x-\bar{x})^T R_x^{-1}(x-\bar{x})\right\} \tag{8.84}$$

在以上假设条件下,最大后验概率的解满足表达式:

$$R_x^{-1}(\bar{x}-x) + A^T S_b R_n^{-1}(g-s\{Ax\}) = 0 \tag{8.85}$$

其中,S_b 由 s 的导数得到,满足

$$S_b = \mathrm{diag}\left(\frac{\partial s(u)}{\partial u_i}\bigg|_{u_i=b_i}\right) \tag{8.86}$$

并有

$$b_i = [Ax] \quad (8.87)$$

如果 s 是线性函数,那么关于未知向量 x 的式(8.85)就是线性的。

在此,重点介绍对重建物体知道较少先验信息的情况,此时用最大后验估计方法可能不会在重建过程中对零空间不足性起到更多的修正作用。假定希望得到光滑解,对 R_x 的一般选择为

$$R_x = (\nabla^2 \nabla^2)^{-1} \quad (8.88)$$

因为 $\nabla^2 \nabla^2$ 是微分算子,所以 R_x 是一个光滑算子。在缺少准确数据时,由于希望得到的解近似光滑,进一步选取 $\bar{x}$ 作为估计 x 的光滑解,即

$$\bar{x} = R_x x \quad (8.89)$$

为了避免不必要的复杂性,假设在 X 射线图像中噪声是稳定且是互不相关的,即有

$$R_n = \sigma_n^2 I \quad (8.90)$$

式中:σ_n^2 为噪声的方差。

在大多数情况下,它是一个很好的近似,有时需要控制它的强度,常用因子 λ 乘以 R_x,其中 λ 的值通过均方根残差与噪声的期望值相匹配进行调整,在最大后验概率表达式(8.85)中的净效应就是使 R_n 项消失,并且 A^T 项的系数变为 λ/σ_n^2。

8.5.3 迭代求解技术

采用 Hunt 提出的迭代求解方法对式(8.85)进行求解,迭代过程如下:

$$x^0 = \bar{x} \quad (8.91)$$

$$x^{k+1} = x^k + c^k r^k \quad (8.92)$$

$$r^k = R_x^{-1}(\bar{x} - x^k) + A^T S_b R_n^{-1}(g - s\{Ax^k\}) \quad (8.93)$$

$$c^k = \frac{(r^k)^T q^k}{(q^k)^T q^k} \quad (8.94)$$

$$q^k = (R_x + A^T S_b R_n^{-1} S_b A) r^k \quad (8.95)$$

式中:向量 r^k 为式(8.85)的残差,而由式(8.94)选定的标量 c^k 使 r^k 范数最小化。当残差趋于零时,相应的 x^k 就是式(8.85)的一个近似解。

尽管对二维物体的重建足够有效,但上面的迭代方案并不是太好。为了得到更好的收敛性,需要加入一些变化,不是像式(8.92)那样使用一个更新向量,而要使用第二个向量,在 q^k 和向量

$$\dot{q}^k = A^{-1}(g - s\{Ax^k\}) \quad (8.96)$$

之间交替转换。类似于式(8.78)的逆变换,如果直接使用逆变换并不能起到好的作用,因为它对残差矫枉过正。

利用最大后验估计方法对图 8.13 中的图片进行重建得到的结果如图 8.15 所示,由图可以看出,已经很好地抑制了图像中的噪声扰动,也保持了对圆柱体最外面边缘的尖锐响应。通过极大地减少噪声扰动,这个结果通过肉眼的观察还是可以接受的。圆锥体顶点附近的亮白区域主要是由于由散射本底所引起的 D_0 微小变化而产生的结果。图 8.16 给出了利用 MAP 方法和直接逆变换方法得到的某一剖线结果。

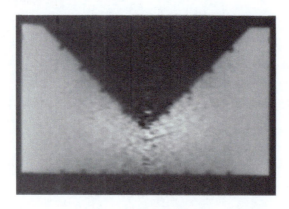

图 8.15　MAP 重建结果

实践证明，Abel 逆变换中由奇异性引起的噪声放大和非线性照射测量重建引起的潜在困难都可以通过 MAP 方法来控制，并通过对 x 的光滑值 $\bar{x}$ 和光滑算子 R_x 的简化选择来实现。

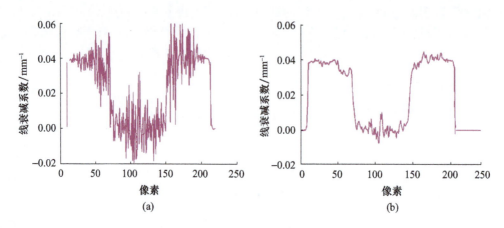

图 8.16　直接逆变换重建和 MAP 重建的剖线比较

(a) 直接逆变换重建；(b) MAP 重建。

贝叶斯方法允许引入待重建物体的形状或结构的先验信息，如果缺少待重建物体的先验信息，除非有另外的数据要求，一般假设重建函数是光滑的。如果有更多的先验信息，则尽可能多地结合到求解当中去，然而必须小心地使用先验信息，防止过于利用先验信息而得不到期望的结果。

8.6　密度重建的正则化方法

8.6.1　正则化方法

美国数学家 Hadamard[16] 在 1923 年引入了问题的适定性的概念。如果一个问题同时满足如下三个条件，则其为适定的问题：①问题的解是存在的；②问题的解是唯一的；③问题的解是连续依赖于输入数据的。

20 世纪早期，基于对物理问题的直觉认知，人们普遍认为，描述物理问题的一个正确的数学模型必须是适定的。或者说,如果一个数学问题是不适定的,它一定不是描述现实物理问题的一个合适的模型。基于这种认识,在很长的一段时间内,数学上主要集中于对适定问题的研究,即研究的数学问题应该保证问题解的存在性、唯一性和对输入数据的连续依赖性,不适定问题的研究没有引起学术界的充分重视。

随着科学技术的发展,在工业和工程等领域遇到了越来越多必须解决的不适定问题。人们开始意识到,由于客观条件的限制和应用问题本身的复杂性,很多具有重要应用价值的工程问题对应的数学模型有可能是不适定的,这种不适定性来源于问题的本身(例如,实际问题中能够提供的输入数据严重不足,或者问题本身对输入数据高度敏感),是不可能通过任何数学技巧加以回避的。基于实际应用问题的推动,数学上解决这类问题的奠基性工作是苏联科学家 Tikhonov 提出的正则化方法[17]。该方法的基本思想是,虽然问题的不适定性来源于问题本身,但是可以考虑该问题的一个带有紧约束的问题,这是原问题的一个近似问题,而这个近似问题是适定的。用这个近似问题的解(称为正则化解)作为所求不适定问题的一个稳定的近似解。或者说,正则化方法求解不适定问题的本质是,对问题的解进行一定的限制,考虑一个近似的适定问题来保证原问题近似解的稳定性。在这种一般的框架下,容许集合的选择(从而定义近似问题和近似问题的解)、近似解和原问题解的逼近度量、近似解的误差估计、近似解的有效计算等,就构成了求解不适定问题的正则化理论和算法。

利用 X 射线照相进行密度重建问题属于反问题。测量数据通常是不完全的和带有误差的,追求对图像信息的准确和完全恢复是不可取的,通常会导致不稳定解的产生,也就是重建图像对不可避免的测量数据误差非常敏感,或者说,略有不同的数据可能恢复出差异很大的图像,因此,寻找能够抑制噪声的稳定的数值求解方法是处理实验数据最关心的问题。X 射线照相的投影主要由三部分贡献组成:被探测物体的贡献、实验装置所产生散射的贡献和记录系统本底的贡献。虽然在密度重建之前,试图把散射的影响扣除,把本底的噪声通过基于偏微分方程理论的去噪方法去掉,但是由于受到对实验物理因素模拟准确性的影响和去噪声时的人为控制程度,使得实验数据必然是理想数据的近似。在这种意义下,重建出的图像只能是真实图像的近似,并且,测量数据的精度越高,重建图像应该越逼近真实图像。数学上,这一过程是通过对不适定问题的正则化处理来实现的。

8.6.2 密度重建的正则化方法

按照 Tikhonov 正则化理论,被重建的密度分布可通过一个泛函极小化问题来刻画[18]:

$$\min_{x} F(\boldsymbol{x}) = \min_{x} \left\{ \|\boldsymbol{A}\boldsymbol{x} - \boldsymbol{b}\|_p^2 + \alpha R(\boldsymbol{x}) \right\} \tag{8.97}$$

其中:第一项描述重建图像对原始数据的逼近程度,$\|\cdot\|_p$ 表示数据的保真度范数(norm);第二项为正则化项,以保证重新定义后问题解的稳定性,也称为稳定化泛函。$R(\boldsymbol{x})$ 的选择由实际问题的物理意义确定。α 称为正则化参数,对任何 $\alpha > 0$,式(8.97)是一个适定的问题,从逼近的角度看,参数 α 不能取得太大,否则,辅助问题将与原问题相差太远。然而,从数值稳定性的角度来考虑,参数 α 不能取得太小,否则,将把原问题的不适

定性"继承"得太多而难于处理。因此，α 是近似解对原始数据的逼近程度与稳定性之间的一个权衡。

8.6.2.1 向量范数的定义

范数在线性运算中是非常重要的。范数是一个不为负的数，它是向量或矩阵的模的一种表示。设向量 $\boldsymbol{u} = (u_1, u_2, \cdots, u_n)^T$，其范数定义为

$$\|\boldsymbol{u}\|_p = \left(\sum_{i=1}^{n} |u_i|^p\right)^{1/p}, \quad p = 1, 2, \cdots \tag{8.98}$$

称为向量 $\boldsymbol{u}$ 的 L_1 范数、L_2 范数……。也就是说，一个向量的长度可以用任意范数来衡量，而不一定要用 L_2 范数。

对于式(8.97)中的测量数据 $\boldsymbol{b}$，令 $\boldsymbol{\varepsilon} = \boldsymbol{Ax} - \boldsymbol{b}$，那么用什么范数的极小化最好呢？这要看 $\boldsymbol{b}$ 的统计性质。如图 8.17 所示，★ 表示一个偏差很大的数据，圆点为偏差小的数据，z 为拟合直线的坐标。假定在直线拟合中第 k 个数据有较大的偏差，由式(8.98)定义的范数 $\|\boldsymbol{Ax} - \boldsymbol{b}\|_p^2$ 可知，当数据很多时，$|\varepsilon_k|$ 对低 p 的范数 $\|\boldsymbol{Ax} - \boldsymbol{b}\|_p^2$ 的值影响不大，而对高 p 的范数的值影响甚大。换句话说，低阶范数对不同大小的误差给予的权重相差不大，而高阶范数对大误差给予较大的权重。因此，在极小化时选取什么范数必须考虑数据中误差的特性。当数据中包含有很多误差很大的"坏"数据时，它的概率分布曲线很宽，属于"长尾巴型"，这时不宜使用低阶范数。实际上，通常使用的 L_2 范数隐含着数据的统计特性服从"短尾巴型"的高斯分布[19]。

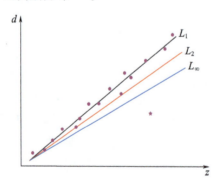

图 8.17 对不同范数取极小化时直线拟合的示意图

8.6.2.2 无正则化

当 $R(\boldsymbol{x}) = 0$ 时，式(8.97)简化为

$$\min_{\boldsymbol{x}} F(\boldsymbol{x}) = \min_{\boldsymbol{x}} \{\|\boldsymbol{Ax} - \boldsymbol{b}\|_2^2\} \tag{8.99}$$

属于无正则化的密度重建。这种无正则化密度重建方法适用于对重建物体没有先验信息的情形。目标函数可写为

$$F(\boldsymbol{x}) = \|\boldsymbol{Ax} - \boldsymbol{b}\|_2^2 = (\boldsymbol{Ax} - \boldsymbol{b})^T(\boldsymbol{Ax} - \boldsymbol{b}) \tag{8.100}$$

令 $\partial F(\boldsymbol{x})/\partial \boldsymbol{x} = 0$，得

$$\boldsymbol{A}^T \boldsymbol{Ax} - \boldsymbol{A}^T \boldsymbol{b} = 0 \tag{8.101}$$

因此，无正则化的解估计为

$$\boldsymbol{x} = (\boldsymbol{A}^T \boldsymbol{A})^{-1} \boldsymbol{A}^T \boldsymbol{b} \tag{8.102}$$

但在实际中，由于噪声数据和病态条件的混合作用，它将得到较差的结果。特别地，

在 A 的大多数稳定方向(就是 A^{-1} 的不稳定方向)的噪声可以被放大从而产生较差的重建结果。

8.6.2.3 Tikhonov 正则化

当 $R(x) = \|x\|_2^2$ 时,式(8.97)写为

$$\min_x F(x) = \min_x \{\|Ax - b\|_2^2 + \alpha \|x\|_2^2\} \tag{8.103}$$

目标函数可写为

$$F(x) = (Ax - b)^T(Ax - b) + \alpha x^T x = x^T A^T A x - 2x^T A^T b + b^T b + \alpha x^T x \tag{8.104}$$

令 $\partial F(x)/\partial x = 0$,得

$$A^T A x - A^T b + \alpha x = 0 \tag{8.105}$$

因此,Tikhonov 正则化的解估计为

$$x = (A^T A + \alpha I)^{-1} A^T b \tag{8.106}$$

说明 Tikhonov 正则化是对模型向量最小长度的一种解估计[19]。在实际应用中,Tikhonov 正则化的解估计也称为最小长度解估计。

8.6.2.4 H^1 正则化

Tikhonov 正则化是用模型参数的最小长度特征作为先验知识求一种解估计的方法。如果已知模型参数是变化缓慢的函数的取样值,则可以用模型的一阶导数的模取极小值为准则,求解模型参数所谓的平滑解估计。用有限差分代替微分,式(8.97)写为

$$\min_x F(x) = \min_x \{\|Ax - b\|_2^2 + \alpha \|Dx\|_2^2\} \tag{8.107}$$

D 为梯度矩阵,写为

$$D = \begin{pmatrix} -1 & 1 & & & & \\ & -1 & 1 & & & \\ & & \ddots & \ddots & & \\ & & & \ddots & \ddots & \\ & & & & -1 & 1 \end{pmatrix} \tag{8.108}$$

目标函数可写为

$$F(x) = (Ax - b)^T(Ax - b) + \alpha x^T D^T D x = x^T A^T A x - 2x^T A^T b + b^T b + \alpha x^T H x \tag{8.109}$$

式中:H 等效于对模型参数 x 的权系数矩阵,可表示为

$$H = \begin{pmatrix} 1 & -1 & & & & & \\ -1 & 2 & -1 & & & & \\ & \ddots & \ddots & \ddots & & & \\ & & \ddots & \ddots & \ddots & & \\ & & & \ddots & \ddots & \ddots & \\ & & & & -1 & 2 & -1 \\ & & & & & -1 & 1 \end{pmatrix} \tag{8.110}$$

令 $\partial F(\boldsymbol{x})/\partial \boldsymbol{x} = 0$，得

$$\boldsymbol{x} = (\boldsymbol{A}^{\mathrm{T}}\boldsymbol{A} + \alpha\boldsymbol{H})^{-1}\boldsymbol{A}^{\mathrm{T}}\boldsymbol{b} \tag{8.111}$$

说明 H^1 正则化的解估计是对模型向量加权的一种解估计[20]。在实际应用中，H^1 正则化的解估计也称为平滑解估计。

8.6.2.5 全变分正则化

由于图像是以存在突变（边缘）为其固有特征的，因此若以模型的一阶导数的 L_2 范数作为平滑性的度量，则它将特别强调对大的梯度的"惩罚"，这与图像的固有特征是不相容的。基于这一考虑，1992 年，Rudin、Osher 和 Fatemi 首先提出应以全变分作为图像平滑性的度量，从而开创了一种全新的图像重建方法——全变分（total variation，TV）[21]。

式(8.97)可写为

$$\min_{\boldsymbol{x}} F(\boldsymbol{x}) = \min_{\boldsymbol{x}} \left\{ \frac{1}{2} \|\boldsymbol{A}\boldsymbol{x} - \boldsymbol{b}\|_2^2 + \alpha \|\boldsymbol{D}\boldsymbol{x}\|_1 \right\} \tag{8.112}$$

Tikhonov 正则化模型的欧拉 – 拉格朗日方程是线性的，可以直接得到解的表达式，而全变分正则化的欧拉 – 拉格朗日方程是非线性的，很难得到解的表达式，可通过数值求解得到。

8.6.2.6 自适应全变分正则化

全变分正则化不会对密度的不连续性产生偏差，它对这种密度边缘通过振幅的减少来抑制不连续性，也就是说具有较好的保存边界的优势，但是，它把光滑区域变成分段常数，即所谓的"阶梯现象"。

与 TV 正则化不同，H^1 正则化具有各向同性，不会产生阶梯现象，但是图像的尖锐边界会被抹平。由于大多数物体都具有分片连续密度的特点，于是可以考虑，将两种"平滑性"度量结合起来，在图像重建过程中，能根据重建图像的局部特征，自动的调整"平滑性"量度。在强边缘处采用全变分正则化，而在平坦区采用 H^1 正则化。

根据这一思路，已提出了多种自适应全变分正则化模型。大致可分为两种类型：

(1)正则化参数的自适应。将 α 改为空间适应性参数 $\alpha(\boldsymbol{x})$，取为边缘特征的函数，使得在重建图像边缘附近保真项的权重增大，而在光滑区域内部惩罚项的权重增大，有

$$\alpha(\boldsymbol{x}) \approx \begin{cases} 0, & |\nabla \boldsymbol{x}| > t \\ 1, & |\nabla \boldsymbol{x}| \ll 1 \end{cases} \tag{8.113}$$

式中：t 为阈值。

(2)变分指数的自适应。将 $R(\boldsymbol{x})$ 的变分指数改为依赖于梯度模值的函数，最著名的是 Blomgren 提出的模型[22]：

$$R(\boldsymbol{x}) = |\nabla \boldsymbol{x}|^{p(|\nabla \boldsymbol{x}|)} \tag{8.114}$$

这里的 $p(|\nabla \boldsymbol{x}|)$ 是单调递减的函数，即

$$p(|\nabla \boldsymbol{x}|) = \begin{cases} 2, & |\nabla \boldsymbol{x}| \to 0 \\ 1, & |\nabla \boldsymbol{x}| \to \infty \end{cases} \tag{8.115}$$

当 $1 < p < 2$ 时,各向异性扩散,其效果介于 $p = 1$ 和 $p = 2$ 之间,既恢复了尖锐边界又克服了在光滑区域所产生的假阶梯现象。随着 p 的增加,阶梯现象逐渐减弱。但是,图像的尖锐边界也逐渐被抹平。

2006 年,Asaki 等提出了密度重建的自适应全变分正则化方法(adaptive total variation, aTV)[23]。在这种方法中,全变分方法得到的解可用于确定物体的疑似不连续的径向位置,这些位置之外利用 H^1 正则化,从而完成物体的密度重建。

于是,根据边界的位置信息利用模糊离散的梯度算子确定物体的不连续性,边界位置信息由对角矩阵 E 来存储,如果该物体有期望的不连续,则在 E 的对角线上就为零,否则就为 1。于是,得到伪梯度算子矩阵(masked gradient operator matrix) $D^* = D \cdot E$。自适应全变分正则化方法可通过以下算法来实现:

(1)确定要求的全变分正则化重建方法的正则化参数 α_{TV},并确定全变分正则化重建的密度变化范围 $\Delta x = x_{max} - x_{min}$;

(2)令 E 是满足 $D^* = D \cdot E = D$ 的单位矩阵;

(3)确定不连续性阈值 $t = \Delta x$;

(4)令 $\alpha > \alpha_{TV}$;

(5)利用 α 和 D^* 计算全变分正则化解 x;

(6)计算伪梯度算子矩阵 D^*,首先令 $E = I$,然后如果 $x_{i+1} - x_i > t$,令 $E_{ii} = 0$,从而有 $D^* = D \cdot E$;

(7)更新 t;

(8)重复步骤(5)~(7),直到解 x 或阈值 t 满足收敛准则条件;

(9)利用一个很大的 α 和最后的伪梯度算子矩阵 D^* 计算 H^1 正则化解 x。

在上面的迭代中,t 的选择看起来是一门艺术,尽管有一些准则可用,阈值 t 在最初时相对于不连续密度值要大一些,而在每次重建 x 的迭代过程中逐渐减小,直到比噪声水平的估计值或已知值稍大一些。正则化参数 α 可设定得比 α_{TV} 大一些,较大的初始值只是保证在最初的几步迭代中识别出最大的密度不连续性,结合伪梯度算子矩阵调整让越来越小尺度的不连续性识别出来。

8.6.3 不同正则化模型的密度重建

首先介绍模拟数据的比较。对具有分片光滑和常数密度的物体进行重建,物体、模拟投影数据和重建结果如图 8.18 所示。

该物体密度剖面表示在不同区间上有着光滑变化的密度和密度不连续性(图 8.18(a))。相应的投影数据是由具有高斯噪声的面密度合成的(图 8.18(b)),噪声的方差是无噪声数据最大值的 1.0%,噪声数据和无噪声数据分别用红色和灰色显示。物体密度的真值用灰色显示,重建物体的密度用红色显示。图 8.18(c)是无正则化结果,图 8.18(d)是 H^1 正则化结果,图 8.18(e)是全变分正则化结果,图 8.18(f)是自适应全变分正则化结果。正如期望的那样,无正则化重建由于病态条件的反投影被扩大了的噪声掩盖了。H^1 正则化很好地减少了高频噪声,并且保持了物体的一般特征,但是无法捕捉到物体密度的不连续性。全变分正则化捕捉到了许多的不连续性,甚至物体最小的特征都可以恢复得很好,但存在阶梯效应。而自适应全变分正则化方法得到的结果是最好的,不仅很好地刻画了不连续性,并且保持实际密度在一定的误差范围内。

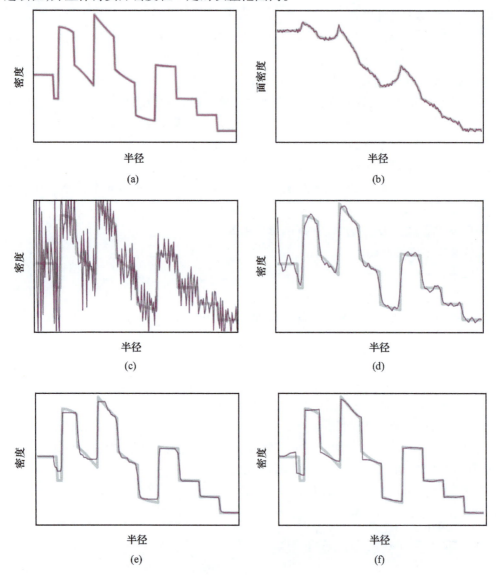

图 8.18 一维嵌套圆环形物体模拟投影数据及其不同正则化模型的密度重建结果

(a)原始密度;(b)面密度;(c)无正则化;(d)H^1 正则化;
(e)全变分正则化;(f)自适应全变分正则化。

下面介绍实验数据的比较。从嵌套圆环形测试物体的 X 射线图像中重建该物体密度,如图 8.19 所示。实际球形壳的界面位置在重建图像中是由垂直的网格线标明的,结果表明,H^1 正则化方法很难区分出物体的几何特性,而自适应全变分正则化方法在识别物体界面信息上起到重要的作用,但是它保留了真实物体所没有的两个界面位置。这是由于散射效应、图像平面的 X 射线强度校正、噪声等因素引起的。其实,真实物体的内部密度和外部密度都是为零的,可见散射作用对重建的某些区域的影响是非常大的。

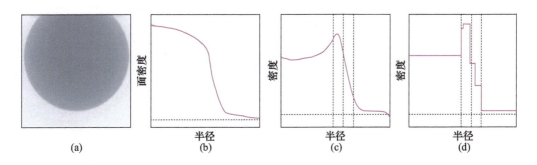

图 8.19　一维嵌套圆环形物体实验数据及其不同正则化模型的密度重建结果

(a)实验灰度图像;(b)面密度;(c)H^1 正则化;(d)自适应全变分正则化。

通常在对物体先验信息有所了解的基础上对重建问题进行正则化处理,这样对噪声数据起到抑制作用,并相对无正则化求解的结果在视觉上产生愉悦的结果,然而,正则化的选择对重建的最后结果的细节起到重要的影响。已经证明对具有分片光滑密度的物体进行重建,基于全变分正则化的方法是最好的选择,尤其是物体界面位置附近密度需要重点关注的情况。

8.6.4　高阶全变分正则化模型

高阶全变分是在一阶全变分基础上演化而来的,可以有效地克服一阶全变分带来的"阶梯现象",受到了学者的广泛关注。下面简要介绍 TV、LLT(Lysaker M,Lundervold A,Tai X C)、TGV(total generalized variation)、TV + Laplace 正则化模型及其密度重建结果,验证了 TV + Laplace 的优势[24]。

TV 正则化:

$$\min_x \{ \| \boldsymbol{Ax} - \boldsymbol{b} \|_2^2 + \mu_1 \| \nabla \boldsymbol{x} \|_1 \} \tag{8.116}$$

LLT 正则化:

$$\min_x \{ \| \boldsymbol{Ax} - \boldsymbol{b} \|_2^2 + \mu_2 \| \Delta \boldsymbol{x} \|_1 \} \tag{8.117}$$

TGV 正则化:

$$\min_x \{ \| \boldsymbol{Ax} - \boldsymbol{b} \|_2^2 + \mathrm{TGV}_\nu^2(\boldsymbol{x}) \} \tag{8.118}$$

TV + Laplace 正则化:

$$\min_x \{ \| \boldsymbol{Ax} - \boldsymbol{b} \|_2^2 + \mu_1 \| \nabla \boldsymbol{x} \|_1 + \mu_2 \| \Delta \boldsymbol{x} \|_1 \} \tag{8.119}$$

式中:μ_1、μ_2 为正则化参数。

在图 8.20 中,构造了包括分片常数、线性、二次曲线的密度函数,根据 X 射线照相的物理过程得到投影数据,分别使用模型式(8.116)~式(8.119)对投影数据进行密度重建。比较不同模型的重建结果,发现 TV + Laplace 正则化在密度函数的特征恢复、信噪比提高及 CPU 时间方面具有优势,即图 8.20(f)的重建效果最好。

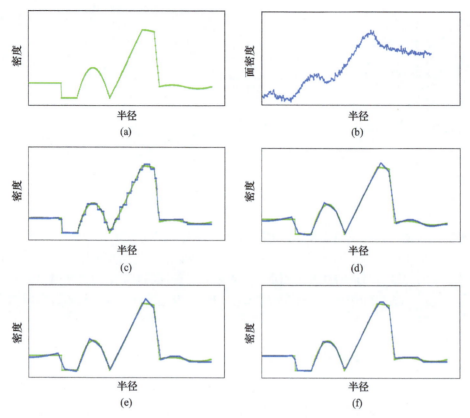

图 8.20　全变分正则化及高阶全变分正则化的密度重建（绿线为真实解，蓝线为数值解）
(a)密度函数；(b)X 射线投影，投影数据中含有最大投影值 1.5% 的高斯噪声；
(c)TV 正则化；(d)LLT 正则化；(e)TGV 正则化；(f)TV + Laplace 正则化。

8.7 基于约束共轭梯度的非线性密度重建方法

8.7.1 非线性密度重建模型

以上几节的密度重建方法都是基于线性重建模型 $Ax = b$。对于多能源和多种材料，辐射照相的方程为非线性的。式(8.4)表达了这一依赖关系。将式(8.4)中的散射扣除，得到第 i 条射线在探测平面上的直穿照射量为

$$y_i = \sum_j B'_{ij}\left[B_{ij} S_{ij} \varepsilon_j \frac{\cos^2\theta_i}{(L_1 + L_2)^2} \exp\left(-\sum_k \mu_{jk} a_{ik} x_k\right)\right] \quad (8.120)$$

为了表示方便，此处将直穿照射量和密度分别用 y_i 和 x_k 表示。

将重建客体的模拟计算结果与实际测量结果联系起来，定义代价(cost)函数为

$$f(\boldsymbol{x}) = \sum_{i=1}^{n}(\hat{y}_i(\boldsymbol{x}) - y_i(\boldsymbol{x}))^2 \quad (8.121)$$

式中：$\hat{y}_i(\boldsymbol{x})(i = 1,2,\cdots,n)$ 为实验测出的探测平面上各点的照射量；$y_i(\boldsymbol{x})(i = 1,2,\cdots,n)$ 为由式(8.120)计算的探测平面上各点的照射量。

选择约束共轭梯度算法,寻求二者之间的更佳匹配,找出最大可能解[25]。

按照正则化理论,定义被重建的密度分布为如下优化问题的解:

$$\min_x f(\boldsymbol{x}) = \min_x \left\{ \sum_{i=1}^n [\hat{y}_i(\boldsymbol{x}) - y_i(\boldsymbol{x})]^2 + \alpha R(\boldsymbol{x}) \right\} \quad (8.122)$$

$R(\boldsymbol{x})$的选择由实际问题的物理意义确定,以保证式(8.122)的解满足物理与数学上的要求。对于密度分布在两种物质的界面处是突变的问题,吸取全变分去噪声的一些思想,提出如下密度平滑模型:

$$R(\boldsymbol{x}) = \sum_{j=1}^m |x_{j+1} - x_j|^p \quad (8.123)$$

已知照射量求密度分布。由于密度出现在幂指数上,当光学厚度较大时,照射量对密度的变化不敏感。这样,造成了数学上求解的困难,为此,可以做函数变换:

$$\tilde{\hat{y}}_i(\boldsymbol{x}) = \ln\left[\frac{(L_1+L_2)^2}{\varepsilon}\hat{y}_i(\boldsymbol{x})\right], \quad \tilde{y}_i(\boldsymbol{x}) = \ln\left[\frac{(L_1+L_2)^2}{\varepsilon}y_i(\boldsymbol{x})\right] \quad (8.124)$$

对于单能光源,ε为单能的照射量转换因子;对于实际光源,也就是光源具有一定的能谱结构,可以认为ε为平均能量的照射量转换因子。这里只是数量变化,不要求准确。

求解式(8.122)可以转换为求下列的极小化问题:

$$\min f(\boldsymbol{x}) = \min \sum_{i=1}^n \left[\tilde{\hat{y}}_i(\boldsymbol{x}) - \tilde{y}_i(\boldsymbol{x})\right]^2 + \alpha R(\boldsymbol{x}) \quad (8.125)$$

针对关注问题的不同,p采取不同的取值。对于X射线照相的实际情况,可能出现不同物质的密度混合、密度的连续变化等未知因素,可以分别使用p取不同值的模型,对结果综合分析。

8.7.2 非线性共轭梯度算法

非线性共轭梯度算法是针对可微函数极小化问题[26]:

$$\min f(\boldsymbol{x}) \quad (8.126)$$

的一种搜索方向的合理选取方法。给定初始点$\boldsymbol{x}^1$,求解(8.126)就是如下形式的迭代方法:

$$\begin{aligned} \boldsymbol{x}^{k+1} &= \boldsymbol{x}^k + \alpha_k \boldsymbol{d}^k \\ \alpha_k &= \arg\min f(\boldsymbol{x}^k + \alpha \boldsymbol{d}^k) \end{aligned} \quad (8.127)$$

式中:α_k为搜索步长;$\boldsymbol{d}^k$为搜索方向,且有

$$\boldsymbol{d}^k = \begin{cases} -\nabla f(\boldsymbol{x}^k), & k=1 \\ -\nabla f(\boldsymbol{x}^k) + \beta_k \boldsymbol{d}^{k-1}, & k \geq 2 \end{cases} \quad (8.128)$$

β_k的不同表达式就代表了共轭梯度算法不同的形式,常见的有以下几种。

(1) Fletcher – Reeves(FR)公式:

$$\beta_k = \frac{\|\nabla f(\boldsymbol{x}^k)\|^2}{\|\nabla f(\boldsymbol{x}^{k-1})\|^2} \quad (8.129)$$

(2) Dixon – Myers(DM)公式：

$$\beta_k = \frac{\nabla f(\boldsymbol{x}^k)^{\mathrm{T}} \nabla f(\boldsymbol{x}^k)}{(\boldsymbol{d}^{k-1})^{\mathrm{T}} \nabla f(\boldsymbol{x}^{k-1})} \tag{8.130}$$

(3) Polak – Ribèire – Polyak(PRP)公式：

$$\beta_k = \frac{\nabla f(\boldsymbol{x}^k)^{\mathrm{T}} [\nabla f(\boldsymbol{x}^k) - \nabla f(\boldsymbol{x}^{k-1})]}{\nabla f(\boldsymbol{x}^{k-1})^{\mathrm{T}} \nabla f(\boldsymbol{x}^{k-1})} \tag{8.131}$$

(4) Hestenes – Stiefel(HS)公式：

$$\beta_k = \frac{\nabla f(\boldsymbol{x}^k)^{\mathrm{T}} [\nabla f(\boldsymbol{x}^k) - \nabla f(\boldsymbol{x}^{k-1})]}{(\boldsymbol{d}^{k-1})^{\mathrm{T}} [\nabla f(\boldsymbol{x}^k) - \nabla f(\boldsymbol{x}^{k-1})]} \tag{8.132}$$

对于目标函数是正定二次函数的无约束最优化问题，这些形式是完全等价的。但是，对于目标函数是非二次函数的无约束最优化问题，它们所产生的搜索方向是不同的。

共轭梯度算法的两个关键步骤是求目标函数的梯度和求解最优化步长的一维搜索。要求太高，如 $\nabla f(\boldsymbol{x}^k) = 0$，计算速度很慢，有可能得不到解；要求太低，可能导致收敛的失败。因此，可以使用一种简捷快速的不精确的搜索办法，即迭代次数由一个固定值来控制。当 $\nabla f(\boldsymbol{x}^k) = 0$ 或迭代次数达到一定值，停止迭代，输出结果。这里需要注意，不精确的搜索办法可能导致搜索方向不是下降方向，采用两种办法可以解决这个问题：①如果 $\nabla f(\boldsymbol{x})^{\mathrm{T}} \boldsymbol{d} \geq 0$，令 $\boldsymbol{d} = -\nabla f(\boldsymbol{x})$，相当于重新开始共轭梯度算法；②起点周期性变化，也就是每隔一定的迭代次数，令 $\boldsymbol{d} = -\nabla f(\boldsymbol{x})$。这样，不仅保证了周期性的采用下降方向，而且减少了计算中迭代误差的积累。

8.7.3 约束共轭梯度算法及数值实验

约束共轭梯度(CCG)算法就是在共轭梯度算法的基础上附加一定的约束条件。约束共轭梯度优化算法利用代价函数对测量结果与模拟结果进行比较，该函数根据探测系统的统计性质来衡量二者的差别。这一重建技术也使引入虚假特征的可能性最小，但不能彻底消除。归纳为以下步骤：

(1) 根据实验图像，利用接收系统响应曲线、扣除散射等得到测量的直穿照射量；

(2) 根据已知数据产生客体的一个初始模型；

(3) 确定源强和能谱、源和探测器的模糊矩阵，利用式(8.120)得到直穿照射量；

(4) 将计算结果与实际测量结果进行比较，计算代价函数；

(5) 利用 CCG 优化算法权衡这些差别来修正客体，以寻求两种投影之间的更佳匹配，找出最大可能解，并利用一些规定的限制有效地修改模型；

(6) 将新客体反馈到计算程序，开始新的一次迭代计算，直到实际测量的和计算得到的直穿照射量之间的差别足够小(小到令人满意)。

在 X 射线照相中，只涉及几种物质的密度及线衰减系数。因此，在迭代的每一步，可以附加限制：①密度非负。当密度小于或等于一个很小的数(10^{-2})时，令密度为零。②根据密度分布情况确定物质分布及质量衰减系数，有时，甚至可以根据先验知识，对密度分布的径向范围做一限制。

利用上述约束共轭梯度算法对 FTO 的 X 射线照相的模拟图像进行密度重建，正则化函数取式(8.123),图 8.21 给出了不同 p 值的密度重建结果。可以看出,选择不同的 p 值密度重建的结果在界面处有所不同,对于密度函数是分段函数的情形,$p=1.01$ 是较好的选择。

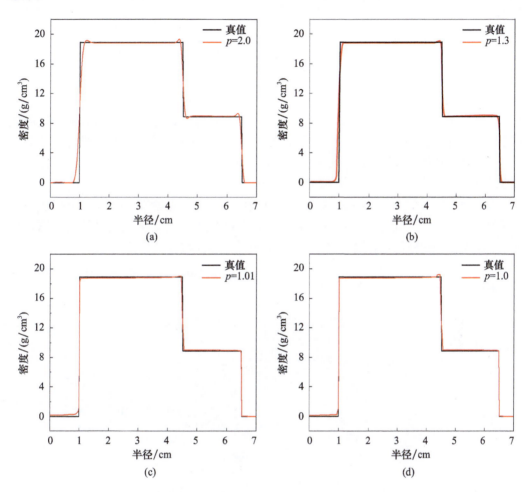

图 8.21　不同 p 值的密度重建结果的比较

8.7.4　HADES-CCG 算法

2002 年,美国 LLNL 实验室提出了基于射线追踪的 HADES-CCG 算法[27-29]。射线追踪编码 HADES 是为了解决蒙特卡罗方法模拟辐射照相时间长、难于耦合到重建程序中的问题而开发的,其名来自希腊神话。此算法中,将辐射源和探测器连接的一束射线通过具体系统来追踪。计算每条射线的总光程,并存储于每个像素(模拟探测器)中。计算中包括能谱效应、各种模糊和剂量转换。

HADES 的基本客体描述是客体的网格模型。HADES 可以对各类型的二维 $r-z$ 网格及三维复杂网格(从直角网格到广义六面网格)进行辐射照相。这种网格追踪的能力在 HADES 作为辐射照相编码中是相对唯一的,可以并入进行网格内重建的优化算法之中。为了并入到层析,因而使用三维直角网格。

HADES 可模拟包括平板、球、锥、柱体和其他复杂形状的客体,加上交、联和余,以对更复杂的客体进行辐射照相。HADES 甚至不用任何网格运行,而仅用实体客体的组合。HADES 模拟 X 射线辐射照相的能量范围从 1keV 到 100MeV,可以模拟单能源和多能源。

$$y_i = \frac{I}{I_0} = \sum_j B_{ij} B'_{ij} \left[S_j \exp\left(- \sum_l \sum_k \mu_{ljk} a_{ik} x_k \right) + \zeta_j \right] \quad (8.133)$$

式中:I 和 I_0 分别为 X 射线的透射强度和入射强度;B_{ij} 和 B'_{ij} 分别为由光源焦斑模糊和探测器模糊在探测平面上卷积的模糊矩阵,它依赖于能量;S_j 为能量箱 j 内的入射剂量或光子数(由所用探测器的记录方式决定);μ_{ljk} 为体元 k 中的材料 l 在能量箱 j 时的质量衰减系数;a_{ik} 为几何矩阵 A 的第 ik 个元素,它与第 i 条射线通过体元 k 的路程相关;x_k 为体元 k 中的材料密度;ζ_j 为到达第 i 个像素的散射辐射。

HADES - CCG 迭代重建算法如图 8.22 所示。首先,由先验知识估计一个猜想的客体模型,并由 HADES 计算试验客体的模拟正向投影图像;然后将测量的客体投影图像与模拟客体投影图像做比较,并将其体现在代价函数中,该函数根据探测系统的统计性质来衡量二者的差别;最后用 CCG 最小化算法权衡这些差别来修正客体,以寻求两种投影之间的更佳匹配。而后,将新客体反馈到模拟器,开始新的一次迭代算法。

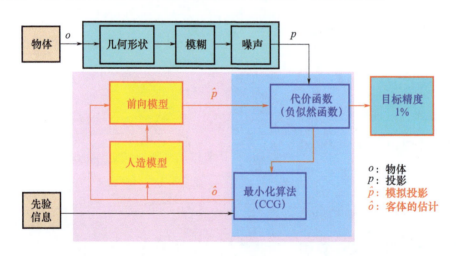

图 8.22 HADES - CCG 迭代重建算法流程示意图

由于文献[28]中的算法未包括模糊项和散射项,重建结果并不理想。下面是实验数据的处理结果。客体是一个圆柱形物体,外层是铝(Al)、中层为铅(Pb)、内层为塑料。此客体用 L - 3000 源(9MeV)辐射照相和用 VF4030 成像。用卷积反投影(CBP)算法、HADES - CCG 重建算法分别重建数据,结果如图 8.23 所示。可以看出,HADES - CCG 算法得到比较接近实际的线衰减系数,而且对数据做了最小二乘拟合,有效地控制了图像中的噪声扰动。

虽然文献[28]中给出的重建结果并不理想,但 HADES - CCG 算法将正向模拟与重建算法结合的思想,为高能 X 射线密度重建提供了一个重要的研究方法。

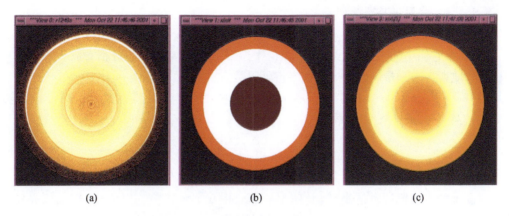

图 8.23 客体线衰减系数重建结果的比较
(a) CBP 重建结果;(b) 客体原始线衰减系数;(c) HADES – CCG 重建结果。

8.8 基于 MCMC 方法的密度重建及其不确定性估计

不确定性是对计算或测量值置信度的度量。采用频率方法进行不确定性估计需要采集大量实验测量值并从得到结果的分布中判定不确定度,这种方法不适用于成本高且不能复现的流体动力学试验。基于贝叶斯推理的马尔可夫链蒙特卡罗(MCMC)方法因其在不确定性量化中的应用,在反问题领域得到了广泛的关注。

8.8.1 MCMC 方法

MCMC 方法是统计物理学家 Metropolis 等在 1953 年提出的一种动态的蒙特卡罗方法,其基本思想是先给出一个待抽样的提议分布,然后不断地从该提议分布中进行抽样,每次抽样以一个概率接受该样本,得到的样本序列就是一条马尔可夫链。当该马尔可夫链达到平稳时,就可以认为接下来的样本序列是满足同分布的,相应的关于样本及其函数的统计量就是问题的可能解。

许多求解不适定问题的经典正则化方法都可以看作是基于后验分布来构造估计值。在讨论正则化方法的文献中,很大一部分都致力于正则化参数的选取。此外,先验概率密度依赖的方差和期望等参数在传统贝叶斯方法中通常假定是已知的。从经典的正则化理论角度看,这相当于提前知道正则化参数。在贝叶斯框架中,如何选取参数这个问题的答案是:如果一个参数未知,那么它就是推理问题的一部分,这种方法引出了分层模型(hierarchical model)[30],它允许结合多层次的经验知识,不仅是关于待求未知量的先验信息,还可以是这些先验信息的结构特征。

2012 年以后,MCMC 方法被用来研究高能 X 射线闪光的密度重建不确定度[31-32]。基于 MCMC 方法研究密度重建的不确定性量化问题的基本思想是:利用投影数据中包含的噪声的先验知识和客体密度的经验信息,同时整合它们的结构信息,构造分层贝叶斯模型;利用 MCMC 方法对各个未知量的条件后验概率分布进行交替迭代采样,最后在样本空间中估计出重建结果及其不确定度。

8.8.1.1 分层贝叶斯模型

分层贝叶斯模型的基本思想:将投影数据中噪声的先验信息、客体密度的经验知识作为一层,而将它们中的未知参数的先验知识作为下一层,然后利用贝叶斯公式可以把这些知识整合成所有未知量的联合后验概率密度函数。

噪声 $\varepsilon \sim \text{Normal}(0, (\lambda I)^{-1})$,其中 λ 表征噪声水平,λ 越小噪声越大。那么,给定 x 和 λ 的信息,b 的条件概率密度为

$$p(b \mid x, \lambda) \propto \lambda^{m/2} \exp\left(-\frac{\lambda}{2} \| KAx - b \|^2\right) \tag{8.134}$$

式中:K 为模糊矩阵。

假设 x 的先验模型也是高斯型,即 $x \sim \text{Normal}(0, (\delta L)^{-1})$,其中 δ 表征图像光滑程度,δ 越大图像越光滑,δL 为协方差矩阵的逆矩阵,也称为精度矩阵(precision matrix),$\delta > 0$ 和 L 均未知。假设 $\delta > 0$ 和 L 已知,那么,x 的条件先验概率密度可表示为

$$p(x \mid \delta, L) \propto \delta^{n/2} |L|^{1/2} \exp\left(-\frac{\delta}{2} x^{\text{T}} L x\right) \tag{8.135}$$

也就是说,先验概率密度取决于 δ 和 L。x 的高斯型先验使得 $p(b \mid x, \lambda) p(x \mid \delta, L)$ 对于 x 仍然是高斯分布,因此,$p(x \mid L, \delta)$ 是共轭先验。

考虑到密度 x 的非负性,对计算的样本施加非负约束。假设 $S = S(x) \stackrel{\text{def}}{=} \{i \mid x_i = 0\}$ 为 x 的零元指标集,$p(S)$ 为 S 的概率模型,那么非负先验信息将依赖于零元指标集。定义对角矩阵 C 使得 $c_{ii} = 1 (i \notin S), c_{ii} = 0 (i \in S)$。对无约束情况下密度的先验信息进行如下修改:

$$p(x \mid \delta, L, S) \propto \delta^{n_p/2} |L|^{1/2} \exp\left(-\frac{\delta}{2} x^{\text{T}} CLCx\right) \tag{8.136}$$

式中,$n_p = n - |S|$,即 x 中大于零的元素的个数。

注意,这个先验分布对指标为 $i \notin S$ 的量的定义是有意义的,这正是所需要的。

进一步假设有精度矩阵 L 的高阶先验密度函数 $p(L)$。这里假设 L 服从 Wishart 分布,Wishart 分布是对多维伽马分布的扩展,同时也共轭于一个多维的高斯分布,该分布通常用于逆协方差矩阵。因此,$L \sim \text{Wishart}(\Sigma, \nu)$,其概率密度函数为

$$p(L) = \frac{1}{2^{\nu n/2} |\Sigma|^{\nu/2} \Gamma(\nu/2)} |L|^{\frac{\nu - n - 1}{2}} \exp\left[-\frac{1}{2} \text{tr}(\Sigma^{-1} L)\right] \tag{8.137}$$

式中:Σ 为正定尺度矩阵;ν 为自由度。

最后,为尺度参数 λ 和 δ 选择伽马高阶先验分布:

$$p(\lambda) \propto \lambda^{\alpha_\lambda - 1} \exp(-\beta_\lambda \lambda) \tag{8.138}$$

$$p(\delta) \propto \delta^{\alpha_\delta - 1} \exp(-\beta_\delta \delta) \tag{8.139}$$

换言之,$\lambda \sim \text{Gamma}(\alpha_\lambda, \beta_\lambda), \delta \sim \text{Gamma}(\alpha_\delta, \beta_\delta)$,其中 α_λ 和 α_δ 为形状参数,β_λ 和 β_δ 为逆尺度参数。

在考虑各变量服从上述分布后,可以得到如下联合后验概率分布[32]:

$$p(x, \lambda, \delta, L, S \mid b) \propto p(b \mid x, \lambda, S) p(x \mid \delta, L, S) p(L) p(\delta) p(S) p(\lambda)$$

$$= |L|^{\frac{\nu - n}{2}} \lambda^{\frac{m}{2} + \alpha_\lambda - 1} \delta^{\frac{n_p}{2} + \alpha_\delta - 1} \exp(-\beta_\lambda \lambda - \beta_\delta \delta) \times$$

$$\exp\left[-\frac{\lambda}{2} \| KACx - b \|^2 - \frac{\delta}{2} x^{\text{T}} CLCx - \frac{1}{2} \text{tr}(\Sigma^{-1} L)\right] \tag{8.140}$$

8.8.1.2 后验概率分布的 MCMC 采样

MCMC 的思想就是分别写出各个未知量的条件后验概率密度函数,对它们进行交替迭代采样得出一条或多条马尔可夫链,从中计算期望和方差作为密度估计及其对应的不确定度估计。

式(8.140)允许同时估计 x、λ、δ 和 L,即

$$p(x\mid\lambda,\delta,L,S,b) \propto \exp\left(-\frac{\lambda}{2}\|KACx-b\|^2 - \frac{\delta}{2}x^T CLCx\right) \tag{8.141}$$

$$p(\lambda\mid x,\delta,L,S,b) \propto \lambda^{\frac{m}{2}+\alpha_\lambda-1}\exp\left[-\left(\frac{1}{2}\|KACx-b\|^2+\beta_\lambda\right)\lambda\right] \tag{8.142}$$

$$p(\delta\mid x,\lambda,L,S,b) \propto \delta^{\frac{n_p}{2}+\alpha_\delta-1}\exp\left[-\left(\frac{1}{2}x^T CLCx+\beta_\delta\right)\delta\right] \tag{8.143}$$

$$p(L\mid x,\lambda,\delta,S,b) \propto |L|^{\frac{\nu-n}{2}}\exp\left\{-\frac{1}{2}\left[\operatorname{tr}\left(\Sigma^{-1}L\right)+\delta x^T CLCx\right]\right\} \tag{8.144}$$

则

$$x\mid\lambda,\delta,L,S,b \sim \operatorname{Normal}((\lambda A^T K^T KA+\delta L)_S^{-1}\lambda A^T K^T b,(\lambda A^T K^T KA+\delta L)_S^{-1}) \tag{8.145}$$

$$\lambda\mid x,\delta,L,S,b \sim \operatorname{Gamma}\left(m/2+\alpha_\lambda,\frac{1}{2}\|KACx-b\|^2+\beta_\lambda\right) \tag{8.146}$$

$$\delta\mid x,\lambda,L,S,b \sim \operatorname{Gamma}\left(n_p/2+\alpha_\delta,\frac{1}{2}x^T L_S x+\beta_\delta\right) \tag{8.147}$$

$$L\mid x,\lambda,\delta,S,b \sim \operatorname{Wishart}((\Sigma^{-1}+\delta(xx^T)_S)^{-1},\nu+1) \tag{8.148}$$

式中: $B_S \stackrel{\text{def}}{=} CBC$。

注意到密度函数 $p(x\mid\lambda,\delta,L,S,b)$ 对指标为 $i\notin S$ 的量的定义是有意义的,而且 $x_i=0, i\in S$。$Cx = x(x_i=0, i\notin S)$,如果在式(8.146)中删除 C,将式(8.147)中的 L_S 用 L 代替,将式(8.148)中的 $(xx^T)_S$ 用 xx^T 替换,可以得到等价的分布。

不难发现概率密度函数 $p(S)$ 和条件概率密度函数 $p(S\mid x,\lambda,\delta,L,b)$ 还有待定义。这可以通过计算

$$\hat{x} = \arg\min_{x\geq 0}\left\{\frac{1}{2}x^T(\lambda A^T K^T KA+\delta L)x - x^T(\lambda A^T K^T b+w)\right\} \tag{8.149}$$

来实现,其中 $w\sim\operatorname{Normal}(0,\lambda A^T K^T KA+\delta L)$。也就是说,求解上式同时产生样本 x 和 S。更值得注意的是,利用 CCG 算法可以很容易地求解这一优化问题。这里仍然没有定义 $p(S)$,但是这并不影响定义 MCMC 方法。

式(8.145)~式(8.148)的强大之处在于可以使用标准统计软件轻松计算这四种分布的样本,此外,求解式(8.145)还需要用到非线性优化技术。依次使用条件概率密度函数 $p(S\mid x,\lambda,\delta,L,b)$ 和式(8.145)~式(8.148),可以在没有关于 S 的显式采样步骤的情况下构造一个吉布斯(Gibbs)采样器。采样器以 x 开始,并用初值 λ_0、δ_0、L_0 初始化。算法的基本框架如下。

(1) 选取初值 λ_0、δ_0、L_0,最大样本数量 N,令 $k=0$。

(2) 利用 CCG 方法计算 $x^k = \arg\min_{x\geq 0}\left\{\frac{1}{2}x^T(\lambda_k A^T K^T KA+\delta_k L_k)x - x^T(\lambda_k A^T K^T b+w)\right\}$,

其中，$w \sim \text{Normal}(0, \lambda_k \boldsymbol{A}^\mathrm{T} \boldsymbol{K}^\mathrm{T} \boldsymbol{K} \boldsymbol{A} + \delta_k \boldsymbol{L}_k)$。

(3) 计算 $\lambda_{k+1} \sim \text{Gamma}\left(m/2 + \alpha_\lambda, \dfrac{1}{2} \|\boldsymbol{K}\boldsymbol{A}\boldsymbol{x}^k - \boldsymbol{b}\|^2 + \beta_\lambda\right)$。

(4) 计算 $\delta_{k+1} \sim \text{Gamma}\left(n_p^k/2 + \alpha_\delta, \dfrac{1}{2}(\boldsymbol{x}^k)^\mathrm{T} \boldsymbol{L}_k \boldsymbol{x}^k + \beta_\delta\right)$，其中，$n_p^k$ 为 $\boldsymbol{x}^k$ 中大于零的元素个数。

(5) 计算 $\boldsymbol{L}_{k+1} \sim \text{Wishart}\left((\boldsymbol{\Sigma}^{-1} + \delta_{k+1} \boldsymbol{x}^k (\boldsymbol{x}^k)^\mathrm{T})^{-1}, \nu + 1\right)$。

(6) 令 $k = k + 1$，如果 $k < N$，那么返回第(2)步。

为了简化上述采样器第(5)步中逆矩阵的计算，利用 Sherman – Morrison 公式：

$$(\boldsymbol{\Sigma}^{-1} + \delta_{k+1} \boldsymbol{x}^k (\boldsymbol{x}^k)^\mathrm{T})^{-1} = \boldsymbol{\Sigma} - \frac{\delta_{k+1} \boldsymbol{\Sigma} \boldsymbol{x}^k (\boldsymbol{x}^k)^\mathrm{T} \boldsymbol{\Sigma}}{1 + \delta_{k+1}(\boldsymbol{x}^k)^\mathrm{T} \boldsymbol{\Sigma} \boldsymbol{x}^k} \tag{8.150}$$

通过上述 MCMC 算法得到的样本可以用来计算样本均值和 95% 置信区间。样本均值较好地表征了待求密度值，而置信区间为此后验估计值提供了不确定性量化。

8.8.2 光程测量的不确定度

8.8.2.1 CCD 接收系统

对于 CCD 接收系统，各像素上的灰度 G 与照射量之间的响应关系为

$$G = G_0 + k(X_D + X_S) = G_0 + k\left(\frac{X_1}{d^2} \mathrm{e}^{-b} + X_S\right) \tag{8.151}$$

式中：G 为图像的灰度；G_0 为灰度本底；k 为转换曲线斜率；X_S 为散射照射量；d 为光源到图像的距离；b 为光程；X_1 为 1m 处的照射量；X_D 为直穿照射量，它与光程的关系式为

$$X_D = \frac{X_1}{d^2} \mathrm{e}^{-b} \tag{8.152}$$

可得到光程：

$$b = -\ln \frac{d^2}{kX_1} - \ln(G - G_0 - kX_S) \tag{8.153}$$

在现有的实验测量条件下，可以认为光学密度和距离的测量误差可以忽略。本节重点考虑散射照射量、入射照射量、转换曲线的确定或测量误差引起光程的不确定度。

散射照射量的确定误差引起光程的不确定度为

$$(\Delta b)_{X_S} = \left(\frac{\partial b}{\partial X_S}\right) \Delta X_S = \text{SDR} \frac{\Delta X_S}{X_S} \tag{8.154}$$

入射照射量的测量误差引起光程的不确定度为

$$(\Delta b)_{X_1} = \left(\frac{\partial b}{\partial X_1}\right) \Delta X_1 = \frac{\Delta X_1}{X_1} \tag{8.155}$$

转换曲线的测量误差引起光程的不确定度为

$$(\Delta b)_k = \left(\frac{\partial b}{\partial k}\right) \Delta k = (1 + \text{SDR}) \frac{\Delta k}{k} \tag{8.156}$$

则光程测量的不确定度为

$$\Delta b = \sqrt{(\Delta b)_{X_S}^2 + (\Delta b)_{X_1}^2 + (\Delta b)_k^2} = \sqrt{\mathrm{SDR}^2\left(\frac{\Delta X_S}{X_S}\right)^2 + \left(\frac{\Delta X_1}{X_1}\right)^2 + (1+\mathrm{SDR})^2\left(\frac{\Delta k}{k}\right)^2}$$
(8.157)

8.8.2.2 屏-片接收系统

对于屏-片接收系统,各像素上的光学密度 D 与照射量之间的响应关系为

$$D = D_0 + k\lg(X_D + X_S) = D_0 + k\lg\left(\frac{X_1}{d^2}e^{-b} + X_S\right) \quad (8.158)$$

可得到光程:

$$b = -\ln\frac{d^2}{X_1} - \ln[10^{(D-D_0)/k} - X_S] \quad (8.159)$$

散射照射量的确定误差引起光程的不确定度为

$$(\Delta b)_{X_S} = \frac{\partial b}{\partial X_S}\Delta X_S = \mathrm{SDR}\frac{\Delta X_S}{X_S} \quad (8.160)$$

入射照射量的测量误差引起光程的不确定度为

$$(\Delta b)_{X_1} = \frac{\partial b}{\partial X_1}\Delta X_1 = \frac{\Delta X_1}{X_1} \quad (8.161)$$

转换曲线的测量误差引起光程的不确定度为

$$(\Delta b)_k = \frac{\partial b}{\partial k}\Delta k = \ln10(1+\mathrm{SDR})\lg[X_D(1+\mathrm{SDR})]\frac{\Delta k}{k} \quad (8.162)$$

8.8.3 数值实验

假设光源为 4MeV 的单能光子束,光源分布为高斯函数,其半高全宽为 0.3cm,FTO 距离光源 200cm,探测器距离客体 250cm。图 8.40(a)为蒙特卡罗模拟得到的探测平面上的总照射量分布,图 8.24(b)为直穿照射量和散射照射量过中心的剖面图[33]。可以利用式(8.152)从直穿照射量分布计算光程的径向分布。

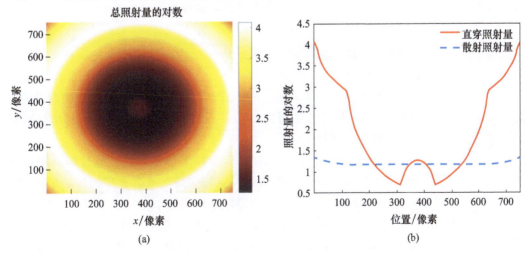

图 8.24 FTO 的模拟图像及过中心的横截线
(a)FTO 的模拟图像;(b)过中心的横截线。

显然,在式(8.145)~式(8.148)中引入高阶先验分布需要选取适当的高阶参数 α_λ、β_λ、α_δ、β_δ、ν 和 Σ。使用这些高阶参数和初始值 λ_0、δ_0、L_0 设置 MCMC 采样器。然后计算了 100000 个样本,并从中选取了最后的 95000 个样本,这是因为这些样本趋于稳定,并且样本之间的相关性很小。从这些样本中,绘制样本均值作为重建结果,也称为未知线衰减系数的条件均值(conditional mean,CM)估计。同时利用经验分位数,即每个位置处样本的 0.025 和 0.975 分位数,给出 95% 置信区间作为重建结果不确定性的定量度量。

8.8.3.1 参数选取规律

伽马分布的形状和逆尺度参数的一般选择在文献[30]中给出,即 $\alpha_\lambda = \alpha_\delta = 1$,$\beta_\lambda = \beta_\delta = 10^{-4}$。这时高阶先验知识会被认为是"无信息的",它们对 λ 和 δ 的采样值的影响可以忽略不计。文献[32]通过调整参数量级的大小以适应特定的问题可以取得较好的效果。文献[33]发现从模型出发来调优关于 λ 和 δ 的高阶参数,会取得更好的结果。

对于高阶参数 $(\alpha_\lambda, \beta_\lambda)$,容易看出 λ 表征光程的噪声水平 σ^2。值越小,噪声越大。由于对应的 Gamma 分布的均值和方差分别为 $E(\lambda) = \alpha_\lambda/\beta_\lambda$ 和 $\mathrm{Var}(\lambda) = \alpha_\lambda/\beta_\lambda^2$,选择合适的 α_λ 和 β_λ 使得 $E(\lambda) = \alpha_\lambda/\beta_\lambda$ 接近于 σ^{-2},而 $\mathrm{Var}(\lambda) = \alpha_\lambda/\beta_\lambda^2$ 尽量小。在下面的数值实验中设置 $\alpha_\lambda = \sigma^{-2}$,$\beta_\lambda = 1$。

进一步研究高阶参数 $(\alpha_\delta, \beta_\delta)$ 的影响。为此,使用控制变量方法,将 λ 和 L 设置为已知值。然后,将 $\alpha_\delta = 1$ 固定下来,相应的伽马分布退化为指数分布。对不同的 β_δ 计算 (x, δ) 的最大后验估计值。从中选择重建效果最好的 $\hat{x}$ 对应的 $\hat{\beta}_\delta$。与 λ 相似,选取适当的 α_δ 和 β_δ 使得 $\alpha_\delta/\beta_\delta = 1/\hat{\beta}_\delta$,而 $\alpha_\delta/\beta_\delta^2$ 尽量小。在数值实验中设置 $\alpha_\delta = \hat{\beta}_\delta^{-1}$,$\beta_\delta = 1$。

最后,设置 Wishart 自由度参数 $\nu = n + 1$ 以确保分布是有意义的。由于 Wishart 分布的均值为 $\nu\Sigma$,通过选择一个包含边缘信息的 Σ,最终重建的质量应该会得到很大的提高。令 $\Sigma = \frac{1}{\nu}L_{\mathrm{TV}}(x_{\mathrm{TV}})$,$L$ 的高阶先验分布集中在由 TV 解提供的初始界面估计周围,其中,$L_{\mathrm{TV}}(x_{\mathrm{TV}}) = D^{\mathrm{T}}\psi(x_{\mathrm{TV}})D$,$\psi(x_{\mathrm{TV}}) := \mathrm{diag}(1/\sqrt{(Dx_{\mathrm{TV}})^2 + \eta})$,$\eta$ 为一个小的正常数,D 为向前差分矩阵。尽管如此,在下一小节的计算将表明算法对这个估计相对不敏感。

8.8.3.2 参数敏感性

现在,从图 8.24(b) 所示的直穿照射量计算光程,然后由此重建 FTO 的线衰减系数分布,并对参数 Σ 和 β_δ 进行敏感性分析,如图 8.25 所示。对于 MCMC 采样器,自由度参数 $\nu = n + 1$,Wishart 尺度矩阵 Σ 用 $L_{\mathrm{TV}}(x_{\mathrm{TV}})/\nu$ 计算得到,同时 $L_{\mathrm{TV}}(x_{\mathrm{TV}})$ 也用作初始的 L_0。初始的 λ_0 和 δ_0 从均匀分布 $(0, 1)$ 中采样得到。Gibbs 采样器的所有剩余参数都是利用上节描述的方法选择的,如表 8.1 所列。

MCMC 方法对 TV 解的敏感度,反映了其对高阶参数 Σ 的敏感性。通过向采样器提供不包含边缘信息的平坦 TV 解和显示错误边缘位置和线衰减系数分布的 TV 解来进行测试,这两种 TV 解分别由图 8.25(c) 和图 8.25(d) 中的点虚线表示。分别计算样本均值,如图 8.25(c) 和图 8.25(d) 中实线所示。为了便于比较,计算了采用合适的 TV 解初始化采样器时的 CM 估计值(图 8.25(b)),与真实值吻合良好。将 CM 估计值与真实线衰减系数剖面相比较计算得到均方误差。如表 8.1 所列,原始重建结果的均方误差为 0.0637392,而这两种重建结果都与之相差不超过 0.000002。这两种重建都表明贝叶斯方

法能够克服参数 Σ 信息不充分的缺陷,并且依靠投影数据确定边缘位置和线衰减系数分布。

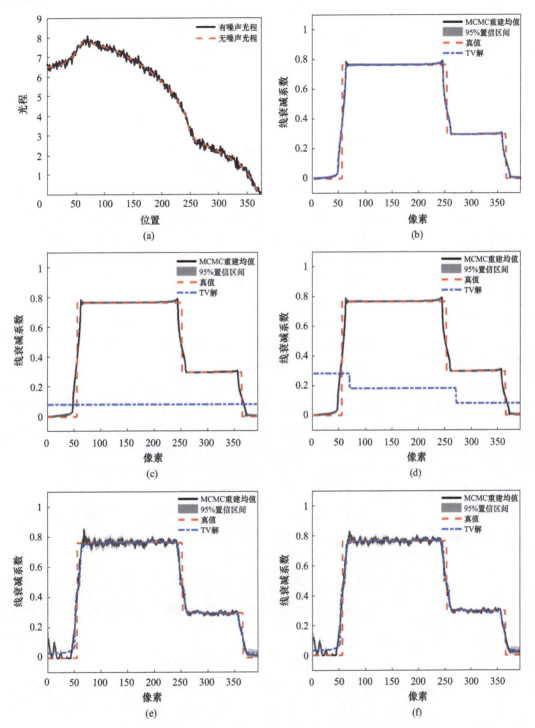

图 8.25 由直穿照射量计算得到的光程数据的线衰减系数重建结果
(a)有噪声与无噪声的光程;(b)无噪声数据的重建结果;(c)平坦 TV 解构造 Σ 的重建结果;
(d)不正确 TV 解构造 Σ 的重建结果;(e)$\beta_\delta = 10^0$ 的重建结果;(f)$\beta_\delta = 10^1$ 的重建结果。

表 8.1　参数统计与图 8.25 中均方误差比较

图号	α_λ	β_λ	α_δ	β_δ	$\|x_{MCMC}-x_{true}\|/\sqrt{n}$
图 8.25(b)	10^6	10^0	10^2	10^0	0.0637392
图 8.25(c)	10^6	10^0	10^2	10^0	0.0637399
图 8.25(d)	10^6	10^0	10^2	10^0	0.0637404
图 8.25(e)	7.3×10^5	10^0	10^2	10^0	0.0636181
图 8.25(f)	7.3×10^5	10^0	10^2	10^1	0.0632581

为了测试重建结果对参数 β_δ 的敏感性，对带噪声的光程（图 8.25(a)中实线）进行线衰减系数重建，其中噪声水平为投影数据最大值的 1.5%。保持除 β_δ 之外的所有值不变，并将 β_δ 从 10^0 改为 10^1，从各个条件分布中提取 MCMC 的样本。从有用的样本中计算样本均值和 95% 置信区间，分别如图 8.25(e) 和图 8.25(f) 所示。结合表 8.1 中的均方误差，可以发现赋值不同 β_δ 的 MCMC 采样器的差异很小。

不难发现，线衰减系数重建结果的不确定性主要存在于不同材料界面附近。这与反问题的病态性有关，反映了数值算法带来的不确定性。可以从表 8.1 的数据中总结出：$(\alpha_\delta,\beta_\delta)$ 适用于同一客体在不同情况下的投影数据，而 $(\alpha_\lambda,\beta_\lambda)$ 的选择则与投影数据的噪声水平相关，对于不同的数据会得到不同的取值。需要注意的是，这与在上节中的参数选择准则是一致的。

8.8.3.3　考虑噪声引入的不确定度

为了分析成像过程中噪声带来的不确定性，回到图 8.25(e) 所示的重建线衰减系数分布及其不确定性量化结果。与无噪声数据的后验估计（图 8.25(b)）相比，当添加噪声时，每个位置的置信区间都变得明显，且均在那一点处线衰减系数值的 10% 以内。

当将 CM 估计值与图 8.25(e) 中的 TV 估计值进行比较时，在经典正则化理论中，倾向于认为前者的正则化程度不如后者。但是，从统计的角度来看，CM 估计值与假设的先验分布是一致的。也就是说，如果使用具有未知方差的白噪声先验知识，CM 估计值将显示噪声图像的特征。

8.8.3.4　考虑物理量测量误差引入的不确定度

根据实验测量的不确定度，主要物理量的误差范围近似为

$$\frac{\Delta X_S}{X_S}\leq 10\%,\quad \frac{\Delta X_1}{X_1}\leq 5\%,\quad \frac{\Delta k}{k}\leq 10\% \tag{8.163}$$

可以得到光程测量的不确定度：

$$\Delta b = 0.1\sqrt{SDR^2+0.25+(1+SDR)^2} \tag{8.164}$$

考虑到这些物理量测量的不确定性，对光程施加了一个矫正量 Δb，如图 8.26(a) 所示。然后，分别对矫正后的光程 $b-\Delta b$ 和 $b+\Delta b$ 运行 MCMC 算法。图 8.26(c) 和图 8.26(d) 给出了重建结果及相应的 95% 置信区间。为了模拟由测量误差引起的线衰减系数重建结果的不确定度，将这两种估计合并为一种，如图 8.26(b) 所示，每一点处的线衰减系数值为图 8.26(c) 和图 8.26(d) 的平均值，而置信区间是两个原始区间的并集。

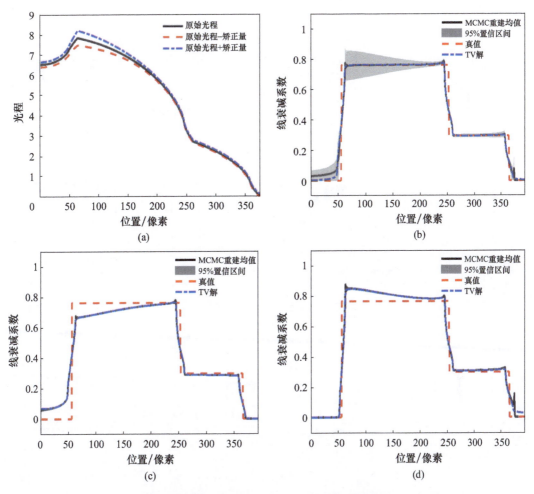

图 8.26 矫正后投影数据的线衰减系数重建结果
(a)矫正后的光程与原始光程;(b)是(c)和(d)的整合;
(c)光程减去矫正量后的重建结果;(d)光程添加矫正量后的重建结果。

图 8.26(b)和图 8.25(b)中的线衰减系数分布的均方误差为 0.0133972,这验证了估计方法的有效性。置信区间在图 8.26(c)和图 8.26(d)中相对较紧,在图 8.26(b)中明显变宽,尤其是在最内层材料界面附近。也就是说,像预期的那样,除了跳跃位置外,整个图像的不确定性很低。

8.8.3.5 考虑噪声和物理量测量误差引入的不确定度

结合上面两小节,分别在图 8.25(a)中的带噪声光程中减去和添加矫正量,得到相应的矫正后的带噪声投影数据,如图 8.27(a)所示。基于 8.8.3.4 节介绍的 MCMC 运行方法,CM 估计值及其置信区间如图 8.27(c)和图 8.27(d)所示,二者的合并结果如图 8.27(b)所示。

不难看出,图 8.27(b)中的线衰减系数分布与图 8.25(e)中的线衰减系数分布非常接近,两者之间的均方误差仅为 0.0130941。然而,随着矫正量的引入,95%置信区间变得更宽,特别是在内层界面附近,这与 8.8.3.4 节中的情形一致。在上述的每个实例中,重建结果中线衰减系数平滑区域附近的不确定度较低,边缘位置附近的不确定度较高。

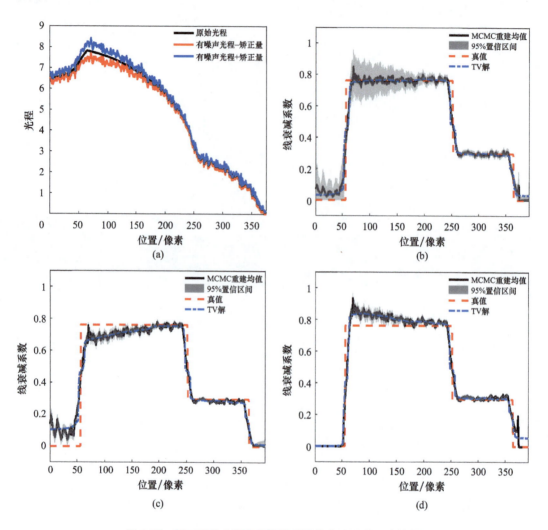

图 8.27 矫正后的含噪声投影数据的线衰减系数重建结果
(a)矫正后的含噪声光程与原始光程;(b)图(c)和图(d)的整合;
(c)含噪声光程减去矫正量后的重建结果;(d)含噪声光程添加矫正量后的重建结果。

本节在线性重建模型($KAx=b$)下,引入一种分层贝叶斯模型来同时计算客体线衰减系数和估计其不确定度。该方法从有用的样本中计算样本均值和 95% 置信区间以表征未知线衰减系数及其相应的不确定度。数值实验结果表明,从条件后验分布中采样得到的样本对基于模型选取的高阶参数取值是不敏感的,而且,线衰减系数重建的不确定性主要是由高能 X 射线闪光照相过程中的噪声和物理量测量误差引起的。事实上,线性重建模型对于单能光源是成立的,但对于韧致辐射源,就需要用到非线性模型($f(x)=y$)。可以将线性重建模型下的分层贝叶斯模型推广到非线性模型下,得到后验概率密度函数和各未知量的条件概率密度函数,但有些变量直接抽样较为困难,可以将Metropolis – Hastings(MH)算法和吉布斯抽样相结合[34]。

8.9 少数投影数据的三维密度重建方法

如果被照物体具有轴对称性,则单轴照相即可满足密度重建的需求。如果被照物体不具有轴对称性,也就是说被照物体是一个三维物体,则需要多轴照相。当然,三维重建的质量随照相轴数的增加而不断提高。但是,由于几何约束和实验条件的限制,建造多轴高能 X 射线闪光照相装置非常困难。目前世界上最先进的照相装置也只有两个轴,计划建设中的照相装置也不超过五个轴。

不完备投影数据的重建问题是一个不适定问题。满足这些有限数据的近似解的范围太大,包括物理上可接受和不可接受的。因此,针对不完备投影数据的重建问题,总体来说主要有两种思路:一种是基于投影数据恢复的方法,即通过插值或空间变换迭代等补全投影数据;另一种是迭代过程中对重建的图像加以限制,如先验条件、约束条件等。后一种方法对问题的解决更具有实用性。它可将待重建图像的先知信息转化为约束限制或优化条件,从而使图像重建问题转化为求解具有约束条件的优化问题,将重建问题适定化。

8.9.1 贝叶斯推理引擎

1996 年,英国 AWE 和美国 LANL 合作开发称为贝叶斯推理引擎(BIE)的图像分析软件[35],期望用贝叶斯统计方法解决二维和三维密度重建中的不适定问题。该软件采用网格化方法进行建模,根据光源参量、剂量、散射、客体密度等参数生成模拟图像,并和实验图像比较,建立概率模型;通过采用优化算法修改参数,直至模拟图像与实验图像的总方差最小。图 8.28 给出了简化的 BIE 流程图。

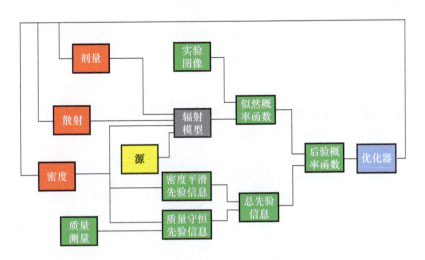

图 8.28　简化的 BIE 流程图

下面讨论三维物体重建所需要的投影数量和方向。图 8.29 是一个实心球(半径 $R = 1.0 \text{cm}$,密度 $\rho = 16.6 \text{g/cm}^3$),内部嵌入了三个相同的锥形腔,每个锥的顶点都在球心,半径、高度和密度分别为 $r = 0.4 \text{cm}$,$h = 0.8 \text{cm}$,$\rho = 4.4 \text{g/cm}^3$。

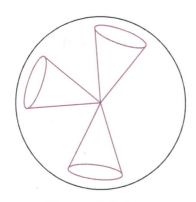

图 8.29 客体示意图

为了简便起见,假定投影是平行束,并且从物体的各个方向的投影是无噪声的二维面密度(路径长度×密度)图,这些理想化的投影作为三维密度重建的"原始图像"。用三种约束策略来讨论重建的效果,三种约束分别为:①轻度约束:密度非负;②中度约束:密度非负 + 物体外表面;③重度约束:密度非负 + 物体外表面 + 密度平滑。在 BIE 中,非负密度约束条件是用 $\sqrt{x^2}$ 来表示密度,以此避免不真实的负密度值。在中度和重度约束中,假定客体的准确外表面是已知的,实际中这一先验知识是可用于模拟的。在重度约束中,用全变分正则化给出密度光滑先验知识:

$$\alpha \sum_{(i,j) \in C} | x_i - x_j | \tag{8.165}$$

式中:x 为密度;α 为需要确定的参数;C 为 $3 \times 3 \times 3$ 体积元中的 26 个相邻体素。

这样,既可以平滑相邻体素的密度差异,又可以保持相邻物质密度的急剧变化,获得较好的重建效果[36-37]。

定义重建密度的均方根误差为

$$\rho_{\text{error}} = \left[\frac{\sum_i (D_i - C_i)^2}{\sum_i D_i^2} \right]^{1/2} \times 100\% \tag{8.166}$$

式中:D_i 为密度真值;C_i 为重建的密度值。

8.9.1.1 投影的数量对图像重建的影响

投影的方向由关于坐标轴的两个角度 (θ, ψ) 确定,如图 8.30 所示。赤道和两极分别表示物体的水平 $x-y$ 平面和竖直 $x-z$ 平面。

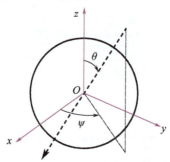

图 8.30 投影方向 (θ, ψ) 示意图

在投影数量的研究中,只用均匀间隔的赤道图像来寻找 X 射线图像的最佳数量和数量增加所得到的改善情况。

(1) 2 幅赤道方向投影图:$(\theta=90°,\psi=0°,90°)$;
(2) 3 幅赤道方向投影图:$(\theta=90°,\psi=0°,60°,90°)$;
(3) 4 幅赤道方向投影图:$(\theta=90°,\psi=0°,45°,90°,135°)$;
(4) 5 幅赤道方向投影图:$(\theta=90°,\psi=0°,36°,72°,108°,144°)$;
(5) 10 幅赤道方向投影图:$(\theta=90°,\psi=0°,18°,36°,\cdots,144°,162°)$;
(6) 20 幅赤道方向投影图:$(\theta=90°,\psi=0°,9°,18°,\cdots,162°,171°)$。

表 8.2 和图 8.31 给出了密度重建误差随图像数量和约束条件的变化,其中投影的方向都是沿着同一个平面。结果表明:密度重建的改善随着照相轴的增加而迅速减小,尤其是有一定的先验信息可以利用的三维重建;对于该三维物体,每一种约束,2~5 幅图像之间密度误差减小最大,10 幅图像以上效果不明显。

表 8.2 重建密度误差 单位:%

图像数量	轻度约束	中度约束	重度约束
2 幅投影图	32.93	14.77	12.52
3 幅投影图	18.93	11.29	5.74
4 幅投影图	12.97	9.65	4.83
5 幅投影图	9.36	8.23	3.49
10 幅投影图	4.85	4.29	1.59
20 幅投影图	2.64	2.08	1.23

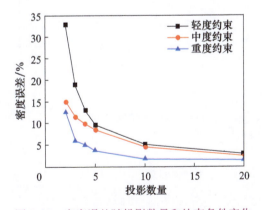

图 8.31 密度误差随投影数量和约束条件变化

8.9.1.2 投影方向对图像重建的影响

下面给出密度重建误差随投影方向和约束条件的变化,这里投影的数量都是 5 幅图像,但根据照射方向不同,分为 6 种情况(表 8.3)。

(1) 5 幅赤道投影图:$(\theta=90°,\psi=0°,36°,72°,108°,144°)$。
(2) 4 幅赤道和 1 幅两极投影图:$(\theta=90°,\psi=0°,45°,90°,135°),(\theta=0°,\psi=0°)$。
(3) 围绕两极方向 5 幅投影图:$(\theta=0°,36°,72°,108°,144°,\psi=0°)$。

（4）x、y、z轴方向3幅和平面外2幅投影图：$(\theta=90°,\psi=0°)$，$(\theta=90°,\psi=90°)$，$(\theta=0°,\psi=0°)$，$(\theta=45°,\psi=45°)$和$(\theta=135°,\psi=135°)$。

（5）均匀分布投影图：$(\theta=72°,\psi=45°)$，$(\theta=144°,\psi=135°)$，$(\theta=216°,\psi=225°)$，$(\theta=288°,\psi=315°)$和$(\theta=0°,\psi=0°)$。

（6）锥轴方向3幅、1幅赤道和一幅两极投影图：$(\theta=20°,\psi=5°)$，$(\theta=140°,\psi=125°)$，$(\theta=260°,\psi=245°)$，$(\theta=90°,\psi=0°)$和$(\theta=0°,\psi=0°)$。

表8.3　重建密度误差　　　　　　　　　　　　　　　　　　　　单位：%

图像数量	轻度约束	中度约束	重度约束
5幅赤道投影图	9.36	8.23	3.49
4幅赤道面和1幅两极投影图	10.04	8.68	3.53
围绕两极方向5幅投影图	10.35	8.93	4.54
坐标轴方向3幅和平面外2幅投影图	15.26	8.76	4.31
均匀分布投影图	14.76	9.35	4.46
锥轴方向3幅、1幅赤道和1幅两极投影图	19.45	9.64	6.65

图8.32给出了密度重建误差随投影方向和约束条件的变化。得出结论：在给定充分的约束条件下，重建结果对于投影方向不太敏感。对于该实验客体，均匀间隔的赤道面5个方向的投影图像给出的重建效果最佳。

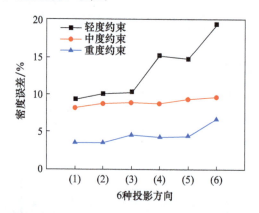

图8.32　密度误差随投影方向和约束条件变化

8.9.2　压缩感知方法

8.9.2.1　压缩感知理论

传统的信息获取系统是建立在奈奎斯特（Nyquist）采样定理的基础之上。该定理要求信号的采样频率应当至少等于频谱中最高频率的2倍，这样才能无失真地恢复出原始信号。压缩感知（compressive sensing，CS）理论是2006年提出的一种新型信号压缩编码理论[38-39]，摆脱了奈奎斯特采样定理的束缚，并指出若信号是稀疏的或可压缩的，则用远少于奈奎斯特采样数的测量值也能够精确恢复原始信号。压缩感知的基本思想是：如果一个未知的信号在已知的正交基或者超完备的正交基（如傅里叶变换和小波基等）上是稀疏的或可压缩的,那么仅用少量线性、非自适应的随机测量值就可以精确地恢复出原始信号,其理论框架如图8.33所示。压缩感知理论研究的三个关键技术分别为信号的稀疏表示、测量矩阵的构造和重建算法的设计。

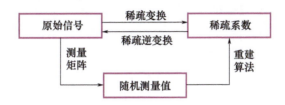

图8.33 压缩感知框架示意图

信号的稀疏性简单理解为信号中非零元素数目较少。自然界存在的真实信号一般不是绝对稀疏的,而是在某个变换域下近似稀疏,即为可压缩信号。如何找到信号的最佳稀疏表示是压缩感知理论应用的基础和前提。只有信号是 K 稀疏的($K<M\ll N$),才有可能在 M 个测量值时,从 K 个较大的系数重建原始长度为 N 的信号。也就是当信号有稀疏展开时,可以丢掉小系数而不会失真。只有选择合适的稀疏基才能保证信号的稀疏度,使得信号的稀疏系数个数尽可能少,这样不仅有利于提高采集速度,减少存储、传输信号所占用的资源,而且可以使得后续的信号重建工作变得容易,且重建更加精确。

测量矩阵的设计目的是如何采样得到 M 个观测值,并保证从中能重建出长度为 N 的信号或者稀疏系数向量。为了保证能够从测量值准确重建信号,其需要满足一定的限制:测量基矩阵与稀疏基矩阵的乘积满足有限等距性质(restricted isometry property,RIP)。这个性质保证了测量矩阵不会把两个不同的 K 稀疏信号映射到同一个集合中(保证原空间到稀疏空间的一一映射关系),这就要求从测量矩阵中抽取的每 M 个列向量构成的矩阵是非奇异的。

图像重建的关键是如何从压缩感知得到的低维数据中精确地恢复出原始的高维数据,即由 M 维测量向量重建出长度为 $N(M\ll N)$ 的原信号的过程。重建算法主要分为两大类:①贪婪算法。通过选择合适的原子并经过一系列的逐步递增的方法实现信号矢量的逼近,主要包括匹配跟踪算法、正交匹配追踪算法、补空间匹配追踪算法等。②凸优化算法。将 L_0 范数放宽到 L_1 范数通过优化算法求解,主要包括梯度投影法、基追踪法、最小角度回归法等。凸优化算法比贪婪算法所求的解更加精确,但是需要更高的计算复杂度。

从数学上来说,压缩感知方法就是在一定的条件下求解欠定(不适定)方程,条件包括信号是稀疏的,测量矩阵满足 RIP 条件,那么欠定(不适定)方程就会以很大的概率有唯一解。

信号在冗余字典下的稀疏分解是一种全新的信号表示理论,用超完备的冗余函数库取代基函数,称为冗余字典,字典的元素称为原子。冗余字典的构造方法主要有人工构造和字典学习两种:①人工构造方法。通过选择函数组中的若干函数和其对应的参数来稀疏表示信号,生成的字典针对性很强,可以对图像的各种特征实现有效的表示。但由于函数组中的函数是提前确定的,无法根据信号而动态变化,因此不具有自适应性。②字典学习(dictionary learning,DL)方法。通过迭代法来更新字典和其对应的稀疏系数来对信号进行稀疏表示。其主要优点就是具有自适应性、稀疏表示效果好和计算复杂度低。

基于字典学习的 CT 重建可以学习两种字典作为基函数[40]：①从固定的外部训练集学习全局字典；②从迭代过程中不断更新的中间结果学习自适应字典。

8.9.2.2 组稀疏正则化模型

由于图像是高维信号,传统的稀疏表示方法是将图像分解成相互有重叠的图像块,然后独立地对这些图像块进行操作,而不考虑非局部相似性,这样就会导致原始图像的稀疏表示是高度冗余的,从而导致恢复出来的图像丢失一些细节信息。组稀疏表示(group-based sparse representation, GSR)以图像块构成的组为稀疏表示的基本单位来代替图像块,利用欧氏距离作为相似性度量将非局部块编入不同的组,这样就同时考虑了图像的稀疏性和非局部相似性,充分利用了图像的先验稀疏信息,适用于少数投影视角下的密度重建[41]。

组稀疏表示是将图像 f 分成若干个相互有重叠的图像块 f_k,在一个固定大小的训练窗下利用欧氏距离作为相似性度量,搜索与某一图像块 f_k 具有相似结构的若干图像块构成一个结构组 f_{G_k},基于每一个结构组 f_{G_k} 进行字典学习得到该结构组的字典 D_{G_k} 并求解结构组在该字典下的稀疏表示 s_{G_k}。具体描述如下：

首先,用 4 个像素的滑动距离把图像 f 分成 n 个相互有重叠的图像块,图像块的大小为 $\sqrt{P_s} \times \sqrt{P_s}$,这里 f_k 定义为位置 k 的图像块,其中 $k=1,2,\cdots,n$。选用欧式距离作为相似性测度,在 $L \times L$ 的训练窗口内搜索与 f_k 最相似的 m 个图像块,这 m 个图像块构成一个结构组 G_{f_k};其次,展开 G_{f_k} 的所有图像块为向量,并排列成大小为 $P_s \times m$ 的矩阵,记为 f_{G_k},其 G_{f_k} 的每一个图像块作为它的列向量。矩阵 f_{G_k} 可以被认为是相似图像块组成的一个结构组。

令 $f_{G_k} = E_{G_k}(f)$,其中 $E_{G_k}(f)$ 为从 f 中提取结构组 f_{G_k} 的一个算子,定义 $E_{G_k}^T(f_{G_k})$ 为把结构组 f_{G_k} 放回到重建图像的第 k 个位置。现在,通过所有结构组 f_{G_k} 的平均,可以把整幅图像 f 表示如下：

$$f = \sum_{k=1}^{n} E_{G_k}^T(f_{G_k}) \bigg/ \sum_{k=1}^{n} E_{G_k}^T(\mathbf{1}_{P_s \times m}) \tag{8.167}$$

其中,操作符"/"表示两个矩阵元素之间的除法,$\mathbf{1}_{P_s \times m}$ 为与 f_{G_k} 相同大小的全 1 矩阵。

令 D_{G_k} 为每一个结构组 f_{G_k} 的自适应字典。在此模型中,定义 e 为 f 的估计,在每次迭代中都可以得到 e。令 e_{G_k} 为结构组 f_{G_k} 的相应估计。一旦得到 e_{G_k},对其应用奇异值分解(singular value decomposition, SVD),可得

$$e_{G_k} = U_{G_k} \Sigma_{G_k} V_{G_k}^T = \sum_{i=1}^{c} \beta_{e_{G_k \times i}} (u_{G_k \times i} v_{G_k \times i}^T) \tag{8.168}$$

其中,c 为 D_{G_k} 中原子的数量,$\beta_{e_{G_k}} = \{\beta_{e_{G_k \times 1}}, \beta_{e_{G_k \times 2}}, \cdots, \beta_{e_{G_k \times c}}\}$,$\Sigma_{G_k} = \mathrm{diag}(\beta_{e_{G_k}})$ 为一个对角矩阵(矩阵中除了主对角线的所有元素都为零),$u_{G_k \times i}$ 为 U_{G_k} 的列,$v_{G_k \times i}^T$ 为 $V_{G_k}^T$ 的列。对每一个结构组 f_{G_k},D_{G_k} 的每一个原子定义为 $d_{G_k \times i} = u_{G_k \times i} v_{G_k \times i}^T$,其中 $i = 1,2,\cdots,c$。

对每一个结构组 f_{G_k},最终的字典 D_{G_k} 可以表示为 $D_{G_k} = \{d_{G_k \times 1}, d_{G_k \times 2}, \cdots, d_{G_k \times c}\}$。GSR 模型寻求一个稀疏向量 $s_{G_k} = \{s_{G_k \times 1}, s_{G_k \times 2}, \cdots, s_{G_k \times c}\}$,使得 $f_{G_k} = \sum_{i=1}^{c} s_{G_k \times i} d_{G_k \times i}$ 成立。因

此,整幅图像 f 可以用稀疏编码的集合 $\{s_{G_k}\}$ 表示如下:

$$f = D_G * s_G = \sum_{k=1}^{n} E_{G_k}^{\mathrm{T}}(f_{G_k}) \Big/ \sum_{k=1}^{n} E_{G_k}^{\mathrm{T}}(\mathbf{1}_{P_s \times m}) \tag{8.169}$$

式中:D_G 表示所有 D_{G_k} 的级联,s_G 表示所有 s_{G_k} 的级联。

将该模型集成于全变分(TV)框架之下,采用交替极小化方案求解。首先,采用 TV 正则化模型进行重建。在线性重建模型($b = Ax + n$)下,TV 正则化重建模型可以表示为

$$\arg \min_x \frac{1}{2}(b - Ax)^{\mathrm{T}}(b - Ax) + \alpha \|x\|_{\mathrm{TV}} \tag{8.170}$$

对每次 TV 迭代的重建结果使用 GSR 模型进行正则化处理,GSR 的优化问题可以表示为

$$\arg \min_{D_G, s_G} \frac{1}{2} \|f - x\|_2^2 + \lambda \|s_G\|_0$$
$$\text{s.t.} \quad f = D_G * s_G \tag{8.171}$$

式中:x 为初始估计值(TV 算法的输出);D_G 为自适应字典,可以利用奇异值分解方法得到;λ 为正则化参数;s_G 为图像稀疏系数。

然后把 GSR 正则化的结果作为下一次 TV 迭代的初始图像,这样循环往复直到满足停止准则为止,称为基于 GSR 的 TV 重建技术(TV – GSR)[42]。该方法充分利用了图像的先验稀疏信息,可以提升图像的重建精度。

假设待重建客体为一个 $128 \times 128 \times 128$ 的立方体,由真空、铀和铜物质组成,其线衰减系数分别为 0、$0.83\mathrm{cm}^{-1}$ 和 $0.30\mathrm{cm}^{-1}$。图 8.34 给出了原始线衰减系数的中心切片图像和三维客体线衰减系数的二维展开图像,黑色、白色和灰色分别对应真空、铀和铜。

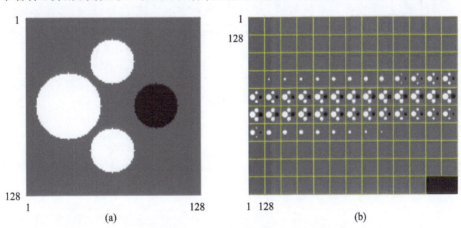

图 8.34　三维客体的线衰减系数分布图像
(a)中心切片图像;(b)三维客体图像的二维展开图。

图 8.35 给出了无噪声情况下几种算法的重建结果比较,结果表明,无论是从 SART 和 SART – GSR 的比较,还是 TV 与 TV – GSR 的比较来看,GSR 的加入有助于客体重建精度的改善,因为 GSR 同时考虑了客体图像的局部相似性和非局部相似性。

值得注意的是,与 TV 算法相比,在投影角度数量相对较大(如 9 和 10)时,GSR 的加入对重建精度基本没有提升。这是因为此时投影数据足够多,三维客体的线衰减系数不需要有任何假设,TV 算法已经可以得到较好的结果,GSR 正则化处理的效果基本上微乎

其微。在投影角度数量相对较小(小于9)时,GSR 的加入显著地提高了客体的重建精度,这是因为 TV 算法虽然考虑了客体图像的局部相似性,但它没有考虑图像的非局部相似性。

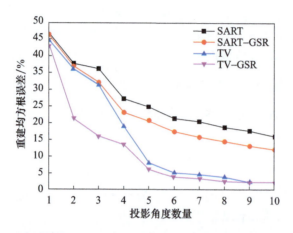

图 8.35　无噪声情况下重建均方根误差随投影角度数量的变化

在有噪声的情况下,当投影角度的数量为 5 和 9 时,不同噪声强度比例下的 TV - GSR 重建算法的重建均方根误差如图 8.36 所示,投影数据被高斯噪声污染的强度比例从 0.05 变化到 0.5。可以看出,与 TV 算法相比,TV - GSR 算法大大地改善了客体的抗噪声性能,甚至在高斯噪声强度比例高达 50% 的情况下,客体整体的重建误差仍然在 10% 以下。而对于 TV 算法来说,当投影角度的数量为 5,高斯噪声强度比例为 15% 时,客体整体的重建误差就超过 10% 了;而当投影角度的数量为 9,高斯噪声强度比例为 20% 时,客体整体的重建误差就超过 10% 了。

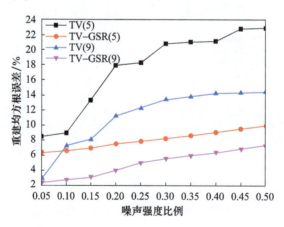

图 8.36　不同投影角度下重建均方根误差随噪声强度比例的变化

8.9.2.3　卷积稀疏正则化模型

传统的字典学习方法将图像分割成重叠的图像块,学习的特征往往包含相同特征的移位版本。为了解决这一问题,卷积稀疏编码(convolutional sparse coding,CSC)被提出并引入到各种计算机视觉应用中[43]。CSC 不是在小的图像块上进行操作,而是应用卷积滤波器直接处理整幅图像,避免了传统稀疏表示中图像块聚合产生的伪影,可以保留更多的细节信息。

CSC 问题可以表示为

$$\arg\min_{\{M_i\},\{f_i\}} \frac{1}{2} \left\| \sum_{i=1}^{N} f_i * M_i - x \right\|_2^2 + \lambda \sum_{i=1}^{N} \| M_i \|_1 \tag{8.172}$$

式中:$*$ 为卷积算子;$\{f_i\}$ 为一组滤波器;M_i 为滤波器 f_i 对应的特征图谱;λ 为正则化参数。

在 CSC 模型中,特征图谱 M_i 与图像有相同的大小。

根据投影数据的性质,密度重建的惩罚加权最小二乘(penalized weighted least square, PWLS)模型[44]可以写为

$$\arg\min_{x} \frac{1}{2}(b - Ax)^T W^{-1}(b - Ax) + \alpha R(x) \tag{8.173}$$

式中:W 为权重系数组成的对角矩阵[45];$R(x)$ 为正则化项;α 为正则化参数。

引入 CSC 作为正则项,得到以下惩罚加权最小二乘全变分卷积稀疏编码(PWLS-TV-CSC)模型[46]:

$$\arg\min_{x,\{M_i\},\{f_i\}} \frac{1}{2}(b - Ax)^T W^{-1}(b - Ax) + \alpha \| x \|_{TV} +$$

$$\beta \left(\frac{1}{2} \left\| \sum_{i=1}^{N} f_i * M_i - x \right\|_2^2 + \lambda \sum_{i=1}^{N} \| M_i \|_1 \right) \tag{8.174}$$

字典学习方法中由于不准确的字典原子引起结构丢失或伪影,类似地,CSC 同样会遇到不准确的滤波器问题。梯度正则化(gradient regularization, GR),也就是各向同性 TV,能用来抑制图像的异常值,它是一种克服结构化损失或者伪影的有效方法。通过引入带有特征图谱的梯度正则化的 CSC 作为正则项,得到以下惩罚加权最小二乘全变分卷积稀疏编码梯度正则化(PWLS-TV-CSCGR)模型[46]:

$$\arg\min_{x,\{M_i\},\{f_i\}} \frac{1}{2}(b - Ax)^T W^{-1}(b - Ax) + \alpha \| x \|_{TV} +$$

$$\beta \left(\frac{1}{2} \left\| \sum_{i=1}^{N} f_i * M_i - x \right\|_2^2 + \lambda \sum_{i=1}^{N} \| M_i \|_1 + \frac{\tau}{2} \left\| \sum_{i=1}^{N} \sqrt{(g_0 * M_i)^2 + (g_1 * M_i)^2} \right\|_2^2 \right)$$

$$\tag{8.175}$$

式中:g_0、g_1 分别为沿图像行、列计算梯度的滤波器;λ、τ 为超参数。

在该模型中,使用预先确定的滤波器 $\{f_i\}$,可以用文献[40]中提出的方法对其进行训练。此时模型变成以下优化问题:

$$\arg\min_{x,\{M_i\}} \frac{1}{2}(b - Ax)^T W^{-1}(b - Ax) + \alpha \| x \|_{TV} +$$

$$\beta \left(\frac{1}{2} \left\| \sum_{i=1}^{N} f_i * M_i - x \right\|_2^2 + \lambda \sum_{i=1}^{N} \| M_i \|_1 + \frac{\tau}{2} \left\| \sum_{i=1}^{N} \sqrt{(g_0 * M_i)^2 + (g_1 * M_i)^2} \right\|_2^2 \right)$$

$$\tag{8.176}$$

采用交替极小化方案求解式(8.176)。首先,利用一组固定的特征图谱 $\{\tilde{M}_i\}$ 得到一个中间重建图像 x,将式(8.176)变换为

$$\arg\min_{x} \frac{1}{2}(b - Ax)^T W^{-1}(b - Ax) + \alpha \| x \|_{TV} + \beta \left(\frac{1}{2} \left\| \sum_{i=1}^{N} f_i * \tilde{M}_i - x \right\|_2^2 \right) \tag{8.177}$$

然后，用固定滤波器$\{f_i\}$重新表示中间结果x，意味着计算$\{\tilde{M}_i\}$。因为 CSC 不能很好地表示低频分量，所以只有x的高频分量才用 CSC 表示，则有以下优化问题：

$$\arg\min_{\{M_i\}} \frac{1}{2}\left\|\sum_{i=1}^{N} f_i * M_i - x\right\|_2^2 + \lambda \sum_{i=1}^{N}\|M_i\|_1 + \frac{\tau}{2}\left\|\sum_{i=1}^{N}\sqrt{(g_0 * M_i)^2 + (g_1 * M_i)^2}\right\|_2^2 \tag{8.178}$$

利用图 8.34 的三维客体，在 8 个投影角度下验证三种方法的重建效果，如图 8.37 所示。表 8.4 给出了三种方法密度重建结果的定量比较。

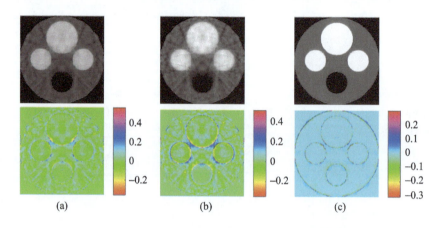

图 8.37　三种方法密度重建结果及误差(8 个方向投影)
(a)TV – GSR；(b)PWLS – CSCGR；(c)PWLS – TV – CSCGR。

表 8.4　三种方法密度重建结果的比较(8 个方向投影)

方法	理想投影数据		带噪声投影数据	
	PSNR	SSIM	PSNR	SSIM
TV – GSR	52.2644	0.9995	25.4660	0.6792
PWLS – CSCGR	26.0590	0.7700	23.5398	0.5564
PWLS – TV – CSCGR	49.3874	0.9988	33.1622	0.9551

近年来，研究人员开始尝试基于深度学习的少数投影下三维客体的重建及分析[47]。PWLS – TV – CSCGR 算法可以看作是一种无监督学习的方法，其对于训练样本的大小是鲁棒的，甚至对于无训练样本的情况也是鲁棒的。深度学习方法采用数据驱动的方式学习信号结构特征，放宽了对原始信号稀疏性的假设条件，通过自适应地调整网络权重，学习实际信号的特定结构。2019 年，美国 SNL 研究了基于机器学习的 CT 图像重建方法以提高客体关键部件加工缺陷的检测精度，首先通过重排投影数据使得客体任一点的相关信息局部化，进而利用对抗生成网络(generative adversarial network,GAN)同时学习反向重建算子和正向投影算子[48]。2021 年，美国 LANL 首先利用解析解作为初始值进行惩罚加权最小二乘及保边界重建，然后利用去条纹卷积神经网络(destreaking convolutional neural network,DCNN)进行去条纹处理，最后利用 GAN 进行后处理[49]。并对具有三维结构的核桃(walnut)样品在 8 个投影视角下进行重建，可以明显看出深度学习的引入在一定程度

上提高图像重建质量。

参考文献

[1] 余晓锷,龚剑. CT 原理与技术[M]. 北京:科学出版社,2014.
[2] 章毓晋. 图像处理和分析教程[M]. 北京:人民邮电出版社,2009.
[3] 刘文耀,等. 光电图像处理[M]. 北京:电子工业出版社,2002.
[4] 刘军. 高能闪光照相中的主要物理问题研究[D]. 绵阳:中国工程物理研究院,2008.
[5] BARRETT H H, SWINDELL W. Radiological imaging: Theory of image formation, detection and processing[M]. New York: Academic Process,1981.
[6] 吴世法. 近代成象技术与图象处理[M]. 北京:国防工业出版社,1997.
[7] 赫尔曼 G T. 由投影重建图像:CT 的理论基础[M]. 严洪范,译. 北京:科学出版社,1985.
[8] GORDON R, BENDER R, HERMAN G T. Algebraic reconstruction techniques (ART) for three - dimensional electron microscopy and X - ray photography[J]. Journal of Theoretical Biology,1970,29(3): 471 – 481.
[9] NOCEDAL J, WRIGHT S J. Numerical optimization[M]. New York: Springer,1999.
[10] 景越峰,刘瑞根,管永红,等. 基于约束共轭梯度的高能闪光照相3 维重建算法[J]. 强激光与粒子束,2007,19(5):863 – 867.
[11] 陈柯,魏素花. 轴对称物体 X 射线层析成像的变分模型与算法[J]. 中国科学:数学,2015,45(5): 1537 – 1548.
[12] 刘进,张小琳,景越峰,等. 含系统模糊的闪光照相正向成像技术研究及应用[J]. 强激光与粒子束,2015,27(4):044003.
[13] JACKSON J A. CCG - LCONE CT Reconstruction Code User and Programmer's Guide: UCRL - TR - 225936[R]. Livermore: Lawrence Livermore National Laboratory,2006.
[14] HANSON K M. Special topics in test methodology: Tomographic reconstruction of axially symmetric objects from a single dynamic radiograph: LA - UR - 87 - 1670 [R]. Los Alamos: Los Alamos National Laboratory,1987.
[15] ERIK F. Material density measurements from dynamic flash X - ray radiographs using axisymmetric tomography: LA - 8785 - MS[R]. Los Alamos: Los Alamos National Laboratory. 1981.
[16] HADAMARD J. Lectures on Cauchy's problem in linear partial differential equations[M]. New Haven: Yale University Press,1923.
[17] TIKHONOV A N, ARSENIN V Y. Solutions of ill - posed problems [M]. New York: John Wiley & Sons,1977.
[18] ASAKI T J, CHARTRAND R, VIXIE K R, et al. Abel inversion using total variation regularization[J]. Inverse Problems,21(6),2005:1895 – 1903.
[19] 杨文采. 地球物理反演的理论与方法[M]. 北京:地质出版社,1996.
[20] 魏素花,王双虎,许海波. 轴对称物体 X 射线层析成像的正则化方法[J]. 中国图像图形学报,2008,13(12):2275 – 2280.
[21] RUDIN L, OSHER S, FATIME E. Nonlinear total variation based noise removal algorithm[J]. Physica D,1992,60:259 – 268.
[22] BLOMGREN P, CHAN T F, MULET P, et al. Total variation image restoration: Numerical methods and extensions[C]// Proceedings of the 1997 IEEE International Conference on Image Processing. Piscataway:

IEEE Press,1997:384 – 387.

[23] ASAKI T J,CAMPBELL P R,CHARTRAND R,et al. Abel inversion using total variation regularization: applications[J]. Inverse Problems in Science and Engineering,2006,14(8):873 – 885.

[24] CHAN R H,LIANG H,WEI S,et al. High order total variation regularization approach for axially symmetric object tomography from a single radiograph[J]. Inverse Problems and Imaging,2015,9(1):55 – 77.

[25] XU H B,HU Y,WEI S H. Quantitative simulation and density reconstruction in high – energy x – ray radiography[J]. Chinese Journal of Computational Physics,2011,28(6):906 – 914.

[26] JACKSON J A,GOODMAN D,ROBERSON G P,et al. An active and passive computed tomography algorithm with a constrained conjugate gradient algorithm solution:UCRL – JC – 130818[R]. Livermore: Lawrence Livermore National Laboratory,1998.

[27] AUFDERHEIDE M B,HENDERSON G,von WITTENAU A E S,et al. HADES,A code for simulating a variety of radiographic techniques:UCRL – PROC – 207617[R]. Livermore:Lawrence Livermore National Laboratory,2004.

[28] AUFDERHEIDE M B,MARTZ J H E,SLONE D M,et al. Concluding report:Quantitative tomography simulations and reconstruction algorithms:UCRL – ID – 146938[R]. Livermore:Lawrence Livermore National Laboratory,2002.

[29] AUFDERHEIDE M B. Inclusion of scatter in HADES:LLNL – TR – 464311[R]. Livermore:Lawrence Livermore National Laboratory,2010.

[30] BARDSLEY J M. MCMC – based image reconstruction with uncertainty quantification[J]. SIAM Journal on Scientific Computing A. 2012,34(3):1316 – 1332.

[31] BARDSLEY J M,FOX C. An MCMC method for uncertainty quantification in non – negativity constrained inverse problems[J]. Inverse Problems in Science and Engineering. 2012,20(4):477 – 498.

[32] HOWARD M,FOWLER M,LUTTMAN A,et al. Bayesian Abel inversion in quantitative X – ray radiography[J]. SIAM Journal on Scientific Computing B,2016,38(3):396 – 413.

[33] LI X,XU H,ZHENG N,et al. Uncertainty quantification of density reconstruction using MCMC method in high – energy X – ray radiography[J]. Communications in Computational Physics,2020,27(5):1485 – 1504.

[34] 王忠淼. 基于 MCMC 方法的闪光图像重建算法探究[D]. 绵阳:中国工程物理研究院,2019.

[35] HANSON K M,CUNNINGHAM G S. The Bayes Inference Engine:LA – UR – 96 – 1000[R]. Los Alamos:Los Alamos National Laboratory,1996.

[36] PANG T F. 3D – density reconstructions from limited data[R]. Aldermaston:The Science & Technology Journal of AWE,2002.

[37] 胡渊,许海波. 利用单幅投影图像重建不对称客体密度的方法[J]. 强激光与粒子束,2011,23(8):2507 – 2511.

[38] CANDÈS E J,ROMBERG J,TAO T. Robust uncertainty principles:Exact signal reconstruction from highly incomplete frequency information[J]. IEEE Transactions on Information Theory,2006,52(2):489 – 509.

[39] DONOHO D L. Compressed sensing[J]. IEEE Transactions on Information Theory,2006,52(4):1289 – 1306.

[40] WOHLBERG B. Efficient algorithms for convolutional sparse representations[J]. IEEE Transactions on Image Processing,2016,25(1):301 – 315.

[41] 刘建伟,崔立鹏,罗雄麟. 组稀疏模型及其算法综述[J]. 电子学报,2015,43(4):776 – 782.

[42] BAO P,ZHOU J,ZHANG Y. Few – view CT reconstruction with group – sparsity regularization[J]. International Journal for Numerical Methods in Biomedical Engineering,2018,34(9):e 3101.

[43] ZEILER M D,KRISHNAN D,TAYLOR G W,et al. Deconvolutional networks[C]// Proceedings of the

2010 IEEE Conference on Computer Vision and Pattern Recognition. Piscataway: IEEE Press, 2010: 2528-2535.

[44] NIU S, GAO Y, BIAN Z, et al. Sparse-view X-ray CT reconstruction via total generalized variation regularization[J]. Physics in Medicine and Biology, 2014, 59(12):2997-3017.

[45] LI T, LI X, WANG J, et al. Nonlinear sinogram smoothing for low-dose X-ray CT[J]. IEEE Transactions on Nuclear Science, 2004, 51(5):2505-2513.

[46] BAO P, XIA W, YANG K, et al. Convolutional sparse coding for compressed sensing CT reconstruction[J]. IEEE Transactions on Medical Imaging, 2019, 38(11):2607-2619.

[47] KALARE K W, BAJPAI M K. RecDNN: Deep neural network for image reconstruction from limited view projection data[J]. Soft Computing, 2020, 24:17205-17220.

[48] MARTINEZ C, KORBIN J, POTTER K, et al. Investigating machine learning based X-ray computed tomography reconstruction methods to enhance the accuracy of CT scans: SAND2019-12609R[R]. Albuquerque: Sandia National Laboratory, 2019.

[49] KLASKY M L, BOUMAN C, DISTERHAUPT J L S, et al. EREBUS coupled hydrodynamic radiographic dynamic reconstruction and limited view reconstructions: LA-UR-21-22694[R]. Los Alamos: Los Alamos National Laboratory, 2021.

内 容 简 介

本书较系统地阐述了高能X射线闪光照相及其图像处理技术。全书共分8章。第1章介绍了高能X射线闪光照相技术的基本原理、装置的发展及国内外研究概况。第2章介绍了高能X射线闪光照相涉及的射线与物质相互作用的各种物理过程。第3章论述了由电子束击靶产生的韧致辐射源的性能,光源尺寸与能谱的测量方法。第4章介绍了应用于高能X射线闪光照相的图像探测系统,包括屏-片接收系统和CCD接收系统。第5章对高能X射线闪光照相系统的散射问题做了详细论述和解析推导,重点讨论了降低散射与扣除散射的方法和技术。第6章阐述了实验布局优化的物理思想。第7章介绍了应用于高能X射线照相的图像复原技术,主要涉及图像处理中的去噪声、去模糊、边缘检测方法。第8章论述了密度重建方法及其在高能X射线照相中的应用。

本书为从事高能粒子照相理论研究、图像处理研究和实验技术研究的科技工作者提供一本较为系统的参考书,也可作为相关专业大学生和研究生的参考读物。

This book elaborates high-energy X-ray flash radiography and its image processing techniques systematically. It consists of 8 chapters. Chapter 1 introduces the basic principles of high-energy X-ray flash radiography, the development of facilities and the research overview in domestic and overseas. Chapter 2 describes the various physical processes involved in the interaction of rays with matter in high-energy X-ray flash radiography. Chapter 3 discusses the properties of the bremsstrahlung source produced by electron beam striking target, and the measurement methods of source size and energy spectrum. Chapter 4 describes image detection systems used in high-energy X-ray flash radiography, including screen-film receiving systems and CCD receiving systems. Chapter 5 discusses and analyzes the scatter problems of high-energy X-ray flash radiography in detail, focusing on methods and techniques for reducing scatter and deducting scatter. Chapter 6 discusses the physical idea of experimental layout optimization. Chapter 7 introduces the image restoration techniques used for high-energy X-ray flash radiography, mainly involving denoising, deblurring and edge detection methods in image processing. Chapter 8 describes density reconstruction methods and their applications in high-energy X-ray flash radiography.

The book provides a more systematic reference for scientific and technological researchers engaged in high-energy particle radiographic theory, image processing and experimental techniques. It can also be used as a reference book for college students and graduate students in related majors.